MongoDB
入门经典

[美] Brad Dayley 著
米爱中 译

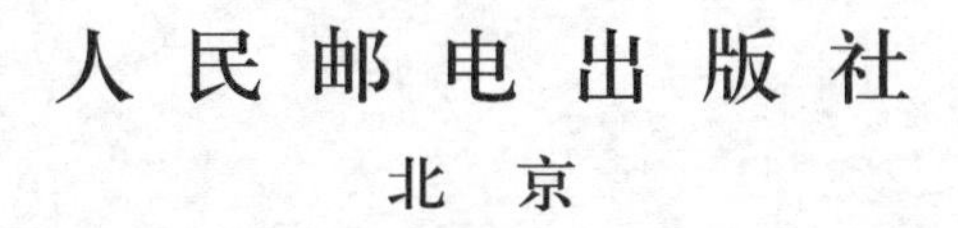

图书在版编目（CIP）数据

MongoDB入门经典 /（美）戴利（Dayley,B.）著；
米爱中译. -- 北京：人民邮电出版社，2015.6（2020.3重印）
ISBN 978-7-115-39111-7

Ⅰ. ①M… Ⅱ. ①戴… ②米… Ⅲ. ①关系数据库系统
Ⅳ. ①TP311.138

中国版本图书馆CIP数据核字(2015)第091608号

版 权 声 明

◆ 著　[美] Brad Dayley
译　米爱中
责任编辑　傅道坤
责任印制　张佳莹　焦志炜

◆ 人民邮电出版社出版发行　北京市丰台区成寿寺路 11 号
邮编　100164　电子邮件　315@ptpress.com.cn
网址　http://www.ptpress.com.cn
涿州市京南印刷厂印刷

◆ 开本：787×1092　1/16
印张：27.25
字数：682 千字　2015 年 6 月第 1 版
印数：5 101 – 5 400 册　2020 年 3 月河北第 9 次印刷

著作权合同登记号　图字：01-2014-8393 号

定价：69.00 元

读者服务热线：(010)81055410　印装质量热线：(010)81055316
反盗版热线：(010)81055315

内容提要

MongoDB 是目前非常流行的一种非关系型数据库（NoSQL），因其操作简单、完全免费、源码公开等特点，受到了 IT 从业人员的青睐，并被广泛部署于实际的生产环境中。

本书采用直观、循序渐进的方法，讲解了如何设计、实施和优化 NoSQL 数据库，如何存储和管理数据，以及如何执行数据分片和复制等任务。本书共分为 24 章，其内容涵盖了 NoSQL 和传统 RDBMS 的使用时机，理解基本的 MongoDB 数据结构和设计概念，安装和配置 MongoDB，为自己的应用选择正确的 NoSQL 交付模型，规划和实施不同类型和规模的 MongoDB 数据库，设计 MongoDB 数据模型，创建新的数据库、集合和索引，掌握存储、查找和获取 MongoDB 数据的方法，通过 PHP、Python、Java 和 Node.js/Mongoose 与数据交互，在一致性、性能和持久性方面做出平衡，对 MongoDB 数据库进行管理、监控、验证、保护、备份和修复；掌握数据分片和复制等高级技术；实施 GridFS 存储来有效地存储和获取大型数据文件，评估用于优化性能的查询，查找和诊断与集合、数据库相关的问题。

本书适合对 NoSQL 以及 MongoDB 感兴趣的数据库开发、运维人员阅读。

译者序

托夫勒先生在其著作《第三次浪潮》中将“大数据”比喻为“第三次浪潮的华彩乐章”。30 余年后，“大数据”开始成为互联网行业的热词，并最终走进人们的视线——大数据的面纱被逐渐揭开，对“大数据”的各种误读也逐渐被纠正。

尽管到现在为止，对“大数据”定义的表达仍然众说纷纭，但就“大数据”的特点来讲，著名数据科学家维克托·迈尔·舍恩伯格在与肯尼斯·库克耶合著的《大数据时代》中提出的“4V”基本得到了绝大多数的认同。所谓“4V”，是指 Volume（数据量大）、Velocity（输入和处理速度快）、Variety（数据多样性）、Value（价值密度低）。从技术角度讲，大数据与云计算，有着密不可分的关系，这种关系类似汽车与高速公路。显而易见，大数据不可能用单台计算机进行处理，必然会采取分布式架构，对海量数据进行分布式数据挖掘，则必须依托云计算的分布式处理、分布式数据库、云存储以及虚拟化技术。NoSQL 在这样的环境下得到了迅速的普及。作为 NoSQL 数据库四大分类之一的文档型数据库的杰出代表——MongoDB，则因为其易部署、易使用、高性能、数据存储方便等特点，得到了广泛的应用。

本书作者 Brad Dayley，算得上是骨灰级软件工程师，拥有 20 多年的企业级应用程序开发经验，先后就职于 Adobe、Novell、John Wiley 等世界知名企业。Brad Dayley 也是一位非常善于表达的技术流图书作者，曾经出版过 *Node.js, MongoDB and AngularJS Web Development*、*jQuery and JavaScript in 24 Hours, Sams Teach Yourself*、*Python Phrasebook*、*Photoshop CC Bible*、*jQuery and JavaScript Phrasebook*、*Silverlight Bible* 等多部图书。此次国内引进出版的这本《MongoDB 入门经典》，是其 2014 年出版的新书。

这本书在内容的安排上，遵循了非常直观易读又循序渐进的思路，用 24 个课程教读者学会如何打造一个实时高效的大数据解决方案，即使读者没有任何的 MongoDB 部署经验。如何实现 MongoDB，是这本书重点着墨的地方，也是初学 MongoDB 的人最需要彻底弄明白的地方——创建数据库和集合，在 MongoDB 数据库中存储、查找与检索各种数据。

值得一提的是，这本书的代码示例很有特点，既有用来演示知识点的在正文中的代码，也有在 Try It Yourself 章节中出现的更加完整的代码，还可以作为小型应用程序来运行。代码示例简洁优美，而且易懂易维护，是这本书的一个特点。

这本书的原书由 SAMS 公司出版，中文简体版由人民邮电出版社引进版权。相信此书能极大地满足广大 MongoDB 初学者的需求，还可以作为国内高等院校的相关专业教材。

本书的内容非常专业，语言精妙，而译者的水平和时间都相对有限，谬误与不当之处在所难免，敬请广大读者批评指正。

河南理工大学计算机科学与技术学院　米爱中

2014 年冬

作者简介

Brad Dayley 是一名资深软件工程师，拥有 20 多年企业级应用程序开发经验；设计并开发过大型商业应用程序，包括后端为 NoSQL 数据库、前端为 Web 的 SAS 应用程序；另著有 *jQuery and JavaScript Phrasebook*、*Sams Teach Yourself jQuery and JavaScript in 24 Hours* 和 *Node.js, MongoDB and AngularJS Web Development*。

致　谢

我要借此机会感谢所有让本书得以付梓的人员。首先，感谢我的妻子和儿子给予灵感和支持，如果没有你们，本书根本不可能完成。感谢 Mark Taber 确保本书没有偏离方向，感谢 Russell Kloepfer 所做的技术审阅，感谢 Melissa Schirmer 负责印制方面的杂务。

前　言

当前，互联网用户多达几十亿，传统的 RDBMS 数据库解决方案难以满足快速增长的海量数据处理需求，人们越来越多地采用专用数据库，它们不受制于传统 SQL 数据库的限制和开销。这些数据库被统称为 NoSQL，意思是“不仅仅是 SQL”；它们并非要取代 SQL 数据库，而是旨在提供另一种数据存储方式。

本书从 MongoDB 的角度讲授 NoSQL 概念。MongoDB 是一种 NoSQL 数据库，以易于实现、健壮、可扩展著称，是当前使用最广泛的 NoSQL 数据库。MongoDB 已成熟为稳定的平台，已被多家公司用来提供所需的数据可扩展性。

本书每章都介绍了将 MongoDB 用作高性能应用程序的后端存储所需的基本知识，阅读完本书后，您将对如何创建、使用和维护 MongoDB 数据库有深入认识。

请坐下来尽情享受学习 MongoDB 开发的旅程吧。

组织结构

本书分为 4 个部分。

- 第 1 部分，“NoSQL 和 MongoDB 初步”，介绍 NoSQL 基本概念、为何要使用 NoSQL 以及 NoSQL 数据库类型；探讨 MongoDB 数据结构和设计概念以及如何安装和配置 MongoDB。
- 第 2 部分，“实现 MongoDB”，讨论实现 MongoDB 的基本知识，重点是创建数据库和集合以及在 MongoDB 数据库中存储、查找和检索数据的各种方法。
- 第 3 部分，“在应用程序中使用 MongoDB”，介绍一些最常见的编程环境中使用的 MongoDB 驱动程序。MongoDB 驱动程序是一个库，提供了以编程方式访问和使用 MongoDB 数据库所需的工具。这部分涵盖了用于 Java、PHP、Python 和 Node.js 的 MongoDB 驱动程序；针对每种语言的内容都自成一体，让您能够跳过与您不感兴趣的语言相关的章节。

- 第 4 部分，“其他 MongoDB 概念”，介绍其他 MongoDB 概念，完善您的 MongoDB 知识。在这部分，您将学习 MongoDB 数据库管理方面的基本知识，了解复制、分片和 GridFS 存储等 MongoDB 高级概念。

代码示例

本书的代码示例分两类，其中最常见的是夹杂在正文中的代码片段，旨在演示当前讨论的要点。另一种以 Try It Yourself 形式出现，这些代码示例更完备，可作为独立的小型应用程序运行。本书对代码示例进行了简化以确保它们短小易懂，例如，几乎没有包含错误检查代码。

为方便读者理解 Try It Yourself 示例代码，使用了包含行号的程序清单列出它们；在程序清单标题中，指出了代码来自哪个文件；另外，还通过独立的程序清单列出了示例代码的控制台输出，方便读者阅读本书时查看。

问与答、小测验和练习

每章末尾都有简短的问答环节，对每位读者都会有的疑问做出了解答；简短而全面的小测验让您能够进行自测，确保您牢固地掌握了每个知识点；最后提供了一两个练习，让您有机会将新学到的知识付诸应用。

目录

第1章

NoSQL 和 MongoDB 简介

本章介绍如下内容：

- MongoDB 如何组织数据；
- MongoDB 支持哪些数据类型；
- 什么情况下该范式化数据，什么情况下该反范式化；
- 如何规划数据模型；
- 固定集合（capped collection）是如何工作的；
- 什么情况下该使用索引、分片和复制；
- 如何确定数据的生命周期。

在大多数大型应用程序和服务中，核心都是高性能的数据存储解决方案。后端数据存储负责存储用户账户信息、产品数据、记账信息和博客等重要数据。优秀的应用程序要求能够准确、快速、可靠地存储和检索数据，因此选择的数据存储机制的性能必须能够满足应用程序的需求。

有多种数据存储解决方案可用于存储和检索应用程序所需的数据，其中最常见的有三种：文件系统直接存储、关系型数据库和 NoSQL 数据库。本书介绍 MongoDB，它是使用最广泛、功能最强大的 NoSQL 数据存储方式。

接下来的几节将介绍 NoSQL 和 MongoDB，并讨论决定如何组织数据和配置数据库前需要考虑的设计因素。为此，将首先提出问题，再介绍能够满足这些需求的 MongoDB 内置机制。

1.1 NoSQL 是什么

一种常见的误解是，以为术语 NoSQL 指的是“非 SQL”，它实际上指的是“不仅仅是

SQL”，这旨在强调这样一点：NoSQL 数据库并非 SQL 的替代品，它实际上也可使用类似于 SQL 的查询概念。

NoSQL 是个包罗万象的术语，涵盖了除传统关系型数据库管理系统（RDBMS）之外的所有数据库。NoSQL 旨在简化设计、支持横向扩展以及更细致地控制数据的可用性。NoSQL 数据库专用于存储特定类型的数据，因此在大多数情况下效率和性能都高于 RDBMS 服务器。

NoSQL 试图放弃关系型数据库的传统结构，让开发人员能够以更接近系统数据流需求的方式实现模型。这意味着 NoSQL 数据库能够以传统关系型数据库不支持的方式组织数据。

当前有多种不同的 NoSQL 技术，其中包括 HBase 列结构、Redis 键/值结构以及 Virtuoso 图结构。然而，本章介绍 MongoDB 及其使用的文档模型，因为在为 Web 应用程序和服务实现后端存储方面，它提供了极高的灵活性和可扩展性。另外，MongoDB 是当前使用最广泛、得到的支持最多的 NoSQL 语言。接下来的几小节描述一些 NoSQL 数据库类型。

1.1.1 文档存储数据库

文档存储数据库采用面向文档的方法来存储数据，其背后的理念是，可将单个实体的所有数据都存储在一个文档中，而文档可存储在集合中。

文档可包含描述实体的所有必要信息，包括子文档；而在 RDBMS 中，子文档通常存储为编码字符串或存储在独立的表中。集合中的文档是通过独一无二的键访问的。

1.1.2 键/值数据库

最简单的 NoSQL 数据库是键/值存储。这些数据库存储数据时不采用任何模式（schema），这意味着存储的数据无需遵循任何预定义的结构。键可指向任何数据类型，从对象到字符串值，再到编程语言的函数。

键/值存储的优点是易于实现和添加数据，因此非常适合用于提供基于键来存储和检索数据的简单存储，缺点是无法根据存储的值来查找元素。

1.1.3 列存储数据库

列存储数据库在键空间内以列的方式存储数据，其中的键空间基于独一无二的名称、值和时间戳。这类似于键/值数据库，但列存储数据库适合用于存储根据时间戳来区分有效内容和无效内容的数据。这提供了这样的优点，即能够让数据库中存储的数据过期。

1.1.4 图存储数据库

图存储数据库是为这样的数据设计的，即能够轻松将其表示为图。这意味着元素通过它们之间的关系相关联，而这些关系的数量是不确定的，就像家谱、社会关系、航线拓扑图或标准交通图那样。

1.2 选择 RDBMS、NoSQL 还是两者

研究 NoSQL 数据库时，在选择哪种数据库以及如何使用它们方面，应保持开放心态。对于高性能系统尤其应该如此。

您可能选择只使用 RDBMS 或 NoSQL，也可能需要结合使用它们以提供最佳的解决方案。

在所有高性能数据库中，都必须在速度、准确性和可靠性之间进行折衷。下面列出了选择数据库时需要考虑的一些因素。

- **要存储的数据是什么样的？**要存储的数据可能适合采用 RDBMS 的表/行结构、文档结构或简单的键/值对结构。
- **当前是如何存储数据的？**如果数据当前存储在 RDBMS 数据库中，就必须进行评估，将其全部或部分迁移到 NoSQL 需要多少人力和物力。另外，还应考虑是否能够保留原来的数据不动，只使用 NoSQL 数据库来存储新增的数据。
- **确保数据库事务的准确性有多重要？**NoSQL 的一个缺点是，大多数解决方案在 ACID（原子性、一致性、隔离性和持久性）方面都无法与广泛接受的 RDBMS 系统媲美。
- **数据库的速度有多重要？**如果对您的数据库来说，速度至关重要，那么使用 NoSQL 可能是合适的，因为它能够极大地提高性能。
- **数据不可用将导致什么后果？**考虑数据不可用对客户的影响有多大。别忘了，在客户看来，数据库响应太慢也属于不可用。包括 MongoDB 在内的很多 NoSQL 解决方案都使用复制和分片提供了良好的高可用性计划。
- **数据库将被如何使用？**具体地说，考虑大多数数据库操作都是写入还是读取的。您还可以据此确定数据分割边界，将主要被写入的数据和主要被读取的数据分开。
- **该将数据分开以充分利用 RDBMS 和 NoSQL 的优点吗？**考虑前述问题后，您可能想将有些数据（如关键交易）放在 RDBMS 数据库中，而将其他数据（如博客文章）放在 NoSQL 数据库中。

1.3 理解 MongoDB

MongoDB 是一种可扩展的敏捷 NoSQL 数据库，其中的 Mongo 源自单词 humongous。MongoDB 基于 NoSQL 文档存储模型；在这种模型中，数据对象被存储为集合中的文档，而不是传统关系型数据库中的行和列。文档是以二进制 JSON（BSON）对象的方式存储的。

MongoDB 旨在实现一种高性能、高可用、可自动扩展的数据存储，在本书后面您将看到，它安装和实现起来都非常简单。MongoDB 因为速度快、可扩展性强、易于实现，为需要存储用户评论、博客和其他内容的网站提供了极佳的后端存储解决方案。

下面是 MongoDB 得以成为最受欢迎的 NoSQL 数据库的其他一些原因。

- **面向文档：**MongoDB 是面向文档的，数据在数据库中的存储格式与您要在服务器端脚本和客户端脚本中处理的格式非常接近。这避免了将数据在行和对象之间进行转换。

- **高性能**：MongoDB 是市面上性能最高的数据库之一。在当今世界，很多用户都与网站交互，因此拥有能够支持庞大流量的后端至关重要。
- **高可用性**：MongoDB 的复制模型使其很容易保持高可用性，同时能够提供高性能和高可扩展性。
- **高可扩展性**：MongoDB 的结构使得能够将数据分布到多台服务器，从而轻松地实现横向扩展。
- **对 SQL 注入攻击免疫**：MongoDB 将数据存储为对象，而不使用 SQL 字符串，因此对 SQL 注入攻击（通过浏览器在 Web 表单中输入 SQL 语句，从而威胁 DB 的安全）免疫。

1.3.1 理解集合

MongoDB 使用集合将数据编组。集合是一组用途相同或类似的文档，相当于传统 SQL 数据库中的表，但存在一个重要差别：在 MongoDB 中，集合不受严格模式的管制，其中的文档可根据需要采用稍微不同的结构。这样就无需将文档的内容放在多个不同的表中，而在 SQL 数据库中经常需要这样做。

1.3.2 理解文档

在 MongoDB 数据库中，文档表示单个实体的数据，而集合包含一个或多个相关的文档。MongoDB 和 SQL 的一个主要差别在于文档不同于行：行数据是扁平的，每列都包含行中的一个值，而在 MongoDB 中，文档可包含嵌入的子文档，提供的数据模型与应用程序的要求更一致。

事实上，MongoDB 中表示文档的记录是以 BSON（一种轻量级二进制 JSON）的方式存储的。BSON 是一种轻量级二进制 JSON，使用对应于 JavaScript 属性/值对的字段/值对来定义文档中存储的值。几乎不需要做任何转换，就能将 MongoDB 记录转换为您可能在应用程序中使用的 JSON 字符串。

例如，MongoDB 中文档的结构可能类似于下面这样，其中包含字段 name、version、languages、admin 和 paths：

```
{
  name: "New Project",
  version: 1,
  languages: ["JavaScript", "HTML", "CSS"],
  admin: {name: "Brad", password: "****"},
  paths: {temp: "/tmp", project:"/opt/project", html: "/opt/project/html"}
}
```

注意到在这个文档结构中，包含类型为字符串、整数、数组和对象的字段/属性，就像 JavaScript 对象一样。表 1.1 列出了 BSON 文档支持的字段值数据类型。

字段名不能包含空格、句点（.）和美元符号（$）。另外，字段名_id 保留用于存储对象

ID（Object ID）。字段_id 包含系统中独一无二的 ID，这种 ID 由下列几部分组成：

- 从新纪元开始的秒数（4 字节）。
- 3 字节的机器标识符。
- 2 字节的进程 ID。
- 3 字节的计数器（该计数器的起始值是随机的）。

MongoDB 文档最大不能超过 16MB，这旨在避免查询占用太多 RAM 或频繁访问文件系统。文档也许根本不会接近这样的规模，但设计包含文件数据的复杂类型时必须牢记这种最大文档限制。

1.4 MongoDB 数据类型

BSON 数据格式提供了多种类型，可用于以二进制方式存储 JavaScript 对象。这些类型与 JavaScript 类型非常接近，理解它们很重要，因为查询 MongoDB 时，您可能要查找指定属性的值为特定类型的对象。例如，您可能在数据库中查询这样的文档：其时间戳为 String 对象或 Date 对象。

MongoDB 给每种数据类型都分配了 1～255 的整数 ID 号，以方便您按类型查询。表 1.1 列出了 MongoDB 支持的数据类型以及 MongoDB 用来标识它们的编号。

表 1.1 MongoDB 数据类型及其 ID 号

类型	编号
Double（双精度浮点数）	1
String（字符串）	2
Object（对象）	3
Array（数组）	4
Binary data（二进制数据）	5
Object ID（对象 ID）	7
Boolean（布尔值）	8
Date（日期）	9
Null（空）	10
Regular expression（正则表达式）	11
JavaScript	13
Symbol（符号）	14
JavaScript（带作用域）	15
32-bit integer（32 位整数）	16
Timestamp（时间戳）	17
64-bit integer（64 位整数）	18
Min key	255
Max key	127

使用 MongoDB 支持的各种数据类型时，需要注意的另一点是它们的排序顺序。比较不同 BSON 类型的值时，MongoDB 使用下面的排序顺序（从小到大）：

1. Min key（内部使用的类型）。
2. Null。
3. 数字（32 为整数、64 位整数和双精度浮点数）。
4. 符号和字符串。
5. 对象。
6. 数组。
7. 二进制数据。
8. 对象 ID。
9. 布尔值。
10. 日期和时间戳。
11. 正则表达式。
12. Max key（内部使用的类型）。

1.5 规划数据模型

实现 MongoDB 数据库前，需要了解要存储的数据的性质、如何存储这些数据，以及将如何访问它们。这让您能够预先做出决定，进而通过组织数据和应用程序来获得最佳性能。

具体地说，您需要自问下面的问题：

- 应用程序将使用哪些基本对象？
- 不同对象类型之间的关系是一对一、一对多还是多对多的？
- 在数据库中添加新对象的频率有多高？
- 从数据库中删除对象的频率有多高？
- 修改对象的频率有多高？
- 访问对象的频率有多高？
- 将如何访问对象？根据 ID、属性值、比较还是其他方式？
- 将如何多个对象？根据 ID、属性值还是其他方式？

找到这些问题的答案后，便可以开始考虑 MongoDB 数据库中集合和文档的结构了。接下来的几小节讨论各种 MongoDB 建模方法，您可使用它们来为文档、集合和数据库建模以优化数据存储和访问。

1.5.1 使用文档引用范式化数据

数据范式化指的是通过组织文档和集合以最大限度地减少冗余和依赖。为此，可找出这样的对象属性，即属性为子对象，而且应作为一个独立的文档存储在对象文档中的不同集合中。通常这对于这样的对象很有用，即与子对象的关系是一对多或多对多的。

对数据进行范式化的优点是，可减少数据库的规模，因为将只在独立的集合中存储子对象的一个拷贝，而不是在多个对象中重复存储它们。另外，如果需要频繁地修改子对象中的信息，将只需在一个地方修改，而无需在包含它的每个对象中进行修改。

对数据进行范式化的一个重大缺点是，查找对象时如果需要返回子对象，就必须再次查找它。如果需要频繁地访问这些对象，这将严重影响性能。

例如，如果一个系统中的用户都喜欢同一个商店，那么该系统适合对数据进行范式化。表示用户的对象包含属性 name、phone 和 favoriteStore，其中的属性 favoriteStore 是一个子对象，包含属性 name、street、city 和 zip。

数千位用户可能都喜欢同一个商店，这是一种明显的一对多关系。因此，在每个 User 对象中都存储 FavoriteStore 对象不合理，因为这可能导致相同的对象存储数千次。相反，FavoriteStore 对象应包含一个_id 属性，用于在 User 对象中引用 FavoriteStore 对象。这样，应用程序就可在 Users 集合中使用引用 ID favoriteStore 关联到 FavoriteStores 集合中的 FavoriteStore 文档。

图 1.1 说明了刚才描述的集合 Users 和 FavoriteStores 的结构。

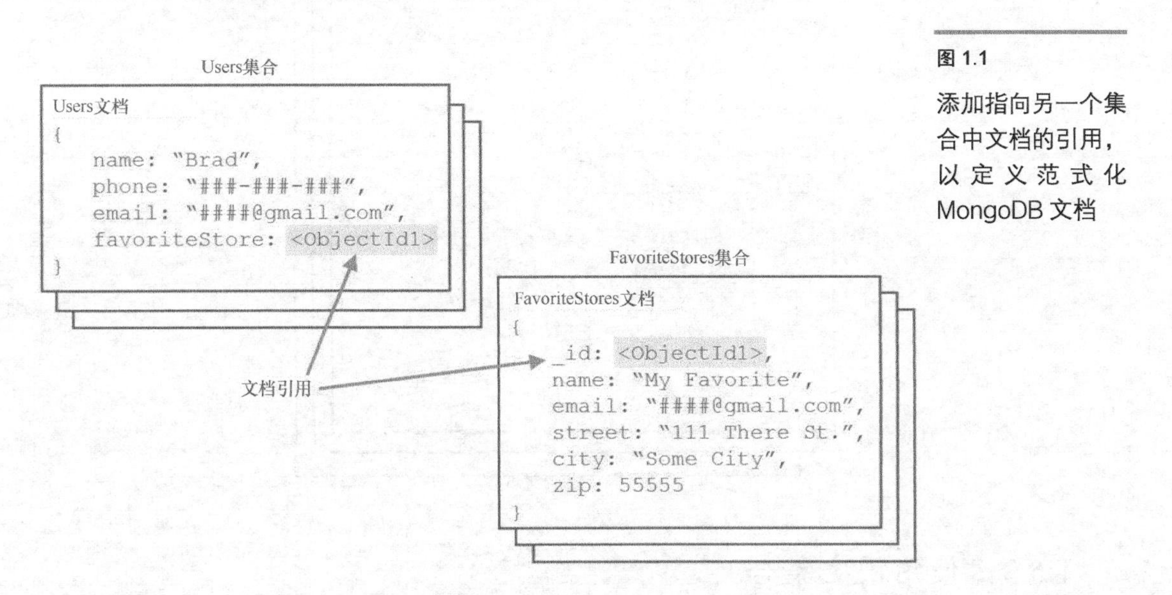

图 1.1

添加指向另一个集合中文档的引用，以定义范式化 MongoDB 文档

1.5.2 使用嵌入式文档对数据进行反范式化

对数据进行反范式化指的是找出应直接嵌入到主对象文档中的子对象。这通常适用于这样的情形：主对象和子对象之间为一对一关系或者子对象很少且不会频繁更新。

反范式化文档的主要优点是，只需一次查找就能获得整个对象，而无需在其他集合中查找子对象。这可极大地改善性能。其缺点是，对于与主对象存在一对多关系的子对象，将其存储多个拷贝，这将稍微降低插入速度，还将占用更多的磁盘空间。

一个适合对数据进行反范式化的例子是，系统包含用户的家庭联系信息和工作联系信息。这种用户用包含属性 name、home 和 work 的 User 文档表示，其中属性 home 和 work 都是子对象，包含属性 phone、street、city 和 zip。

用户的属性 home 和 work 不会频繁变化；多名用户的家庭联系信息可能相同，但这样的情况不会太多。另外，这些子对象存储的值不大，也不会频繁变化。因此，将家庭联系信息直接存储在 User 对象中是合适的。

属性 work 需要考虑一下。在您接触的人当中，有多少人的工作联系信息相同呢？如果答案是不多，那么子对象 work 也应嵌入到 User 对象中。查询 User 时，需要获取工作联系信息的频率高吗？如果很少这样做，也许应该将 work 存储在独立的集合中。然而，如果经常或总是需要这样做，也许应该将其嵌入到 User 对象中。

图 1.2 说明了前面描述的内嵌家庭和工作联系信息的 User 文档的结构。

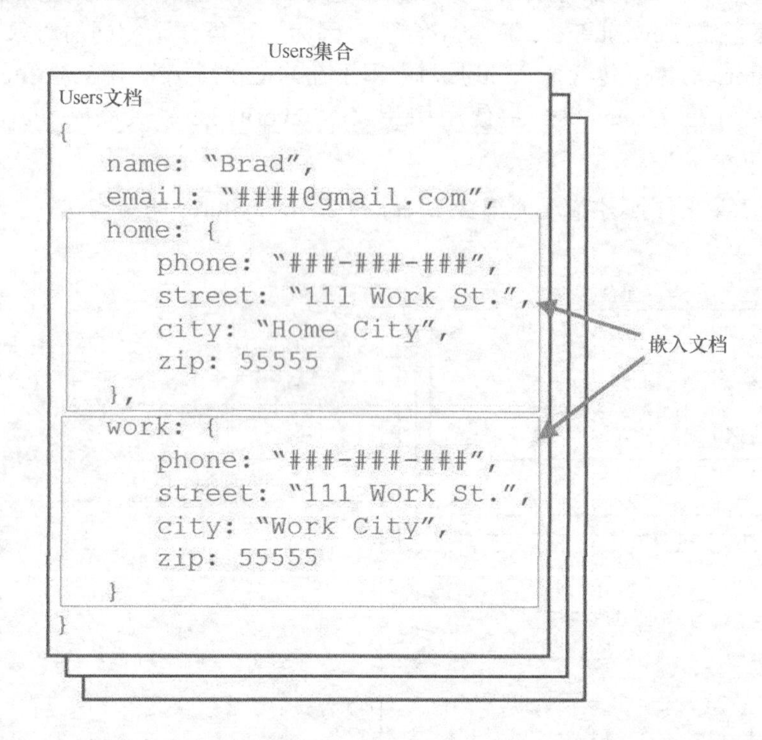

图 1.2
将对象内嵌在文档中，以定义反范式化 MongoDB 文档

1.5.3 使用固定集合

MongoDB 的一个优秀特性是，能够创建固定集合。固定集合是大小固定的集合：集合达到指定大小时，如果需要写入新文档，将把最旧的文档删除，再插入新文档。固定集合非常适合用于存储插入、检索和删除频繁的对象。

下面列出了使用固定集合的好处。

- 固定集合保证按插入顺序排列文档。查询不需要使用索引就能按存储顺序返回文档，避免了建立索引的开销。
- 固定集合禁止执行导致文档增大的更新，以保证文档在磁盘中的存储顺序与插入顺序相同。这避免了移动文档以及管理文档新位置的开销。

- 固定集合自动删除集合中最旧的文档，这让您无需在应用程序中实现删除功能。

固定集合也带来了如下限制。

- 更新文档时，不能导致它比插入到固定集合时大。您可以更新固定集合中的文档，但修改后不能比原来大。
- 您不能删除固定集合中的文档，因此不再使用的数据也将占用磁盘空间。您可显式地删除固定集合，这将删除所有的条目；因此要再次使用它必须重新创建。

固定集合非常适合用于存储系统中滚动的事务日志。这让您总是能够访问最后几个日志条目，且不需要显式地删除最旧的条目。

1.5.4 理解原子写入操作

在 MongoDB 中，写入操作在文档级是原子性的。不能有多个进程同时更新一个文档或集合，这意味着对反范式化文档的写入是原子性的。然而，写入范式化文档时，需要对其他集合中的子文档执行独立的写入操作，因此对范式化文档的写入可能不是原子性的。

设计文档和集合时，必须考虑写入的原子性，以确保设计符合应用程序的要求。换句话说，如果必须将写入对象的各个部分作为一个整体，并确保其原子性，就需要以非范式化方式设计对象。

1.5.5 考虑文档增大

当您更新文档时，必须考虑其在文档增大方面的影响。MongoDB 在文档中提供了一些留白，以支持更新操作导致的典型增大。然而，如果更新导致文档增大到超过了分配给它的磁盘空间，MongoDB 就必须将文档移到磁盘的其他位置，而这将影响系统的性能。频繁地移动文档还可能导致磁盘碎片问题。例如，如果文档包含一个数组，而您在这个数组中添加了很多元素，导致文档大小超过了分配给它的空间，就必须将该文档移到磁盘的其他位置。

缓解文档增大问题的方式之一是，对于可能频繁增长的属性，将其设计为范式化对象。例如，不使用数组来存储 Cart 对象中的商品，而创建一个用于存储商品的 CartItems；这样就可以将加入到购物车的商品作为新对象存储到集合 CartItems 中，并在 Cart 对象中引用这些商品。

1.5.6 找出可使用索引、分片和复制的情形

MongoDB 提供了多种优化性能、扩展性和可靠性的机制。制定数据库设计方案时，请考虑如下选项。

- **索引**：索引可改善常用查询的性能，这是通过建立可轻松排序的查找索引实现的。由于根据 ID 查找文档的查询很常见，因此会自动创建基于_id 字段的索引。然而，

您还需考虑用户访问数据的其他方式，并建立可改善这些查询方式的索引。

- **分片**：分片指的是拆分大型数据集合，将其放到集群中的多个 MongoDB 服务器中。这让大型系统能够使用多个服务器来支持大量的请求，对数据库实现了横向扩展。您应考虑数据量以及访问数据的请求数，以确定是否要对集合进行分片以及使用多少个分片。
- **复制**：复制指的是将数据复制到集群中的多个 MongoDB 实例。考虑数据库的可靠性时，应实现复制以确保始终有重要数据的备份拷贝。

1.5.7 使用大型集合还是大量集合

设计 MongoDB 文档和集合时，需要考虑的另一个因素是，使用这种设计时将有多少个集合。存在大量集合不会严重影响性能，但一个集合包含大量数据会严重影响性能。对于太大的集合，应想办法将其分成多个。

一个这样的例子是在数据库中存储用户的历史交易记录。您认识到，不需要同时查询多名用户的历史交易记录；保留这些记录只是为了让用户能够查看自己的历史交易。如果有数千名用户，而每位用户都有大量的交易，那么将每位用户的历史交易记录分别存储在一个集合中是合适的。

1.5.8 确定数据的生命周期

设计数据库时，最容易忽视的一个方面是数据的生命周期。文档应在集合中存在多久？有些集合包含应永远保留的文档，如活动用户账户。然而，别忘了查询集合时，系统中的每个文档都会带来性能开销。在每个集合中，都应指定文档的存活时间（Time To Live，TTL）。

在 MongoDB 中实现 TTL 机制的方式有多种。一种方法是在应用程序中实现对旧数据进行监视和清理的代码；另一种方法对集合设置 MongoDB TTL，指定多少秒后或到达指定时间后自动将文档删除。

在只需要最新的文档时，还可实现固定集合来自动限制集合的大小。

1.5.9 考虑数据可用性和性能

需要考虑（甚至反复考虑）的最后一点是数据可用性和性能。对任何 Web 解决方案来说，这两个方面都是最重要的，因此对提供支持的存储解决方案来说亦如此。

数据可用性指的是数据库能够满足网站的功能需求。您首先需要确保网站能够访问这些数据，这样网站才能正确地运行。用户不会容忍网站不按其指令行事，这也包含数据的准确性。

接下来，需要考虑性能。数据库必须以能够接受的速度提供数据。有关如何评估和设计数据库性能，请参阅前几小节。

在比较复杂的情况下，可能必须先评估数据可用性，再考虑性能，然后回过头去再评估数据可用性，这样循环往复几次，直到找到正确的平衡点。另外别忘了，在当今的世界，可用性需求可能随时发生变化。设计文档和集合时，务必确保它们必要时都能够轻松地扩展。

1.6 小结

大多数大型 Web 应用程序和服务的核心都是高性能的数据存储解决方案。后端数据存储负责存储各种信息，从用户账户信息到购物车中的商品，再到博客和评论。优秀的 Web 应用程序必须能够准确、快速、可靠地存储和检索数据，因此选择的数据存储机制的性能必须满足用户的需求。

有多种数据存储解决方案可用于存储和检索 Web 应用程序所需的数据，其中最常见的三种是直接文件系统存储、关系型数据库和 NoSQL 数据库。本书介绍数据存储解决方案 MongoDB，它是一种 NoSQL 数据库。

本章介绍了决定如何组织数据和配置 MongoDB 数据库前，必须考虑的设计因素；还介绍了要提出的设计问题以及如何使用 MongoDB 内置的机制来解决这些问题。

1.7 问与答

问：MongoDB 有哪些版本？

答：有用于 Windows、Linux、Mac OS X 和 Solaris 的 MongoDB 版本。还有企业订阅版本，供要求企业级功能、正常运行时间和支持的专业和商业应用程序使用。如果 MongoDB 数据对应用程序来说生死攸关，且 DB 流量非常高，可考虑使用付费的订阅版本。有关这方面的更详细信息，请参阅 https://www.mongodb.com/products/mongodb-subscriptions。

问：MongoDB 有模式吗？

答：从某种程度上说有。MongoDB 实现动态模式，让您创建集合时无需规定文档结构。这意味着可在同一个集合中存储包含不同字段的文档。

1.8 作业

作业包含一组问题及其答案，旨在加深您对本章内容的理解。请尽可能先回答问题，再看答案。

1.8.1 小测验

1. 范式化文档和反范式化文档有何不同？
2. 判断对错：JavaScript 是 MongoDB 文档支持的一种数据类型。
3. 固定集合有何用途？

1.8.2 小测验答案

1．反范式化文档包含子文档，而范式化文档的子文档存储在另一个集合中。

2．对。

3．固定集合让您能够对集合的大小或存储的文档数进行限制，从而只保留最新的文档。

1.8.3 练习

1．访问 MongoDB 文档网站并浏览 FAQ 网页。这个网页回答了多个与各种主题相关的问题，是个不错的起点。FAQ 网页的网址为 http://docs.mongodb.org/manual/faq/。

第2章

安装和配置 MongoDB

本章介绍如下内容：

- 安装并配置 MongoDB 服务器；
- 访问 MongoDB HTML 界面；
- 使用 MongoDB shell 访问 MongoDB 服务器；
- 使用 MongoDB shell 原生方法；
- 使用 JavaScript 脚本与 MongoDB 服务器交互。

本章旨在让您快速熟悉 MongoDB。前一章侧重于 MongoDB 的理论方面，而本章侧重于实际使用。您将学习如何安装 MongoDB、启动和停止引擎以及访问 MongoDB shell。MongoDB shell 让您能够管理 MongoDB 服务器以及执行各种必要的任务。您将发现，在开发过程中以及管理数据库时，经常需要使用 MongoDB shell。

本章介绍如何安装、配置、启动和停止 MongoDB 数据库；还将介绍 MongoDB shell，它让您能够执行从创建用户账户和数据库到实现复制和分片在内的各种 MongoDB 管理任务。

2.1 搭建 MongoDB 环境

要开始使用 MongoDB，首先需要在您的开发系统中安装它，然后就可以尝试完成各种任务并学习 MongoDB shell 了。

接下来的几小节将介绍如何安装 MongoDB、启动和停止其数据库引擎以及访问 MongoDB shell。知道如何执行这些任务后，您便能够开始使用 MongoDB 了。

2.1.1 安装 MongoDB

实现 MongoDB 数据库的第一步是安装 MongoDB 服务器。有用于各种主要平台（Linux、

Windows、Solaris 和 OS X）的 MongoDB 版本；还有用于 Red Hat、SuSE、Ubuntu 和 Amazon Linux 的企业版。MongoDB 企业版是基于订阅的，提供了更强大的安全、管理和集成支持。

就本书以及学习 MongoDB 而言，MongoDB 标准版就很好。有关如何下载并安装 MongoDB，请参阅 http://docs.mongodb.org/manual/installation/。

下面大致介绍了安装和配置过程，本节最后将引导您完成安装和配置。

1．下载 MongoDB 文件并解压缩。

2．在系统路径中添加<mongo_install_location>/bin。

3．创建一个数据文件目录：<mongo_data_location>/data/db。

4．在控制台提示符下使用下面的命令启动 MongoDB。

```
mongod - dbpath <mongo_data_location>/data/db
```

2.1.2　启动 MongoDB

安装 MongoDB，需要知道如何启动和停止数据库引擎。要启动数据库引擎，可执行<mondo_install_location>/bin 中的可执行文件 mongod（Windows 中为 mongod.exe）。这个可执行文件启动 MongoDB 服务器，并开始在指定端口上侦听数据库请求。

可执行文件 mongod 接受多个参数，这些参数提供了控制其行为的途径。例如，您可以配置 MongoDB 在哪个 IP 地址和端口上侦听，还可配置日志和身份验证。表 2.1 列出了最常用的参数。

下面的示例在启动 MongoDB 时指定了参数 port 和 dbpath：

```
mongod -port 28008 -dbpath <mongo_data_location>/data/db
```

表 2.1　mongod 命令行参数

参数	描述
--help，-h	返回基本的帮助和用法信息
--version	返回 MongoDB 的版本
--config <filename>，-f <filename>	指定包含运行阶段配置的配置文件
--verbose、-v	增加内部报告的信息量；这些信息被发送到控制台，并被写入到--logpath 指定的日志文件
--quiet	减少发送到控制台和日志文件的内部报告的信息量
--port <port>	指定一个 TCP 端口，mongod 将在这个端口上侦听客户端连接。默认为 27017
--bind_ip <ip address>	指定 mongod 将绑定到哪个 IP 地址以侦听连接。默认为所有接口
--maxConns <number>	指定 mongod 最多同时接受多少个连接，最多为 20000 个
--logpath <path>	指定日志文件的路径。重启后将覆盖日志文件，除非指定了--logappend
--auth	启用数据库身份验证，对从远程主机连接到数据库的用户进行身份验证
--dbpath <path>	指定一个目录，mongod 实例将在其中存储数据
--nohttpinterface	禁用 HTTP 接口
--nojournal	禁用支持持久性的日记功能（journaling）
--noprealloc	禁用数据文件预分配。这将缩短启动时间，但可能严重影响正常操作的性能
--repair	对所有数据库运行修复例程

2.1.3 配置 MongoDB

除指定命令行参数外，可执行文件 mongod 还可接受一个配置文件，其中指定了控制 MongoDB 服务器行为的配置选项。使用配置文件可更轻松地管理 MongoDB 配置设置；另外，可创建多个配置文件，供各种数据库角色使用，如开发、测试和生产。

这些配置选项是使用下面的格式指定的，其中<setting>为配置设置，而<value>指定了设置的值：

```
<setting> = <value>
```

例如，下面的是一个简单的基本配置文件示例：

```
verbose = true
port = 27017
dbpath = /data/db
noauth = true
```

表 2.2 列出了在配置文件中指定的一些常见配置选项，让您对可指定哪些配置选项有大致了解。

表 2.2 mongod 配置文件设置

设置	描述

verbose	增加内部报告的信息量，这些信息将显示到控制台屏幕上或写入到日志文件中。可能取值为 true 和 false。另外，还可使用 v、vv、vvv 或 vvvv 来提高详细等级。例如：
	`verbose = true`
	`vvv = true`

logpath	指定将包含 MongoDB 日志条目的日志文件的位置和文件名
logappend	如果为 false，每次启动 mongod 实例时都将新建一个日志文件，并覆盖旧的日志文件；如果为 true，将不会覆盖旧的日志文件，而在它末尾附加。默认为 false
port	指定一个 TCP 端口，mongod 将在这个端口上侦听客户端连接。默认为 27017
bind_ip	指定一个用逗号分隔的 IP 地址列表，mongod 将在这些地址上侦听。默认为所有接口
maxConns	指定 MongoDB 服务器最多可同时接受多少个连接
auth	如果为 true，将启用数据库身份验证，这意味着客户端必须提供身份验证凭证。默认为 false
noauth	如果为 true，将禁用身份验证
journal	如果为 true，将启用操作日记，以确保持久性和数据一致性。在 64 位系统上默认为 true，在 32 位系统上默认为 false
nohttpinterface	如果为 true，将禁用用于访问服务器状态和日志的 HTTP 接口。默认为 false
rest	如果为 true，将启用 MongoDB 数据库服务器的简单 REST 接口，让您能够通过发送 REST 请求来访问数据库。默认为 false

2.1.4 停止 MongoDB

启动可执行文件 mongod 后，停止它的方法随平台而异。然而，停止它的最佳方法是在

MongoDB shell 中进行，这将干净地终止当前操作，并强制 mongod 退出。

要在 MongoDB shell 中停止 MongoDB 数据库服务器，可使用下面的命令，切换到 admin 数据库再关闭数据库引擎：

```
use admin
db.shutdownServer()
```

Try It Yourself

在开发环境中安装并配置 MongoDB

在本节中，您将在开发环境中实现 MongoDB。继续往下阅读前，务必完成本节介绍的步骤，确保在您的开发环境中正确地配置了 MongoDB。

请按如下步骤在您的开发系统中安装并配置 MongoDB。

1．前往 www.mongodb.org/downloads，根据您的系统下载相应的 MongoDB 生产版本。

2．将文件解压缩到要运行 MongoDB 的位置（以下称之为<mongo_install_path>）。

3．在系统路径中添加<mongo_install_location>/bin。

4．创建一个数据文件目录：<mongo_install_location>/data/db。

5．创建配置文件<mongo_install_location>/bin/mongod_config.txt。

6．在该配置文件中添加如下配置设置并存盘：

```
verbose = true
port = 27017
dbpath=c:\mongodb\data\db\
noauth = true
maxConns = 10
rest = true
```

7．启动 MongoDB 服务器。打开一个控制台窗口，并在其中使用下面的命令启动；您需要将<mongo_data_location>替换为您的安装目录。这将启动 MongoDB 数据库服务器。

```
mongod --config <mongo_install_location>/bin/mongod_config.txt
```

8．启动 MongoDB shell。再打开一个控制台窗口，并执行命令 mongo 来启动 MongoDB shell。

9．执行下面的命令以停止 MongoDB 服务器：

```
use admin
db.shutdownServer()
```

10．执行命令 exit 退出 MongoDB shell。

至此，您成功地安装、配置、启动和停止了 MongoDB 服务器。

2.2 访问 MongoDB HTTP 接口

MongoDB 内置了一个 HTTP 接口，可向您提供有关 MongoDB 服务器的信息。HTTP 接口提供了有关 MongoDB 服务器的状态信息，还提供了一个 REST 接口，让您能够通过 REST 调用来访问数据库。

在大多数情况下，您都将在应用程序中使用编程语言专用的驱动程序来访问 MongoDB 数据库。然而，使用 HTTP 接口通常有助于获悉如下信息。

- 版本。
- 数据库个数。
- 活动游标数。
- 复制信息。
- 客户端信息，包括锁和查询。
- DB 日志视图。

要访问 MongoDB HTTP 接口，可访问该接口的端口 28017。

例如，在启动了 MongoDB 服务器的情况下，在本地主机上使用下面的 URL 可访问 MongoDB HTTP 接口（如图 2.1 所示）：http://localhost:28017/。

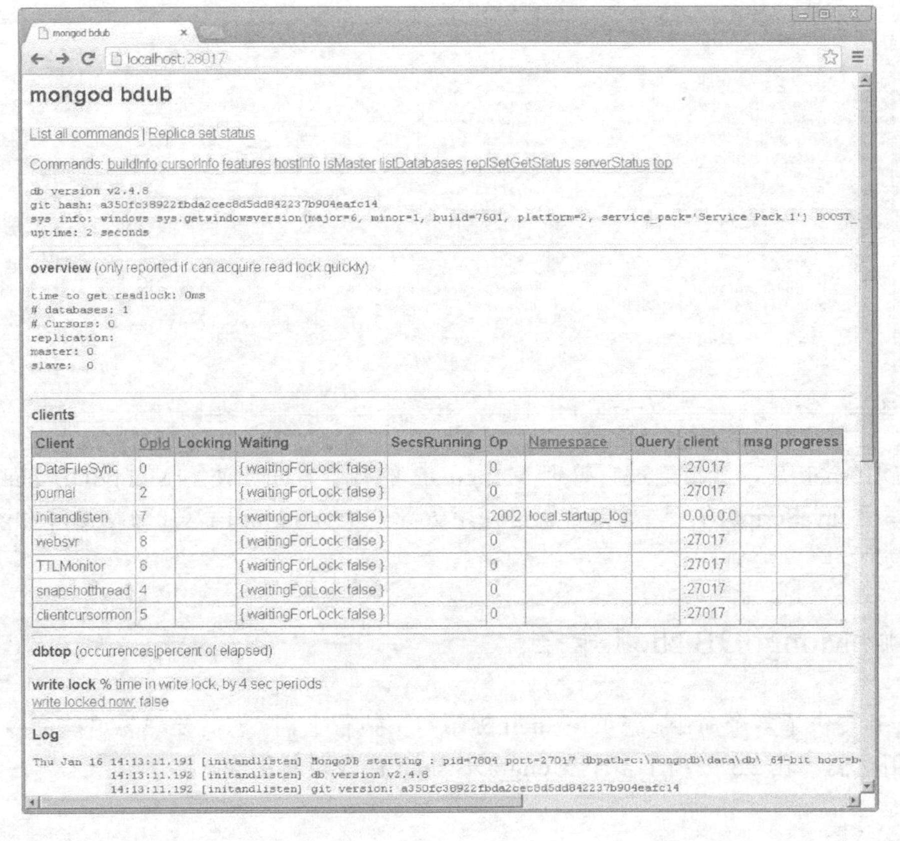

图 2.1

使用 MongoDB HTTP 接口在浏览器中查看 MongoDB 数据库信息

2.3 从MongoDB shell访问MongoDB

安装、配置并启动MongoDB后，便可通过MongoDB shell访问它了。MongoDB shell是MongoDB自带的一个交互式JavaScript shell，让您能够访问、配置和管理MongoDB数据库、用户等。使用这个shell可执行各种任务，从设置用户账户到创建数据库，再到查询数据库内容，无所不包。

接下来的几小节将带您完成在MongoDB shell中执行的一些常见管理任务。具体地说，您需要能够创建用户账户、数据库和集合，才能完成本书后面的示例。您至少还应能够执行基本的文档查询，以帮助排除数据访问故障。

2.3.1 启动MongoDB shell

MongoDB shell是一个可执行文件，位于MongoDB安装路径下的/bin文件夹中。要启动MongoDB shell，可执行命令mongo。这将在控制台提示符中启动该shell，如图2.2所示。

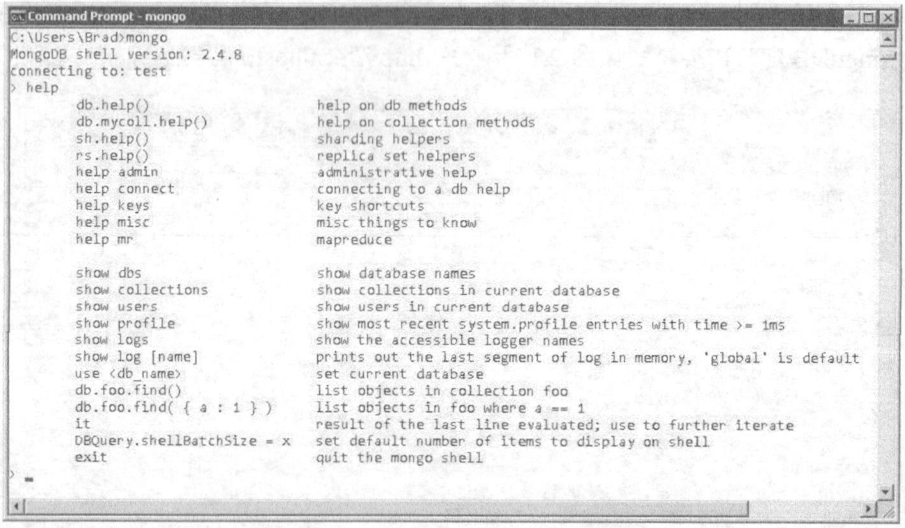

图2.2

启动MongoDB shell

```
Command Prompt - mongo
C:\Users\Brad>mongo
MongoDB shell version: 2.4.8
connecting to: test
> help
        db.help()                    help on db methods
        db.mycoll.help()             help on collection methods
        sh.help()                    sharding helpers
        rs.help()                    replica set helpers
        help admin                   administrative help
        help connect                 connecting to a db help
        help keys                    key shortcuts
        help misc                    misc things to know
        help mr                      mapreduce

        show dbs                     show database names
        show collections             show collections in current database
        show users                   show users in current database
        show profile                 show most recent system.profile entries with time >= 1ms
        show logs                    show the accessible logger names
        show log [name]              prints out the last segment of log in memory, 'global' is default
        use <db_name>                set current database
        db.foo.find()                list objects in collection foo
        db.foo.find( { a : 1 } )     list objects in foo where a == 1
        it                           result of the last line evaluated; use to further iterate
        DBQuery.shellBatchSize = x   set default number of items to display on shell
        exit                         quit the mongo shell
> _
```

启动MongoDB shell后，就可通过它管理MongoDB的各个方面。使用MongoDB shell时，别忘了它是基于JavaScript的。这意味着您可使用大部分JavaScript语法（包括循环和函数）来与数据库交互。

2.3.2 理解MongoDB shell命令

MongoDB shell提供了多个命令，您可在shell提示符下执行它们。您需要熟悉这些命令，因为您将经常使用它们。表2.3列出了多个MongoDB shell命令及其用途。

表 2.3 MongoDB shell 命令

命令	描述
help <option>	显示 MongoDB shell 命令的语法帮助。参数 option 让您能够指定需要哪方面的帮助，如 db、collection 或 cursor
use <database>	修改当前数据库句柄。数据库操作是在当前数据库句柄上进行的
show <option>	根据参数 option 显示一个列表。参数 option 的可能取值如下。 dbs：显示数据库列表 collections：显示当前数据库中的集合列表 users：显示当前数据库中的用户列表 profile：显示 system.profile 中时间超过 1 毫秒的条目
log [name]	显示内存中日志的最后一部分。如果没有指定日志名，则默认为 global
exit	退出 MongoDB shell

2.3.3 理解 MongoDB shell 原生方法和构造函数

MongoDB shell 提供了用于执行管理任务的原生方法，您可在 MongoDB shell 中直接调用它们，也可在 MongoDB shell 中执行的脚本中调用它们。

包括 DB、Collection 和 Cursor 在内的 JavaScript 对象也提供了管理方法，这将在本书后面讨论。

表 2.4 列出了最常见的原生方法，它们提供了建立连接、创建对象、加载脚本等功能。

表 2.4 MongoDB shell 原生方法和构造函数

方法	描述
Date()	创建一个 Date 对象。默认情况下，创建一个包含当前日期的 Date 对象
UUID(hex_string)	将 32 字节的十六进制字符串转换为 BSON 子类型 UUID
ObjectId.valueOf()	将一个 ObjectId 的属性 str 显示为十六进制字符串
Mongo.getDB(database)	返回一个数据库对象，它表示指定的数据库
Mongo(host:port)	创建一个连接对象，它连接到指定的主机和端口
connect(string)	连接到指定 MongoDB 实例中的指定数据库。返回一个数据库对象。连接字符串的格式如下：host:port/database，如 db = connect("localhost:28001/myDb")
cat(path)	返回指定文件的内容
version()	返回当前 MongoDB shell 实例的版本
cd(path)	将工作目录切换到指定路径
getMemInfo()	返回一个文档，指出了 MongoDB shell 当前占用的内存量
hostname()	返回运行 MongoDB shell 的系统的主机名
_isWindows()	如果 MongoDB shell 运行在 Windows 系统上，就返回 true；如果运行在 UNIX 或 Linux 系统上，就返回 false
load(path)	在 MongoDB shell 中加载并运行参数 path 指定的 JavaScript 文件
_rand()	返回一个 0～1 的随机数

2.3.4 理解命令参数和结果

MongoDB shell 是一个交互式 JavaScript shell，与 MongoDB 数据结构联系紧密。这意味着大部分数据交互（从传递给方法的参数到从方法返回的数据）都是标准的 MongoDB 文档——在大多数情况下都是 JavaScript 对象。

例如，创建用户时，传入一个类似于下面的文档来定义用户：

```
db.addUser( { user: "testUser",
              userSource: "test",
              roles: [ "read" ],
              otherDBRoles: { testDB2: [ "readWrite" ] } } )
```

在 MongoDB shell 中列出数据库的用户时，以类似于下面的文档列表显示用户：

```
> db.system.users.find()
{ "_id" : ObjectId("529e71927c798d1dd56a63d9"),
  "user" : "dbadmin",
  "pwd" : "78384f4d73368bd2d3a3e1da926dd269",
  "roles" : [ "readWriteAnyDatabase", "dbAdminAnyDatabase", "clusterAdmin" ]
}
{ "_id" : ObjectId("52a098861db41f82f6e3d489"),
  "user" : "useradmin",
  "pwd" : "0b4568ab22a52a6b494fd54e64fcee9f",
  "roles" : [ "userAdminAnyDatabase" ]
}
```

2.4 MongoDB shell 脚本编程

正如您看到的，MongoDB shell 命令、方法和数据结构都是基于交互式 JavaScript 的。为管理 MongoDB，一种很不错的方法是创建脚本，这些脚本可运行多次，也可在指定的时间（如升级时）运行。

在脚本文件中，可包含任意数量使用 JavaScript（如条件语句和循环）的 MongoDB 命令。MongoDB shell 脚本编程主要是通过三种方式实现的。

- 在命令行使用参数--eval <expression>，其中 expression 是要执行的 JavaScript 表达式。
- 在 MongoDB shell 启动后，调用方法 load(script_path)，其中 script_path 是要执行的 JavaScript 文件的路径。
- 在命令行指定要执行的 JavaScript 文件。

接下来的几小节详细介绍这些方式。

2.4.1 使用命令行选项--eval 执行 JavaScript 表达式

一种以脚本方式执行 MongoDB shell 命令的方法是，使用命令行选项--eval。参数--eval

接受一个 JavaScript 字符串或 JavaScript 文件，启动 MongoDB shell，并立即执行这些 JavaScript 代码。除--eval 外，您还可使用其他命令行参数指定配置文件、数据库、端口、身份验证信息等。

例如，下面的命令启动 MongoDB shell，连接到数据库 test，对该数据库执行 db.getCollections()，并以 JSON 字符串的方式输出结果：

```
mongo test --eval "printjson(db.getCollectionNames())"
```

上述命令的输出类似于下面这样：

```
C:\Users\Brad>mongo words --eval "printjson(db.getCollectionNames())"
MongoDB shell version: 2.4.8
connecting to: words
[
        "system.indexes",
        "word_stats",
        "word_stats2",
        "word_stats_new",
        "words"
]
```

2.4.2 在 MongoDB shell 中使用方法 load()来执行脚本

还可以在 MondoDB shell 提示符下使用方法 load(script_ path)来执行 JavaScript 文件。这个方法加载并立即执行指定的 JavaScript 文件，例如，下面的 MondoDB shell 加载并执行脚本文件 db_update.js：

```
load("/data/db/get_collections.js")
```

2.4.3 在命令 mongo 中指定要执行的 JavaScript 文件

最常用的 MongoDB shell 脚本编程方法是，创建一个 JavaScript 文件，并直接使用命令 mongo 来执行它。MongoDB shell 将读取 JavaScript 文件，逐行执行并在执行完毕后退出。

要在执行 JavaScript 代码时将结果输出到控制台，可使用函数 print()。您还可使用 MongoDB shell 特有的函数 printjson()，它自动设置 JSON 对象的格式。然而 printjson()采用的格式占用的屏幕空间太多，最好使用 JavaScript 方法（如 JSON.stringify()）来设置输出 JSON 对象的格式。

例如，假设您在文件 get_collections.js 中添加了如下 JavaScript 代码：

```
db = connect("localhost/words");
printjson(db.getCollectionNames())
```

可直接在控制台中使用下面的 mongo 命令来执行这个脚本：

```
mongo get_collections.js
```

这将加载该脚本、连接到数据库 words 并显示其中的集合。输出类似于下面这样：

```
MongoDB shell version: 2.4.8
connecting to: test
type "help" for help
connecting to: localhost/words
[
        "system.indexes",
        "word_stats",
        "word_stats2",
        "word_stats_new",
        "words"
]
```

还可执行多个 JavaScript 文件，为此只需在命令 mongo 中用空格分隔它们，如下所示：

```
mongo get_ collections.js load_data.js get_data.js
```

Try It Yourself

MongoDB shell 脚本编程

在本节中，您将创建自己的 MongoDB shell 脚本。本书后面要求您能够创建 JavaScript 文件，并在其中使用 MongoDB shell 命令连接到数据库、访问集合及执行各种任务。

请按下面的步骤创建一个 JavaScript 文件，它使用 MongoDB shell 命令输出一些信息。

1．创建一个名为 code 的文件夹，用于存储本书的示例代码。

2．在文件夹 code 中，创建一个名为 hour02 的文件夹。

3．在文件夹 code/hour02 中，创建文件 shell_script.js。

4．将程序清单 2.1 所示的代码复制到这个文件中。这些代码包含一些基本的 MongoDB shell 命令，并使用 print()和 printjson()来输出结果。

5．将这个文件存盘。

6．启动 MongoDB 服务器。

7．再打开一个控制台窗口，并切换到目录 code/hour02。

8．执行命令 mongo shell_script.js 来运行这个脚本，您将看到类似于程序清单 2.2 的输出。

9．使用命令 mongo 启动 MongoDB shell。

10．在 MongoDB shell 中，使用命令 load("shell_script.js")再次执行这个脚本。

输出应与您在第 8 步看到的相同。

程序清单 2.1　shell_script.js：执行 MongoDB shell 命令并输出结果的 JavaScript 文件

```
01 print("Hostname:");
02 print("\t"+hostname());
```

```
03 print("Date:");
04 print("\t"+Date());
05 db = connect("localhost/admin");
06 print("Admin Collections:");
07 printjson(db.getCollectionNames());
```

程序清单 2.2 shell_script.js-output：执行 MongoDB shell 命令的 JavaScript 文件的输出

```
Hostname:
        MyComputer
Date:
        Mon Jan 20 2014 13:10:36 GMT-0700 (Mountain Standard Time)
connecting to: localhost/admin
Admin Collections:
  [ "fs.chunks", "fs.files", "system.indexes", "system.users" ]
```

▲

2.5 小结

本章旨在让您快速熟悉 MongoDB 服务器和 MongoDB shell。您下载并安装了 MongoDB，学习了如何设置配置选项，以控制 MongoDB 服务器的行为。

您还学习了如何启动 MongoDB shell。MongoDB shell 是一个用于同 MongoDB 交互的 JavaScript 界面，您可在其中执行方法，以访问 MongoDB 服务器、查看集合和数据库以及执行管理任务。

您还学习了如何编写并执行这样的 JavaScript 文件：使用 MongoDB shell 命令来执行数据库操作。

2.6 问与答

问：有其他启动和停止 MongoDB 服务器的方法吗？

答：有。每种平台都有其启动和停止 MongoDB 服务器的方法。例如，在 Windows、Linux 和 Mac 平台中，可将 MongoDB 服务器配置成服务，再使用随平台而异的方法来启动和停止 MongoDB 服务器。

问：能够滚动到以前在 MongoDB shell 中执行的命令吗？

答：可以。为此，可使用上、下箭头键。

2.7 作业

作业包含一组问题及其答案，旨在加深您对本章内容的理解。请尽可能先回答问题，再看答案。

2.7.1 小测验

1. 命令行选项--eval 有何用途？
2. 在 MongoDB shell 中如何显示数据库清单？
3. 如何干净地关闭 MongoDB 服务器？
4. 指定配置时，使用命令行选项更好还是使用配置文件更好？

2.7.2 小测验答案

1. 命令行选项--eval 在 MongoDB shell 中执行指定的 JavaScript 表达式、输出结果并退出 MongoDB shell。
2. 执行命令 show dbs。
3. 在 MongoDB shell 执行下面的命令，它们切换到数据库 admin 并关闭服务器：
```
use admin
db.shutdownServer()
```
4. 通常使用配置文件更好，因为可轻松地修改和调整其中的设置。另外，还可创建多个配置文件，用于各种 DB 角色。

2.7.3 练习

1. 在文件夹 code/hour02 中，创建一个名为 test.js 的 JavaScript 文件，在其中添加如下命令，并在命令行使用 mongo test.js 来执行它：
```
print(hostname());
print(Date());
```
2. 启动 MongoDB shell，在其中调用方法 load("./test.js")来执行前一个练习中编写的文件。

第3章

在 MongoDB shell 中使用 JavaScript

本章介绍如下内容：

- 理解 JavaScript 基本语法；
- 在 MongoDB shell 脚本中输出数据；
- 使用循环来迭代数组；
- 在 MongoDB shell 中创建函数和 JavaScript 对象；
- 操作数组；
- 管理和操作 JavaScript 字符串；
- 查找子串；
- 在 MongoDB shell 脚本中处理错误。

MongoDB shell 是一个交互式 JavaScript，您可以在其中直接执行 JavaScript 代码或 JavaScript 文件。接下来的几章将讨论如何使用 MongoDB shell 来访问数据库以及创建和操作集合和文档，它们提供了使用 JavaScript 编写的示例。要明白这些示例，您必须对 JavaScript 语言的重要方面有些了解。

本章旨在让您熟悉一些 JavaScript 基本知识，如变量、函数和对象。这里并非要提供完整的 JavaScript 指南，而只想简要地介绍重要的语法和习语（idiom）。如果您不熟悉 JavaScript，本章将提供足够的背景知识，让您能够明白本书后面的所有示例。如果您对 JavaScript 很熟悉，可跳过本章，也可利用这个机会复习一下。

3.1 定义变量

在 JavaScript 编程中，首先要做的就是定义变量。变量提供了给数据命名的途径，让您能够在 JavaScript 文件中临时使用它来存储和访问数据。变量可指向数字或字符串等简单数据类型，也可指向对象等更复杂的数据类型。

要在 JavaScript 中定义变量，可使用关键字 var 并指定变量名，如下所示：

```
var myData;
```

还可在定义变量的同时给它赋值。例如，下面的代码行创建一个名为 myString 的变量，并将值"Some Text"赋给它：

```
var myString = "Some Text";
```

这样代码与下面的代码等效：

```
var myString;
myString = "Some Text";
```

声明变量后，就可使用其名称给变量赋值以及访问变量的值。例如，下面的代码将一个字符串存储到变量 myString 中，然后使用它给变量 newString 赋值：

```
var myString = "Some Text";
var newString = myString + " Some More Text";
```

变量名应描述其存储的数据，这样以后就能在程序中轻松地使用它们。给变量命名时，必须遵守的规则如下：必须以字母、$或_打头，且不能包含空格。另外，别忘了变量名是区分大小写的，因此 myString 和 MyString 是两个不同的变量名。

3.2 理解 JavaScript 数据类型

JavaScript 根据数据类型来决定如何处理赋给变量的数据。变量的类型决定了您可对变量执行哪些操作，如循环和执行。下面是您在本书中最常用的变量类型。

- **字符串**：这种变量以字符串的方式存储字符数据。字符数据用单引号或双引号标识，引号内的所有数据都将赋给字符串变量，例如：

```
var myString = 'Some Text';
var anotherString = 'Some More Text';
```

- **数字**：以数值方式存储的数据。数字在计数、计算和比较时很有用。下面是一些示例：

```
var myInteger = 1;
var cost = 1.33;
```

- **布尔型**：这种变量存储一位，其值要么为 true 要么为 false。布尔值常用作标志，例如您可能在代码开头将一个变量设置为 false，并在代码末尾检查该变量，以确定代码执行时是否经过了特定的位置。下面的示例定义了一个值为 true 的变量和一个值为 false 的变量：

```
var yes = true;
var no = false;
```

➢ **数组**：使用索引的数组是一系列不同的数据项，它们存储在一个变量名下。要访问数组中的数据项，可使用 array[index]，其中 index 是从零开始的索引。在下面的示例中，创建了一个简单的数组，再访问第一个元素（其索引为 0）。

```
var arr = ["one", "two", "three"];
var first = arr[0];
```

➢ **对象字面量**：在 JavaScript 中，可创建和使用对象字面量。使用对象字面量时，可使用语法 object.property 来访问对象的值和函数。下面的示例演示了如何创建和访问对象字面量的属性：

```
var obj = {"name":"Brad", "occupation":"Hacker", "age", "Unknown"};
var name = obj.name;
```

➢ **null**：有时候，您没有在变量中存储值，这可能是因为它还没有创建或您不想再使用它。在这种情况下，可将变量设置为 null。使用 null 比将值 0 或空字符串""赋给变量更佳，因为这些值对变量来说可能是有效的值。将 null 赋给变量表示它没有值，可在代码中将其与 null 进行比较。

```
var newVar = null;
```

提示：

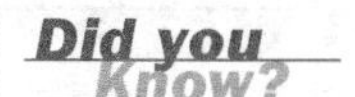

JavaScript 是一种无类型语言，您无需给变量指定数据类型——解释器会自动确定变量的正确类型。另外，可将一种类型的值赋给另一种类型的变量，例如，下面的代码定义了一个字符串变量，然后将一个整型值赋给它：

```
var id = "testID";
id = 1;
```

3.3 在 MongoDB shell 脚本中输出数据

在 MongoDB shell 脚本中输出数据时，本书使用了三个方法：

```
print(data, ...);
printjson(object);
print(JSON.stringify(object));
```

方法 print()打印传递给它的参数 data，例如下述语句的输出为 Hello From Mongo：

```
print("Hello From Mongo");
```

如果传入了多个数据项，将一起打印它们。例如，下述语句的输出也是 Hello From Mongo：

```
print("Hello", "From", "Mongo");
```

方法 printjson()以美观的方式打印 JavaScript 对象。方法 print(JSON.stringify(object))也将 JavaScript 对象打印为紧凑的字符串。

3.4 使用运算符

JavaScript 运算符让您能够修改变量的值。您已经熟悉了用于给变量赋值的运算符=。JavaScript 提供了多种运算符，它们分两类：算术运算符和赋值运算符。

3.4.1 算术运算符

算术运算符用于在变量和直接值之间执行运算。表 3.1 列出了算术运算符以及使用它们得到的结果。

表 3.1　JavaScript 算术运算符（其中 y 的初始值为 4）

运算符	描述	示例	x 的值
+	相加	x=y+5 x=y+"5" x="Four"+y+"4"	9 "49" "Four44"
-	相减	x=y-2	2
++	递增	x=y++ x=++y	4 5
--	递减	x=y-- x=--y	4 3
*	相乘	x=y*4	16
/	相除	x=10/y	2.5
%	求模（除法运算的余数）	x=y%3	1

Did you Know?

提示：

可使用运算符+将字符串和字符串或字符串和数字相加。这意味着您可快速拼接字符串，还可在字符串输出中添加数值数据。表 3.1 表明，将数值与字符串相加时，数值将被转换为字符串，再将两个字符串拼接起来。

3.4.2 赋值运算符

赋值运算符将值赋给变量。除运算符=外，还有几个运算符让您能够操作数据并赋值。表 3.2 列出了各种赋值运算符以及使用它们得到的结果。

表 3.2　JavaScript 赋值运算符（其中 x 的初始值为 10）

运算符	示例	等效的算术运算符	x 的终值
=	x=5	x=5	5
+=	x+=5	x=x+5	15
-=	x-=5	x=x-5	5
*=	x*=5	x=x*5	50
/=	x/=5	x=x/5	2
%=	x%=5	x=x%5	0

3.4.3 比较运算符和条件语句

条件语句让您能够在应用程序中实现这样的逻辑，即仅当满足条件时才执行某些代码，这是通过比较变量的值实现的。接下来的几小节将介绍 JavaScript 比较运算符以及如何在条件语句中使用它们。

比较运算符

比较运算符对两项数据进行比较，如果它们满足指定的条件，就返回 true，否则返回 false。比较运算符将它左边的值与它右边的值进行比较。

为帮助您理解 JavaScript 比较语法，最简单的方式是提供一系列示例。表 3.3 列出了比较运算符以及一些示例。

表 3.3　JavaScript 比较运算符（其中 x 的初始值为 10）

运算符	描述	示例	结果
==	等于（只考虑值）	x==8 x==10	false true
===	值和类型都相同	x===10 x===“10”	true false
!=	不等	x!=5	true
!==	值和类型都不相同	x!==“10” x!==10	true false
>	大于	x>5	true
>=	大于等于	x>=10	true
<	小于	x<5	false
<=	小于等于	x<=10	true

可使用逻辑运算符和小括号将多个比较连接起来。表 3.4 列出了逻辑运算符并指出了如何使用它们将多个比较连接起来。

表 3.4　JavaScript 逻辑运算符（其中 x 和 y 的初始值分别为 10 和 5）

运算符	描述	示例	结果
&&	与	(x==10 && y==5) (x==10 && y>x)	true false
||	或	(x>=10 || y>x) (x<10 && y>x)	true false
!	非	!(x==y) !(x>y)	true false
	混用	(x>=10 && y<x || x==y) ((x<y || x>=10) && y>=5) (!(x==y) && y>=10)	true true false

if 语句

if 语句让您能够根据比较结果执行不同的代码，下面的代码行演示了其语法，其中条件放在小括号内，而条件为 true 时将执行的代码放在大括号（{}）内：

```
if(x==5){
   do_something();
}
```

除在条件满足时执行的 if 语句块外，还可指定在条件不满足时执行的 else 语句块，如下所示：

```
if(x==5){
   do_something();
} else {
   do_something_else();
}
```

还可串接多条 if 语句。为此，可添加 else 语句和条件语句，如下所示：

```
if(x<5){
   do_something();
} else if(x<10) {
   do_something_else();
} else {
   do_nothing();
}
```

switch 语句

另一种条件逻辑是 switch 语句，它让您能够计算表达式的值，并据此执行众多代码块中的一个。

switch 语句的语法如下：

```
switch(expression){
   case value1:
      <code to execute>
      break;
   case value2:
      <code to execute>
      break;
   default:
      <code to execute if not value1 or value2>
}
```

这条 switch 语句计算 expression 的值（它可以是字符串、数字、布尔值乃至对象），再将其与每条 case 语句指定的值进行比较。如果相同，就执行相应 case 语句中的代码。如果没有 case 语句与之匹配，就执行 default 语句指定的代码。

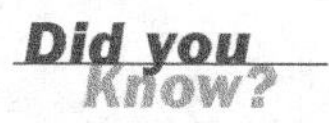

提示：

通常，每条 case 语句末尾都包含一个 break，它表示退出 switch 语句。如果没有遇到 break 命令，将继续执行下一条 case 语句。

3.5 循环

循环提供了执行同一段代码多次的途径，这在需要对数组的每个元素或一组对象执行相同的操作时很有用。

JavaScript 提供了 for 循环和 while 循环，接下来的几小节将介绍如何在 JavaScript 程序中实现循环。

3.5.1 while 循环

在 JavaScript 中，最基本的循环是 while 循环，它检查一个表达式，只要该表达式为 true 就执行大括号（{}）的代码，直到该表达式为 false 为止。

例如，下面的 while 循环将不断执行，直到 i 的值为 5：

```
var i = 1;
while (i<5){
   print("Iteration " + i + "\n");
   i++;
}
```

上述代码的输出如下：

```
Iteration 1
Iteration 2
Iteration 3
Iteration 4
```

3.5.2 do/while 循环

另一种 while 循环是 do/while 循环，它在您要先执行循环中的代码一次，再检查表达式时很有用。

例如，下面的 do/while 循环将不断执行，直到 day 的值为 Wednesday：

```
var days = ["Monday", "Tuesday", "Wednesday", "Thursday", "Friday"];
var i=0;
do{
   var day=days[i++];
   print("It's " + day + "\n");
} while (day != "Wednesday");
```

该循环在控制台中的输出如下：

```
It's Monday
It's Tuesday
It's Wednesday
```

3.5.3 for 循环

JavaScript for 循环让您能够使用一条 for 语句执行代码指定的次数。for 语句将三条语句合并成一个代码块，其语法如下：

```
for (assignment; condition; update;){
  code to be executed;
}
```

执行循环时，for 语句这样使用这三条语句。

- assignment：只在循环开始时执行，以后不再执行。这条语句用于初始化在循环中用作条件的变量。
- condition：在循环的每次迭代中都检查。如果为 true，就执行循环，否则结束循环。
- update：在每次迭代中，在循环中的代码执行完毕后都执行它。这条语句通常递增 condition 语句使用的计数器。

下面的示例演示了 for 循环。它不仅演示了基本的 for 循环，还演示了可将一个循环嵌套在另一个循环中：

```
for (var x=1; x<=3; x++){
  for (var y=1; y<=3; y++){
    print(x + " X " + y + " = " + (x*y) + "\n");
  }
}
```

这个循环在控制台中的输出如下：

```
1 X 1 = 1
1 X 2 = 2
1 X 3 = 3
2 X 1 = 2
2 X 2 = 4
2 X 3 = 6
3 X 1 = 3
3 X 2 = 6
3 X 3 = 9
```

3.5.4 for/in 循环

另一种 for 循环是 for/in 循环，它适用于任何可迭代的数据类型，但在大多数情况下，都将其用于数组和对象。下面的示例通过将 for/in 循环用于一个简单数组演示了其语法和行为：

```
var days = ["Monday", "Tuesday", "Wednesday", "Thursday", "Friday"];
for (var idx in days){
```

```
    print("It's " + days[idx] + "\n");
}
```

注意到在循环的每次迭代中都调整了变量 idx，使其从第一个数组索引依次变为最后一个索引。该循环的输出如下：

```
It's Monday
It's Tuesday
It's Wednesday
It's Thursday
It's Friday
```

3.5.5 中断循环

使用循环时，有时需要在循环内部中断代码的执行，而不是等到下一次迭代。为此，可采取两种不同的方式：使用关键字 break 和 continue。

关键字 break 终止整个 for 或 while 循环，而关键字 continue 终止当前迭代，跳到下一次迭代继续执行。请看下面的示例。

为星期三时使用关键字 break：

```
var days = ["Monday", "Tuesday", "Wednesday", "Thursday", "Friday"];
for (var idx in days){
    if (days[idx] == "Wednesday")
        break;
    print("It's " + days[idx] + "\n");
}
```

这将在元素值为 Wednesday 时提前结束循环：

```
It's Monday
It's Tuesday
```

为星期三时使用关键字 continue：

```
var days = ["Monday", "Tuesday", "Wednesday", "Thursday", "Friday"];
for (var idx in days){
    if (days[idx] == "Wednesday")
        continue;
    print("It's " + days[idx] + "\n");
}
```

注意到 continue 语句导致没有显示 Wednesday，但整个循环还是执行了：

```
It's Monday
It's Tuesday
It's Thursday
It's Friday
```

Try It Yourself

在JavaScript中实现循环

在本节中，您将创建一个实现JavaScript循环的MongoDB shell脚本。在这个示例中，您将实现标准for循环、for/in循环和while循环。这提供了您将在本书后面看到的常见循环类型的示例。

请按下面的步骤编写一个脚本，该脚本创建一个包含一周各天的数组，再使用各种循环技术迭代该数组。

1. 确保启动了MongoDB服务器。虽然这里不会连接到数据库，但要启动MongoDB shell，必须启动MongoDB服务器。
2. 在文件夹code/hour03/中，新建一个文件，并将其命名为loops.js。
3. 在这个新文件中输入程序清单3.1所示的代码。这些代码创建数组并实现了循环。
4. 将这个文件存盘。
5. 打开一个控制台窗口，并切换到目录code/hour03。
6. 执行命令mongo loops.js以运行第2步和第3步创建的JavaScript文件。程序清单3.2显示了这个脚本的输出。

程序清单3.1 loops.js：使用JavaScript循环迭代数组

```
01 var weekDays = ["Monday", "Tuesday", "Wednesday", "Thursday", "Friday"];
02 print("Week Days: ");
03 printjson(weekDays);
04 print("Combining Arrays: ");
05 var fullWeek = weekDays.slice(0);
06 fullWeek.unshift("Sunday");
07 fullWeek.push("Saturday");
08 print("Full Week: ");
09 printjson(fullWeek);
10 var midWeek = weekDays.splice(1,3);
11 print("Mid Week: ");
12 printjson(midWeek);
13 print("Sliced weekdays: ");
14 printjson(weekDays);
```

程序清单3.2 loops.js-output：使用JavaScript循环迭代数组的输出

```
Week Days:
[ "Monday", "Tuesday", "Wednesday", "Thursday", "Friday" ]
Combining Arrays:
Full Week:
[
        "Sunday",
```

```
            "Monday",
            "Tuesday",
            "Wednesday",
            "Thursday",
            "Friday",
            "Saturday"
    ]
    Mid Week:
    [ "Tuesday", "Wednesday", "Thursday" ]
    Sliced weekdays:
    [ "Monday", "Friday" ]
```

▲

3.6 创建函数

JavaScript 最重要的部分之一是，让代码能够供其他代码重用。为此，需要将代码组织成执行特定任务的函数。函数是一系列代码语句，这些语句被合并到一个代码块中并给它指定了名称。这样，就可通过引用名称来执行该代码块中的代码。

3.6.1 定义函数

要定义函数，可使用关键字 function，并在它后面依次指定如下内容：描述函数用途的名称；放在括号内且包含零个或更多参数的列表；放在大括号（{}）内且包含一条或多条语句的代码块。例如，下面是一个函数的定义，这个函数向控制台显示 Hello World：

```
function myFunction(){
  print("Hello World");
}
```

要执行 myFunction()内的代码，只需在主 JavaScript 或其他函数中添加如下代码行：

```
myFunction();
```

3.6.2 向函数传递变量

我们经常需要将值传递给函数，供其执行代码时使用。给函数传递多个值时，用逗号分隔它们。在函数定义中，小括号（()）内有一个变量名列表，其中的变量数必须与传入的变量数相同。例如，下面的函数接受两个参数——name 和 city，并使用它们来创建输出字符串：

```
function greeting(name, city){
  print("Hello " + name);
  print(". How is the weather in " + city);
}
```

要调用函数 greeting()，需要传入一个 name 值和一个 city 值；这些值可以是直接值，也可以是以前定义的变量。为演示这一点，下面的代码调用了函数 greeting()，并传入了变量 name 和一个直接字符串：

```
var name = "Brad";
greeting(name, "Florence");
```

3.6.3 从函数返回值

函数经常需要向调用它的代码返回一个值。为此，可使用关键字 return，并在它后面指定一个变量或值。例如，下面的代码调用一个设置字符串格式的函数，将该函数的返回值赋给一个变量，再将这个变量的值写入控制台：

```
function formatGreeting(name, city){
   var retStr = "";
   retStr += "Hello " + name + "\n";
   retStr += "Welcome to " + city + "!";
  return retStr;
}
var greeting = formatGreeting("Brad", "Rome");
print(greeting);
```

在同一个函数中，可包含多条 return 语句。函数遇到 return 语句后，将立即停止执行其代码。如果这条 return 语句包含要返回的值，将返回这个值。下面的函数检查输入，并在输入为零时立即返回：

```
function myFunc(value){
   if (value == 0)
      return value;
   <code_to_execute_if_value_nonzero>
   return value;
}
```

3.6.4 使用匿名函数

在前面，您看到的所有函数都是命名函数。在 JavaScript 中，还可以创建匿名函数，这种函数的优点在于，可在调用其他函数时在传入的参数中直接定义，因此无需正式定义它们。

例如，下面的代码定义了函数 doCalc()。它接受三个参数，其中前两个为数字，第三个是一个函数。在函数 doCalc()中，调用第三个参数指定的函数，并将前两个参数传递给它：

```
function doCalc(num1, num2, calcFunction){
    return calcFunction(num1, num2);
}
```

可定义一个函数，并将其函数名传递给 doCalc()，如下所示：

```
function addFunc(n1, n2){
    return n1 + n2;
}
doCalc(5, 10, addFunc);
```

然而，也可在调用 doCalc()时直接定义一个匿名函数，如下面的两条语句所示：

```
print( doCalc(5, 10, function(n1, n2){ return n1 + n2; }) );
print( doCalc(5, 10, function(n1, n2){ return n1 * n2; }) );
```

从中可以看出使用匿名函数的优点：对于不会用于代码其他地方的函数，不需要正式定义它。这种优点让 JavaScript 代码更简洁，可读性更强。

Try It Yourself

使用 JavaScript 实现函数

在本节中，您将创建一个实现函数的 MongoDB shell 脚本。在本书后面，您将创建函数来创建和操作文档集合。在这个示例中，您将实现一个简单的函数，它接受姓名和城市，并返回一句问候语。这让您能够给这个函数添加参数，并处理返回的字符串。

请按如下步骤来编写一个脚本，它创建一个函数，再调用这个函数多次。

1. 确保启动了 MongoDB 服务器。虽然您不会连接到数据库，但要启动 MongoDB shell，必须先启动 MongoDB 服务器。

2. 在文件夹 code/hour03 中新建一个文件，并将其命名为 functions.js。

3. 在这个新文件中输入程序清单 3.3 所示的代码。这些代码定义了一个函数，然后使用不同的参数调用它多次。

4. 将这个文件存盘。

5. 打开一个控制台窗口，并切换到目录 code/hour03。

6. 执行命令 mongo functions.js 以运行第 2 步和第 3 步创建的 JavaScript 文件。程序清单 3.4 显示了这个脚本的输出。

程序清单 3.3 functions.js：在 MongoDB shell 脚本中创建并调用 JavaScript 函数

```
01 function formatGreeting(name, city){
02   var retStr = "";
03   retStr += "Hello " + name +"\n";
04   retStr += "Welecome to " + city + "!";
05  return retStr;
06 }
07 var greeting = formatGreeting("Frodo", "Rivendell");
08 print(greeting);
09 greeting = formatGreeting("Arthur", "Camelot");
10 print(greeting);
```

程序清单 3.4 functions.js-output：在 MongoDB shell 脚本中创建并调用 JavaScript 函数的输出

```
Hello Frodo
Welecome to Rivendell!
Hello Arthur
Welecome to Camelot!
```

▲

3.7 理解变量作用域

在 JavaScript 应用程序中添加条件、函数和循环时，必须理解变量作用域。变量作用域的含义是：在当前执行的代码行中，特定变量名的值是什么？

在 JavaScript 中，可定义变量的全局版和局部版。在主 JavaScript 中定义的是变量的全局版，而在函数内部定义的是变量的局部版。在函数中定义局部版时，将在内存中创建一个新变量。在这个函数内，引用的是局部版；在这个函数外部，引用的是全局版。

为更好地理解变量作用域，请看下面的代码：

```
01 var myVar = 1;
02 function writeIt(){
03   var myVar = 2;
04   print("Variable = " + myVar);
05   writeMore();
06 }
07 function writeMore(){
08   print("Variable = " + myVar);
09 }
10 writeIt();
```

第 1 行定义了全局变量 myVar；接下来第 3 行在函数 writeIt()内部定义了该变量的局部版，因此，第 4 行在控制台中显示的是 Variable = 2。接下来，第 5 行调用了函数 writeMore()；由于在函数 writeMore()中没有定义变量 myVar 的局部版，因此第 8 行写入到控制台的是全局变量 myVar 的值。

3.8 使用 JavaScript 对象

JavaScript 有多种内置对象，如 Number、Array、String、Date 和 Math。每种内置对象都有成员属性和方法。除 JavaScript 对象外，MongoDB shell 也提供了内置对象，您将在接下来的几章学习它们。

JavaScript 提供了非常漂亮的面向对象编程结构，让您能够创建自定义对象。为编写整洁、高效、可重用的 JavaScript，使用对象而不是一系列函数是关键。

3.8.1 使用对象语法

要在 JavaScript 中有效地使用对象，需要明白其结构和语法。对象实际上只是一个容器，将多个值（有时还有函数）组合在一起。对象的值称为属性，而对象的函数称为方法。

要使用 JavaScript 对象，必须首先创建其实例。要创建对象实例，可使用关键字 new 和对象构造函数；例如，要创建一个 Number 对象，可使用下面的代码行：

```
var x = new Number("5");
```

对象语法简单易懂，由对象名、句点和属性（或方法）名组成。例如，下面的代码行分别获取和设置对象 myObj 的属性 name：

```
var s = myObj.name;
myObj.name = "New Name";
```

您还可以同样的方式获取和设置对象的方法。例如，下面的代码行调用对象 myObj 的方法 getName()，再修改这个方法：

```
var name = myObj.getName();
myObj.getName = function() { return this.name; };
```

您还可以使用{}语法创建对象，并给它定义属性和方法。例如，下面的代码定义了一个新对象，并给它定义了两个属性和一个方法：

```
var obj = {
    name: "My Object",
    value: 7,
    getValue: function() { return this.value; }
};
```

您还可以使用语法 object[propertyName]来访问 JavaScript 对象的成员，在您使用的是动态属性名或属性名必须包含 JavaScript 不支持的字符时，这很有用。例如，下面的示例访问对象 myObj 的属性 User Name 和 Other Name：

```
var propName = "User Name";
var val1 = myObj[propName];
var val2 = myObj["Other Name"];
```

3.8.2 创建自定义对象

正如您看到的，使用 JavaScript 内置对象有多个优点。编写使用更多数据的代码时，您将需要创建包含特定属性和方法的自定义对象。

定义 JavaScript 对象的方式有多种，其中最简单的是动态方式，即创建一个通用对象，再根据需要添加属性。

例如，可使用下面的代码创建一个 user 对象，它包含姓和名，还有一个返回姓名的函数：

```
var user = new Object();
user.first="Brad";
user.last="Dayley";
user.getName = function( ) { return this.first + " " + this.last; }
```

这也可使用下面的语法通过直接赋值来实现，其中对象封装在大括号（{}），而属性是使用语法 property:value 定义的：

```
var user = {
  first: 'Brad',
  last: 'Dayley',
  getName: function( ) { return this.first + " " + this.last; }};
```

对于不需要重用的简单对象，这两种方式的效果都很好。对于要重用的对象，一种更佳的方法是将其封装在函数块内。这种方法的优点是，可将与对象相关的代码都放在对象内部，如下面所示：

```
function User(first, last){
  this.first = first;
  this.last = last;
  this.getName = function( ) { return this.first + " " + this.last; }};
var user = new User("Brad", "Dayley");
```

这些方法的最终效果基本相同：创建一个包含属性的对象，这些属性可使用句点语法来引用：

```
print(user.getName());
```

3.8.3 使用原型对象模式

一种更高级的对象创建方法是使用原型模式。原型模式是这样实现的：在对象的 prototype 属性（而不是对象）中定义函数。原型模式的效果更好，因为在 prototype 中定义的函数只在 JavaScript 文件加载时创建，而不是每次创建新对象时都创建它们。

下面的示例演示了实现原型模式所需的代码。注意到您首先定义了对象 UserP，再在 UserP.prototype 中添加了函数 getFullName()。所有 JavaScript 对象都内置了 prototype 属性，让您能够定义每次创建对象的新实例时都将包含的功能。在属性 prototype 中，您想包含多少函数都可以。每次创建新对象时，这些函数都可用。

```
function UserP(first, last){
  this.first = first;
  this.last = last;
}
UserP.prototype = {
  getFullName: function(){
    return this.first + " " + this.last;
  }
};
```

3.9 操作字符串

String 对象无疑是最常用的 JavaScript 对象。每当您定义数据类型为字符串的变量时，JavaScript 都会自动为您创建一个 String 对象，如下所示：

```
var myStr = "Teach Yourself NoSQL with MongoDB in 24 Hours";
```

创建字符串时，别忘了有几个特殊字符不能直接包含在字符串中。对于这些字符，JavaScript 提供了转义码，如表 3.5 所示。

表 3.5　String 对象转义码

转义字符	描述	示例	输出字符串
\'	单引号	"couldn\'t be"	couldn't be
\"	双引号	"I \"think\" I \"am\""	I "think" I "am"
\\	反斜杆	"one\\two\\three"	one\two\three
\n	换行字符	"I am\nI said"	I am I said
\r	回车	"to be\ror not"	to be or not
\t	制表符	"one\ttwo\tthree"	one　two　three
\b	退格字符	"correctoin\b\b\bion"	correction
\f	换页符	"Title A\fTitle B"	Title A then Title B

要获悉字符串的长度，可使用 String 对象的 length 属性，如下所示：

```
var numOfChars = myStr.length;
```

String 对象有多个让您能够以各种方式访问和操作字符串的函数，表 3.6 描述了字符串操作方法。

表 3.6　用于操作 String 对象的方法

方法	描述
charAt(index)	返回指定索引处的字符
charCodeAt(index)	返回指定索引处字符的 Unicode 值
concat(str1, str2, ...)	拼接多个字符串，并返回得到的字符串拷贝
fromCharCode()	将 Unicode 值转换为字符
indexOf(subString)	返回指定的 subString 第一次出现的位置；如果没有找到子串，则返回-1
lastIndexOf(subString)	返回指定的 subString 最后一次出现的位置；如果没有找到子串，则返回-1
match(regex)	搜索字符串并返回与正则表达式匹配的所有子串
replace(subString/regex, replacementString)	在字符串中查找与子串或正则表达式匹配的子串，并将它们替换为新子串
search(regex)	在字符串中搜索与正则表达式匹配的第一个子串，并返回其位置

续表

方法	描述
slice(start, end)	返回一个字符串，它包含原始字符串中位于star和end之间的部分
split(sep, limit)	根据分隔字符或正则表达式将一个字符串分割成子串数组。可选参数limit指定了最多将字符串分割为多少部分
substr(start,length)	从字符串的start处开始提取length个字符
substring(from, to)	返回索引from和index之间的子串
toLowerCase()	将字符串转换为小写
toUpperCase()	将字符串转换为大写
valueOf()	返回字符串的原始值

为让您熟练使用String对象提供的功能，接下来的几小节介绍使用String对象的方法可执行的一些常见任务。

3.9.1 合并字符串

要合并多个字符串，可使用运算符+，也可对第一个字符串调用函数concat()。例如，在下面的代码中，sentence1和sentence2将相同：

```
var word1 = "Today ";
var word2 = "is ";
var word3 = "tomorrows\' ";
var word4 = "yesterday.";
var sentence1 = word1 + word2 + word3 + word4;
var sentence2 = word1.concat(word2, word3, word4);
```

3.9.2 在字符串中搜索子串

要判断一个字符串是否是另一个字符串的子串，可使用方法indexOf()。例如，下面的代码仅当字符串包含单词think时才将其写入到控制台：

```
var myStr = "I think, therefore I am.";
if (myStr.indexOf("think") != -1){
  print(myStr);
}
```

3.9.3 替换字符串中的单词

使用String对象时，另一种常见任务是替换子串。要替换字符串中的单词或短语，可使用方法replace()。下面的代码将<username>替换为变量username的值：

```
var username = "Brad";
var output = "<username> please enter your password: ";
output.replace("<username>", username);
```

3.9.4 将字符串分割成数组

一种常见的字符串处理任务是，根据分隔字符将字符串分割成数组。例如，下面的代码将一个表示时间的字符串分割成包含各个基本部分的数组，这是使用方法 split()根据分隔字符:进行分割的：

```
var t = "12:10:36";
var tArr = t.split(":");
var hour = tArr[0];
var minute = tArr[1];
var second = tArr[2];
```

Try It Yourself

在 MongoDB shell 脚本中操作 JavaScript 字符串

在本节中，您将编写一个以各种方式操作字符串的 MongoDB shell 脚本。在这个示例中，首先创建了一个字符串，再使用 indexOf()在其中查找子串；接下来，使用 replace()来替换子串；最后，使用 split()根据分隔符空格将这个字符串分割成一个子串数组。

为编写这个创建字符串并以各种方式操作它的脚本，请执行如下步骤。

1. 确保启动了 MongoDB 服务器。虽然您不会连接到数据库，但要启动 MongoDB shell，必须先启动 MongoDB 服务器。

2. 在文件夹 code/hour03 中新建一个文件，并将其命名为 strings.js。

3. 在这个新文件中输入程序清单 3.5 所示的代码。这些代码创建一个字符串，并以各种方式操作它。

4. 将这个文件存盘。

5. 打开一个控制台窗口，并切换到目录 code/hour03。

6. 执行命令 mongo strings.js 以运行第 2 步和第 3 步创建的 JavaScript 文件。这个脚本的输出如程序清单 3.6 所示。

程序清单 3.5　strings.js：在 MongoDB shell 脚本中创建并操作 JavaScript 字符串

```
01 var myStr = "I think therefore I am.";
02 print("Original string: ");
03 print(myStr);
04 print("Finding the substring thing: ")
05 if (myStr.indexOf("think") != -1){
06   print(myStr + " contains think");
07 }
08 print("Replacing the substring think with feel: ")
09 var newStr = myStr.replace("think", "feel");
10 print(newStr);
```

```
11 print("Converting the phrase into an array: ")
12 var myArr = myStr.split(" ");
13 printjson(myArr);
```

程序清单 3.6　strings.js-output：在 MongoDB shell 脚本中创建并操作 JavaScript 字符串的输出

```
Original string:
I think therefore I am.
Finding the substring thing:
I think therefore I am. contains think
Replacing the substring think with feel:
I feel therefore I am.
Converting the phrase into an array:
[ "I", "think", "therefore", "I", "am." ]
```

▲

3.10 使用数组

Array 对象让您能够存储和处理一组其他的对象。数组可存储数字、字符串或其他JavaScript对象。可使用多种方法来创建JavaScript数组，例如，下面的语句演示了创建数组的三种方式：

```
var arr = ["one", "two", "three"];
var arr2 = new Array();
arr2[0] = "one";
arr2[1] = "two";
arr3[2] = "three";
var arr3 = new Array();
arr3.push("one");
arr3.push("two");
arr3.push("three");
```

在第一种方式中，定义了数组arr并使用[]来指定其内容，这是在一条语句中完成的。在第二种方式中，创建了对象arr2，再使用索引在其中添加元素。在第三种方式中，创建了对象arr3，再使用最佳的数组扩展方式——使用方法push()在这个数组中压入元素。

要获悉数组包含多少个元素，可使用Array对象的length属性，如下所示：

```
var numOfItems = arr.length;
```

数组索引从零开始，这意味着第一个元素的索引为零，依此类推。例如，在下面的代码中，变量first的值为Monday，而变量last的值为Friday：

```
var week = ["Monday", "Tuesday", "Wednesday", "Thursday", "Friday"];
var first = w [0];
var last = week[week.length-1];
```

Array 对象有多个内置函数，让您能够以各种方式访问和操作数组。表 3.7 描述了 Array 对象中让您能够操作数组内容的方法。

表 3.7　用于操作 Array 对象的方法

方法	描述
concat(arr1, arr2, ...)	将通过参数传入的数组合并，并返回得到的数组的拷贝
indexOf(value)	返回 value 在数组中第一次出现时的索引；如果没有找到，则返回-1
join(separator)	将数组的所有元素合并成一个字符串，并用 separator 分隔元素；如果没有指定分隔符，则使用逗号
lastIndexOf(value)	返回 value 在数组中最后一次出现时的索引；如果没有找到，则返回-1
pop()	删除数组的最后一个元素，并将其返回
push(item1, item2, ...)	在数组末尾添加一个或多个元素，并返回数组的新长度
reverse()	反转数组中所有元素的排列顺序
shift()	删除数组的第一个元素，并将该元素返回
slice(start, end)	返回一个数组，它包含索引 start 和 end 之间的元素
sort(sortFunction)	将数组元素排序，其中参数 sortFunction 是可选的
splice(index, count, item1, item2...)	从指定索引 index 处开始删除 count 个元素；再在该索引处插入通过可选参数传入的元素
toString()	返回数组的字符串表示
unshift()	在数组开头添加新元素，并返回数组的新长度
valueOf()	返回 Array 对象的原始值

为让您熟练使用 Array 对象的功能，接下来的几小节将介绍使用 Array 对象的方法可完成的一些常见任务。

3.10.1　合并数组

合并数组的方式与合并 String 对象相同，可使用运算符+，也可使用方法 concat()。在下面的代码中，arr3 和 arr4 的值相同：

```
var arr1 = [1,2,3];
var arr2 = ["three", "four", "five"]
var arr3 = arr1 + arr2;
var arr4 = arr1.concat(arr2);
```

提示：

可将数字数组与字符串数组合并。在合并得到的数组中，每个元素的数据类型都保持不变，但使用其中的元素时，需要跟踪其数据类型，以免引发问题。

3.10.2　迭代数组

要迭代数组，可使用 for 或 for/in 循环。下面的代码演示了如何使用这两种方法迭代数组的每个元素：

```
var week = ["Monday", "Tuesday", "Wednesday", "Thursday", "Friday"];
for (var i=0; i<week.length; i++){
  print(week[i] + "\n");
}
for (dayIndex in week){
  print(week[dayIndex] + "\n");
}
```

3.10.3 将数组转换为字符串

Array 对象提供的一项很有用的功能是，可使用方法 join()将数组的元素合并为一个字符串，并使用特定的分隔符分隔各个元素。例如，下面的代码将时间的各个部分合并成字符串 12:10:36。

```
var timeArr = [12,10,36];
var timeStr = timeArr.join(":");
```

3.10.4 检查数组是否包含特定的元素

我们经常需要检查数组是否包含特定的元素，为此可使用方法 indexOf()。如果没有找到指定的元素，将返回-1。下面的函数在数组 week 没有包含指定的元素时，向控制台写入一条消息：

```
function message(day){
  var week = ["Monday", "Tuesday", "Wednesday", "Thursday", "Friday"];
  if (week.indexOf(day) == -1){
    print("Happy " + day);
  }
}
```

3.10.5 在数组中增删元素

通过使用各种内置方法，可以多种不同的方式在 Array 对象中增删元素。表 3.8 演示了本书将使用的各种方法。

表 3.8 Array 对象中用于增删元素的方法

语句	x 的值	arr 的值
var arr = [1,2,3,4,5];	未定义	1,2,3,4,5
var x = 0;	0	1,2,3,4,5
x = arr.unshift("zero");	6（数组长度）	zero,1,2,3,4,5
x = arr.push(6,7,8);	9（数组长度）	zero,1,2,3,4,5,6,7,8
x = arr.shift();	zero	1,2,3,4,5,6,7,8

续表

语句	x 的值	arr 的值
x = arr.pop();	8	1,2,3,4,5,6,7
x=arr.splice(3,3,"four", "five","six");	4,5,6	1,2,3,four,five,six,7
x = arr.splice(3,1);	four	1,2,3,five,six,7
x = arr.splice(3,3);	five,six,7	1,2,3

Try It Yourself

在 MongoDB shell 脚本中操作 JavaScript 数组

在本节中，您将编写一个以各种方式操作数组的 MongoDB shell 脚本。在这个示例中，首先创建了一个由一周的工作日组成的数组，然后使用方法 slice(0)克隆这个数组，再分别使用方法 unshift()和 push()在数组开头和末尾压入一个元素。最后，使用方法 splice()切割出该数组的中间部分。

为编写这个首先创建一个数组，再通过操作它来创建其他数组的脚本，请执行如下步骤。

1. 确保启动了 MongoDB 服务器。虽然您不会连接到数据库，但要启动 MongoDB shell，必须先启动 MongoDB 服务器。

2. 在文件夹 code/hour03 中新建一个文件，并将其命名为 arrays.js。

3. 在这个新文件中输入程序清单 3.7 所示的代码。这些代码创建并操作数组。

4. 将这个文件存盘。

5. 打开一个控制台窗口，并切换到目录 code/hour03。

6. 执行命令 mongo arrays.js 以运行第 2 步和第 3 步创建的 JavaScript 文件。这个脚本的输出如程序清单 3.8 所示。

程序清单 3.7　arrays.js：在 MongoDB shell 脚本中创建并操作 JavaScript 数组

```
01 var weekDays = ["Monday", "Tuesday", "Wednesday", "Thursday", "Friday"];
02 print("Week Days: ");
03 printjson(weekDays);
04 print("Combining Arrays: ");
05 var fullWeek = weekDays.slice(0);
06 fullWeek.unshift("Sunday");
07 fullWeek.push("Saturday");
08 print("Full Week: ");
09 printjson(fullWeek);
10 var midWeek = weekDays.splice(1,3);
11 print("Mid Week: ");
12 printjson(midWeek);
13 print("Sliced weekdays: ");
14 printjson(weekDays);
```

程序清单 3.8 arrays.js-output：在 MongoDB shell 脚本中创建并操作 JavaScript 数组的输出

```
Week Days:
[ "Monday", "Tuesday", "Wednesday", "Thursday", "Friday" ]
Combining Arrays:
Full Week:
[
        "Sunday",
        "Monday",
        "Tuesday",
        "Wednesday",
        "Thursday",
        "Friday",
        "Saturday"
]
Mid Week:
[ "Tuesday", "Wednesday", "Thursday" ]
Sliced weekdays:
[ "Monday", "Friday" ]
```

▲

3.11 添加错误处理

JavaScript 编码的一个重要部分是添加错误处理，以应对可能出现的问题。默认情况下，如果 JavaScript 代码中的问题导致异常，脚本将失败，而加载将无法完成。这通常不是我们愿意看到的，实际上是通常是灾难性的。为避免这种灾难性后果，可将代码放在 try/catch 块内。

3.11.1 try/catch 块

为防止代码失控，可使用 try/catch 块来处理代码存在的问题。如果执行 try 块中的代码时遇到错误，将跳到 catch 部分处执行，而不会停止执行脚本。如果没有发生错误，将执行 try 块中的所有代码，且不会执行 catch 块中的任何代码。

例如，下面的 try/catch 块试图将未定义的变量 badVarName 的值赋给变量 x：

```
try{
    var x = badVarName;
} catch (err){
    print(err.name + ': "' + err.message + '" occurred when assigning x.');
}
```

注意到 catch 语句接受一个 err 参数，这是一个 Error 对象。Error 对象包含属性 message，该属性提供了对错误的描述；Error 对象还包含属性 name，这是引发的错误的类型名。

前面的代码将导致异常，进而显示如下消息：

```
ReferenceError: "badVarName is not defined" occurred when assigning x."
```

3.11.2 引发自定义错误

您还可使用 throw 语句引发自定义错误。下面的代码在一个函数中添加 throw 语句来引发错误，从而将错误扼杀在摇篮中。函数 sqrRoot()接受一个参数——x；它检查参数 x 是否是正数，如果是就返回一个字符串，其中包含 x 的平方根。如果 x 不是正数，就引发相应的错误，而 catch 块将返回错误消息：

```
function sqrRoot(x) {
    try {
        if(x=="") throw {message:"Can't Square Root Nothing"};
        if(isNaN(x)) throw {message:"Can't Square Root Strings"};
        if(x<0) throw {message:"Sorry No Imagination"};
        return "sqrt("+x+") = " + Math.sqrt(x);
    } catch(err){
        return err.message;
    }
}
    function writeIt(){
    print(sqrRoot("four"));
    print(sqrRoot(""));
    print(sqrRoot("4"));
    print(sqrRoot("-4"));
}
writeIt();
```

下面的控制台输出指出了根据提供给函数 sqrRoot()的输入可能引发的各种错误：

```
Can't Square Root Strings
Can't Square Root Nothing
sqrt(4) = 2
Sorry No Imagination
```

3.11.3 使用 finally

另一个很有用的异常处理工具是关键字 finally，这个关键字可放在 try/catch 块后面。try/catch 块执行完毕后，总是会执行 finally 块，无论是发生并捕获了错误，还是整个 try 块都被执行。

下面的示例演示了如何使用 finally 块：

```
function testTryCatch(value){
  try {
    if (value < 0){
      throw "too small";
    } else if (value > 10){
```

```
        throw "too big";
      }
      your_code_here
    } catch (err) {
      print("The number was " + err.message);
    } finally {
      print("This is always written.");
    }
  }
```

3.12 小结

要使用 MongoDB shell 以及编写 MongoDB shell 脚本，必须熟悉 JavaScript。本章讨论了 JavaScript 语法的基本知识，足以帮助您掌握本书后面涉及的概念。本章讨论了如何创建对象和函数以及如何使用字符串和数组；还介绍了如何在脚本中添加错误处理，这在 MongoDB shell 环境中至关重要。

3.13 问与答

问：MongoDB shell 和 MongoDB 服务器使用的是哪种 JavaScript 引擎？

答：从 MongoDB 2.4 起，它们使用的都是 Google 的 V8 JavaScript 引擎。Chrome 和其他服务器端组件（如 Node.js）使用的都是 V8 JavaScript 引擎。

问：在通过命令 mongo 执行的 JavaScript 文件中，可使用 show dbs 和 use database 等 MongoDB shell 命令吗？

答：不能。虽然 MongoDB shell 提供了这些命令，但 JavaScript 中没有。

3.14 作业

作业包含一组问题及其答案，旨在加深您对本章内容的理解。请尽可能先回答问题，再看答案。

3.14.1 小测验

1．如何将两个数组合并成一个？

2．如何访问 JavaScript 对象 user 的属性 name？

3．判断对错：使用 splice()来操作数组时，原来的数组不受影响。

4．如何克隆数组？

5．如何获悉数组或字符串的长度？

3.14.2 小测验答案

1．使用方法 concat()。
2．使用 user.name 或 user["name"]。
3．错。
4．使用 array.slice(0)。
5．使用属性 array.length 或 string.length。

3.14.3 练习

1．创建一个 MongoDB shell 脚本，它创建一个名为 user 的对象，其中包含属性 name、password、id 和 email；然后，使用 printjson()和 print(JSON.stringify())来显示这个对象。
2．在练习 1 中编写的代码中添加错误处理，并在 try/catch 块访问 user.noArray[0]来引发异常，以核实您编写的错误处理代码能够发挥作用。

第 4 章

配置用户账户和访问控制

本章介绍如下内容：

- 在 MongoDB 数据库中创建用户账户；
- 列出 MongoDB 数据库中的用户；
- 将用户从 MongoDB 数据库中删除；
- 创建用户管理员账户；
- 创建数据库管理员账户；
- 在 MongoDB 环境中实现访问控制。

实现 MongoDB 解决方案时，最重要的方面之一是实现用户账户，以控制对数据库的访问。MongoDB shell 提供了创建、查看和删除用户账户所需的工具。用户账户的权限从只读到全面地管理数据库，各不相同。

本章首先介绍如何使用 MongoDB shell 来管理用户账户，然后探讨如何在 MongoDB 环境中实现访问控制：创建用户管理员账户和数据库管理员账户，并配置 MongoDB 使其要求进行身份验证。

4.1 理解 admin 数据库

安装 MongoDB 时，会自动创建 admin 数据库，这是一个特殊数据库，提供了普通数据库没有的功能。

例如，有些用户账户角色赋予用户操作多个数据库的权限，而这些角色只能在 admin 数据库中创建。在本章后面您将看到，要创建有权操作所有数据库的超级用户，必须将该用户加入到 admin 数据库中。检查凭证时，MongoDB 将在指定数据库和 admin 数据库中检查用户账户。

4.2 管理用户账户

MongoDB 能够正常运行后，您首先想做的事情之一是添加用户，让其能够访问数据库。在 MongoDB shell 中，可添加、删除和配置用户；接下来的几小节将讨论如何使用 MongoDB shell 来管理用户账户。

4.2.1 创建用户账户

数据库管理的一个重要部分是创建能够管理用户和数据库以及读写数据库的用户账户。要添加用户账户，可在 MongoDB shell 中使用方法 addUser()。addUser()将一个文档对象作为参数，让您能够指定用户名、角色和密码。表 4.1 列出了可在这个文档对象中指定的字段。

表 4.1　　使用方法 addUser()创建用户账户时使用的字段

字段	格式	描述
User	字符串	独一无二的用户名
Roles	数组	一个用户角色数组。MongoDB 提供了大量可分配给用户的角色，表 4.2 列出了一些常用的角色
Pwd	字符串	可选的用户密码。创建用户账户时，该字段可以是散列值或字符串；但将以散列值的方式存储在数据库中
userSource	<database>	可选。可不使用 pwd 字段，而使用这个字段来指定定义了该用户账户的数据库。在这种情况下，用户的凭证将为存储在 userSource 指定的数据库中的凭证。字段 userSource 和 pwd 是互斥的，不能在文档中同时包含它们

otherDBRoles	{
	<database>: [array],
	<database>: [array]
	}
		可选，用于指定用户在其他数据库中的角色。这个字段为一个文档，其中的键为数据库名，而值为一个数组，指定了用户在该数据库中的角色。请注意，仅当在 admin 数据库中创建用户账户时，才能使用字段 otherDBRoles

MongoDB 提供了多种可分配给用户账户的角色，这些角色让您能够赋予用户账户复杂的权限和限制。表 4.2 列出了一些可分配给用户的常见角色。

表 4.2　　可分配给用户账户的数据库角色

角色	描述
read	让用户能够读取当前数据库中任何集合的数据
readAnyDatabase	与 read 相同，但指的是所有数据库
readWrite	提供所有读取权限，并让用户能够写入当前数据库中任何集合，包括插入、删除、更新文档以及创建、重命名和删除集合
readWriteAnyDatabase	与 readWrite 相同，但指的是所有数据库
dbAdmin	让用户能够读写当前数据库以及清理、修改、压缩、获取统计信息和执行检查
dbAdminAnyDatabase	与 dbAdmin 相同，但指的是所有数据库
clusterAdmin	让用户能够管理 MongoDB，包括连接、集群、复制、列出数据库、创建数据库和删除数据库
userAdmin	让用户能够在当前数据库中创建和修改用户账户
userAdminAnyDatabase	与 userAdmin 相同，但指的是所有数据库

Did you Know?

提示：

角色 readAnyDatabase、readWriteAnyDatabase、dbAdminAnyDatabase 和 userAdminAnyDatabase 只能分配给 admin 数据库中的用户账户，因为它们指定的是对所有数据库的权限。

要创建用户账户，可切换到目标数据库，再使用方法 addUser()创建用户账户。下面的 MongoDB shell 命令在数据库 test 中创建了一个基本的管理员账户：

```
use test
db.addUser( { user: "testUser",
    pwd: "test",
    roles: [ "readWrite", "dbAdmin" ] } )
```

来看一个更复杂的例子。下面的命令将前面的用户加入到数据库 newDB 中，它对该数据库只有 read 权限，但同时对数据库 testDB2 有 readWrite 权限：

```
use newDB
db.addUser( { user: "testUser",
    userSource: "test",
    roles: [ "read" ],
    otherDBRoles: { testDB2: [ "readWrite" ] } } )
```

Try It Yourself

在 MongoDB shell 中创建数据库用户账户

现在该让您来创建用户账户了。安装 MongoDB 时，自动创建了两个数据库：admin 和 test。在本节中，您将在这两个数据库中添加用户。程序清单 4.1 显示了您将使用的命令。这些命令放在一个 MongoDB shell 脚本中，让您能够轻松地调整和重新执行。

请执行下面的步骤，在 MongoDB 数据库 admin 和 test 中创建用户账户。

1．确保启动了 MongoDB 服务器。

2．在文件夹 code/hour04/中创建一个文件，并将其命名为 add_users.js。

3．添加如下代码行，以登录本地主机中的 MongoDB 服务器：

```
mongo = new Mongo("localhost");
```

4．添加下面的代码行，以获取一个表示数据库 test 的数据库对象：

```
db = mongo.getDB("test")
```

5．添加程序清单 4.1 中第 3～11 行的代码，在数据库 test 中添加用户 testAdmin、testWriter 和 testReader，它们的角色分别为 dbAdmin、readWrite 和 read。

6．添加下面的代码行，以获取一个表示数据库 admin 的数据库对象：

```
db = mongo.getDB("admin")
```

7．添加程序清单 4.1 中第 13～16 行的代码，在数据库 admin 中添加用户 testUser，它在 admin 数据库中的角色为 read。用户账户 testUser 还在数据库 test 中为 readWrite 角色，这是使用 otherDBRoles 选项指定的。

8．将这个文件存盘。

9．在控制台窗口中，切换到目录 code/hour04，并执行命令 mongo add_users.js 来运行这个脚本。

程序清单 4.2 显示了执行脚本 add_users.js 得到的输出。

程序清单 4.1　add_users.js：在数据库 test 和 admin 中创建用户账户

```
01 mongo = new Mongo("localhost");
02 db = mongo.getDB("test")
03 db.addUser( { user: "testAdmin",
04               pwd: "test",
05               roles: [ "dbAdmin" ] } );
06 db.addUser( { user: "testWriter",
07               pwd: "test",
08               roles: [ "readWrite" ] } );
09 db.addUser( { user: "testReader",
10               pwd: "test",
11               roles: [ "read" ] } );
12 db = mongo.getDB("admin")
13 db.addUser( { user: "testUser",
14               userSource: "test",
15               roles: [ "read" ],
16               otherDBRoles: { test: [ "readWrite" ] } } );
```

程序清单 4.2　add_users.js-output：在数据库 test 和 admin 中创建用户账户的输出

```
MongoDB shell version: 2.4.8
connecting to: test
type "help" for help
{
        "user" : "testAdmin",
        "pwd" : "e3d019e161066bd0a872bfeba18e5afe",
        "roles" : [
                "dbAdmin"
        ],
        "_id" : ObjectId("52d95218d0175d12afe4bfaa")
}
{
        "user" : "testWriter",
        "pwd" : "4b157b2aaefb2da1a682016569f19603",
        "roles" : [
                "readWrite"
        ],
```

```
        "_id" : ObjectId("52d95218d0175d12afe4bfab")
}
{
        "user" : "testReader",
        "pwd" : "a74c659e8be6c97af8541d2ed2e33002",
        "roles" : [
                "read"
        ],
        "_id" : ObjectId("52d95218d0175d12afe4bfac")
}
{
        "user" : "testUser",
        "userSource" : "test",
        "roles" : [
                "read"
        ],
        "otherDBRoles" : {
                "test" : [
                        "readWrite"
                ]
        },
        "_id" : ObjectId("52d95218d0175d12afe4bfad")
}
```

▲

4.2.2 列出用户

在每个数据库中，用户账户都存储在集合 db.system.users 中。User 对象包含字段_id、user、pwd 和 roles，有时还包含字段 otherDBRoles。要获取用户账户列表，可使用两种不同的方法。一是切换到要列出其用户账户的数据库，再执行命令 show users。下面的 MongoDB shell 命令切换到数据库 test 并列出其用户账户：

```
use test
show users
```

第二种方法是对集合 db.system.users 执行 find 等查询。与第一种方法不同的是，db.system.users.find()返回一个游标对象，您可使用它来访问 User 文档。例如，下面的代码获取一个包含数据库 admin 中用户账户的游标，并返回用户账户数：

```
use admin
cur = db.system.users.find()
cur.count()
```

Try It Yourself

列出数据库中的用户

创建用户账户后，需要列出它们，以获悉数据库中包含哪些用户账户以及分配给这些用户账户的角色。在本节中，您将列出数据库admin和test中的用户账户。对于数据库admin，您将在MongoDB shell提示符下列出其用户账户；对于数据库test，您将创建一个JavaScript脚本来列出其用户账户。

请执行如下步骤，以列出MongoDB数据库admin和test中的用户账户。

1．确保启动了MongoDB服务器。

2．启动MongoDB shell，并在shell提示符下执行下面两个命令，您将看到类似于程序清单4.3所示的输出。

```
use admin
show users
```

程序清单4.3 列出数据库admin中的用户账户时的输出

```
> use admin
switched to db admin
> show users
{
        "_id" : ObjectId("52d95218d0175d12afe4bfad"),
        "user" : "testUser",
        "userSource" : "test",
        "roles" : [
                "read"
        ],
        "otherDBRoles" : {
                "test" : [
                        "readWrite"
                ]
        }
}
```

3．在文件夹code/hour04中新建一个文件，并将其命名为list_users.js。

4．在这个文件中输入程序清单4.4所示的代码。这些代码连接到数据库test，再使用db.system.users.find()获取一个包含用户账户的游标对象，然后使用printjson()显示这些用户账户。

5．将这个文件存盘。

6．在控制台窗口中切换到文件夹code/hour04，并执行命令mongo list_users.js以运行这个脚本。程序清单4.5显示了执行脚本list_users.js得到的输出。

程序清单 4.4 list_users.js：列出数据库 test 中的用户账户

```
01 mongo = new Mongo("localhost");
02 db = mongo.getDB("test");
03 cur = db.system.users.find();
04 printjson(cur.toArray());
```

程序清单 4.5 list_users.js-output：列出数据库 test 中用户账户的输出

```
MongoDB shell version: 2.4.8
connecting to: test
type "help" for help
[
        {
                "_id" : ObjectId("52d95218d0175d12afe4bfaa"),
                "user" : "testAdmin",
                "pwd" : "e3d019e161066bd0a872bfeba18e5afe",
                "roles" : [
                        "dbAdmin"
                ]
        },
        {
                "_id" : ObjectId("52d95218d0175d12afe4bfab"),
                "user" : "testWriter",
                "pwd" : "4b157b2aaefb2da1a682016569f19603",
                "roles" : [
                        "readWrite"
                ]
        },
        {
                "_id" : ObjectId("52d95218d0175d12afe4bfac"),
                "user" : "testReader",
                "pwd" : "a74c659e8be6c97af8541d2ed2e33002",
                "roles" : [
                        "read"
                ]
        }
]
```

▲

4.2.3 删除用户

要将用户从 MongoDB 数据库中删除，可使用方法 removeUser(<username>)。为此，必须先切换到用户所在的数据库。例如，要将用户 testUser 从数据库 testDB 中删除，可在

MongoDB shell 中执行下面的命令：

```
use testDB
db.removeUser("testUser")
```

Try It Yourself

将用户从数据库中删除

随着时间的推移，您可能需要将用户账户从数据库中删除。在本节中，您将创建一个脚本，它从数据库 test 中删除一个用户账户。

请执行如下步骤，将用户账户 testReader 从 MongoDB 数据库 test 中删除。

1．确保启动了 MongoDB 服务器。

2．在文件夹 code/hour04 中新建一个文件，并将其命名为 remove_users.js

3．在这个文件中输入程序清单 4.6 所示的代码。这些代码连接到数据库 test，将用户账户 testReader 删除，使用 db.system.users.find()获取一个包含用户账户的游标对象，并使用 printjson()显示这些用户账户，让您能够确定前述用户账户确实已删除。

4．将这个文件存盘。

5．在控制台窗口中切换到文件夹 code/hour04，并执行命令 mongo remove_users.js 以运行运行这个脚本。程序清单 4.7 显示了执行脚本 remove_users.js 得到的输出。

程序清单 4.6　remove_users.js：从数据库 test 中删除用户账户

```
01 mongo = new Mongo("localhost");
02 db = mongo.getDB("test");
03 db.removeUser("testReader");
04 cur = db.system.users.find();
05 printjson(cur.toArray());
```

程序清单 4.7　remove_users.js-output：从数据库 test 中删除用户账户的输出

```
MongoDB shell version: 2.4.8
connecting to: test
type "help" for help
[
        {
                "_id" : ObjectId("52d95218d0175d12afe4bfaa"),
                "user" : "testAdmin",
                "pwd" : "e3d019e161066bd0a872bfeba18e5afe",
                "roles" : [
                        "dbAdmin"
                ]
        },
        {
                "_id" : ObjectId("52d95218d0175d12afe4bfab"),
```

```
            "user" : "testWriter",
            "pwd" : "4b157b2aaefb2da1a682016569f19603",
            "roles" : [
                    "readWrite"
            ]
        }
]
```

▲

4.3　配置访问控制

在MongoDB shell中要完成的首要任务之一是，添加用户账户以配置访问控制。MongoDB提供了数据库级身份验证和授权，这意味着用户账户存在于单个数据库中。为支持基本的身份验证，MongoDB在每个数据库中都将用户凭证存储在集合system.users中。

MongoDB刚安装时，数据库admin中没有任何用户账户。在数据库admin中没有任何账户时，MongoDB向从本地主机发起的连接提供全面的数据库管理权限。因此，配置MongoDB新实例时，首先需要创建用户管理员账户和数据库管理员账户。用户管理员账户可在admin和其他数据库中创建用户账户。您还需要创建一个数据库管理员账户，将其作为管理数据库、集群、复制和MongoDB其他方面的超级用户。

Did you Know?

提示：

用户管理员账户和数据库管理员账户都是在数据库admin中创建的。在MongoDB服务器中启用身份验证后，要以用户管理员或数据库管理员的身份连接到服务器，必须向admin数据库验证身份。您还需像前一节介绍的那样在每个数据库中创建用户账户，让这些用户能够访问该数据库。

4.3.1　创建用户管理员账户

配置访问控制的第一步是创建用户管理员账户。用户管理员应只有创建用户账户的权限，而不能管理数据库或执行其他管理任务。这确保数据库管理和用户账户管理之间有清晰的界线。

要创建用户管理员，可在MongoDB shell中执行下面两个命令，这些命令切换到数据库admin，并添加一个角色为userAdminAnyDatabase的用户账户：

```
use admin
db.addUser( { user: "<username>",
    pwd: "<password>",
    roles: [ "userAdminAnyDatabase" ] } )
```

对于用户管理员账户，应只给它分配角色userAdminAnyDatabase。这让用户管理员能够新建用户账户，但不能对数据库执行其他操作。例如，下面的命令创建一个用户管理员账户，其用户名为 useradmin，密码为 test：

```
use admin
db.addUser( { user: "useradmin",
    pwd: "test",
    roles: [ "userAdminAnyDatabase" ] } )
```

4.3.2 启用身份验证

创建用户管理员账户后，使用参数--auth 重启 MongoDB 服务器，也可在配置文件中指定 auth 设置。例如：

```
mongod –dbpath <mongo_data_location>/data/db –auth
```

现在，客户端连接到服务器时必须提供用户名和密码。另外，从 MongoDB shell 访问 MongoDB 服务器时，如果要添加用户账户，必须执行下面的命令向数据库 admin 验证身份：

```
use admin
db.auth("useradmin", "test")
```

您也可以在启动 MongoDB shell 时使用选项--username 和—password 向数据库 admin 验证身份，如下所示：

```
mongo --username "useradmin " --password "test"
```

4.3.3 创建数据库管理员账户

要创建数据库管理员，可在 MongoDB shell 中切换到数据库 admin，再使用方法 addUser 添加角色为 readWriteAnyDatabase、dbAdminAnyDatabase 和 clusterAdmin 的用户。这让这名用户能够访问系统中的所有数据库、创建新的数据库以及管理 MongoDB 集群和副本集。下面的示例创建一个名为 dbadmin 的数据库管理员：

```
use admin
db.addUser( { user: "dbadmin",
    pwd: "test",
    roles: [ "readWriteAnyDatabase", "dbAdminAnyDatabase",
  "clusterAdmin" ] } )
```

这样，您就可以在 MongoDB shell 中使用这个用户账户来管理数据库了。创建新的数据库管理员后，可使用下面的命令验证这名用户的身份：

```
use admin
db.auth("dbadmin", "test")
```

您还可在启动 MongoDB shell 时使用选项--username 和--password 向数据库 admin 验证数据库管理员的身份，如下所示：

```
mongo --username "dbadmin" --password "test"
```

Try It Yourself

实现 MongoDB 数据库访问控制

知道在 MongoDB 环境中配置访问控制的基本知识后，便可亲自实现访问控制了。在本节中，您将创建用户管理员账户和数据库管理员账户，并在 MongoDB 服务器中启用身份验证。

请执行下面的步骤，以创建用户管理员账户和数据库管理员账户，并在 MongoDB 服务器中启用身份验证。

1．确保启动了 MongoDB 服务器。

2．在文件夹 code/hour04 中新建一个文件，并将其命名为 add_admin_accounts.js。

3．在这个文件中输入程序清单 4.8 所示的代码。这些代码连接到数据库 admin，删除用户账户 testReader，然后使用 db.addUser()创建角色为 readWriteAnyDatabase、dbAdminAnyDatabase 和 clusterAdmin 的用户账户 dbadmin 以及角色为 userAdminAnyDatabase 的用户账户 useradmin。

4．将这个文件存盘。

5．在控制台窗口中，切换到文件夹 code/hour04，并执行命令 mongo add_admin_accounts.js 以运行这个脚本。程序清单 4.9 显示了执行脚本 add_admin_accounts.js 得到的输出。

6．通知 MongoDB 服务器。

7．在文件夹<mongo_install_location>/bin，创建下述 MongoDB 服务器配置文件：

```
<mongo_install_location>/bin/mongod_config_auth.txt
```

8．在这个配置文件中添加下面的配置设置，并将文件存盘。这类似于您在前一章创建的配置文件，只是将 noauth 改成了 auth，让 MongoDB 服务器要求验证身份：

```
verbose = true
port = 27017
dbpath=c:\mongodb\data\db\
auth = true
maxConns = 10
rest = true
```

9．启动 MongoDB 服务器。打开一个控制台窗口，并在控制台提示符下执行下面的命令来启动 MongoDB 服务器。您需要将<mongo_data_location>替换为您的安装路径。这将启动 MongoDB 服务器，并启用身份验证。

```
mongod --config <mongo_install_location>/bin/mongod_config_auth.txt
```

10．启动 MongoDB shell。

11．执行下面的命令尝试显示数据库 test 中的用户，将出现身份验证错误：

```
use test
```

```
show users
```

12．使用下面的命令以用户 useradmin 的身份登录：

```
use admin
db.auth("useradmin", "test")
```

13．再次执行下面的命令，您将看到用户清单。至此，您实现了基本的 MongoDB 访问控制。

```
use test
show users
```

14．在 MongoDB shell 中，使用下面的命令关闭 MongoDB 服务器：

```
use admin
db.auth("dbadmin", "test")
db.shutdownServer()
```

提示：

在本书后面，为简化示例代码，大多数示例都使用未启用身份验证的配置文件 mongod_configuration.txt。仅当示例要求时，才使用配置文件 mongod_configuration_auth.txt。

Did you Know?

程序清单 4.8　add_admin_accounts.js：添加数据库管理员账户和用户管理员账户

```
01 mongo = new Mongo("localhost");
02 db = mongo.getDB("admin");
03 db.addUser( { user: "dbadmin",
04               pwd: "test",
05               roles: [ "readWriteAnyDatabase",
06                        "dbAdminAnyDatabase",
07                        "clusterAdmin" ] } );
08 db.addUser( { user: "useradmin",
09               pwd: "test",
10               roles: [ "userAdminAnyDatabase" ] } )
```

程序清单 4.9　add_admin_accounts.js-output：添加数据库管理员账户和用户管理员账户的输出

```
MongoDB shell version: 2.4.8
connecting to: test
type "help" for help
{
        "user" : "dbadmin",
        "pwd" : "78384f4d73368bd2d3a3e1da926dd269",
        "roles" : [
                "readWriteAnyDatabase",
                "dbAdminAnyDatabase",
                "clusterAdmin"
        ],
        "_id" : ObjectId("52d95f1b4c1b542899f6b04b")
```

```
}
{
        "user" : "useradmin",
        "pwd" : "0b4568ab22a52a6b494fd54e64fcee9f",
        "roles" : [
                "userAdminAnyDatabase"
        ],
        "_id" : ObjectId("52d95f1b4c1b542899f6b04c")
}
```

▲

4.4 小结

在您的环境中部署 MongoDB 解决方案时，一个重要的部分是实现访问控制。访问控制指的是创建充当各种角色的用户账户，并要求用户通过身份验证后才能访问 MongoDB 数据库服务器。

可给用户分配不同的角色，如读取、读写和管理。这些角色限制了用户连接到数据库后可执行的操作。实现访问控制时，可创建一个只能管理用户账户的用户，并创建一个只能管理数据库的用户，从而实现更严格的访问控制。

在本章中，您创建、查看并删除了用户；您还见识了一个这样的示例：创建一个用户管理员和一个数据库管理员，并配置 MongoDB 服务器使其要求验证身份。

4.5 问与答

问：还有其他实现 MongoDB 数据库访问控制的方法吗？

答：从某种意义上说是有的。一种常见的方法是，不要求直接向 MongoDB 服务器证明身份，而将 MongoDB 放在安全防火墙后面，使得只能通过后端 Web 服务器或其他服务器访问它。所有发送给 MongoDB 服务器的请求都是在一个也位于防火墙后面的系统发出的。这种方法可在一定程度上降低身份验证开销，让编码更简单，但必须确保防火墙后面的网络是绝对安全的。

4.6 作业

作业包含一组问题及其答案，旨在加深您对本章内容的理解。请尽可能先回答问题，再看答案。

4.6.1 小测验

1. 对于不需要写入数据库的用户，应分配哪种角色？

2．如何将用户从数据库中删除？

3．判断对错：角色为 readWrite 的用户能够对数据库执行检查。

4．判断对错：每个用户只能分配一种角色。

5．如何让 MongoDB 服务器要求验证身份？

4.6.2 小测验答案

1．read。

2．切换到用户所在的数据库，再调用 db.removeUser("<username>")。

3．错。用户必须分配了角色 dbAdmin 才能执行检查。

4．错。可给同一个用户分配多种角色。

5．在启动 MongoDB 服务器时使用命令行选项--auth，或者在配置文件中添加 auth=true。

4.6.3 练习

1．添加本章前面删除的用户账户 userReader。

2．尝试在启动 MongoDB shell 时向 MongoDB 服务器验证身份，为此您需要执行类似于下面的命令。启动 MongoDB shell 后，核实您能够连接到数据库 test 并列出其中的用户账户。

```
mongo admin --username "useradmin" --password "test"
```

3．编写一个脚本，在其中使用函数 db.auth()向数据库 admin 验证 useramdin 的身份，再列出数据库 test 中的用户账户。

第5章

在 MongoDB shell 中管理数据库和集合

本章介绍如下内容：

- 连接到 MongoDB 数据库；
- 在 MongoDB shell 中建立到 MongoDB 服务器的连接；
- 在 MongoDB shell 中创建、查看和删除数据库；
- 查看 MongoDB 数据库的大小、集合数以及其他统计信息；
- 在 MongoDB shell 中创建、查看和删除集合。

连接、数据库和集合是一些最重要的 MongoDB 服务器组件。本节介绍 MongoDB shell 中的 Connection、Database 和 Collection 对象，它们是 MongoDB 服务器中实际组件的接口，让您能够与这些实际组件交互。

本章前半部分重点介绍这些对象及其用法，后半部分介绍创建、管理数据库和集合的基本知识。

5.1 理解 Database 和 Collection 对象

MongoDB shell 与 MongoDB 服务器、数据库和集合交互时严重依赖于结构化对象。这些对象表示到 MongoDB 的连接、数据库和集合，它们提供了接口，让您能够连接和管理数据库以及创建和管理集合。

接下来的几小节将讨论这些对象，并介绍在 MongoDB shell 中使用它们来实现数据库功能所需的基本知识。接下来的几章将更深入地介绍这些对象及其方法。

5.1.1 理解 Connection 对象

MongoDB shell 中的 Connection 对象让您能够访问 MongoDB 服务器，它表示到服务器的连接，让您能够获取 Database 对象并设置读取首选项。

要创建连接到 MongoDB 服务器的 Connection 对象，可使用如下命令：

```
Mongo(host:port)
```

例如，要连接到本地主机的 MongoDB 服务器，并创建一个 Connection 对象，可使用下面的代码行：

```
var myConn = new Mongo("localhost");
```

表 5.1 列出了可对 Connection 对象调用的方法。

表 5.1　　Connection 对象的方法

方法	描述
new Mongo(host:port)	连接到指定位置的 MongoDB 实例，并返回一个 Connection 对象实例
getDB(database)	返回一个 Database 对象，它表示参数 database 指定的数据库
setReadPrefMode(mode, tagSet)	设置副本集读取首选模式。参数 mode 可以是 primary、primaryPreferred、secondary、secondaryPreferred 或 nearest；参数 tagSet 是一个副本集标记集（tag set）数组（请参见第 22 章）
getReadPrefMode()	返回 MongoDB 副本集的当前读取首选模式
getReadPrefTagSet()	返回 MongoDB 副本集的当前读取首选标记集
setSlaveOk()	允许从副本集的备份（secondary）成员读取

5.1.2　理解 Database 对象

MongoDB shell 中的 Database 对象让您能够访问数据库。它表示一个数据库，让您能够执行诸如添加用户和访问集合等操作。您经常使用 Database 对象来访问 MongoDB 数据库。

要在 MongoDB shell 中创建 Database 对象，可使用两种方式之一。最简单的方法是，启动 MongoDB shell，再使用下面的命令连接到<database>指定的数据库：

```
use <database>
```

在 MongoDB shell 中，这个命令连接到指定的数据库并修改变量 db；这样您就可使用变量 db 来访问数据库功能了。例如，下面的命令连接到数据库 myDB 并显示其名称：

```
use myDB
db.getName()
```

您还可以使用 Connection 对象的方法 getDB()来创建一个 Database 对象，例如，下面的 JavaScript 代码连接到数据库 myDB，并使用创建的 Database 对象来显示数据库的名称：

```
myConn = new Mongo("localhost");
myDB = myConn.getDB("myDB");
myDB.getName();
```

表 5.2 列出了 Database 对象的一些常用方法，有些您在本书前面见过，其他的您将在本书后面经常见到。

表 5.2 Database 对象的方法

方法	描述
addUser(document)	根据指定的用户配置文档在数据库中添加一个用户（参见第4章）
auth(username, password)	向数据库验证用户的身份
changeUserPassword(username, password)	修改既有用户的密码
cloneCollection(fromHost, collection, query)	从 MongoDB 服务器 fromHost 复制指定的集合到当前数据库中。可选参数 query 指定了一个查询，该查询决定了要克隆集合中的哪些文档
cloneDatabase(host)	从远程主机复制一个数据库到当前主机
commandHelp(command)	返回数据库命令的帮助信息
copyDatabase(srcDatabase, destDatabase, host)	将远程主机中的数据库 srcDatabase 复制到当前主机，并重命名为 destDatabase
createCollection(name, options)	新建一个集合。参数 options 让您能够指定集合选项，如创建固定集合时
dropDatabase()	删除当前数据库
eval(function, arguments)	向 MongoDB 服务器发送一个 JavaScript 函数（由第一个参数指定），并在服务器处执行；传递给这个函数的参数由后续参数指定。这让您能够在服务器上执行代码，避免将大量的数据传输到 MongoDB shell
getCollection(collection)	返回一个表示指定集合的 Collection 对象，这在集合无法使用 MongoDB shell 语法访问（如集合名包含空格）时很有用
getCollectionNames()	列出当前数据库中所有的集合
getMongo()	返回表示当前连接的 Connection 对象
getName()	返回当前数据库的名称
getSiblingDB(database)	返回一个 Database 对象，它表示当前服务器中的另一个数据库
help()	显示 Database 对象的常用方法的描述
hostInfo()	返回一个文档，其中包含运行 MongoDB 的系统的信息
logout()	结束到当前数据库的经过身份验证的会话
removeUser(username)	将用户从数据库中删除
repairDatabase()	对当前数据库执行修复例程
runCommand(command)	运行数据库命令。这是执行数据库命令的首选方法，因为它为 MongoDB shell 和驱动程序提供了一致的接口
serverStatus()	返回一个文档，其中包含有关数据库进程状态的摘要信息
shutdownServer()	干净而安全地关闭当前 mongod 或 mongos 进程
version()	返回 mongod 实例的版本

5.1.3 理解 Collection 对象

Collection 对象表示 MongoDB 数据库中的集合，您可使用它来访问集合中的文档、添加文档、查询文档等。

访问集合的方式有两种。如果集合的名称是 MongoDB shell JavaScript 语法支持的，可使用句点表示法通过 Database 对象直接访问，例如，下面的代码显示集合 myCollection 的统计信息：

```
db.myCollection.stats()
```

您还可使用 Database 对象的方法 getCollection()来创建 Collection 对象实例，如下所示：

```
myColl = db.getCollection("myCollection");
myColl.stats()
```

表 5.3 列出了 Collection 对象的基本方法。这些方法让您能够在集合中添加和修改文档、查找文档以及删除集合。

表 5.3　Collection 对象的基本方法

方法	描述
aggregate()	让您能够访问聚合流水线（参见第 9 章）
count()	返回集合中的文档数或满足查询条件的文档数
copyTo(newCollection)	将当前集合中的文档复制到当前服务器中的另一个集合中
createIndex()	使用 ensureIndex()为集合创建索引
dataSize()	返回集合的大小
distinct(field, query)	根据参数 query 指定的查询返回一个文档数组，这些文档包含指定字段的不同值
drop()	从数据库中删除指定的集合
dropIndex(index)	从集合中删除指定的索引
dropIndexes()	删除当前集合的所有索引
ensureIndex(keys, options)	创建一个索引——如果它不存在（参见第 21 章）
find(query, projection)	对集合执行查询并返回一个 Cursor 对象（参见第 6 章）
findAndModify(document)	以原子方式修改并返回一个文档（参见第 8 章）
findOne(query, projection)	执行查询并返回一个文档（参见第 6 章）
getIndexes()	返回一个文档数组，这些文档描述集合的索引
group(document)	提供一种基本聚合，即根据指定的字段将文档分组（参见第 9 章）
insert(document)	在集合中插入新文档（参见第 8 章）
isCapped()	如果集合为固定集合，就返回 true，否则返回 false
mapReduce(map, reduce, options)	提供映射-归并聚合功能（参见第 9 章）
reIndex()	重建集合的所有索引
remove(query, justOne)	将集合中满足查询条件（由参数 query 指定）的文档删除；如果参数 justOne 为 true，则只删除第一个满足条件的文档
renameCollection(target, dropTarget)	将当前集合的名称改为 target 指定的名称。如果参数 dropTarget 为 true，将在重命名当前集合前删除集合 target
save(document)	包装了 insert()和 update()，用于插入新文档。如果文档不存在，就插入它；否则就更新它
stats()	返回一个文档，其中包含有关集合的统计信息
storageSize()	返回一个文档，指出了集合占用的总存储空间，单位为字节
totalSize()	返回一个文档，指出了集合的总空间，包括集合中所有文档和索引的大小
totalIndexSize()	返回一个文档，指出了集合索引占据的总空间
update(query, update, options)	修改集合中的一个或多个文档（参见第 8 章）
validate()	对集合执行诊断操作

5.2 管理数据库

理解 Database 和 Collection 对象后，便可以开始管理数据库了。本节介绍有关如何在 MongoDB shell 中创建、查看和删除数据库的基本知识；第 20 章将介绍其他的数据库管理知识。

Did you Know?

提示：

如果启用了身份验证，则要在 MongoDB shell 中管理数据库，必须使用具有 clusterAdmin 权限的用户账户，如本章前面介绍的数据库管理员账户。创建数据库管理员账户后，就可使用该账户登录并执行接下来的几小节介绍的任务。

5.2.1 显示数据库列表

您可能需要查看已创建的数据库列表，在您创建了大量数据库或有多人负责管理系统时尤其如此。要查看系统中的数据库列表，可使用命令 show dbs，它显示已创建的数据库列表。

5.2.2 切换到其他数据库

在 MongoDB shell 中执行数据库操作时，使用的是内置的 db 句柄。很多操作都只能针对一个数据库；要操作其他数据库，必须修改 db 句柄，使其指向相应的数据库。

要切换到其他数据库，可使用方法 db.getSiblingDB(database)或命令 use <database>。例如，下面的代码切换到数据库 testDB。这两种方法都可行，它们都修改 db 使其指向指定的数据库。然后，您就可以使用 db 来管理新切换到的数据库了：

```
db = db.getSiblingDB('testDB')
use testDB
```

5.2.3 创建数据库

MongoDB 没有提供显式地创建数据库的 MongoDB shell 命令。数据库是在添加集合或用户时隐式地创建的。

要创建数据库，可使用 use <new_database_name>新建一个数据库句柄，再在其中添加集合。例如，下面的命令新建一个名为 newDB 的数据库，再在其中添加一个名为 newCollection 的集合：

```
use newDB
db.createCollection("newCollection")
```

要使用 JavaScript 脚本创建数据库，可使用 Connection 对象创建一个 Database 对象实例，再在其中添加集合，如下所示：

```
myConn = new Mongo("localhost");
```

```
newDB = myConn.getDB("newDB");
newDB.createCollection("newCollection");
```

Try It Yourself

新建数据库

在本节中，您将编写一个简单的 MongoDB shell JavaScript 文件来创建数据库，再核实该数据库确实创建了。请执行如下步骤，以新建一个名为 newDB 的数据库。

1．确保启动了 MongoDB 服务器（启动时指定使用配置文件 mongod_config.txt 而不是 mongod_config_auth.txt）。

2．在文件夹 code/hour05/中新建一个文件，并将其命名为 db_create.js。

3．在这个文件中输入程序清单 5.1 所示的代码。这些代码连接到本地主机上的 MongoDB 服务器，并新建一个名为 newDB 的数据库（通过在其中添加集合 newCollection）。

4．将这个文件存盘。

5．打开一个控制台窗口，并切换到文件夹 code/hour05。

6．在控制台提示符下执行命令 mongo 以启动 MongoDB shell。

7．使用下面的 MongoDB shell 命令执行第 2 步创建的文件：

```
load("db_create.js")
```

8．使用下面的命令核实存在数据库 newDB：

```
show dbs
```

程序清单 5.1　db_create.js：使用 MongoDB shell 新建数据库

```
01 mongo = new Mongo("localhost");
02 newDB = mongo.getDB("newDB");
03 newDB.createCollection("newCollection");
```

5.2.4　删除数据库

数据库创建后，它将一直存在于 MongoDB 中，直到管理员将其删除。在有些系统上，删除数据库是一种常见的任务，在创建数据库用于存储临时数据时尤其如此。有时候，将过期的数据库删除再创建一个新的，比清空数据库的内容更容易。

要在 MongoDB shell 中删除数据库，可使用方法 dropDatabase()。例如，要删除数据库 newDB，可使用下面的命令切换到该数据库再将其删除：

```
use newDB
db.dropDatabase()
```

请注意，方法 dropDatabase()删除当前数据库，但不会修改当前数据库句柄。删除数据库后，如果您在没有切换到其他数据库的情况下创建集合，将重新创建被删除的数据库。

要使用 JavaScript 脚本删除数据库，可使用 Connection 对象创建一个 Database 对象实例，再对其调用方法 dropDatabase()，如下所示：

```
myConn = new Mongo("localhost");
myDB = myConn.getDB("newDB");
myDB.dropDatabase()
```

Try It Yourself

删除数据库

在本节中，您将编写一个简单的 MongoDB shell JavaScript 文件来删除数据库，再核实这个数据库确实被删除了。请执行下面的步骤，将数据库 newDB 删除。

1．确保启动了 MongoDB 服务器。

2．在文件夹 code/hour05 中新建一个文件，并将其命名为 db_delete.js。

3．在这个文件中输入程序清单 5.2 所示的代码。这些代码连接到 MongoDB 服务器，并删除前面创建的数据库 newDB。

4．将这个文件存盘。

5．打开一个控制台窗口，并切换到文件夹 code/hour05。

6．在控制台提示符下执行命令 mongo 以启动 MongoDB shell。

7．使用下面的 MongoDB shell 命令来执行第 2 步创建的文件：

```
load("db_delete.js")
```

8．使用下面的命令核实数据库 newDB 确实被删除了。它应该不再出现在数据库列表中。

```
show dbs
```

程序清单 5.2 db_delete.js：使用 MongoDB shell 删除数据库

```
01 mongo = new Mongo("localhost");
02 myDB = mongo.getDB("newDB");
03 myDB.dropDatabase();
```

Try It Yourself

获取 MongoDB 数据库的统计信息

Database 对象另一项很有用的功能是，让您能够获取特定数据库的统计信息。通过信息让您能够知道数据库包含的集合数、数据库大小、索引数等。在需要编写代码定期地检查数据库的统计信息，以确定数据库是否需要清理时，这些信息特别有用。

要获取数据库的统计信息，可使用 Database 对象的方法 stats()，如下所示：

```
stats = db.stats()
```

请执行如下步骤来编写一个 MongoDB shell 脚本，以显示数据库 admin 的统计信息。

1．确保启动了 MongoDB 服务器。

2．在文件夹 code/hour05 中新建一个文件，并将其命名为 db_stats.js。

3．在这个文件中输入程序清单 5.3 所示的代码。这些代码连接到本地 MongoDB 服务器中的数据库 admin，并打印其统计信息。

4．将这个文件存盘。

5．打开一个控制台窗口，并切换到文件夹 code/hour05。

6．在控制台提示符下使用命令 mongo 启动 MongoDB shell。

7．使用下面的 MongoDB shell 命令执行第 2 步创建的文件：

```
load("db_stats.js")
```

8．查看程序清单 5.4 所示的输出，以了解这个数据库的统计信息。

程序清单 5.3　db_stats.js：使用 MongoDB shell 显示数据库的统计信息

```
01 mongo = new Mongo("localhost");
02 myDB = mongo.getDB("admin");
03 stats = myDB.stats();
04 printjson(stats);
```

程序清单 5.4　db_stats.js-output：使用 MongoDB shell 显示数据库统计信息的输出

```
MongoDB shell version: 2.4.8
connecting to: test
type "help" for help
{
        "db" : "admin",
        "collections" : 5,
        "objects" : 25,
        "avgObjSize" : 1557.44,
        "dataSize" : 38936,
        "storageSize" : 577536,
        "numExtents" : 6,
        "indexes" : 6,
        "indexSize" : 49056,
        "fileSize" : 201326592,
        "nsSizeMB" : 16,
        "dataFileVersion" : {
                "major" : 4,
                "minor" : 5
```

```
        },
        "ok" : 1
}
```

▲

5.3 管理集合

有时候需要管理数据库中的集合。MongoDB 在 MongoDB shell 中提供了创建、查看和操作集合的功能。接下来的几小节将介绍一些基本知识，让您能够使用 MongoDB shell 来列出集合、创建集合以及访问集合中的文档。本书后面将更详细地介绍如何创建和操作集合中的文档。

5.3.1 显示数据库的集合列表

您经常需要查看数据库中的集合列表。例如，您可能需要核实某个集合是否存在或获悉忘记了的集合名。

要在 MongoDB shell 中查看数据库中的集合列表，需要切换到相应的数据库，再使用 show collections 列出该数据库中的集合。例如，下面的命令列出数据库 test 中的集合：

```
use test
show collections
```

您还可使用 Database 对象的方法 getCollectionNames()，这将返回一个集合名数组，如下所示：

```
use test
collectionNames = db.getCollectionNames()
```

5.3.2 创建集合

要存储文档，必须在 MongoDB 数据库中创建集合，为此需要使用数据库句柄调用方法 createCollection(name, [options])。其中参数 name 是要创建的数据库的名称，而可选参数 options 是一个对象，可使用表 5.4 所示的属性来定义集合的行为。

表 5.4 创建集合时可指定的选项

属性	描述
capped	布尔值。为 true 时将创建一个固定集合，其大小不能超过属性 size 指定的值。默认为 false
autoIndexID	布尔值。为 true 时将自动为加入到集合中的每个文档创建_id 字段，并根据这个字段创建一个索引。对于固定集合，应将这个属性设置为 false。默认为 true
size	指定固定集合的大小，单位为字节。
max	指定固定集合最多可包含多少个文档。为给新文档腾出空间，将删除最旧的文档

例如，下面的命令在数据库 testDB 中新建一个集合：

```
use testDB
db.createCollection("newCollection")
```

下面的代码行在数据库 testDB 中新建一个名为 newCollection 的集合，并将 autoIndexID 设置成了 false：

```
use testDB
db.createCollection("newCollection", {autoIndexID: false})
```

Try It Yourself

创建集合

在本节中，您将使用 Database 对象来新建集合。这个示例首先新建一个数据库并显示其中的集合，然后新建一个集合并再次显示数据库中的集合。

请执行如下步骤，编写一个在数据库中新建集合的 MongoDB shell 脚本。

1．确保启动了 MongoDB 数据库。

2．在文件夹 code/hour05 中新建一个文件，并将其命名为 collection_create.js。

3．在这个文件中输入程序清单 5.5 所示的代码。这些代码连接到本地 MongoDB 服务器、创建一个数据库、显示其中的集合并新建一些集合。

4．将这个文件存盘。

5．打开一个控制台窗口，并切换到文件夹 code/hour05。

6．在控制台提示符下使用命令 mongo 启动 MongoDB shell。

7．使用下面的 MongoDB shell 命令执行第 2 步创建的文件：

```
load("collection_create.js")
```

8．查看程序清单 5.6 所示的输出。这些输出表明，最初的集合列表是空的，随后的集合列表中包含新创建的集合以及集合 system.indexes。集合 system.indexes 包含新集合的默认_id 索引。

程序清单 5.5　collection_create.js：使用 MongoDB shell 在数据库中创建集合

```
01 mongo = new Mongo("localhost");
02 newDB = mongo.getDB("newDB");
03 collections = newDB.getCollectionNames();
04 print("Initial Collections:");
05 printjson(collections);
06 newDB.createCollection("newCollectionA");
07 newDB.createCollection("newCollectionB");
08 print("After Collection Creation:");
09 collections = newDB.getCollectionNames();
10 printjson(collections);
```

程序清单 5.6 collection_create.js-output：使用 MongoDB shell 在数据库中创建集合的输出

```
Initial Collections:
[ ]
After Collection Creation:
[ "newCollectionA", "newCollectionB", "system.indexes" ]
```

▲

5.3.3 删除集合

有时还需删除不再需要的旧集合。删除旧集合可释放磁盘空间，消除与这些集合相关的开销，如索引。

要在 MongoDB shell 中删除集合，需要切换到相应的数据库，再对集合调用函数 drop()。

通常，可使用集合名和句点语法来访问集合。例如，下面的代码从当前数据库中删除集合 newCollection：

```
use testDB
db.newCollection.drop()
```

您还可以使用 getCollection()来获取 Collection 对象，再对其调用方法 drop()，对于 MongoDB shell 句点语法不支持的集合名，这很有用。例如，下面的代码也从数据库 testDB 中删除集合 newCollection：

```
use testDB
coll = db.getCollection("newCollection")
coll.drop()
```

▼ Try It Yourself

从数据库中删除集合

在本节中，您将使用 Collection 对象来删除前面添加的集合。这个示例连接到一个数据库、显示其中的集合再将集合逐个删除。

请执行如下步骤，编写一个从数据库中删除集合的 MongoDB shell 脚本。

1．确保启动了 MongoDB 服务器。

2．在文件夹 code/hour05 中新建一个文件，并将其命名为 collection_delete.js。

3．在这个文件中输入程序清单 5.7 所示的代码。这些代码连接到本地的 MongoDB 服务器、创建一个名为 newDB 的 Database 对象、显示数据库中的集合再将集合逐个删除。

4．将这个文件存盘。

5．打开一个控制台窗口，并切换到文件夹 code/hour05。

6. 在控制台提示符下使用命令 mongo 启动 MongoDB shell。

7. 使用下面的 MongoDB shell 命令执行第 2 步创建的文件：

```
load("collection_delete.js")
```

8. 查看程序清单 5.8 所示的输出，注意到初始集合列表中包含 newCollectionA 和 newCollectionB。这些集合被删除后，它们就不再出现在集合列表中了。注意到即便删除其他所有集合后，集合 system.indexes 也没有删除。

程序清单 5.7 collection_delete.js：使用 MongoDB shell 从数据库中删除集合

```
01 mongo = new Mongo("localhost");
02 myDB = mongo.getDB("newDB");
03 collections = myDB.getCollectionNames();
04 print("Initial Collections:");
05 printjson(collections);
06 collection = myDB.getCollection("newCollectionA");
07 collection.drop();
08 print("After Deleting newCollectionA:");
09 printjson(collections);
10 collection = myDB.getCollection("newCollectionB");
11 collection.drop();
12 print("After Deleting newCollectionB:");
13 collections = myDB.getCollectionNames();
14 printjson(collections);
```

程序清单 5.8 collection_delete.js-output：使用 MongoDB shell 从数据库中删除集合的输出

```
Initial Collections:
[ "newCollectionA", "newCollectionB", "system.indexes" ]
After Deleting newCollectionA:
[ "newCollectionA", "newCollectionB", "system.indexes" ]
After Deleting newCollectionB:
[ "system.indexes" ]
```

▲

5.4 实现示例数据集

介绍各种数据访问方法时，本书大部分示例使用的都是同一个数据集。这个数据集是一个集合，包含大约 2500 个单词的各种信息，为示例提供了足够大的数据集。

通过在示例中使用单个而不是多个数据集，可让学习过程更容易。这个数据集涵盖了您将用到的大多数数据类型，理解这个数据集可让您更平稳地在本书章节之间过渡。

5.4.1 理解示例数据集

程序清单 5.9 显示了这个数据集中对象的结构。这个结构应该相当直观，这也是选择使用它的原因。这个文档结构包含如下类型的字段：字符串、整数、数组、子文档和子文档数组，让您能够测试各种查询、排序、分组和聚合方法。

字段 word、first、last 和 size 都是字符串或数字；字段 letters 是一个数组，包含单词中的字母（不重复）；字段 stats 是一个子文档，包含字段 vowels 和 consonants；字段 charsets 是一个子文档数组，其中的子文档包含字段 type（取值为 consonants、vowels 或 other）和字段 chars（由指定类型的字符组成的数组）。

程序清单 5.9 Example Dataset Structure for a words Database

```
{
word: <word>,
first: <first_letter>,
last: <last_letter>,
size: <character_count>,
letters: [<array_of_characters_in_word_no_repeats>],
stats: {
 vowels:<vowel_count>, consonants:<consonant_count>},
charsets: [
 {
   "type": <consonants_vowels_other>,
   "chars": [<array_of_characters_of_type_in_word>]},
   ...
 ],
}
```

▼ Try It Yourself

创建示例数据集

本节有两个目的。一是让您实际编写一个 MongoDB shell 脚本，这种技能在本书后面很有用，因为大部分示例都是脚本。

二是提供一个填充数据的脚本，本书后面将使用这些数据来执行数据库操作。

在这个练习中，您将添加程序清单 5.10 所示的代码。这些大多是简单的 JavaScript 代码，只有最后三行例外，它们连接到数据库 words，将集合 word_stats 的文档删除以清除所有数据，再将一个 JavaScript 对象数组插入到该集合中。您现在不用明白这些代码，本书后面将介绍它们。在这个练习中，您的重点是将这些代码输入文件 generate_words.js 中。

请执行如下步骤，编写一个生成数据集的 JavaScript 文件，并使用命令来执行它，以创建并填充数据库 words。

1．从本书的配套网站下载文件 code/hour05/generate_words.js，并将其放到您的文件夹 code/hour05 中。程序清单 5.10 显示了这个文件中的代码，但请注意，为节省篇幅，对第 3 行进行了裁剪；在配套网站提供的文件中，第 3 行包含 2500 多个单词。您也可以使用自己的用逗号分隔的单词列表替换第 3 行的内容。

2．将这个文件存盘。

3．启动 mongDB 服务器。

4．再打开一个控制台窗口，并切换到目录 code/hour05。

5．执行下面的命令以运行生成数据库 words 的脚本：

```
mongo generate_words.js
```

6．执行下面的命令，以核实确实创建了数据库 words。文档数应超过 2500。

```
mongo words --eval "db.word_stats.find().count()"
```

程序清单 5.10　连接到 MongoDB 服务器，执行初始化并填充数据库 words 的 JavaScript 文件

```
01 var vowelArr = "aeiou";
02 var consonantArr = "bcdfghjklmnpqrstvwxyz";
03 var words =
➥"the,be,and,of,to,it,I,can't,shouldn't,say,middle-class,apology,till";
04 var wordArr = words.split(",");
05 var wordObjArr = new Array();
06 for (var i=0; i<wordArr.length; i++){
07   try{
08     var word = wordArr[i].toLowerCase();
09     var vowelCnt = ("|"+word+"|").split(/[aeiou]/i).length-1;
10     var consonantCnt =
➥ ("|"+word+"|").split(/[bcdfghjklmnpqrstvwxyz]/i).length-1;
11     var letters = [];
12     var vowels = [];
13     var consonants = [];
14     var other = [];
15     for (var j=0; j<word.length; j++){
16       var ch = word[j];
17       if (letters.indexOf(ch) === -1){
18         letters.push(ch);
19       }
20       if (vowelArr.indexOf(ch) !== -1){
21         if(vowels.indexOf(ch) === -1){
22           vowels.push(ch);
23         }
24       }else if (consonantArr.indexOf(ch) !== -1){
25         if(consonants.indexOf(ch) === -1){
26           consonants.push(ch);
27         }
```

```
28         }else{
29            if(other.indexOf(ch) === -1){
30               other.push(ch);
31            }
32         }
33      }
34      var charsets = [];
35      if(consonants.length){
36         charsets.push({type:"consonants", chars:consonants});
37      }
38      if(vowels.length){
39         charsets.push({type:"vowels", chars:vowels});
40      }
41      if(other.length){
42         charsets.push({type:"other", chars:other});
43      }
44      var wordObj = {
45         word: word,
46         first: word[0],
47         last: word[word.length-1],
48         size: word.length,
49         letters: letters,
50         stats: { vowels: vowelCnt, consonants: consonantCnt },
51         charsets: charsets
52      };
53      if(other.length){
54         wordObj.otherChars = other;
55      }
56      wordObjArr.push(wordObj);
57   } catch (e){
58      console.log(e);
59      console.log(word);
60   }
61 }
62 db = connect("localhost/words");
63 db.word_stats.remove({});
64 db.word_stats.ensureIndex({word: 1}, {unique: true});
65 db.word_stats.insert(wordObjArr);
```

5.5 小结

MongoDB shell 提供了表示 MongoDB 服务器连接、数据库和集合的对象，这些对象包含的方法让您能够与 MongoDB 服务器上的数据库和集合交互。

Connection 对象用于访问数据库；Database 对象包含的方法让您能够创建和查看集合、查看数据库统计信息以及执行各种管理任务（如检查）。

在本章最后一节，您创建了数据库 words，供本书后面的示例使用。

5.6 问与答

问：在 MongoDB shell 脚本中，有办法获取数据库列表吗？

答：有。可以对表示数据库 admin 的 Database 对象调用方法 adminCommand()，这将返回一个数组，其中的对象描述了 MongoDB 服务器中的数据库。下面是一个这样的示例：

```
conn = new Mongo("localhost");
db = conn.getDB("admin");
db.adminCommand("listDatabases");
```

问：对集合命名方式有什么限制吗？

答：有。集合名必须以字母或_打头，不能为空，不能包含$或空字符（\0），不能为 system，且必须少于 128 个字符。

5.7 作业

作业包含一组问题及其答案，旨在加深您对本章内容的理解。请尽可能先回答问题，再看答案。

5.7.1 小测验

1. 要列出当前连接的 MongoDB 服务器中的数据库，可使用哪个 MongoDB shell 命令？
2. 如何创建数据库？
3. 判断对错：如果您删除数据库中唯一的集合，数据库也将被删除。
4. 如何获悉数据库包含多少个集合？

5.7.2 小测验答案

1. show dbs。
2. 使用方法 getDB()或命令 use <database>获取一个 Database 对象，再在其中创建用户或集合。
3. 错。
4. 使用 Database 对象的方法 stats()。

5.7.3 练习

1. 编写一个脚本，在其中创建一个名为 myDB 的数据库，并在这个数据库中添加两个集合——collA 和 collB。再执行这个脚本，并核实数据库和集合确实创建了。
2. 使用 MongoDB shell 命令删除数据库 myDB 中的集合，再将这个数据库删除。然后，使用命令 show dbs 核实这个数据库确实被删除了。

第 6 章

使用 MongoDB shell 在 MongoDB 集合中查找文档

本章介绍如下内容：

- 理解 Cursor 对象的用途；
- 使用 Cursor 对象访问集合中的文档；
- 查找单个文档；
- 查找多个文档；
- 使用查询运算符根据字段值查找文档；
- 根据子文档字段查找文档。

查找文档无疑是最常见的 MongoDB 数据库操作。本章介绍如何访问 MongoDB 服务器中的文档。Collection 对象提供了在服务器中查找文档的方法，您将使用这些方法来访问文档。

在这些方法中，有些返回一个 Cursor 对象，表示服务器中的一组文档。您将学习如何使用 Cursor 对象来访问文档。

您还将学习如何使用查询运算符来限制数据库查询结果。查询运算符让您能够根据字段值、字段是否存在、长度等来限制查询结果。

6.1 理解 Cursor 对象

在 MongoDB shell 中对 Collection 对象执行有些操作时，结果是以 Cursor 对象的方式返回的。Cursor 对象相当于一个指针，可通过迭代它来访问数据库中的一组对象。例如，当您使用 find()时，返回的并非实际文档，而是一个 Cursor 对象，您可以使用它来读取结果中的文档。

由于 Cursor 对象是可以迭代的，因此在内部存储了一个指向当前位置的索引，这让您能够每次读取一个文档。别忘了，有些操作只影响 Cursor 中的当前文档，并将索引加 1；而有些操作影响当前索引之后的所有文档。

为让您对 Cursor 对象有大致了解，表 6.1 列出了可调用 Cursor 对象的基本方法。这些方法让您能够操作 Cursor 对象，并控制对其表示的实际对象的访问。

表 6.1 Cursor 对象的基本方法

方法	描述
batchSize(size)	指定 MongoDB 在每个网络响应中向客户端返回的文档数，默认为 20
count()	返回 Cursor 对象表示的文档数
explain()	返回一个文档，它描述了将用来返回查询结果的查询执行计划，包括要使用的索引。这提供了一种排除缓慢查询故障或优化请求的极佳方式
forEach(function)	迭代 Cursor 对象中的每个文档，并对其执行指定的 JavaScript 函数。指定的 JavaScript 函数必须将文档作为唯一的参数。下面是一个示例： myColl.find().forEach(function(doc){ print("name: " + doc.name); });
hasNext()	在使用 next()迭代游标时使用。如果游标中还有其他文档，可以继续迭代，则返回 true
hint(index)	强制 MongoDB 使用一个或多个特定的索引进行查询。index 可以是字符串，如 hint("myIndex_1")；也可以是文档，其中的属性为索引名，而值为 1，如 hint({ myIndex: 1})
limit(maxItems)	将游标的结果集限制为 maxItems 指定的大小
map(function)	迭代 Cursor 中的每个文档，并对其执行指定的函数。将每次迭代的返回值都加入到一个数组中，并返回这个数组。例如： names = myColl.find().map(function(doc){ return doc.name; });
max(indexBounds)	指定 Cursor 返回的文档中字段的最大值，例如： max({ height: 60, age: 10 })
min()	指定 Cursor 返回的文档中字段的最小值，例如： min({ height: 60, age: 10 })
next()	从 Cursor 返回下一个文档，并将迭代索引加 1
objsLeftInBatch()	指出 Cursor 返回的当前那批文档中还余下多少个。迭代到最前那批文档中最后一个后，需要再次向服务器发出请求以取回下批文档
readPref(mode, tagSet)	指定 Cursor 的读取首选项，以控制客户端向副本集发送查询的方式
size()	在执行方法 skip()和 limit()后，返回 Cursor 中的文档数
skip(n)	返回另一个 Cursor，它从 n 个文档后开始返回结果
snapshot()	强制 Cursor 使用根据_id 字段创建的索引，确保 Cursor 只返回每个文档一次
sort(sortObj)	将结果按 sortObj 指定的方式排序。sortObj 应包含用于排序的字段，并使用-1 指定降序或使用 1 指定升序，例如： sort({ name: 1, age: -1 })
toArray()	返回一个 JavaScript 对象数组，表示 Cursor 返回的所有文档。

6.2 理解查询运算符

在使用 Collection 对象查找和修改文档的操作中，有些操作允许您指定 query 参数。query

参数对 Cursor 对象中返回的文档进行限制，使其值包含满足指定条件的文档。

query 参数是标准的 JavaScript 对象，但使用了 MongoDB shell 和服务器都能明白的特殊属性名。query 参数的属性称为运算符，因为它们对数据进行运算，以确定文档是否应包含在结果集中。这些运算符判断文档中字段的值是否符合指定条件。

例如，要查找所有字段 count 大于 10 且字段 name 为 test 的文档，可使用这样的 query 对象：

```
{count:{$gt:10}, name:'test'}
```

运算符$gt 指定字段 count 大于 10 的文档。name:'test'使用了标准冒号语法，它指定字段 name 必须为 test。注意到上述 query 对象包含多个运算符。在同一个查询中，可包含多个不同的运算符。

在 query 对象中指定字段时，可使用句点表示法来指定子文档的字段。例如，如果用户文档的格式如下：

```
{
  name:"test",
  stats: { height:74, eyes:'blue'}
}
```

则可使用下面的 query 对象来查询眼睛为蓝色的用户：

```
{stats.eyes:'blue'}
```

表 6.2 列出了一些较常用的查询运算符。

表 6.2 决定返回的结果集的查询运算符

运算符	描述
field:value	与字段值为 value 的文档匹配，例如： {name:"myName"}
$gt	与字段值大于指定值的文档匹配，例如： {size:{$gt:5}}
$gte	与字段值大于等于指定值的文档匹配，例如： {size:{$gte:5}}
$in	与字段值包含在指定数组中的文档匹配，例如： {name:{$in:['item1', 'item2']}}
$lt	与字段值小于指定值的文档匹配，例如： {size:{$lt:5}}
$lte	与字段值小于等于指定值的文档匹配，例如： {size:{$lte:5}}
$ne	与字段值不等于指定值的文档匹配，例如： {name:{$ne:"badName"}}
$nin	与字段值不包含在指定数组中的文档匹配，例如： {name:{$in:['item1', 'item2']}}
$or	使用逻辑或连接查询子句，并返回符合任何一个子句条件的文档，例如： {$or:[{size:{$lt:5}},{size:{$gt:10}}]}

续表

运算符	描述
$and	使用逻辑与连接查询子句，并返回与两个子句条件都匹配的文档，例如： {$and:[{size:{$lt:5}},{size:{$gt:10}}]}
$not	反转查询表达式的效果，返回与查询表达式不匹配的文档，例如： {$not:{size:{$lt:5}}}}
$nor	使用逻辑或非连接查询子句，返回与两个子句都不匹配的文档，例如： {$nor:{size:{$lt:5}},{name:"myName"}}}
$exists	匹配包含指定字段的文档，例如： {specialField:{$exists:true}}
$type	匹配指定字段为指定 BSON 类型（第 1 章的表 1.1 列出了 BSON 类型的编号）的文档，例如： {specialField:{$type:<BSONtype>}}
$mod	对执行字段执行求模运算，并返回结果为指定值的文档。求模运算条件是使用数组指定的，其中第一个数字为除数，第二个数组为余数。例如： {number:{$mod:[2,0]}}
$regex	返回指定字段的值与指定正则表达式匹配的文档，例如： {myString:{$regex:'some.*exp'}}
$all	返回这样的文档，即其指定数组字段包含所有指定的元素，例如： {myArr:{$all:['one','two','three]}}
$elemMatch	返回这样的文档，即其指定的数组字段至少有一个元素与指定的条件都匹配，例如： {myArr:{$elemMatch:{value:{$gt:5},size:{$lt:3}}}}
$size	返回这样的文档，即其指定的数组字段为指定的长度，例如：{myArr:{$size:5}}

6.3 从集合中获取文档

最常见的 MongoDB 数据库操作之一是检索一个或多个文档。例如，来看电子商务网站存储的商品信息，这些信息只存储一次，但被检索很多次。

数据检索好像很简单，但需要过滤、排序、显示和聚合结果时，可能变得非常复杂。这些复杂的数据检索将在下一章专门介绍。

接下来的几小节介绍 Collection 对象的方法 find()和 findOne()的基本知识，并演示如何使用它们来访问集合中的文档。

来看 find()和 findOne()的语法：

```
findOne(query, projection)
find(query, projection)
```

find()和 findOne()的第一个参数都是一个 query 对象，该对象包含查询运算符，指定了文档的字段需要满足的条件。结果集只包含与查询条件匹配的文档。参数 projection 是一个这样的对象，即指定返回的文档应包含哪些字段。

方法 find()和 findOne()的差别在于，find()返回一个 find()Cursor 对象，表示与查询条件匹配的文档，而 findOne 返回与查询条件匹配的第一个文档。

Try It Yourself

在 MongoDB shell 中查找单个文档

在本节中，您将编写一个简单的 MongoDB shell 脚本，它从前一章创建的示例数据集中检索一个文档。这让您有机会使用 findOne()，并查看返回的文档。

为编写这个在数据库 words 中查找一个文档的脚本，请执行如下步骤。

1．确保启动了 MongoDB 服务器。

2．确保运行了生成数据库 words 的脚本文件 code/hour05/generate_words.js。

3．在文件夹 code/hour06 中新建一个文件，并将其命名为 find_one.js。

4．在这个文件中输入程序清单 6.1 所示的代码。这些代码连接到数据库 words，获取表示集合 word_stats 的 Collection 对象，并使用 findOne()检索一个文档。

5．将这个文件存盘。

6．打开一个控制台窗口，并切换到目录 code/hour06。

7．执行下面的命令来运行这个脚本，它将查询集合 word_stats 并检索一个文档。程序清单 6.2 显示了这个脚本的输出。请注意返回的文档的结构；在接下来的几节中，您将使用查询运算符来查找文档，而了解文档的结构对此很有帮助。

```
mongo find_one.js
```

程序清单 6.1　find_one.js：使用 MongoDB shell 在集合中查找单个文档

```
01 mongo = new Mongo("localhost");
02 wordsDB = mongo.getDB("words");
03 wordsColl = wordsDB.getCollection("word_stats");
04 word = wordsColl.findOne();
05 print("Single Document");
06 printjson(word);
```

程序清单 6.2　find_one.js-output：使用 MongoDB shell 在集合中查找单个文档的输出

```
Single Document:
{
        "_id" : ObjectId("52d87454483398c8f2429277"),
        "word" : "the",
        "first" : "t",
        "last" : "e",
        "size" : 3,
        "letters" : [
                "t",
                "h",
                "e"
        ],
        "stats" : {
```

```
            "vowels" : 1,
            "consonants" : 2
        },
        "charsets" : [
            {
                "type" : "consonants",
                "chars" : [
                    "t",
                    "h"
                ]
            },
            {
                "type" : "vowels",
                "chars" : [
                    "e"
                ]
            }
        ]
}
```

▲

▼ Try It Yourself

在 MongoDB shell 中查找多个文档

在本节中，您将编写一个简单的 MongoDB shell 脚本，它从数据库 words 中检索多个文档，您还将学习如何处理 find()返回的 Cursor 对象。在这个示例中，对 Cursor 对象调用了方法 forEach()和 map()，从而以不同的方式处理多个文档。

在程序清单程序清单 6.3 中，注意到第 6 行使用了 forEach()来打印每个文档的 word 字段。这演示了如何迭代文档并访问每个文档的字段。

```
06 cursor.forEach(function(word){
07   print("word: " + word.word);
08 });
```

另外，在程序清单 6.3 中，注意到调用了方法 map()来创建一个数组，其中包含所有文档的 word 字段。这演示了如何将结果集映射为应用程序更容易使用的结果集。

```
11 words = cursor.map(function(word){
12   return word.word;
13 });
```

除方法 forEach()和 map()外，还调用了方法 toArray()，如第 17 行所示。这个方法将游标转换为一个对象数组；然后，显示了该数组的第 56 个元素：

```
17 words = cursor.toArray();
```

```
18 print(JSON.stringify(words[55]));
```

接下来，第 21 行调用了方法 next()来获取下一个文档，然后显示这个文档。

```
21 word = cursor.next();
22 print(JSON.stringify(word));
```

为编写这个在数据库 words 中查找多个文档的脚本，请执行如下步骤。

1．确保启动了 MongoDB 服务器。

2．确保运行了生成数据库 words 的脚本文件 code/hour05/generate_words.js。

3．在文件夹 code/hour06 中新建一个文件，并将其命名为 find_all.js。

4．在这个文件中输入程序清单程序清单 6.3 所示的代码。这些代码连接到数据库 words，获取表示集合 word_stats 的 Collection 对象，并使用 find()检索该集合中的所有文档。

5．将这个文件存盘。

6．打开一个控制台窗口，并切换到目录 code/hour06。

7．执行下面的命令以运行这个脚本，它将查询集合 word_stats 并返回一个 Cursor 对象，再以多种方式使用这个 Cursor 对象来访问文档。程序清单 6.4 显示了这个脚本的输出。

```
mongo find_all.js
```

程序清单 6.3　find_all.js：在 MongoDB shell 中查找并访问集合中的多个文档

```
01 mongo = new Mongo("localhost");
02 wordsDB = mongo.getDB("words");
03 wordsColl = wordsDB.getCollection("word_stats");
04 print("\nFor Each List: ");
05 cursor = wordsColl.find();
06 cursor.forEach(function(word){
07   print("word: " + word.word);
08 });
09 print("\nMapped Array: ");
10 cursor = wordsColl.find();
11 words = cursor.map(function(word){
12   return word.word;
13 });
14 printjson(words);
15 print("\nIndexed Docuemnt in Array: ");
16 cursor = wordsColl.find();
17 words = cursor.toArray();
18 print(JSON.stringify(words[55]));
19 print("\nNext Document in Cursor: ");
20 cursor = wordsColl.find();
21 word = cursor.next();
22 print(JSON.stringify(word));
```

程序清单 6.4 find_all.js-output：在 MongoDB shell 中查找并访问集合中多个文档的输出

```
For Each List:
word: the
word: be
word: and
...
word: apology
word: till
Mapped Array:
[
        "the",
        "be",
        "and",
...
        "apology",
        "till"
]
Indexed Docuemnt in Array:
{"_id":{"str":"52d87454483398c8f24292ae"},"word":"there","first":"t",
  "last":"e",
"size":5,"letters":["t","h","e","r"],"stats":{"vowels":2,"consonants":3},
"charsets":[{"type":"consonants","chars":["t","h","r"]},
            {"type":"vowels","chars":["e"]}]}
Next Document in Cursor:
{"_id":{"str":"52d87454483398c8f2429277"},"word":"the","first":"t",
  "last":"e",
"size":3,"letters":["t","h","e"],"stats":{"vowels":1,"consonants":2},
"charsets":[{"type":"consonants","chars":["t","h"]},{"type":"vowels",
  "chars":[
"e"]}]}
```

▲

6.4 查找特定的文档

知道如何使用方法 find()和 findOne()来访问集合中的多个文档后，您将发现自己想查找特定的文档。对结果集进行限制，使其只包含特定文档有多个优点，其中包括：

- 需要的网络流量更少；
- 客户端和服务器使用的内存更少；
- 客户端为查找重要数据需要做的处理更少。

要在方法 find()限制返回的文档，可指定一个 query 对象，对 Cursor 中的返回文档进行限制。表 6.2 列出了查看运算符，您可使用它们让 Cursor 只包含一组特定的文档。

接下来的几小节以数据库 words 为例，讨论如何使用查询运算符以各种方式对 find()返回的结果集进行限制。

6.4.1 根据特定的字段值查找文档

限制结果的最基本方式是，在查询文档中指定必须匹配的字段值，这样将只返回指定字段为指定值的文档。

例如，要获取数据库 words 中长度为 5 的单词，可使用类似于下面的查询：

```
find({size: 5});
```

同样，要从该数据库中获取单词 there，可使用下面的查询：

```
find({word: "there"});
```

6.4.2 根据字段值数组查找文档

要查询特定字段为多个值之一的文档，可使用运算符$in。对于数据库 words，一个这样的典型示例是，根据字段 first 查找以 a、b 或 c 打头的单词，如下所示：

```
find({first:{$in: ['a', 'b', 'c']}});
```

6.4.3 根据字段值的大小查找文档

另一种常见的查询是，根据字段是否大于或小于指定的值来查询文档。运算符$gt 和$lt 让您能够指定一个字段和一个值，并在结果集中包含这样的文档，即其指定字段大于或小于指定的值。

下面的示例查找指定字段大于指定值的文档：

```
find({size:{$gt: 12}});
```

下面的示例查找指定字段小于指定值的文档：

```
find({size:{$lt: 12}});
```

6.4.4 根据数组字段的长度查找文档

另一种常见的查询是，查找指定数组字段为指定长度的文档，为此可使用运算符$size。

例如，下面的查询查找数组字段 letters 包含 12 个字母的单词：

```
find({letters:{$size: 12}});
```

同样，下面的查询查找数组字段 letters 长于 10 的单词：

```
find({letters:{$size: {$gt: 10}}});
```

6.4.5 根据子文档中的值查找文档

您可能还需要根据子文档包含的值来查询文档，为此只需使用句点语法来引用子文档的字段。例如，在数据库words中，可像下面这样指定子文档stats的字段vowels需满足的条件：

```
{"stats.vowels":{$gt:6}}
```

6.4.6 根据数组字段的内容查找文档

另一种很有用的查询是，根据数组字段的内容查找文档。运算符$all 匹配这样的文档：其指定数组字段包含查询数组中所有的元素。

例如，下面的查询在数据库words中查找包含全部5个元音字母的单词：

```
{letters:{$all: ['a','e','i','o','u']}}
```

6.4.7 根据字段是否存在查找文档

鉴于MongoDB不要求文档遵循结构化模式，因此可能出现这样的情况：某个字段在有些文档中有，而在其他文档中没有。在这种这种情况下，运算符$exists很有用，它让您能够对结果集进行限制，使其只包含有或者没有指定字段的文档。

例如，在数据库words中，不包含非字母字符的单词没有字段otherChars。下面的查询查找包含非字母字符的单词：

```
{otherChars: {$exists:true}}
```

6.4.8 根据子文档数组中的字段查找文档

在MongoDB文档模型中，一种比较棘手的查询是，根据数组字段中的子文档来查找文档。在这种情况下，文档包含一个子文档数组，而您要根据子文档中的字段来查询文档。

要根据数组字段中的子文档进行查询，可使用运算符$elemMatch。这个运算符让您能够根据数组中的子文档进行查询。

为演示运算符$elemMatch，最简单的方式是使用数据库 words 中的子文档数组字段charsets。字段charsets是一个文档数组，其结构如下：

```
{
  type: <string>,
  chars: <array>
}
```

下面的查询匹配这样的文档，即其字段charsets包含这样的文档：字段type为other，而数组字段chars的长度为2：

```
{charsets:{$elemMatch: {$and: [{type: 'other'},{chars: {$size: 2}}]}}}
```

Try It Yourself

使用 MongoDB shell 查找特定的文档

在本节中，您将编写一个 MongoDB shell 脚本，在其中使用前面讨论的查询运算符来检索特定的文档。您应该熟悉前面介绍的大多数查询运算符。

在程序清单 6.5 中，第 1～11 行实现了一个简单的 JavaScript 显示函数，用于以方便查看的方式显示结果。

请执行如下步骤，编写这个在数据库 words 中查找特定文档的脚本。

1．确保启动了 MongoDB 服务器。

2．确保运行了生成数据库 words 的脚本文件 code/hour05/generate_words.js。

3．在文件夹 code/hour06 中新建一个文件，并将其命名为 find_specific.js。

4．在这个文件中输入程序清单程序清单 6.5 所示的代码。这些代码连接到数据库 words，获取表示集合 word_stats 的 Collection 对象，并使用 find()和各种查询运算符来检索并显示一系列单词。

5．将这个文件存盘。

6．打开一个控制台窗口，并切换到目录 code/hour06。

7．执行下面的命令来运行这个脚本，它将使用各种查询运算符来查询集合 word_stats 以访问特定的文档。程序清单 6.6 显示了这个脚本的输出。

```
mongo find_specific.js
```

程序清单 6.5　find_specific.js：使用 MongoDB shell 查找并访问集合中的特定文档

```
01 function displayWords(msg, cursor, pretty){
02   print("\n"+msg);
03   words = cursor.map(function(word){
04     return word.word;
05   });
06   wordStr = JSON.stringify(words);
07   if (wordStr.length > 65){
08     wordStr = wordStr.slice(0, 50) + "...";
09   }
10   print(wordStr);
11 }
12 mongo = new Mongo("localhost");
13 wordsDB = mongo.getDB("words");
14 wordsColl = wordsDB.getCollection("word_stats");
15 cursor = wordsColl.find({first: {$in: ['a', 'b', 'c']}});
16 displayWords("Words starting with a, b or c: ", cursor);
17 cursor = wordsColl.find({size:{$gt: 12}});
18 displayWords("Words longer than 12 characters: ", cursor);
19 cursor = wordsColl.find({size:{$mod: [2,0]}});
20 displayWords("Words with even Lengths: ", cursor);
```

```
21 cursor = wordsColl.find({letters:{$size: 12}});
22 displayWords("Words with 12 Distinct characters: ", cursor);
23 cursor = wordsColl.find({$and:
24                           [{first:{
25                              $in: ['a', 'e', 'i', 'o', 'o']}},
26                           {last:{
27                              $in: ['a', 'e', 'i', 'o', 'o']}}]});
28 displayWords("Words that start and end with a vowel: ", cursor);
29 cursor = wordsColl.find({"stats.vowels":{$gt: 6}});
30 displayWords("Words containing 7 or more vowels: ", cursor);
31 cursor = wordsColl.find({letters:{$all: ['a','e','i','o','u']}});
32 displayWords("Words with all 5 vowels: ", cursor);
33 cursor = wordsColl.find({otherChars: {$exists: true}});
34 displayWords("Words with non-alphabet characters: ", cursor);
35 cursor = wordsColl.find({charsets:{
36                           $elemMatch:{
37                             $and:[{type: 'other'},
38                                   {chars: {$size: 2}}]}}});
39 displayWords("Words with 2 non-alphabet characters: ", cursor);
```

程序清单 6.6 find_specific.js-output：使用 MongoDB shell 查找并访问集合中特定文档的输出

```
Words starting with a, b or c:
["be","and","a","can't","at","but","by","as","can"...

Words longer than 12 characters:
["international","administration","environmental",...

Words with even Lengths:
["be","of","in","to","have","to","it","that","he",...

Words with 12 Distinct characters:
["uncomfortable","accomplishment","considerably"]

Words that start and end with a vowel:
["a","i","one","into","also","one","area","eye","i...

Words containing 7 or more vowels:
["identification","questionnaire","organizational"...

Words with all 5 vowels:
["education","educational","regulation","evaluatio...

Words with non-alphabet characters:
["don't","won't","can't","shouldn't","e-mail","lon...

Words with 2 non-alphabet characters:
["two-third's","middle-class'"]
```

▲

6.5 小结

在本章中，您学习了如何使用 MongoDB shell 脚本在 MongoDB 服务器的集合中查找特定文档。方法 find()返回一个表示服务器中实际文档的 Cursor 对象；您学习了如何在 MongoDB shell 脚本中使用 Cursor 对象来检索和访问文档。

在查找文档的方法中，可指定一个 query 对象，它包含的查询运算符指定了要返回的文档。这些查询运算符让您能够根据字段值、字段是否存在、字段长度等查找特定的文档。

6.6 问与答

问：有办法查询字段值为 null 的文档吗？

答：没有。查询运算符处理 null 值的方式各不相同。例如，如果您使用字段值 null（如{name: null}）进行查询，这将返回 name=null 的文档，但还将返回没有 name 字段的文档。应避免根据字段值 null 进行查询；在文档中不要将字段的值设置为 null，而应不包含这样的字段，这样就可使用运算符$exists 进行查询了。

问：如果一个文档多次与查询条件匹配，MongoDB 会返回这个文档多次吗？

答：是的。您可使用方法 cursor.snapshot()来遍历根据_id 字段创建的索引，从而避免多次返回同一个文档。然而，cursor.snapshot()不能用于分片集合，也不能与 sort()或 hint()同时使用。

6.7 作业

作业包含一组问题及其答案，旨在加深您对本章内容的理解。请尽可能先回答问题，再看答案。

6.7.1 小测验

1．判断对错：方法 find()返回一个文档数组。

2．如何确定 Cursor 对象表示的是多少个文档？

3．要查找这样的文档，即其指定字段的值为一系列值之一，可使用哪个查询运算符？

4．查询运算符$size 指定什么查询条件？

6.7.2 小测验答案

1．错。它返回一个 Cursor 对象。

2．使用方法 cursor.size()。

3．$in

4．数组字段包含的元素数。

6.7.3 练习

1．扩展文件 find_one.js，在其中使用 findOne()指定字段 word 为 there 的查询（{word: "there"}），再显示查询得到的文档。

2．扩展文件 find_specific.js，在其中添加一个查询，以查找第一个字母为 l、最后一个字母为 t 且长度为 4 的单词。提示：您首先得使用运算符$and。

第 7 章

使用 MongoDB shell 执行其他数据查找操作

本章介绍如下内容：

- 确定与查找操作匹配的文档数；
- 以特定顺序返回文档；
- 限制返回的文档数；
- 大型数据集分页；
- 减少返回的文档包含的字段；
- 查找数据集中特定字段的不同值。

在前一章，您检索了 MongoDB 数据库中的数据，还使用查询参数指定了字段应满足的条件以限制返回的文档。MongoDB shell 还提供了其他几种方法来对返回的文档进行限制，让您能够优化数据库请求。

在本章中，您将学习如何使用 Collection 和 Cursor 对象的其他方法来控制从 MongoDB 数据库中检索信息的方式。例如，通过在处理前计算文档数，可知道数据集的大小。另外，通过限制返回的文档数以及返回的文档包含的字段，可限制返回的数据量。

7.1 计算文档数

访问 MongoDB 中的文档集时，您可能想在取回文档前获悉有多少个文档。在 MongoDB 服务器和客户端计算文档数的开销很小，因为不需要实际传输文档。

对 find()返回的文档集执行操作时，也应明了将要处理的文档有多少，在大型环境中尤其如此。有时候，您只想知道文档数。例如，如果您要获悉应用程序中配置了多少用户，只需计算集合 users 中有多少个文档。

Cursor 对象的方法 count()指出它表示多少个文档。例如，下面的代码使用方法 find()获取一个 Cursor 对象，再使用方法 count()获取文档数：

```
cursor = wordsColl.find({first: {$in: ['a', 'b', 'c']}});
itemCount = cursor.count();
```

itemCount 的值为与 find()查询匹配的单词数。

Try It Yourself

使用 count()来获悉 MongoDB shell Cursor 表示多少个文档

在本节中，您将对示例数据集执行各种 find()操作，并对它们返回的 Cursor 对象调用方法 count()。这里将首先演示 count()，再加深您对方法 find()的查询结构的认识。

程序清单 7.1 所示的示例执行多种 find()操作，并输出在数据库中找到的与查询参数匹配的文档数。

请执行下面的步骤，编写这个在数据库 words 中查找文档并显示找到了多少个文档的脚本。

1．确保启动了 MongoDB 服务器。

2．确保运行了生成数据库 words 的脚本文件 code/hour05/generate_words.js。

3．在文件夹 code/hour07 中新建一个文件，并将其命名为 find_count.js。

4．在这个文件中输入程序清单 7.1 所示的代码。这些代码连接到数据库 words，获取表示集合 word_stats 的 Collection 对象，使用 find()和各种查询运算符来检索单词，并显示每个 find()操作返回的 Cursor 对象表示多少个单词。

5．将这个文件存盘。

6．打开一个控制台窗口，并切换到目录 code/hour07。

7．执行下面的命令来运行这个脚本，它将显示对集合 word_stats 执行的各种查询返回的单词数。程序清单 7.2 显示了这个脚本的输出。

```
mongo find_count.js
```

程序清单 7.1　find_count.js：使用 MongoDB shell 在集合中查找文档并计算找到的文档数

```
01 mongo = new Mongo("localhost");
02 wordsDB = mongo.getDB("words");
03 wordsColl = wordsDB.getCollection("word_stats");
04 cursor = wordsColl.find({first: {$in: ['a', 'b', 'c']}});
05 print("Words starting with a, b or c: ", cursor.count());
06 cursor = wordsColl.find({size:{$gt: 12}});
07 print("Words longer than 12 characters: ", cursor.count());
08 cursor = wordsColl.find({size:{$mod: [2,0]}});
09 print("Words with even Lengths: ", cursor.count());
10 cursor = wordsColl.find({letters:{$size: 12}});
11 print("Words with 12 Distinct characters: ", cursor.count());
12 cursor = wordsColl.find({$and:
```

```
13                              [{first:{
14                                 $in: ['a', 'e', 'i', 'o', 'o']}},
15                              {last:{
16                                 $in: ['a', 'e', 'i', 'o', 'o']}}]}});
17 print("Words that start and end with a vowel: ", cursor.count());
18 cursor = wordsColl.find({"stats.vowels":{$gt: 6}});
19 print("Words containing 7 or more vowels: ", cursor.count());
20 cursor = wordsColl.find({letters:{$all: ['a','e','i','o','u']}});
21 print("Words with all 5 vowels: ", cursor.count());
22 cursor = wordsColl.find({otherChars: {$exists: true}});
23 print("Words with non-alphabet characters: ", cursor.count());
24 cursor = wordsColl.find({charsets:{
25                           $elemMatch:{
26                              $and:[{type: 'other'},
27                                    {chars: {$size: 2}}]}}});
28 print("Words with 2 non-alphabet characters: ", cursor.count());
```

程序清单 7.2　find_count.js-output：使用 MongoDB shell 查找文档并计算找到的文档数的输出

```
Words starting with a, b or c: 1098
Words longer than 12 characters: 65
Words with even Lengths: 2587
Words with 12 Distinct characters: 3
Words that start and end with a vowel: 258
Words containing 7 or more vowels: 4
Words with all 5 vowels: 16
Words with non-alphabet characters: 31
Words with 2 non-alphabet characters: 2
```

▲

7.2　对结果集进行排序

从 MongoDB 数据库检索文档时，一个重要方面是对找到的文档进行排序。在只想取回特定数量的文档（如前 10 个）或要对结果集进行分页时，这特别有用。Options 对象提供了 sort 选项，让您能够指定用于排序的文档字段和方向。

Cursor 对象的方法 sort()让您能够指定要根据哪些字段对游标中的文档进行排序，并按相应的顺序返回文档。方法 sort()将一个对象作为参数，这个对象将字段名用作属性名，并使用值 1（升序）和-1（降序）来指定排序顺序。

例如，要按字段 name 降序排列，可使用下面的代码：

```
myCollection.find().sort({name:1}).sort({value:-1});
```

对于同一个游标，可多次使用 sort()，从而依次按不同的字段进行排序。例如，要首先按字段 name 升序排列，再按字段 value 降序排列，可使用下面的代码：

```
myCollection.find().sort({name:1}).sort({value:-1});
```

Try It Yourself

使用 sort()以特定顺序返回 MongoDB shell Cursor 对象表示的文档

在本节中，您将编写一个 MongoDB shell 脚本，在其中使用 sort()根据字段值以不同顺序排列从示例数据库 words 返回的文档。程序清单 7.3 所示的示例执行各种 find()操作，并使用 sort()对返回的文档进行排序。

方法 displayWords()设置单词的输出格式，并使用方法 map()来迭代游标。请注意，单词的显示顺序随方法 sort()中指定的字段和值而异。

请执行如下步骤，编写这个在数据库 words 中查找文档并以特定顺序显示它们的脚本。

1．确保启动了 MongoDB 服务器。

2．确保运行了生成数据库 words 的脚本文件 code/hour05/generate_words.js。

3．在文件夹 code/hour07 中新建一个文件，并将其命名为 find_sort.js。

4．在这个文件中输入程序清单程序清单 7.3 所示的代码。这些代码连接到数据库 words，获取表示集合 word_stats 的 Collection 对象，使用 find()来检索单词，并使用 sort()来控制文档的显示顺序。

5．将这个文件存盘。

6．打开一个控制台窗口，并切换到目录 code/hour07。

7．执行下面的命令以运行这个脚本，它对集合 word_stats 执行各种查询，并对返回的文档进行排序。程序清单 7.4 显示了这个脚本的输出。

```
mongo find_sort.js
```

程序清单 7.3 find_sort.js：在 MongoDB shell 中对 Cursor 对象表示的文档进行排序

```
01 function displayWords(cursor){
02   words = cursor.map(function(word){
03     return word.word;
04   });
05   wordStr = JSON.stringify(words);
06   if (wordStr.length > 65){
07     wordStr = wordStr.slice(0, 50) + "...";
08   }
09   print(wordStr);
10 }
11 mongo = new Mongo("localhost");
12 wordsDB = mongo.getDB("words");
13 wordsColl = wordsDB.getCollection("word_stats");
14 cursor = wordsColl.find({first:'w'});
15 print("Words starting with w ascending:");
```

```
16 displayWords(cursor.sort({word:1}));
17 cursor = wordsColl.find({first:'w'});
18 print("\nWords starting with w descending:");
19 displayWords(cursor.sort({word:-1}));
20 print("\nQ words sorted by last letter and by size: ");
21 cursor = wordsColl.find({first:'q'});
22 displayWords(cursor.sort({last:1, size:-1}));
23 print("\nQ words sorted by size then by last letter: ");
24 cursor = wordsColl.find({first:'q'});
25 displayWords(cursor.sort({size:-1}).sort({last:1}));
26 print("\nQ words sorted by last letter then by size: ");
27 cursor = wordsColl.find({first:'q'});
28 displayWords(cursor.sort({last:1}).sort({size:-1}));
```

程序清单 7.4 find_sort.js-output：在 MongoDB shell 中对 Cursor 对象表示的文档进行排序的输出

```
Words starting with w ascending:
["wage","wagon","waist","wait","wake","wake","walk...

Words starting with w descending:
["wrong","wrong","written","writing","writer","wri...

Q words sorted by last letter and by size:
["questionnaire","quite","quote","quote","quarterb...

Q words sorted by size then by last letter:
["quite","quote","questionnaire","quote","quick","...

Q words sorted by last letter then by size:
["questionnaire","quarterback","question","questio...
```

▲

7.3 限制结果集

在大型系统上查询较复杂的文档时，常常需要限制返回的内容，以降低对服务器和客户端网络和内存的影响。要限制与查询匹配的结果集，方法有三种：只接受一定数量的文档；限制返回的字段；对结果分页，批量地获取它们。

7.3.1 限制结果集的大小

要限制 find()或其他查询请求返回的数据量，最简单的方法是对 find()操作返回的 Cursor 对象调用方法 limit()，它让 Cursor 对象返回指定数量的文档，可避免检索的对象量超过应用程序的处理能力。

例如，下面的代码只显示集合中的前 10 个文档，即便匹配的文档有数千个：

```
cursor = wordsColl.find();
cursor = cursor.limit(10);
cursor.forEach(function(word){
  printjson(word);
});
```

Try It Yourself

使用 limit()将 MongoDB shell Cursor 对象表示的文档减少到指定的数量

在本节中，将对多个数据集执行方法 limit()，以演示如何限制 find()操作返回的结果。程序清单 7.5 所示的示例执行各种 find()操作，并使用 limit()来限制 Cursor 对象表示的文档数量。

方法 displayWords()设置单词的输出格式，并使用方法 map()迭代游标。请注意，也显示了原始 Cursor 对象表示的文档数。

请执行下面的步骤，编写这个在数据库 words 中查找文档并显示文档数的脚本。

1．确保启动了 MongoDB 服务器。

2．确保运行了生成数据库 words 的脚本文件 code/hour05/generate_words.js。

3．在文件夹 code/hour07 中新建一个文件，并将其命名为 find_limit.js。

4．在这个文件中输入程序清单 7.5 所示的代码。这些代码连接到数据库 words，获取表示集合的 Collection 对象，使用 find()和各种查询运算符检索单词，并使用 limit()减少要迭代并显示的文档数。

5．将这个文件存盘。

6．打开一个控制台窗口，并切换到目录 code/hour07。

7．执行下面的命令以运行这个脚本，它限制各个针对集合 word_stats 的查询返回的文档数。程序清单 7.6 显示了这个脚本的输出。

```
mongo find_limit.js
```

程序清单 7.5　find_limit.js：在 MongoDB shell 中限制 Cursor 对象返回的文档数

```
01 function displayWords(cursor){
02   words = cursor.map(function(word){
03     return word.word;
04   });
05   wordStr = JSON.stringify(words);
06   if (wordStr.length > 65){
07     wordStr = wordStr.slice(0, 50) + "...";
08   }
09   print(wordStr);
10 }
11 mongo = new Mongo("localhost");
```

```
12 wordsDB = mongo.getDB("words");
13 wordsColl = wordsDB.getCollection("word_stats");
14 cursor = wordsColl.find();
15 print("Total Words :", cursor.count());
16 print("Limiting to 10: ");
17 displayWords(cursor.limit(10));
18 cursor = wordsColl.find({first:'p'});
19 print("Total Words starting with p :", cursor.count());
20 print("Limiting to 3: ");
21 displayWords(cursor.limit(3));
22 cursor = wordsColl.find({first:'p'});
23 print("Limiting to 5: ");
24 displayWords(cursor.limit(5));
```

程序清单 7.6 find_limit.js-output：在 MongoDB shell 中限制 Cursor 对象返回的文档数的输出

```
Total Words : 5011
Limiting to 10:
["the","be","and","of","a","in","to","have","to","it"]

Total Words starting with p : 406
Limiting to 3:
["people","put","problem"]

Limiting to 5:
["people","put","problem","part","place"]
```

▲

7.3.2 限制返回的字段

为限制文档检索时返回的数据量，另一种极有效的方式是限制要返回的字段。文档可能有很多字段在有些情况下很有用，但在其他情况下没用。从 MongoDB 服务器检索文档时，需考虑应包含哪些字段，并只请求必要的字段。

要对 find()操作从服务器返回的字段进行限制，可在 find()操作中使用 projection 参数。projection 参数是一个将字段名用作属性的 JavaScript 对象，让您能够包含或排除字段：将属性值设置为 0/false 表示排除；将属性值设置为 1/true 表示包含。然而，在同一个表达式中，不能同时指定包含和排除。

例如，返回 first 字段为 t 的文档时，要排除字段 stats、value 和 comments，可使用下面的 projection 参数：

```
find({first:"t"}, {stats:false, value:false, comments:false});
```

仅包含所需的字段通常更容易。例如，如果只想返回 first 字段为 t 的文档的 word 和 size

字段，可使用下面的代码：

```
find({first:"t"}, {word:1, size:1 });
```

Try It Yourself

使用 projection 参数减少 MongoDB shell Cursor 对象表示的文档中的字段数

在本节中，您将使用方法 find()的 projection 参数来排除字段或指定要包含的字段，从而减少服务器返回的数据量。程序清单 7.7 所示的示例执行各种 find()操作，并使用 projection 参数来减少返回的文档包含的字段数。

方法 displayWords()设置单词的输出格式，并使用方法 map()迭代游标。请注意，显示的字段随 projection 参数而异。

请执行如下步骤来编写这个脚本，对 find()操作从数据库 words 中返回的字段进行限制。

1．确保启动了 MongoDB 服务器。

2．确保运行了生成数据库 words 的脚本文件 code/hour05/generate_words.js。

3．在文件夹 code/hour07 中新建一个文件，并将其命名为 find_fields.js。

4．在这个文件中输入程序清单 7.7 所示的代码。这些代码连接到数据库 words，获取表示集合 word_stats 的 Collection 对象，再调用 find()并使用带 projection 参数来控制要返回文档的哪些字段。

5．将这个文件存盘。

6．打开一个控制台窗口，并切换到目录 code/hour07。

7．执行下面的命令以运行这个脚本，它对集合 word_stats 执行各种查询，并对返回的文档包含的字段进行限制。程序清单 7.8 显示这个脚本的输出。

```
mongo find_fields.js
```

程序清单 7.7　find_fields.js：在 MongoDB shell 中对 Cursor 对象返回的文档包含的字段进行限制

```
01 function displayWords(cursor){
02   words = cursor.forEach(function(word){
03     print(JSON.stringify(word, null, 2));
04   });
05 }
06 mongo = new Mongo("localhost");
07 wordsDB = mongo.getDB("words");
08 wordsColl = wordsDB.getCollection("word_stats");
09 cursor = wordsColl.find({first:'p'});
10 print("Full Word:");
11 displayWords(cursor.limit(1));
12 cursor = wordsColl.find({first:'p'}, {word:1});
13 print("Only the word field:");
```

```
14 displayWords(cursor.limit(1));
15 cursor = wordsColl.find({first:'p'}, {word:1,size:1,stats:1});
16 print("Only the word, size and stats fields:");
17 displayWords(cursor.limit(1));
18 cursor = wordsColl.find({first:'p'}, {word:1,first:1,last:1});
19 print("Only the word, first and last fields:");
20 displayWords(cursor.limit(1));
21 cursor = wordsColl.find({first:'p'}, {charsets:false, stats:false});
22 print("Excluding charsets and stats:");
23 displayWords(cursor.limit(1));
```

程序清单 7.8 find_fields.js-output：在 MongoDB shell 中对 Cursor 对象返回的文档包含的字段进行限制的输出

```
Full Word:
{
  "_id": {
   "str": "52d87454483398c8f24292b7"
  },
  "word": "people",
  "first": "p",
  "last": "e",
  "size": 6,
  "letters": ["p", "e", "o", "l" ],
  "stats": {
   "vowels": 3,
   "consonants": 3
  },
  "charsets": [
   {
     "type": "consonants",
     "chars": [ "p", "l" ]
   },
   {
     "type": "vowels",
     "chars": [ "e", "o" ]
   }
  ]
}
Only the word field:
{
  "_id": {
   "str": "52d87454483398c8f24292b7"
  },
  "word": "people"
}
Only the word, size and stats fields:
```

```
{
  "_id": {
    "str": "52d87454483398c8f24292b7"
  },
  "word": "people",
  "size": 6,
  "stats": {
    "vowels": 3,
    "consonants": 3
  }
}
Only the word, first and last fields:
{
  "_id": {
    "str": "52d87454483398c8f24292b7"
  },
  "word": "people",
  "first": "p",
  "last": "e"
}
Excluding charsets and stats:
{
  "_id": {
    "str": "52d87454483398c8f24292b7"
  },
  "word": "people",
  "first": "p",
  "last": "e",
  "size": 6,
  "letters": [ "p", "e", "o", "l" ]
}
```

▲

7.3.3 结果集分页

为减少返回的文档数，一种常见的方法是进行分页。要进行分页，需要指定要在结果集中跳过的文档数，还需限制返回的文档数。跳过的文档数将不断增加，每次的增量都是前一次返回的文档数。

要对一组文档进行分页，需要使用Cursor对象的方法limit()和skip()。方法skip()让您能够指定在返回文档前要跳过多少个文档。

每次获取下一组文档时，都增大方法skip()中指定的值，增量为前一次调用limit()时指定的值，这样就实现了数据集分页。

对大型数据集（尤其是从网站获得的数据集）进行分页时，需要使用 find()操作为每一页创建一个游标。请不要为等待后续 Web 请求的到来而让游标长时间打开，这不是什么好主意，因为可能根本没有后续 Web 请求。

例如，下面的语句依次查找第 1～10 个文档、第 11～20 个文档和第 21～30 个文档：

```
cursor = collection.find().sort({name:1});
cursor.limit(10);
cursor.skip(0);
cursor = collection.find().sort({name:1});
cursor.limit(10);
cursor.skip(10);
cursor = collection.find().sort({name:1});
cursor.limit(10);
cursor.skip(20);
```

对数据进行分页时，务必调用方法 sort()来确保数据的排列顺序不变。

▼ Try It Yourself

使用 skip()和 limit()对 MongoDB 集合中的文档进行分页

在本节中，您将编写一个 MongoDB shell 脚本，对来自示例数据集的一系列单词进行分页。通过这个练习，您将熟悉一种对大型数据集进行分页的方法。程序清单 7.9 所示的示例执行各种 find()操作，使用 sort()对游标中的文档进行排序，再使用 skip()和 limit()进行分页。

方法 displayWords()设置单词的输出格式，并使用方法 map()迭代游标。请注意，数据集每页的单词都不同。

请执行下面的步骤来编写这个脚本，将示例数据集中以 w 打头的单词进行分页。

1．确保启动了 MongoDB 服务器。

2．确保运行了生成数据库 words 的脚本文件 code/hour05/generate_words.js。

3．在文件夹 code/hour07 中新建一个文件，并将其命名为 find_paging.js。

4．在这个文件中输入程序清单 7.9 所示的代码。这些代码连接到数据库 words，获取表示集合 word_stats 的 Collection 对象，使用 find()来获取以 w 打头的单词，再将这些单词分页——每页 10 个。

5．将这个文件存盘。

6．打开一个控制台窗口，并切换到目录 code/hour07。

7．执行下面的命令以运行这个脚本，它对集合 word_stats 中的一个大型文档集进行分页。程序清单 7.10 显示了这个脚本的输出。

```
mongo find_paging.js
```

程序清单7.9 find_paging.js：在MongoDB shell中对Cursor对象表示的文档进行分页

```
01 function displayWords(skip, cursor){
02   print("Page: " + parseInt(skip+1) + " to " +
03         parseInt(skip+cursor.size()));
04   words = cursor.map(function(word){
05     return word.word;
06   });
07   wordStr = JSON.stringify(words);
08   if (wordStr.length > 65){
09     wordStr = wordStr.slice(0, 50) + "...";
10   }
11   print(wordStr);
12 }
13 mongo = new Mongo("localhost");
14 wordsDB = mongo.getDB("words");
15 wordsColl = wordsDB.getCollection("word_stats");
16 cursor = wordsColl.find({first:'w'});
17 count = cursor.size();
18 skip = 0;
19 for(i=0; i < count; i+=10){
20   cursor = wordsColl.find({first:'w'});
21   cursor.skip(skip);
22   cursor.limit(10);
23   displayWords(skip, cursor);
24   skip += 10;
25 }
```

程序清单7.10 find_paging.js-output：在MongoDB shell中对Cursor对象表示的文档进行分页的输出

```
Page: 1 to 10
["with","won't","we","what","who","would","will","...
Page: 11 to 20
["way","well","woman","work","world","when","while...
Page: 21 to 30
["where","work","without","water","write","word","...
Page: 31 to 40
["within","walk","win","wait","wife","whole","wear...
Page: 41 to 50
["window","well","wrong","west","whatever","wonder...
Page: 51 to 60
["writer","whom","wish","western","wind","weekend"...
Page: 61 to 70
["while","worth","warm","wave","wonderful","wine",...
Page: 71 to 80
["works","wake","warn","wing","winner","welfare","...
Page: 81 to 90
["wrap","warning","wash","widely","wedding","walk"...
```

```
Page: 91 to 100
["watch","wet","weigh","wooden","wealth","wage","w...
Page: 101 to 110
["white","whereas","withdraw","worth","working","w...
Page: 111 to 120
["wander","wound","weekly","wise","worried","wides...
Page: 121 to 130
["warm","warrior","wrist","walking","welcome","wei...
Page: 131 to 140
["wrong","worry","wake","way","withdrawal","wolf",...
Page: 141 to 150
["whoever","whip","workplace","waist","well-known"...
Page: 151 to 159
["well-being","weed","wheelchair","widow","warmth"...
```

▲

7.4 查找不同的字段值

一种很有用的 MongoDB 集合查询是，获取一组文档中某个字段的不同值列表。不同（distinct）意味着纵然有数千个文档，您只想知道那些独一无二的值。

Collection 对象的方法 distinct()让您能够找出指定字段的不同值列表，这种方法的语法如下：

```
distinct(key, [query])
```

其中参数 key 是一个字符串，指定了要获取哪个字段的不同值。要获取子文档中字段的不同值，可使用句点语法，如 stats.count。参数 query 是一个包含标准查询选项的对象，指定了要从哪些文档中获取不同的字段值。

例如，假设有一些包含字段 first、last 和 age 的用户文档，要获取年龄超过 65 岁的用户的不同姓，可使用下面的操作：

```
lastNames =myUsers.distinct('last', { age: { $gt: 65} } );
```

方法 distinct()返回一个数组，其中包含指定字段的不同值，例如：

```
["Smith", "Jones", ...]
```

▼ Try It Yourself

使用 MongoDB shell 检索一组文档中指定字段的不同值

在本节中，您将编写一个 MongoDB shell 脚本，它使用方法 distinct()检索不同的字段值，这些检索基于对示例数据库 words 的不同查询。这个练习旨在让您熟悉 distinct()的各种使用方式。

程序清单 7.11 所示的示例执行 distinct()操作，这些操作指定的参数 key 和 query 各不相同。对于每种操作返回的不同字段值数组，都使用 printjson()将其显示到控制台。

请执行如下步骤，编写这个从示例数据集中检索不同字段值的脚本。

1．确保启动了 MongoDB 服务器。

2．确保运行了生成数据库 words 的脚本文件 code/hour05/generate_words.js。

3．在文件夹 code/hour07 中新建一个文件，并将其命名为 find_distinct.js。

4．在这个文件中输入程序清单 7.11 所示的代码。这些代码连接到数据库 words，获取表示集合 word_stats 的 Collection 对象，并使用 distinct()基于各种查询获取不同的字段值。

5．将这个文件存盘。

6．打开一个控制台窗口，并切换到目录 code/hour07。

7．执行下面的命令以运行这个脚本，它从集合 word_stats 检索不同的字段值。程序清单 7.12 显示了这个脚本的输出。

```
mongo find_distinct.js
```

程序清单 7.11 find_distinct.js：在 MongoDB shell 中检索与查询匹配的文档中不同的字段值

```
01 mongo = new Mongo("localhost");
02 wordsDB = mongo.getDB("words");
03 wordsColl = wordsDB.getCollection("word_stats");
04 results = wordsColl.distinct('size');
05 print("Sizes of words:");
06 printjson(results);
07 results = wordsColl.distinct('size', {first:'q'});
08 print("Sizes of words starting with Q:");
09 printjson(results);
10 results = wordsColl.distinct('last', {'stats.vowels':0});
11 print("Words with no vowels end with letter:");
12 printjson(results);
13 results = wordsColl.distinct('first', {last:'u'});
14 print("Words ending in U start with letter:");
15 printjson(results);
16 print("Number of consonants in words longer than 10 characters:");
17 results = wordsColl.distinct('stats.consonants',{size:{$gt:10}});
18 printjson(results);
```

程序清单 7.12 find_distinct.js-output：在 MongoDB shell 中检索与查询匹配的文档中不同字段值的输出

```
Sizes of words:
[ 3, 2, 1, 4, 5, 9, 6, 7, 8, 10, 11, 12, 13, 14 ]

Sizes of words starting with Q:
[ 8, 5, 7, 4, 11, 13 ]
```

```
Words with no vowels end with letter:
[ "y", "r", "v", "m", "s", "c", "h" ]

Words ending in U start with letter:
[ "y", "m", "b" ]

Number of consonants in words longer than 10 characters:
[ 6, 7, 8, 9, 5, 10 ]
```

▲

7.5 小结

在本章中，您学习了如何使用 Collection 和 Cursor 对象的方法来控制从 MongoDB 数据库检索信息的方式。您了解到，方法 limit()可减少游标返回的文档数，而使用 limit()和 skip()可对大型数据集进行分页。您还以各种方式对返回的文档进行了排序。

另外，您了解到，在实际检索文档前计算其数量有助于在开始处理数据集前获悉其规模。在本章最后一节，您学习了如何使用 distinct()来找出数据集中不同的字段值。

7.6 问与答

问：在 MongoDB 服务器上，游标会保持打开多长时间？

答：您读取游标中的最后一个文档后，MongoDB 服务器会自动删除它。然而，您可创建保持打开状态的尾部游标（tailable cursor）。尾部游标通常用于固定集合，让您能够检索新加入到固定集合中的文档。

问：MongoDB 游标会超时吗？

答：会的。默认情况下，游标会在 10 分钟后超时。要让游标不超时，可对 Cursor 对象调用方法 addOption()并指定 noTimeout 标志，如下所示：

```
c ursor = db.inventory.find().addOption(DBQuery.Option.noTimeout);
```

7.7 作业

作业包含一组问题及其答案，旨在加深您对本章内容的理解。请尽可能先回答问题，再看答案。

7.7.1 小测验

1. 如何将游标返回的文档数限制为 10 个？
2. 要获取集合中文档的 age 字段的不同值，可使用哪种方法？

3．如何根据字段 name 以降序排列文档？

4．判断对错：从游标中读取文档时，不能跳过任何文档。

7.7.2 小测验答案

1．对 Cursor 对象调用 limit(10)。

2．对 Collection 对象调用 distinct('age')。

3．sort({name:-1})。

4．错。可使用 skip()跳过游标中的文档。

7.7.3 练习

1．编写一个 MongoDB shell 脚本，它找出示例数据集中以 q 开头并以 y 结尾的单词的不同长度。

2．编写一个 MongoDB shell 脚本，它找出长度超过 10 的单词，再找出这些单词以哪些不同的字母打头。

3．编写一个 MongoDB shell 脚本，它返回以 q 打头的单词，并按长度排序。

第 8 章

操作集合中的 MongoDB 文档

本章介绍如下内容：

- 设置数据库修改请求的写入关注（write concern）；
- 在集合中插入新文档；
- 更新集合中既有文档的字段；
- 使用 upsert 更新文档（如果它存在）或插入文档（如果它不存在）；
- 从集合中删除文档；
- 检查修改请求的错误。

在前几章，您使用了各种方法来从集合中检索文档，本章重点介绍如何修改集合：添加、更新和删除文档。理解 Collection 对象中用于操作集合中文档的方法后，就能对数据库进行初始填充、必要时更新文档以及删除不需要的数据。

您还将学习写入关注；在数据库写入请求中，MongoDB 使用写入关注来确保完整性。写入关注指定了保障等级，MongoDB 据此来判断写入操作已完成，进而才对客户端做出响应。关注程度越高，完整性越好，但响应时间也越长。

8.1 理解写入关注

连接到 MongoDB 数据库并更新其数据前，需要决定所需的写入关注等级。写入关注指的是 MongoDB 连接报告写入操作成功时提供的写入保障等级。写入关注程度越强，保障等级越高。

这里的基本理念是，写入关注程度较高时，MongoDB 必须等到数据完全写入磁盘后才做出响应；而写入关注程度较低时，MongoDB 在成功调度要写入的修改后就会做出响应。较高的写入关注程度的缺点是，MongoDB 必须等待一段时间才响应客户端，因此写入请求的速度较慢。

可将写入关注设置为表 8.1 所示的等级之一。写入关注是针对数据库连接设置的，适用于对相应数据库的所有写入操作。

表 8.1 MongoDB 数据库连接的写入关注等级

等级	描述
-1	忽略网络错误
0	不要求进行写入确认
1	要求进行写入确认
2	要求已写入到副本集的主服务器和一个备用服务器
majority	要求已写入到副本集中的大多数服务器

8.2 配置数据库连接错误处理

通过使用 Database 对象的命令 getLastError，可配置数据库连接在写入关注和超时方面的行为。getLastError 命令是一个文档，描述了用于数据库请求的选项。当您修改 MongoDB 数据库中的文档时，在命令 getLastError 中设置的选项指定了连接将为操作完成等待多长时间、是否使用日记功能（journaling）等。

表 8.2 列出了可在命令 getLastError 中设置的选项。要执行命令 getLastError，可使用 Database 对象的方法 runCommand()。命令 getLastError 的语法如下：

```
myDB.runCommand( { getLastError: 1,
                   w: 1,
                   j: true,
                   wtimeout: 1000
                   } );
```

表 8.2 在 Database 对象的命令 getLastError 中可设置的选项

选项	描述
w	指定数据库连接的写入关注等级，可能取值请参阅表 8.1
wtimeout	指定为写入操作完成等待多长时间，单位为毫秒；将这个值与正常的连接超时时间相加
fsync	布尔值。如果为 true，写入请求将等到 fsync 结束再返回
j	布尔值。如果为 true，写入请求将等到日记同步完成后再返回

8.3 获取数据库写入请求的状态

如果检测到写入错误，这种错误将被存储，并可使用 Database 对象的命令 getLastError 或方法 getLastError()来获取。

如果对 Database 对象执行的最后一次请求返回的是 true，方法 getLastError()将返回 null，否则将返回一个包含错误消息的字符串。例如，要检查文档添加操作的情况，可使用类似于下面的代码：

```
mongo = new Mongo('localhost');
wordsDB = mongo.getDB('words');
wordsDB.runCommand( { getLastError: 1, w: 1, j: true, wtimeout: 1000 } );
wordsColl = wordsDB.getCollection('word_stats');
wordsColl.insert({word:"the"});
lastError = wordsDB.getLastError();
if(lastError){
  print("ERROR: " + lastError);
}
```

命令 getLastError 返回一个对象，其中包含详细得多的错误消息，如最后一次请求的状态、修改的文档数、错误消息等。表 8.3 列出了命令 getLastError 返回的对象的属性。

下面是一个使用命令 getLastError 的示例：

```
mongo = new Mongo('localhost');
wordsDB = mongo.getDB('words');
wordsDB.runCommand( { getLastError: 1, w: 1, j: true, wtimeout: 1000 } );
wordsColl = wordsDB.getCollection('word_stats');
wordsColl.insert({word:"the"});
results = wordsDB.runCommand( { getLastError: 1});
if(results.err){
  print("ERROR: " + results.err);
}
```

表 8.3　Database 对象的命令 getLastError 返回的对象的属性

属性	描述
ok	布尔值。在命令 getLastError 成功完成了时为 true
err	描述错误的字符串，在最后一个请求没有发生错误时为 null
code	最后一次操作的错误代码
connectionId	连接的 ID
lastOp	在最后一个操作是对副本集成员的写入或更新操作时，为存储请求修改的 oplog 中的 optime 时间戳
n	最后一次操作是更新或删除操作时，为更新或删除的文档数
updateExisting	布尔值。如果最后一个操作为更新操作，且至少影响到一个文档，同时没有导致 upsert 时，这个属性将为 true
upserted	如果最后一个操作为更新请求且导致的是插入，该属性将为插入的文档的 ObjectId
wnote	布尔值。如果错误与写入关注相关，则为 true
wtimeout	布尔值，如果 getLastError 因 wtimeout 设置而超时，则为 true
waited	如果最后一个操作因 wtimeout 设置而超时，则为超时前等待的毫秒数
wtime	最后一次操作完成前等待的毫秒数。如果 getLastError 超时，wtime 和 waited 应相同

8.4　理解数据库更新运算符

更新 MongoDB 数据库中的文档时，需要指定要修改哪些字段以及如何修改它们。在 SQL 中，使用很长的查询字符串来定义更新，而在 MongoDB 中，可使用简单的 update 对象，其中包含如何对文档中数据进行修改的运算符。

可根据需要在 update 对象中包含任意数量的运算符。update 对象的格式类似于下面这样：

```
{
  <operator>: {<field_operation>, <field_operation>, . . .},
  <operator>: {<field_operation>, <field_operation>, . . .}
  . . .
}
```

例如，对于下面的文档：

```
{
  name: "myName",
  countA: 0,
  countB: 0,
  days: ["Monday", "Wednesday"],
  scores: [ {id:"test1", score:94}, {id:"test2", score:85}, {id:"test3",
  score:97}]
}
```

如果要将字段 countA 和 countB 分别加上 5 和 1，将字段 name 设置为 New Name，在数组字段 days 中添加 Friday，并将数组字段 scores 中的元素按字段 score 排序，可使用下面的 update 对象：

```
{
  $inc:{countA:5, countB:1},
  $set:{name:"New Name"},
  $push{days:"Friday},
  $sort:{score:1}
}
```

表 8.4 列出了更新文档时可在 update 对象中指定的运算符。

表 8.4　执行更新操作时可在 update 对象中指定的运算符

运算符	描述
$inc	将字段值增加指定的量，格式为 field:inc_value
$rename	重命名字段，格式为 field:new_name
$setOnInsert	在更新操作中新建文档时设置字段的值，格式为 field:value
$set	设置既有文档的字段值，格式为 field:new_value
$unset	从既有文档中删除指定字段，格式为 field:""
$	充当占位符，更新与查询条件匹配的第一个元素

续表

运算符	描述
$addToSet	在既有数组中添加元素（如果这些元素没有包含在数组中），格式为 array_field:new_value
$pop	删除数组的第一个或最后一个元素。如果 pop_value 为-1，则删除第一个元素；如果 pop_value 为 1，则删除最后一个元素。格式为 array_field:pop_value
$pullAll	从数组中删除多个值。要删除的值是以数组方式指定的。格式为 array_field:[value1, value2, ...]
$pull	从数组中删除与查询条件匹配的元素，其中查询条件是一个基本的查询对象，指定了字段名和匹配条件。格式为 array_field:[<query>]
$push	在数组中添加一个元素。对于简单数组，格式为 array_field:new_value；对于对象数组，格式为 array_field:{field:value}
$each	用于运算符 $push 和 $addToSet 的限定符，用于在数组中添加多个元素。格式为 array_field:{$each:[value1, ...]}
$slice	用于运算符$push 的限定符，用于限制更新后的数组的长度。格式为 array_field:{$slice:<num> }
$sort	用于运算符$push 的限定符，用于将数组中的文档重新排序
$bit	对整数值执行按位与和或运算。格式为 format:integer_field:{and:<integer> } 和 integer_field:{or:<integer> }

8.5 使用 MongoDB shell 在集合中添加文档

与 MongoDB 数据库交互时，另一种常见任务是在集合中插入文档。要插入文档，首先要创建一个表示该文档的 JavaScript 对象。插入操作之所以使用 JavaScript 对象，是因为 MongoDB 使用的 BSON 格式基于 JavaScript 表示法。

有新文档的 JavaScript 版本后，就可将其存储到 MongoDB 数据库中，为此可对相应的 Collection 对象实例调用方法 insert()。方法 insert()的语法如下，其中参数 docs 可以是单个文档对象，也可以是一个文档对象数组：

```
insert(docs)
```

例如，下面的示例在集合中插入一个简单的文档：

```
mongo = new Mongo('localhost');
myDB = mongo.getDB('myDB');
myColl = myDB.getCollection('myCollection');
myColl.insert({color:"blue", value:7, name:"Ordan"});
```

▼ Try It Yourself

使用 MongoDB shell 在集合中插入文档

在本节中，您将编写一个简单的 MongoDB shell 脚本，在示例数据集中插入新的单词文档。通过这个示例，您将熟悉如何插入单个文档和文档数组。程序清单 8.1 显示了这个示例的代码。

在程序清单 8.1 中，第一部分定义了要插入到数据库中的三个新单词：selfie、tweet

和 google。另外，每一步都使用 print()语句显示当前的单词，让您知道这些单词确实加入到了数据库。

请执行如下步骤，以创建并运行这个在示例数据集中插入文档的 MongoDB shell 脚本。

1．确保启动了 MongoDB 服务器。

2．确保运行了生成数据库 words 的脚本文件 code/hour05/generate_words.js。

3．在文件夹 code/hour08 中新建一个文件，并将其命名为 doc_add.js。

4．在这个文件中输入程序清单 8.1 所示的代码。这些代码连接到数据库 words，获取表示集合 word_stats 的 Collection 对象，并使用 insert()插入三个新单词。

5．将这个文件存盘。

6．打开一个控制台窗口，并切换到目录 code/hour08。

7．执行下面的命令来运行这个脚本，它在示例集合 word_stats 中插入三个新单词，并显示结果。程序清单 8.2 显示了这个脚本的输出。

```
mongo doc_add.js
```

程序清单 8.1　doc_add.js：使用 MongoDB shell 在集合中插入文档

```
01 selfie = {
02   word: 'selfie', first: 's', last: 'e',
03   size: 4, letters: ['s','e','l','f','i'],
04   stats: {vowels: 3, consonants: 3},
05   charsets: [ {type: 'consonants', chars: ['s','l','f']},
06                {type: 'vowels', chars: ['e','i']} ],
07   category: 'New' };
08 tweet = {
09     word: 'tweet', first: 't', last: 't',
10     size: 4, letters: ['t','w','e'],
11     stats: {vowels: 2, consonants: 3},
12     charsets: [ {type: 'consonants', chars: ['t','w']},
13                 {type: 'vowels', chars: ['e']} ],
14     category: 'New' };
15 google = {
16     word: 'google', first: 'g', last: 'e',
17     size: 4, letters: ['g','o','l','e'],
18     stats: {vowels: 3, consonants: 3},
19     charsets : [ {type: 'consonants', chars: ['g','l']},
20                  {type: 'vowels', chars: ['o','e']} ],
21     category: 'New' };
22
23 mongo = new Mongo('localhost');
24 wordsDB = mongo.getDB('words');
25 wordsDB.runCommand( { getLastError: 1, w: 1, j: true, wtimeout: 1000 } );
26 wordsColl = wordsDB.getCollection('word_stats');
27 print('Before Inserting selfie: ');
28 cursor = wordsColl.find({word: {$in: ['tweet','google', 'selfie']}},
```

```
29                           {word:1});
30 printjson(cursor.toArray());
31 wordsColl.insert(selfie);
32 print('After Inserting selfie: ');
33 cursor = wordsColl.find({word: {$in: ['tweet','google', 'selfie']}},
34                           {word:1});
35 printjson(cursor.toArray());
36 print('After Inserring tweet and google');
37 wordsColl.insert([tweet, google]);
38 cursor = wordsColl.find({word: {$in: ['tweet','google', 'selfie']}},
39                           {word:1});
40 printjson(cursor.toArray());
```

程序清单 8.2 doc_add.js-output：使用 MongoDB shell 在集合中插入文档的输出

```
[ ]
After Inserting selfie:
[
        {
                "_id" : ObjectId("52e292183475f9f0db342abe"),
                "word" : "selfie" }
]
After Inserting tweet and google
[
        {
                "_id" : ObjectId("52e292183475f9f0db342ac0"),
                "word" : "google"
        },
        {
                "_id" : ObjectId("52e292183475f9f0db342abe"),
                "word" : "selfie"
        },
        {
                "_id" : ObjectId("52e292183475f9f0db342abf"),
                "word" : "tweet"
        }
]
```

▲

8.6 使用 MongoDB shell 更新集合中的文档

将文档插入集合后，您经常需要根据数据变化更新它们。Collection 对象的方法 update()让您能够更新集合中的文档，它多才多艺，但使用起来非常容易。下面是方法 update()的语法：

```
update(query, update, upsert, multi)
```

参数 query 是一个文档，指定了要修改哪些文档。请求将判断指定的属性和值是否与文档的字段和值匹配，进而更新匹配的文档。参数 update 是一个对象，指定了要如何修改与查询匹配的文档。表 8.4 列出了可使用的运算符。

参数 upsert 是个布尔值；如果为 true 且没有文档与查询匹配，将插入一个新文档。参数 multi 也是一个布尔值；如果为 true 将更新所有与查询匹配的文档；如果为 false 将只更新与查询匹配的第一个文档。

例如，对于集合中字段 category 为 new 的文档，下面的代码将其字段 category 改为 old。在这里，upsert 被设置为 false，因此即便没有字段 category 为 new 的文档，也不会插入新文档；而 multi 被设置为 true，因此将更新所有匹配的文档：

```
update({category:"new"}, {$set:{categor:"old"}}, false, true);
```

使用方法 update()更新多个文档时，可隔离写入操作，禁止对文档执行其他写入操作。为此，可在查询中使用属性$isolated:1。这样做并不能实现原子写入（要么全部写入，要么什么都不写入），而只是禁止其他写入进程更新您正在写入的文档。下面是一个这样的示例：

```
update({category:"new", $isolated:1}, {$set:{category:"old"}}, false,
  true);
```

Try It Yourself

使用 MongoDB shell 更新集合中的文档

在本节中，您将编写一个简单的 MongoDB shell 脚本，对示例数据集中的单词文档进行更新。通过这个示例，您将熟悉如何更新单个和多个与查询匹配的文档。程序清单 8.3 显示了这个示例的代码。

这个示例给以 q 打头且以 y 结束的单词添加字段 category，再将单词 left 改为 lefty，让您明白如何运算符$set、$inc 和$push。接下来，它将单词 lefty 改回到 left，以演示如何使用运算符$pop。

在程序清单 8.3 中，开头的方法 displayWords()以适合本书的格式显示查找操作返回的单词。注意到使用了 print()语句显示了结果，以帮助您理解更新并核实正确地进行了更新。

请执行如下步骤来编写并运行这个 MongoDB shell 脚本，对示例数据集中的文档进行更新。

1．确保启动了 MongoDB 服务器。

2．确保运行了生成数据库 words 的脚本文件 code/hour05/generate_words.js。

3．在文件夹 code/hour08 中新建一个文件，并将其命名为 doc_update.js。

4．在这个文件中输入程序清单 8.3 所示的代码。这些代码连接到数据库 words，获取表示集合 word_stats 的 Collection 对象，使用 update()更新以 q 打头且以 y 结尾的单词，并将单词 left 改为 lefty。

5．将这个文件存盘。

6．打开一个控制台窗口，并切换到目录 code/hour08。

7．执行下面的命令以运行这个脚本，它更新示例集合 word_stats 中的单词，并显示结果。程序清单 8.4 显示了这个脚本的输出。

```
mongo doc_update.js
```

程序清单 8.3 doc_update.js：使用 MongoDB shell 更新集合中的文档

```
01 function displayWords(cursor){
02   words = cursor.map(function(word){
03     return word.word + "(" + word.size + ")";
04   });
05   wordStr = JSON.stringify(words);
06   if (wordStr.length > 65){
07     wordStr = wordStr.slice(0, 50) + "...";
08   }
09   print(wordStr);
10 }
11 mongo = new Mongo('localhost');
12 wordsDB = mongo.getDB('words');
13 wordsDB.runCommand( { getLastError: 1, w: 1, j: true, wtimeout: 1000 } );
14 wordsColl = wordsDB.getCollection('word_stats');
15 cursor = wordsColl.find({category:"QYwords"});
16 print("Before QYwords Update: ");
17 displayWords(cursor);
18 wordsColl.update( { $and:[{ first: "q"},{last:'y'}]},
19                   { $set: {category:'QYwords'}},
20                   false, true);
21 cursor = wordsColl.find({category:"QYwords"});
22 print("After QYwords Update: ");
23 displayWords(cursor);
24 print("Before Left Update: ");
25 word = wordsColl.findOne({word: 'left'},
26                          {word:1, size:1, stats:1, letters:1});
27 printjson(word);
28 wordsColl.update({ word: 'left'},
29                  { $set: {word:'lefty'},
30                    $inc: {size: 1, 'stats.consonants': 1},
31                    $push: {letters: "y"}},
32                  false, false);
33 word = wordsColl.findOne({word: 'lefty'},
34                          {word:1, size:1, stats:1, letters:1});
35 print("After Left Update: ");
36 printjson(word);
37 wordsColl.update({category:"QYwords"},
38                  {$set: {category:"none"}}, false, true);
39 wordsColl.update( {word: 'lefty'},
```

```
40                  {$set: {word:'left'},
41                   $inc: {size: -1, 'stats.consonants': -1},
42                   $pop: {letters: 1}});
43 word = wordsColl.findOne({word: 'left'},
44     {word:1, size:1, stats:1, letters:1});
45 print("After Lefty Update: ");
46 printjson(word);
```

程序清单 8.4 doc_update.js-output：使用 MongoDB shell 更新集合中文档的输出

```
Before QYwords Update:
[]
After QYwords Update:
["quickly(7)","quality(7)","quietly(7)"]
Before Left Update:
{
        "_id" : ObjectId("52e2992e138a073440e4663c"),
        "word" : "left",
        "size" : 4,
        "letters" : [
                "l",
                "e",
                "f",
                "t"
        ],
        "stats" : {
                "vowels" : 1,
                "consonants" : 3
        }
}
After Left Update:
{
        "_id" : ObjectId("52e2992e138a073440e4663c"),
        "letters" : [
                "l",
                "e",
                "f",
                "t",
                "y"
        ],
        "size" : 5,
        "stats" : {
                "consonants" : 4,
                "vowels" : 1
        },
        "word" : "lefty"
}
After Lefty Update:
```

```
{
        "_id" : ObjectId("52e2992e138a073440e4663c"),
        "letters" : [
                "l",
                "e",
                "f",
                "t"
        ],
        "size" : 4,
        "stats" : {
                "consonants" : 3,
                "vowels" : 1
        },
        "word" : "left"
}
```

▲

8.7 使用 MongoDB shell 将文档保存到集合中

Collection 对象的方法 save()很有趣，可用于在数据库中插入或更新文档；尽管其效率不如直接使用 insert()或 update()那么高，但在有些情况下更容易使用。例如，修改从 MongoDB 检索的对象时，可使用方法 save()而不是 update()，这样无需指定 query 和 update 对象。

方法 save()的语法如下，其中参数 doc 是一个要保存到集合中的文档对象：

```
save(doc)
```

使用方法 save()时，指定的文档对象要么是要加入到集合中的全新 JavaScript 对象，要么是从集合中取回的对象（您对其做了修改，并想将修改保存到数据库中）。

例如，下面的代码保存对既有文档所做的修改并插入一个新文档：

```
existingObject = myCollection.findOne({name:"existingObj"});
existingObject.name = "updatedObj";
myCollection.save(existingObj);
myCollection.save({name:"newObj"});
```

▼ Try It Yourself

使用 MongoDB shell 将文档保存到集合中

在本节中，您将编写一个简单的 MongoDB shell 脚本，它在示例数据集中查找单词、对其进行修改并保存所做的修改；这个示例还将一个新单词保存到示例数据集中。通过这个示例，您将熟悉如何保存新文档以及如何保存对既有文档所做的修改。程序清单 8.5 显示了这个示例的代码。

这个示例首先给单词ocean和sky添加字段category，并保存所做的修改，然后将新单词blog保存到示例数据集中。

单词blog是在程序清单8.5开头定义的。另外请注意，使用了print()语句来显示结果，这旨在让您能够理解方法save()并核实正确地进行了保存。

请执行如下步骤来编写并运行这个将文档保存到示例数据集中的MongoDB shell脚本。

1．确保启动了MongoDB服务器。

2．确保运行了生成数据库words的脚本文件code/hour05/generate_words.js。

3．在文件夹code/hour08中新建一个文件，并将其命名为doc_save.js。

4．在这个文件中输入程序清单8.5所示的代码。这些代码连接到数据库words，获取表示集合word_stats的Collection对象，并使用save()来更新和添加单词。

5．将这个文件存盘。

6．打开一个控制台窗口，并切换到目录code/hour08。

7．执行下面的命令以运行这个脚本，它将单词保存到示例集合word_stats中并显示结果。程序清单8.6显示了这个脚本的输出。

```
mongo doc_save.js
```

程序清单8.5 doc_save.js：使用MongoDB shell将文档保存到集合中

```
01 blog = {
02   word: 'blog', first: 'b', last: 'g',
03   size: 4, letters: ['b','l','o','g'],
04   stats: {vowels: 1, consonants: 3},
05   charsets: [  {type: 'consonants', chars: ['b','l','g']},
06              {type: 'vowels', chars: ['o']} ],
07   category: 'New' };
08 mongo = new Mongo('localhost');
09 wordsDB = mongo.getDB('words');
10 wordsDB.runCommand( { getLastError: 1, w: 1, j: true, wtimeout: 1000 } );
11 wordsColl = wordsDB.getCollection('word_stats');
12 cursor = wordsColl.find({category:"blue"}, {word: 1, category:1});
13 print("Before Existing Save: ");
14 printjson(cursor.toArray());
15 word = wordsColl.findOne({word:"ocean"});
16 word.category="blue";
17 wordsColl.save(word);
18 word = wordsColl.findOne({word:"sky"});
19 word.category="blue";
20 wordsColl.save(word);
21 cursor = wordsColl.find({category:"blue"}, {word: 1, category:1});
22 print("After Existing Save: ");
23 printjson(cursor.toArray());
24 word = wordsColl.findOne({word:"blog"});
25 print("Before New Document Save: ");
```

```
26 printjson(word);
27 wordsColl.save(blog);
28 word = wordsColl.findOne({word:"blog"}, {word: 1, category:1});
29 print("After New Document Save: ");
30 printjson(word);
```

程序清单 8.6 doc_save.js-output：使用 MongoDB shell 将文档保存到集合中的输出

```
Before Existing Save:
[ ]
After Existing Save:
[
        {
                "_id" : ObjectId("52e2992e138a073440e46784"),
                "word" : "sky",
                "category" : "blue"
        },
        {
                "_id" : ObjectId("52e2992e138a073440e469f2"),
                "word" : "ocean",
                "category" : "blue"
        }
]
Before New Document Save:
null
After New Document Save:
{
        "_id" : ObjectId("52e29c62073b7a59dcf89ee1"),
        "word" : "blog",
        "category" : "New"
}
```

▲

8.8 使用 MongoDB shell 在集合中更新或插入文档

可对文档执行的另一种操作是 upsert，这将在文档存在时更新它，在文档不存在时插入它。常规更新不会自动插入文档，因为这需要判断文档是否存在。如果您确定文档存在，可使用常规 update()，其效率高得多；同样，如果您确定文档不存在，可使用 insert()。

要实现 upsert，只需将方法 update()的参数 upsert 设置为 true。这告诉请求，如果文档存在，就尝试更新它；否则就插入一个新文档，其字段值由方法 update()的参数在 update 指定。

例如，在下面的代码中，如果数据库中包含 color 字段为 azure 的文档，就更新它；否则就插入指定的文档：

```
update({color:"azure"}, {$set:{red:0, green:127, blue:255}}, true, false);
```

Watch Out!

警告：

为避免多次插入同一个文档，请仅在根据查询字段建立了唯一的索引时，才使用 upsert: true。

Try It Yourself

使用 MongoDB shell 在集合中更新或插入文档

在本节中，您将编写一个简单的 MongoDB shell 脚本，在示例数据集中更新或插入文档。这个示例旨在让您熟练使用 upsert 来新建文档或更新既有文档。程序清单 8.7 显示了这个示例的代码。

这个示例使用 upsert 添加一个新单词，但其值不正确，因此再次使用 upsert 来更新它。另外请注意，使用了 print()语句来显示结果，让您能够明白 upsert 以及核实正确地执行了 upsert。

请执行如下步骤来编写并运行这个在示例数据集中更新或插入文档的 MongoDB shell 脚本。

1．确保启动了 MongoDB 服务器。

2．确保运行了生成数据库 words 的脚本文件 code/hour05/generate_words.js。

3．在文件夹 code/hour08 中新建一个文件，并将其命名为 doc_upsert.js。

4．在这个文件中输入程序清单 8.7 所示的代码。这些代码连接到数据库 words，获取表示集合 word_stats 的 Collection 对象，并使用 update()（将参数 upsert 设置为 true）来更新或插入单词。

5．将这个文件存盘。

6．打开一个控制台窗口，并切换到目录 code/hour08。

7．执行下面的命令以运行这个脚本，它在示例集合 word_stats 中插入或更新文档并显示结果。程序清单 8.8 显示了这个脚本的输出。

```
mongo doc_upsert.js
```

程序清单 8.7 doc_upsert.js：使用 MongoDB shell 在集合中更新或插入文档

```
01 mongo = new Mongo('localhost');
02 wordsDB = mongo.getDB('words');
03 wordsDB.runCommand( { getLastError: 1, w: 1, j: true, wtimeout: 1000 } );
04 wordsColl = wordsDB.getCollection('word_stats');
05 cursor = wordsColl.find({word: 'righty'},
06                         {word:1, size:1, stats:1, letters:1});
07 print("Before Upsert: ");
08 printjson(cursor.toArray());
09 wordsColl.update({  word: 'righty'},
10                  { $set: {word:'righty', size: 4,
11                    letters: ['r','i','g','h'],
```

```
12                    'stats.consonants': 3, 'stats.vowels': 1}},
13                  true, true);
14 cursor = wordsColl.find({word: 'righty'},
15                        {word:1, size:1, stats:1, letters:1});
16 print("After Upsert: ");
17 printjson(cursor.toArray());
18 wordsColl.update({ word: 'righty'},
19     { $set: {word:'righty', size: 6,
20       letters: ['r','i','g','h','t','y'],
21       'stats.consonants': 5, 'stats.vowels': 1}}, true, true);
22 cursor = wordsColl.find({word: 'righty'},
23                        {word:1, size:1, stats:1, letters:1});
24 print("After Second Upsert: ");
25 printjson(cursor.toArray());
```

程序清单 8.8 doc_upsert.js-output：使用 MongoDB shell 在集合中更新或插入文档的输出

```
Before Upsert:
[ ]
After Upsert:
[
        {
                "_id" : ObjectId("52e29f7de2c3cd20463ff664"),
                "letters" : ["r","i","g","h"],
                "size" : 4,
                "stats" : {
                        "consonants" : 3,
                        "vowels" : 1
                },
                "word" : "righty"
        }
]
After Second Upsert:
[
        {
                "_id" : ObjectId("52e29f7de2c3cd20463ff664"),
                "letters" : ["r","i","g","h","t","y"],
                "size" : 6,
                "stats" : {
                        "consonants" : 5,
                        "vowels" : 1
                },
                "word" : "righty"
        }
]
```

8.9 使用 MongoDB shell 从集合中删除文档

为减少消耗的空间，改善性能以及保持整洁，需要从 MongoDB 集合中删除文档。Collection 对象的方法 remove()使得从集合中删除文档非常简单，其语法如下：

```
remove([query], [justOne])
```

其中参数 query 是一个对象，指定要了删除哪些文档。请求将指定的属性和值与文档的字段和值进行比较，进而删除匹配的文档。如果没有指定参数 query，将删除集合中的所有文档。

参数 justOne 是个布尔值；如果为 true，将只删除与查询匹配的第一个文档。如果没有指定参数 query 和 justOne，将删除集合中所有的文档。

例如，要删除集合 words_stats 中所有的文档，可使用如下代码：

```
collection = myDB.getCollection('word_stats');
collection.remove();
```

下面的代码删除集合 words_stats 中所有以 a 打头的单词：

```
collection = myDB.getCollection('word_stats');
collection.remove({first:'a'}, false);
```

下面的代码只删除集合 words_stats 中第一个以 a 打头的单词：

```
collection = myDB.getCollection('word_stats');
collection.remove({first:'a'}, true);
```

▼ Try It Yourself

使用 MongoDB shell 从集合中删除文档

在本节中，您将编写一个简单的 MongoDB shell 脚本，它从示例数据集中删除文档。通过这个示例，您将熟悉如何删除单个和多个文档。程序清单 8.9 显示了这个示例的代码。

这个示例使用 remove()来删除字段 category 的值为 new 的文档，这些文档是在本章前面的示例中添加的。另外请注意，使用了 print()语句显示结果，以帮助您理解删除并核实正确地执行了删除。

请执行如下步骤来编写并运行这个从示例数据集中删除文档的 MongoDB shell 脚本。

1．确保启动了 MongoDB 服务器。

2．确保运行了生成数据库 words 的脚本文件 code/hour05/generate_words.js。

3．在文件夹 code/hour08 中新建一个文件，并将其命名为 doc_delete.js。

4．在这个文件中输入程序清单 8.9 所示的代码。这些代码连接到数据库 words，获取表示集合 word_stats 的 Collection 对象，并使用 remove()来删除单词。

5．将这个文件存盘。

6．打开一个控制台窗口，并切换到目录 code/hour08。

7. 执行下面的命令以运行这个脚本，它从示例集合 word_stats 中删除单词并显示结果。程序清单 8.10 显示了这个脚本的输出。

```
mongo doc_delete.js
```

程序清单 8.9　doc_delete.js：使用 MongoDB shell 从集合中删除文档

```
01 mongo = new Mongo('localhost');
02 wordsDB = mongo.getDB('words');
03 wordsDB.runCommand( { getLastError: 1, w: 1, j: true, wtimeout: 1000 } );
04 wordsColl = wordsDB.getCollection('word_stats');
05 print("Before Delete One: ");
06 cursor = wordsColl.find({category: 'New'}, {word:1});
07 printjson(cursor.toArray());
08 wordsColl.remove({category: 'New'}, true);
09 cursor = wordsColl.find({category: 'New'}, {word:1});
10 print("After Delete One: ");
11 printjson(cursor.toArray());
12 wordsColl.remove({category: 'New'});
13 cursor = wordsColl.find({category: 'New'}, {word:1});
14 print("After Delete All: ");
15 printjson(cursor.toArray());
```

程序清单 8.10　doc_delete.js-output：使用 MongoDB shell 从集合中删除文档的输出

```
Before Delete One:
[
        {
                "_id" : ObjectId("52e2a3a845e4ce6a26bbf884"),
                "word" : "selfie"
        },
        {
                "_id" : ObjectId("52e2a3a845e4ce6a26bbf885"),
                "word" : "tweet"
        },
        {
                "_id" : ObjectId("52e2a3a845e4ce6a26bbf886"),
                "word" : "google"
        },
        {
                "_id" : ObjectId("52e2a3c7efa77e82c3b905e3"),
                "word" : "blog"
        }
]
After Delete One:
[
        {
```

```
                "_id" : ObjectId("52e2a3a845e4ce6a26bbf885"),
                "word" : "tweet"
        },
        {
                "_id" : ObjectId("52e2a3a845e4ce6a26bbf886"),
                "word" : "google"
        },
        {
                "_id" : ObjectId("52e2a3c7efa77e82c3b905e3"),
                "word" : "blog"
        }
]
After Delete All:
[ ]
```

▲

8.10 小结

MongoDB shell 对象 Collection 提供了多个用于在集合中插入、访问、修改和删除文档的方法。要在数据库中插入文档，可使用 insert()、save()和 update()（将参数 upsert 设置为 true），其中方法 update()和 save()还可用于更新既有文档。要删除一个或多个文档，可使用方法 remove()。

在本章中，您还学习了写入关注，MongoDB 使用它向数据库更新请求提供不同的完整性等级。写入关注指定了 MongoDB 确保写入完成到什么程度后才对客户端做出响应。关注等级越高，完整性越好，但响应时间越长。您还学习了如何在命令 getLastError 中设置写入关注和其他选项，还有如何检测并处理因超时或写入关注问题导致的错误。

8.11 问与答

问：MongoDB 数据库写入操作是原子性的吗？

答：从某种程度上说是的。不能有多个请求同时修改同一个集合，这确保了对单个集合的写入操作是原子性的。然而，MongoDB 没有提供直接的方法来确保对多个集合的写入操作是原子性的，您必须在应用程序中以编程方式确保这种操作的原子性。

8.12 作业

作业包含一组问题及其答案，旨在加深您对本章内容的理解。请尽可能先回答问题，再看答案。

8.12.1 小测验

1. 哪种写入关注提供的完整性等级最高?
2. 如何对更新进行限制，使其只更新一个文档?
3. 判断对错：Collection 对象的方法 save()只能用于保存对既有对象的修改。
4. 如何在集合中一次性插入多个文档?

8.12.2 小测验答案

1. 1。
2. 将方法 update()的参数 multi 设置为 false。
3. 错。
4. 将一个 JavaScript 对象数组传递给 Collection 对象的方法 insert()。

8.12.3 练习

1. 编写一个 MongoDB shell 脚本，使用方法 insert()至少将两个新单词插入到集合 word_stats 中。
2. 编写一个 MongoDB shell 脚本，使用方法 update()给练习 1 中插入的单词添加值为 exercise 的字段 category。
3. 编写一个 MongoDB shell 脚本，检索字段 category 的值 exercise 的单词，并使用方法 remove()删除它们。

第9章

使用分组、聚合和映射-归并

本章介绍如下内容：

- 根据字段值将文档分组；
- 创建聚合流水线（aggregation pipeline）；
- 使用聚合流水线来操作结果；
- 创建包含 reduce 和 finalize 函数的映射-归并（map reduce）操作；
- 使用映射-归并将一组文档归并为特定形式。

MongoDB 的强大功能之一是，能够在服务器端对文档的值执行复杂的操作，以生成全新的数据集。这让您能够返回这样的数据集，即它们基于存储于数据库中的文档，但格式截然不同。这样做的优点是，可在服务器端完成处理，而不用先将文档发送给客户端。

在本章中，您将学习如何使用 MongoDB 中的分组、聚合和映射-归并框架来操作一系列文档，从而将格式完全不同的结果发送给客户端。

9.1 在 MongoDB shell 中对查找操作的结果进行分组

对大型数据集执行操作时，根据文档的一个或多个字段的值将结果分组通常很有用。这也可以在取回文档后使用代码来完成，但让 MongoDB 服务器在原本就要迭代文档的请求中这样做，效率要高得多。

要将查询结果分组，可使用 Collection 对象的方法 group()。分组请求首先收集所有与查询匹配的文档，再对于指定键的每个不同值，都在数组中添加一个分组对象，对这些分组对象执行操作，并返回这个分组对象数组。方法 group()的语法如下：

```
group({key, reduce, initial, [keyf], [cond], finalize})
```

下面描述了方法 group()的参数。

- keys：一个指定要根据哪些键进行分组的对象，其属性为要用于分组的字段。例如，要根据文档的字段 first 和 last 进行分组，可使用{key: {first: 1, last: 1}}。
- cond：可选参数。这是一个 query 对象，决定了初始结果集将包含哪些文档。例如，要包含字段 size 的值大于 5 的文档，可使用{cond: {size: {$gt: 5}}。
- initial：一个包含初始字段和初始值的初始 group 对象，用于在分组期间聚合数据。对于每组不同的键值，都将创建一个初始对象。最常见的情况是，使用一个计数器来跟踪与键值匹配的文档数。例如：{initial: {"count": 0}}。
- reduce：一个接受参数 obj 和 prev 的函数（function(obj, prev)）。对于每个与查询匹配的文档，都执行这个函数。其中参数 obj 为当前文档，而 prev 是根据参数 initial 创建的对象。这让您能够根据 obj 来更新 prev，如计数或累计。例如，要将计数递增，可使用{reduce: function(obj, prev) { prev.count++; }}。
- finalize：一个接受唯一参数 obj 的函数（function(obj)），这个参数是对与每个键值组合匹配的最后一个文档执行 reduce 函数得到的。对于每个键值组合，都将对其使用 reduce 函数得到的最终对象调用这个函数，然后以数组的方式返回结果。
- keyf：可选参数，用于替代参数 key。可以不指定其属性为分组字段的对象，而指定一个函数，这个函数返回一个用于分组的 key 对象。这让您能够使用函数动态地指定要根据哪些键进行分组。

Try It Yourself

使用 MongoDB shell 根据键值将文档分组

在本节中，您将编写一个简单的 MongoDB shell 脚本，它根据键值对从示例数据集中查询得到的文档进行分组。通过这个示例，您将熟悉如何使用 Collection 对象的方法 group()。程序清单 9.1 显示了这个示例的代码。

首先，这个示例根据第一个字母和最后一个字母对以 a 打头的单词进行分组，并返回各组的单词数。注意到使用了属性 initial 将单词数初始化为 0，并在 reduce 函数中将单词数递增。

接下来，这个示例根据第一个字母对超过 13 个字符的单词进行分组，并返回各组的单词数以及各组单词包含的元音字母总数。reduce 函数访问每个文档的 stats.vowels 值，并将其加入到计数器 totalVowels 中。

最后，这个示例根据第一个字母对单词进行分组，计算每组的单词数、元音字母总数和辅音字母总数，再使用 finalize 函数将每组的 obj.vowels 和 obj.consonants 相加，并将结果作为方法 group()返回的数组中对象的 total 字段。

请执行如下步骤，编写并运行这个将示例数据集中的文档分组并显示结果的 MongoDB shell 脚本。

1. 确保启动了 MongoDB 服务器。
2. 确保运行了生成数据库 words 的脚本文件 code/hour05/generate_words.js。
3. 在文件夹 code/hour09 中新建一个文件，并将其命名为 doc_group.js。

4．在这个文件中输入程序清单程序清单 9.1 所示的代码。这些代码连接到数据库 words，获取表示集合 word_stats 的 Collection 对象，并使用 group()来将单词分组。

5．将这个文件存盘。

6．打开一个控制台窗口，并切换到目录 code/hour09。

7．执行下面的命令以运行这个脚本，它将集合 word_stats 中的单词分组并显示结果。程序清单 9.2 显示了这个脚本的输出。

```
mongo doc_group.js
```

程序清单 9.1 doc_group.js：使用 MongoDB shell 将集合中的文档分组

```
01 mongo = new Mongo('localhost');
02 wordsDB = mongo.getDB('words');
03 wordsColl = wordsDB.getCollection('word_stats');
04 results = wordsColl.group({ key: {first: 1, last: 1},
05   cond: {first:'a',last:{$in:['a','e','i','o','u']}},
06   initial: {"count":0},
07   reduce: function (obj, prev) { prev.count++; }
08 });
09 print("'A' words grouped by first and last" +
10           " letter that end with a vowel: ");
11 results.forEach(function(item){
12   print(JSON.stringify(item));
13 });
14 results = wordsColl.group({key: {first: 1},
15   cond: {size:{$gt:13}},
16   initial: {"count":0, "totalVowels":0},
17   reduce: function (obj, prev) {
18             prev.count++;
19             prev.totalVowels += obj.stats.vowels;
20           }
21 });
22 print("Words larger than 13 character grouped by first letter : ");
23 results.forEach(function(item){
24   print(JSON.stringify(item));
25 });
26 results = wordsColl.group({key: {first: 1},
27   cond: {},
28   initial: {"count":0, "vowels":0, "consonants":0},
29   reduce: function (obj, prev) {
30             prev.count++;
31             prev.vowels += obj.stats.vowels;
32             prev.consonants += obj.stats.consonants;
33           },
34   finalize: function (obj) {
35               obj.total = obj.vowels + obj.consonants;
36             }
```

```
37 });
38 print("Words grouped by first letter with totals: ");
39 results.forEach(function(item){
40   print(JSON.stringify(item));
41 });
```

程序清单 9.2 doc_group.js-output：使用 MongoDB shell 将集合中的文档分组进行输出

```
'A' words grouped by first and last letter that end with a vowel:
{"first":"a","last":"a","count":3}
{"first":"a","last":"o","count":2}
{"first":"a","last":"e","count":52}

Words larger than 13 character grouped by first letter :
{"first":"a","count":1,"totalVowels":6}
{"first":"r","count":4,"totalVowels":23}
{"first":"c","count":2,"totalVowels":11}
{"first":"t","count":1,"totalVowels":5}
{"first":"i","count":1,"totalVowels":6}

Words grouped by first letter with totals:
{"first":"t","count":163,"vowels":333,"consonants":614,"total":947}
{"first":"b","count":130,"vowels":246,"consonants":444,"total":690}
{"first":"a","count":192,"vowels":545,"consonants":725,"total":1270}
{"first":"o","count":72,"vowels":204,"consonants":237,"total":441}
{"first":"i","count":114,"vowels":384,"consonants":522,"total":906}
{"first":"h","count":77,"vowels":145,"consonants":248,"total":393}
{"first":"f","count":127,"vowels":258,"consonants":443,"total":701}
{"first":"y","count":14,"vowels":26,"consonants":41,"total":67}
{"first":"w","count":93,"vowels":161,"consonants":313,"total":474}
{"first":"d","count":143,"vowels":362,"consonants":585,"total":947}
{"first":"c","count":267,"vowels":713,"consonants":1233,"total":1946}
{"first":"s","count":307,"vowels":640,"consonants":1215,"total":1855}
{"first":"n","count":57,"vowels":136,"consonants":208,"total":344}
{"first":"g","count":67,"vowels":134,"consonants":240,"total":374}
{"first":"m","count":120,"vowels":262,"consonants":417,"total":679}
{"first":"k","count":15,"vowels":22,"consonants":48,"total":70}
{"first":"u","count":33,"vowels":93,"consonants":117,"total":210}
{"first":"p","count":220,"vowels":550,"consonants":964,"total":1514}
{"first":"j","count":22,"vowels":47,"consonants":73,"total":120}
{"first":"l","count":92,"vowels":189,"consonants":299,"total":488}
{"first":"v","count":41,"vowels":117,"consonants":143,"total":260}
{"first":"e","count":150,"vowels":482,"consonants":630,"total":1112}
{"first":"r","count":146,"vowels":414,"consonants":574,"total":988}
{"first":"q","count":10,"vowels":28,"consonants":32,"total":60}
{"first":"z","count":1,"vowels":2,"consonants":2,"total":4}
```

▲

9.2 从 MongoDB shell 发出请求时使用聚合来操作数据

MongoDB 的一大优点是，能够将数据库查询结果聚合成完全不同于原始集合的结构。MongoDB 聚合框架相当杰出，简化了使用一系列操作来处理数据，以生成非凡结果的流程。

聚合指的是在 MongoDB 服务器中对文档执行一系列操作来生成结果集，其效率比在应用程序中检索并处理文档高得多，因为大量数据将由 MongoDB 服务器在本地处理。

接下来的几小节将介绍 MongoDB 聚合框架以及如何在 MongoDB shell 中使用它。

9.2.1 理解方法 aggregate()

Collection 对象提供了对数据执行聚合操作的方法 aggregate()，这个方法的语法如下：

```
aggregate(operator, [operator], [...])
```

参数 operator 是一系列聚合运算符（如表 9.1 所示），让您能够指定要在流水线的各个阶段对数据执行哪种聚合操作。执行第一个运算符后，结果将传递给下一个运算符，后者对数据进行处理并将结果传递给下一个运算符，这个过程不断重复，直到到达流水线末尾。

在 MongoDB 2.4 和更早的版本中，方法 aggregate()返回一个对象，该对象有一个名为 result 的属性，是一个包含聚合结果的迭代器。这意味着使用 2.4 版的 MongoDB shell 时，需要使用类似于下面的代码来访问聚合结果：

```
results = myCollection.aggregate( ...);
results.result.forEach( function(item){
...
});
```

在更高的 MongoDB 版本中，方法 aggregate()直接返回一个包含聚合结果的迭代器。这意味着使用 2.6 和更高版本的 MongoDB shell 时，需要使用类似于下面的代码来访问聚合结果：

```
results = myCollection.aggregate( ...);
results.forEach( function(item){
...
});
```

程序清单 9.3 所示的示例针对的是 MongoDB 2.4。

9.2.2 使用聚合框架运算符

MongoDB 提供的聚合框架功能极其强大，让您能够反复将一个聚合运算符的结果传递给另一个运算符。为演示这一点，假设有下面的数据集：

```
{o_id:"A", value:50, type:"X"}
{o_id:"A", value:75, type:"X"}
{o_id:"B", value:80, type:"X"}
```

```
{o_id:"C", value:45, type:"Y"}
```

下面的一系列聚合运算符将$match 的结果交给运算符$group，再将分组集作为参数 results 传递给回调函数。注意到引用文档的字段值时，在字段名前加上了美元符号，如$o_id 和$value。这种语法让聚合框架将其视为字段值而不是字符串。

```
aggregate( { $match:{type:"X"}},
           { $group:{set_id:"$o_id", total: {$sum: "$value"}}},
            function(err, results){});
```

运算符$match 执行完毕后，将交给$group 进行处理的文档如下：

```
{o_id:"A", value:50, type:"X"}
{o_id:"A", value:75, type:"X"}
{o_id:"B", value:80, type:"X"}
```

运算符$group 执行完毕后，将把一个对象数组传递给回调函数，该数组中的对象包含字段 set_id 和 total：

```
{set_id:"A", total:"125"}
{set_id:"B", total:"80"}
```

表 9.1 列出了可在方法 aggregate()的 operator 参数中指定的命令。

表 9.1　可在方法 aggregate()中使用的聚合运算符

运算符	描述
$project	通过重命名、添加或删除字段来重新定义文档。您还可以重新计算值以及添加子文档。例如，下面的示例包含字段 title 并排除字段 name：{$project:{title:1, name:0}}；下面的示例将字段 name 重命名为 title：{$project:{title:"$name"}}；下面的示例添加新字段 total 并根据字段 price 和 tax 计算其值：{$project:{total:{$add:["$price", "$tax"]}}}
$match	使用本书前面讨论的查询运算符过滤文档集，如{$match:{value:{$gt:50}}}
$limit	限制传递给聚合流水线中下一个阶段的文档数，如{$limit:5}
$skip	指定执行聚合流水线的下一个阶段前跳过多少个文档，如{$skip:10}
$unwind	$unwind 的值必须是数组字段的名称（必须在该数组字段名前加上$，这样它才会被视为字段名，而不是字符串）。$unwind 对指定的数组进行分拆，为其中的每个值创建一个文档，如{$unwind:"$myArr"}
$group	将文档分组并生成一组新文档，供流水线的下一个阶段使用。在$group 中必须定义新文档的字段；还可对各组的文档应用分组表达式运算符，如将 value 字段的值相加：{$group:{set_id:"$o_id", total: {$sum: "$value"}}}
$sort	将文档交给聚合流水线的下一个阶段前，对它们进行排序。$sort 指定包含属性 field:<sort_order>的对象，其中<sort_order>为 1（升序）或-1（降序），如{$sort: {name:1, age:-1}}

9.2.3 使用聚合表达式运算符

使用聚合运算符时，将创建新文档，这些文档将传递给聚合流水线的下一个阶段。MongoDB 聚合框架提供了很多表达式运算符，可用于计算新字段的值以及对文档中的既有字段进行比较。

使用聚合运算符$group 时，新文档定义的字段将对应于多个原始文档。MongoDB 提供了一组运算符，可用于对原始文档的字段执行计算，以得到新文档的字段值。例如，设置新文档的字段 maximumt，使其表示相应分组中原始文档的最大 value 字段值。表 9.2 列出了可在聚合运算符$group 中使用的表达式运算符。

表 9.2 可在聚合运算符$group 中使用的表达式运算符

运算符	描述
$addToSet	返回一个数组，包含当前文档组中指定字段的不同值，如 colors: {$addToSet: "$color"}
$first	返回当前文档组中第一个文档的指定字段的值，如 firstValue:{$first: "$value"}
$last	返回当前文档组中最后一个文档的指定字段的值，如 lastValue:{$last: "$value"}
$max	返回当前文档组中指定字段的最大值，如 maxValue:{$max: "$value"}
$min	返回当前文档组中指定字段的最小值，如 minValue:{$min: "$value"}
$avg	返回当前文档组中指定字段的平均值，如 aveValue:{$avg: "$value"}
$push	返回一个数组，包含当前文档组中每个文档的指定字段值，如 username:{$push: "$username"}
$sum	返回当前文档组中各个文档的指定字段值之和，如 total:{$sum: "$value"}

计算新字段的值时，还可使用多个字符串运算符和算术运算符。表 9.3 列出了在聚合运算符中计算新字段的值时，较为常用的一些表达式运算符。

表 9.3 在聚合表达式中使用的字符串运算符和算术运算符

运算符	描述
$add	将一系列数字相加，如 valuePlus5:{$add:["$value", 5]}
$divide	接受两个数字，并将第一个数字与第二个数字相除，如 valueDividedBy5:{$divide:["$value", 5]}
$mod	接受两个数字，并计算第一个数字除以第二个数字的余数，如 valueMod5:{$mod:["$value", 5]}
$multiply	计算一系列数字的乘积，如 valueTimes5:{$multiply:["$value", 5]}
$subtract	接受两个数字，并将第一个数字与第二个数字相减，如 valueMinus5:{$subtract:["$value", 5]}
$concat	拼接多个字符串，如 title:{$concat:["$title", " ", "$name"]}
$strcasecmp	比较两个字符串，并返回一个指出比较结果的整数，如 isTest:{$strcasecmp:["$value", "test"]}
$substr	返回字符串的指定部分，如 hasTest:{$substr:["$value", "test"]}
$toLower	将字符串转换为小写，如 titleLower:{$toLower:"$title"}
$toUpper	将字符串转换为大写，如 titleUpper:{$toUpper:"$title"}

Try It Yourself

在 MongoDB shell 中使用聚合流水线来操作结果

在本节中，您将编写一个简单的 MongoDB shell 脚本，它使用聚合流水线来操作从 MongoDB 示例数据集返回的数据。通过这个示例，您将熟悉如何使用 Collection 对象的方法 aggregate()。程序清单 9.3 显示了这个示例的代码。

在这个示例的第 4～16 行，使用了$match 运算符来获取以元音字母打头的单词，然后使用$group 运算符计算各组单词的最大和最小长度。接下来，使用运算符$sort 对结果排序，再显示结果。

在第 17～25 行，使用了$match 运算符来找出长度为 4 的单词，再使用运算符$limit 将文档数限制为 5 个。然后，使用$project 运算符来创建新文档，这些文档包含原始文档的 word 字段和 stats 字段，但将 word 字段重命名为_id。

在第 26～34 行，使用了$group 运算符根据第一个字母将单词分组，并使用运算符$avg 计算各组单词的平均长度。注意到指定 first 字段时，在字段名前加上了$（$first）。接下来，使用运算符$sort 对结果排序。最后，使用$limit 运算符限制结果，使其只包含 5 个文档，并显示这些文档。

请执行如下步骤，创建并运行这个对示例数据集中的文档执行聚合并显示结果的 MongoDB shell 脚本。

1．确保启动了 MongoDB 服务器。

2．确保运行了生成数据库 words 的脚本文件 code/hour05/generate_words.js。

3．在文件夹 code/hour09 中新建一个文件，并将其命名为 doc_aggregate.js。

4．在这个文件中输入程序清单程序清单 9.3 所示的代码。这些代码连接到数据库 words，获取表示集合 word_stats 的 Collection 对象，并使用 aggregate()对单词集执行聚合。

5．将这个文件存盘。

6．打开一个控制台窗口，并切换到目录 code/hour09。

7．执行下面的命令以运行这个脚本，它对集合 word_stats 中的单词执行聚合并显示结果。程序清单 9.4 显示了这个脚本的输出。

```
mongo doc_aggregate.js
```

程序清单 9.3　doc_aggregate.js：使用 MongoDB shell 聚合集合中的文档

```
01 mongo = new Mongo('localhost');
02 wordsDB = mongo.getDB('words');
03 wordsColl = wordsDB.getCollection('word_stats');
04 results = wordsColl.aggregate(
05     { $match: {first:{$in:['a','e','i','o','u']}}},
06     { $group: { _id:"$first",
07                 largest:{$max:"$size"},
08                 smallest:{$min:"$size"},
09                 total:{$sum:1}}},
10     { $sort: {_id:1}}
11 );
12 print("Largest and smallest word sizes for " +
13       "words beginning with a vowel: ");
14 results.result.forEach(function(item){
15   print(JSON.stringify(item));
16 });
17 results = wordsColl.aggregate(
18     {$match: {size:4}},
19     {$limit: 5},
```

```
20     {$project: {_id:"$word", stats:1}}
21 );
22 print("Stats for 5 four letter words: ");
23 results.result.forEach(function(item){
24   print(JSON.stringify(item));
25 });
26 results = wordsColl.aggregate(
27     {$group: {_id:"$first", average:{$avg:"$size"}}},
28     {$sort: {average:-1}},
29     {$limit: 5}
30 );
31 print("First letter of top 6 largest average word size: ");
32 results.result.forEach(function(item){
33   print(JSON.stringify(item));
34 });
```

程序清单 9.4 doc_aggregate.js-output：使用 MongoDB shell 聚合集合中文档的输出

```
Largest and smallest word sizes for words beginning with a vowel:
{"_id":"a","largest":14,"smallest":1,"total":192}
{"_id":"e","largest":13,"smallest":3,"total":150}
{"_id":"i","largest":14,"smallest":1,"total":114}
{"_id":"o","largest":12,"smallest":2,"total":72}
{"_id":"u","largest":13,"smallest":2,"total":33}

Stats for 5 four letter words:
{"_id":"have","stats":{"vowels":2,"consonants":2}}
{"_id":"that","stats":{"vowels":1,"consonants":3}}
{"_id":"with","stats":{"vowels":1,"consonants":3}}
{"_id":"this","stats":{"vowels":1,"consonants":3}}
{"_id":"they","stats":{"vowels":1,"consonants":3}}

First letter of top 6 largest average word size:
{"_id":"i","average":7.947368421052632}
{"_id":"e","average":7.42}
{"_id":"c","average":7.292134831460674}
{"_id":"p","average":6.881818181818182}
{"_id":"r","average":6.767123287671233}
```

▲

9.3 在 MongoDB shell 中使用映射-归并生成新的数据结果

MongoDB 的一大优点是能够对数据查询结果进行映射-归并，生成与原始集合截然不同的结构。映射-归并指的是对数据库查询结果进行映射，再归并为截然不同的格式以方便使用。

通过使用映射-归并，可在 MongoDB 服务器上操作数据，再将结果返回给客户端，从而降低客户端的处理负担及需要返回的数据量。接下来的几小节介绍 MongoDB 映射-归并框架及其用法。

9.3.1 理解方法 mapReduce()

Collection 对象提供了方法 mapReduce()，可用于对数据执行映射-归并操作，再将结果返回给客户端。方法 mapReduce()的语法如下：

```
mapReduce(map, reduce, arguments)
```

参数 map 是一个函数，将对数据集中的每个对象执行它来生成一个键和值，这些值被加入到与键相关联的数组中，供归并阶段使用。map 函数的格式如下：

```
function(){
  <do stuff to calculate key and value>
  emit(key, value);
}
```

参数 reduce 是一个函数，将对 map 函数生成的每个对象执行它。reduce 函数必须将键作为第一个参数，将与键相关联的值数组作为第二个参数，并使用值数组来计算得到与键相关联的单个值，再返回结果。reduce 函数的格式如下：

```
function(key, values){
  <do stuff to on values to calculate a single result>
  return result;
}
```

方法 mapReduce()的参数 arguments 是一个对象，指定了检索传递给 map 函数的文档时使用的选项。表 9.4 列出了可在参数 arguments 中指定的选项。

在下面的映射-归并示例中，指定了选项 out 和 query：

```
results = myCollection.mapReduce(
  function() { emit(this.key, this.value); },
  function(key, values){ return Array.sum(values); },
  {
    out: {inline: 1},
    query: {value: {$gt: 6}
  }
);
```

表 9.4 在方法 mapReduce()的参数 arguments 中可设置的选项

选项	描述
out	这是唯一一个必不可少的选项，它指定将映射-归并操作结果输出到什么地方，可能取值如下。 ➢ **内嵌**：在内存中执行操作，并在对客户端的响应中返回归并对象，如 out: {inline:1} ➢ **输出到集合**：指定将结果插入到一个集合中，如果指定的集合不存在，就创建它，如 out: outputCollection ➢ **输出到集合并指定要采取的措施**：指定要将结果输出到哪个数据库的哪个集合，并指定措施 replace、merge 或 reduce，如 out: {replace: outputCollection}

续表

<table>
<tr><th>选项</th><th>描述</th></tr>
<tr><td>Query</td><td>指定查询运算符，用于限制将传递给 map 函数的文档</td></tr>
<tr><td>sort</td><td>指定排序字段，用于在将文档传递给 map 函数前对其进行排序。指定的排序字段必须包含在集合的既有索引中</td></tr>
<tr><td>limit</td><td>指定最多从集合中返回多少个文档</td></tr>
<tr><td>finalize</td><td>在 reduce 函数执行完毕后执行，finalize 函数必须将键和文档作为参数，并返回修改后的文档，如：
<code>finalize: function(key, document){</code>
<code> <do stuff to modify document></code>
<code> return document;</code>
<code>}</code></td></tr>
<tr><td>scope</td><td>指定可在 map、reduce 和 finalize 函数中访问的全局变量</td></tr>
<tr><td>jsMode</td><td>布尔值，为 true 时，不将从 map 函数返回的表示中间数据集的 JavaScript 对象转换为 BSON。默认为 false</td></tr>
<tr><td>verbose</td><td>布尔值，为 true 时，发送给客户端的结果中将包含时间（timing）信息。默认为 true</td></tr>
</table>

Try It Yourself

在 MongoDB shell 中使用映射-归并来操作结果

在本节中，您将编写一个简单的 MongoDB shell 脚本，使用映射-归并来操作从 MongoDB 示例数据集返回的数据。通过这个示例，您将熟悉如何使用 Collection 对象的方法 mapReduce()。程序清单 9.5 显示了这个示例的代码。

第 4～13 行演示了方法 mapReduce()的基本用法，显示了以各个字母打头的单词包含的元音字母总数。

第 14～42 行是一个更复杂的示例，其中的 map 函数返回的数组元素为对象，而 reduce 函数根据这些对象计算元音字母总数和辅音字母总数。这个示例还包含 finalize 函数，用于添加一个包含字符总数的字段。另外，还使用了选项 query 来限制数据集，使其只包含以元音字母结尾的单词。

请执行如下步骤，编写并运行这个对示例数据集中的文档执行映射-归并操作并显示结果的 MongoDB shell 脚本。

1. 确保启动了 MongoDB 服务器。

2. 确保运行了生成数据库 words 的脚本文件 code/hour05/generate_words.js。

3. 在文件夹 code/hour09 中新建一个文件，并将其命名为 doc_map_reduce.js。

4. 在这个文件中输入程序清单程序清单 9.5 所示的代码。这些代码连接到数据库 words，获取表示集合 word_stats 的 Collection 对象，并使用 mapReduce()对单词集进行映射-归并。

5. 将这个文件存盘。

6. 打开一个控制台窗口，并切换到目录 code/hour09。

7．执行下面的命令以运行这个脚本，它对集合 word_stats 中的单词进行映射-归并并显示结果。程序清单 9.6 显示了这个脚本的输出。

```
mongo doc_map_reduce.js
```

程序清单 9.5 doc_map_reduce.js：使用 MongoDB shell 映射-归并集合中的文档

```
01 mongo = new Mongo('localhost');
02 wordsDB = mongo.getDB('words');
03 wordsColl = wordsDB.getCollection('word_stats');
04 results = wordsColl.mapReduce(
05   function() { emit(this.first, this.stats.vowels); },
06   function(key, values){ return Array.sum(values); },
07   { out: {inline: 1}}
08 );
09 print("Total vowel count in words beginning with " +
10      "a certain letter: ");
11 for(i in results.results){
12   print(JSON.stringify(results.results[i]));
13 }
14 results = wordsColl.mapReduce(
15     function() { emit(this.first,
16                          { vowels: this.stats.vowels,
17                            consonants: this.stats.consonants})
18     },
19     function(key, values){
20        result = {count: values.length,
21                  vowels: 0, consonants: 0};
22        for(var i=0; i<values.length; i++){
23           if (values[i].vowels)
24              result.vowels += values[i].vowels;
25           if(values[i].consonants)
26              result.consonants += values[i].consonants;
27        }
28        return result;
29     },
30     { out: {inline: 1},
31       query: {last: {$in:['a','e','i','o','u']}},
32       finalize: function (key, obj) {
33                        obj.characters = obj.vowels + obj.consonants;
34                        return obj;
35                     }
36     }
37   );
38   print("Total words, vowels, consonants and characters in words " +
39        "beginning with a certain letter that ends with a vowel: ");
40   for(i in results.results){
41     print(JSON.stringify(results.results[i]));
42   }
```

程序清单 9.6 doc_map_reduce.js-output：使用 MongoDB shell 映射-归并集合中文档的输出

```
Total vowel count in words beginning with a certain letter:
{"_id":"a","value":545}
{"_id":"b","value":246}
{"_id":"c","value":713}
{"_id":"d","value":362}
{"_id":"e","value":482}
{"_id":"f","value":258}
{"_id":"g","value":134}
{"_id":"h","value":145}
{"_id":"i","value":384}
{"_id":"j","value":47}
{"_id":"k","value":22}
{"_id":"l","value":189}
{"_id":"m","value":262}
{"_id":"n","value":136}
{"_id":"o","value":204}
...
Total words, vowels, consonants and characters in words beginning with a
  certain
letter that ends with a vowel:
{"_id":"a","value":{"count":4,"vowels":192,"consonants":197,"characters":
  389}}
{"_id":"b","value":{"count":2,"vowels":44,"consonants":52,"characters":96}}
{"_id":"c","value":{"count":6,"vowels":216,"consonants":283,"characters":
  499}}
{"_id":"d","value":{"count":7,"vowels":117,"consonants":139,"characters":
  256}}
{"_id":"e","value":{"count":5,"vowels":156,"consonants":167,"characters":
  323}}
{"_id":"f","value":{"count":6,"vowels":62,"consonants":66,"characters":
  128}}
{"_id":"g","value":{"count":3,"vowels":32,"consonants":34,"characters":66}}
{"_id":"h","value":{"count":6,"vowels":31,"consonants":34,"characters":65}}
{"_id":"i","value":{"count":2,"vowels":127,"consonants":136,"characters":
  263}}
{"_id":"j","value":{"count":5,"vowels":14,"consonants":15,"characters":
  29}}
{"_id":"k","value":{"count":3,"vowels":7,"consonants":11,"characters":18}}
{"_id":"l","value":{"count":4,"vowels":54,"consonants":56,"characters":110}}
{"_id":"m","value":{"count":3,"vowels":74,"consonants":85,"characters":159}}
{"_id":"n","value":{"count":2,"vowels":39,"consonants":39,"characters":78}}
...
```

▲

9.4 小结

在本章中，您学习了如何使用 MongoDB 中的分组、聚合和映射-归并框架来操作文档集，以生成不同的格式，再将结果返回给客户端。分组框架让您能够根据字段值将文档分组，再返回基于分组的数据集。

聚合框架让您能够依次使用不同的聚合运算符来操作前一步返回的数据集，以得到易于使用的结果。映射-归并框架使用 map、reduce 和 finalize 函数，它先根据键映射数据集，再将数据集归并为易于使用的格式。

9.5 问与答

问：一次调用方法 aggregate()时，可使用多少个聚合运算符？

答：对此没有限制，但使用的运算符达到一定的数量后，返回速度将越来越慢。

问：可在分片环境中使用方法 group()吗？

答：不能，但可使用聚合框架并指定运算符$group。

9.6 作业

作业包含一组问题及其答案，旨在加深您对本章内容的理解。请尽可能先回答问题，再看答案。

9.6.1 小测验

1．map 函数向聚合框架提供什么？

2．如何在对客户端的响应中返回映射-聚合结果？

3．要将文档分组，应使用哪种聚合运算符？

4．判断对错：在方法 group()中只能指定一个键。

9.6.2 小测验答案

1．map 函数应提供一个键和值：emit(key, value)。

2．在调用方法 mapReduce()时指定选项 out:{inline: 1}。

3．$group。

4．错。

9.6.3 练习

1. 编写一个脚本，使用方法 group()将示例数据集中的单词按长度分组，并返回每组的单词数。
2. 编写一个脚本，使用方法 aggregate()找出以 t 结尾的单词，再使用方法 mapReduce()生成新文档，该文档包含字段 rCount 和 sCount，它们分别在单词的 letters 字段包含 r 和 s 时递增。

第 10 章

在 Java 应用程序中实现 MongoDB

本章介绍如下内容：

- 使用 Java MongoDB 对象来访问 MongoDB 数据库；
- 在 Java 应用程序中使用 Java MongoDB 驱动程序；
- 在 Java 应用程序中连接到 MongoDB 数据库；
- 在 Java 应用程序中查找和检索文档；
- 在 Java 应用程序中对游标中的文档进行排序。

本章介绍如何在 Java 应用程序中实现 MongoDB。要在 Java 应用程序中访问和使用 MongoDB，需要使用 Java MongoDB 驱动程序。Java MongoDB 驱动程序是一个库，提供了在 Java 应用程序中访问 MongoDB 服务器所需的对象和功能。

这些对象与本书前面一直在使用的 MongoDB shell 对象类似。要明白本章和下一章的示例，您必须熟悉 MongoDB 对象和请求的结构。如果您还未阅读第 5～9 章，现在就去阅读。

在接下来的几节中，您将学习在 Java 中访问 MongoDB 服务器、数据库、集合和文档时要用到的对象，您还将使用 Java MongoDB 驱动程序来访问示例集合中的文档。

10.1 理解 Java MongoDB 驱动程序中的对象

Java MongoDB 驱动程序提供了多个对象，让您能够连接到 MongoDB 数据库，进而查找和操作集合中的对象。这些对象分别表示 MongoDB 服务器连接、数据库、集合、游标和文档，提供了在 Java 应用程序中集成 MongoDB 数据库中的数据所需的功能。

接下来的几小节介绍如何在 Java 中创建和使用这些对象。

10.1.1 理解 Java 对象 MongoClient

Java 对象 MongoClient 提供了连接到 MongoDB 服务器和访问数据库的功能。要在 Java 应用程序中实现 MongoDB，首先需要创建一个 MongoClient 对象实例，然后就可使用它来访问数据库、设置写入关注以及执行其他操作（如表 10.1 所示）。

要创建 MongoClient 对象实例，需要从驱动程序中导入它，再使用合适的选项调用 new MongoClient()，如下所示：

```
import com.mongodb.MongoClient;
MongoClient mongoClient = new MongoClient("localhost", 27017);
```

MongoClient 的构造函数可接受多种不同形式的参数，下面是其中的一些。

- MongoClient()：创建一个客户端实例，并连接到本地主机的默认端口。
- MongoClient(String host)：创建一个客户端实例，并连接到指定主机的默认端口。
- MongoClient(String host, int port)：创建一个客户端实例，并连接到指定主机的指定端口。
- MongoClient(MongoClientURI uri)：创建一个客户端实例，并连接到连接字符串 uri 指定的服务器。uri 使用如下格式：

```
mongodb://username:password@host:port/database?options
```

创建 MongoClient 对象实例后，就可使用表 10.1 所示的方法来访问数据库和设置选项。

表 10.1 Java 对象 MongoClient 的方法

方法	描述
close()	关闭连接
connect(address)	连接到另一个数据库，该数据库由一个 DBAddress 对象指定，如 connect(new DBAddress(host, port, dbname))
dropDatabase(dbName)	删除指定的数据库
getDatabaseNames()	返回数据库名称列表
getDB(dbName)	返回一个与指定数据库相关联的 DB 对象
setReadPreference(preference)	将客户端的读取首选项设置为下列值之一： ReadPreference.primary() ReadPreference.primaryPreferred() ReadPreference.secondary() ReadPreference.secondaryPreferred() ReadPreference.nearest()
setWriteConcern concern)	设置客户端的写入关注，可能取值如下： WriteConcern.SAFE WriteConcern.JOURNALED WriteConcern.JOURNAL_SAFE WriteConcern.NONE WriteConcern.MAJORITY

10.1.2 理解 Java 对象 DB

Java 对象 DB 提供了身份验证、用户账户管理以及访问和操作集合的功能。要获取 DB 对象实例，最简单的方式是调用 MongoClient 对象的方法 getDB()。

下面的示例使用 MongoClient 获取一个 DB 对象示例：

```
import com.mongodb.MongoClient;
import com.mongodb.DB;
MongoClient mongoClient = new MongoClient("localhost", 27017);
DB db = mongoClient.getDB("myDB");
```

创建 DB 对象实例后，就可使用它来访问数据库了。表 10.2 列出了 DB 对象的一些常用方法。

表 10.2　　Java 对象 DB 的方法

方法	描述
addUser(username, password)	在当前数据库中添加一个具有读写权限的用户账户
authenticate(username, password)	使用用户凭证向数据库验证身份
createCollection(name, options)	在服务器上创建一个集合。参数 options 是一个 BasicDBObject（将在后面介绍），指定了集合创建选项
dropDatabase()	删除当前数据库
getCollection(name)	返回一个与 name 指定的集合相关联的 DBCollection 对象
getLastError()	返回最后一次访问数据库导致的错误
getLastError(w, wtimeout, fsync)	设置数据库写入操作的写入关注、超时和 fsync 设置
isAuthenticated()	如果数据库连接是经过身份验证的，就返回 true
removeUser(username)	从数据库删除用户账户
setReadPreference(prefer ence)	与前一小节介绍的 MongoClient 的同名方法相同
setWriteConcern(concern)	与前一小节介绍的 MongoClient 的同名方法相同

10.1.3 理解 Java 对象 DBCollection

Java 对象 DBCollection 提供了访问和操作集合中文档的功能。要获取 DBCollection 对象实例，最简单的方式是使用 DB 对象的方法 getCollection()。

下面的实例使用 DB 对象获取一个 DBCollection 对象实例：

```
import com.mongodb.MongoClient;
import com.mongodb.DB;
import com.mongodb.DBCollection;
MongoClient mongoClient = new MongoClient("localhost", 27017);
DB db = mongoClient.getDB("myDB");
DBCollection collection = db.getCollection("myCollection");
```

创建DBCollection对象实例后，就可使用它来访问集合了。表10.3列出了DBCollection对象的一些常用方法。

表10.3 Java对象DBCollection的方法

方法	描述
aggregate(pipeline)	应用聚合选项流水线。流水线中的每个选项都是一个表示聚合操作的BasicDBObject。BasicDBObject将在本章后面讨论，而聚合操作在第9章讨论过
count()	返回集合中的文档数
count(query)	返回集合中与指定查询匹配的文档数。参数query是一个描述查询运算符的BasicDBObject
distinct(key, [query])	返回指定字段的不同值列表。可选参数query让您能够限制要考虑哪些文档
drop()	删除集合
dropIndex(keys)	删除keys指定的索引
ensureIndex(keys, [options])	添加keys和可选参数options描述的索引，这两个参数的类型都是DBObject
find([query], [fields])	返回一个表示集合中文档的DBCursor对象。可选参数query是一个BasicDBObject对象，让您能够限制要包含的文档；可选参数fields也是一个BasicDBObject对象，让您能够指定要返回文档中的哪些字段
findAndModify(query, [sort], update)	以原子方式查找并更新集合中的文档，并返回修改后的文档
findOne([query], [fields], [sort])	返回一个DBObject对象，表示集合中的一个文档。可选参数query是一个BasicDBObject对象，让您能够限制要包含的文档；可选参数fields是一个BasicDBObject对象，让您能够指定要返回文档中的哪些字段；可选参数sort也是一个BasicDBObject对象，让您能够指定文档的排列顺序
getStats()	返回一个CommandResult对象，其中包含当前集合的信息
group(key, cond, initial, reduce, [finalize])	对集合执行分组操作（参见第9章）
insert(object, [concern])	在集合中插入一个对象
insert(objects, [concern])	将一个对象数组插入到集合中
mapReduce(map, reduce, output, query)	对集合执行映射-归并操作（参见第9章）
remove([query], [concern]))	从集合中删除文档。如果没有指定参数query，将删除所有文档；否则只删除与查询匹配的文档
rename(newName)	重命名集合
save(dbObject, [concern])	将对象保存到集合中。如果指定的对象不存在，就插入它
setReadPreference(preference)	与前面介绍的MongoClient的同名方法相同
setWriteConcern(concern)	与前面介绍的MongoClient的同名方法相同
update(query, update, [upsert], [multi])	更新集合中的文档。参数query是一个BasicDBObject对象，指定了要更新哪些文档；参数update是一个BasicDBObject对象，指定了更新运算符；布尔参数upsert指定是否执行upsert；布尔参数multi指定更新多个文档还是只更新第一个文档

10.1.4 理解Java对象DBCursor

Java对象DBCursor表示MongoDB服务器中的一组文档。使用查找操作查询集合时，通常返回一个 DBCursor 对象，而不是向 Java 应用程序返回全部文档对象，这让您能够在 Java 中以受控的方式访问文档。

DBCursor 对象以分批的方式从服务器取回文档，并使用一个索引来迭代文档。在迭代期间，当索引到达当前那批文档末尾时，将从服务器取回下批文档。

下面的示例使用查找操作获取一个 DBCursor 对象实例：

```
import com.mongodb.MongoClient;
import com.mongodb.DB;
import com.mongodb.DBCollection;
import com.mongodb.DBCursor;
MongoClient mongoClient = new MongoClient("localhost", 27017);
DB db = mongoClient.getDB("myDB");
DBCollection collection = db.getCollection("myCollection");
DBCursor cursor = collection.find();
```

创建 DBCursor 对象实例后，就可使用它来访问集合中的文档了。表 10.4 列出了 DBCursor 对象的一些常用方法。

表 10.4　Java 对象 DBCursor 的方法

方法	描述
batchSize(size)	指定每当读取到当前已下载的最后一个文档时，游标都将再返回多少个文档
close()	关闭游标并释放它占用的服务器资源
copy()	返回游标的拷贝
count()	返回游标表示的文档数
hasNext()	如果游标中还有其他可供迭代的对象，就返回 true
iterator()	为游标创建一个迭代器对象
limit(size)	指定游标可最多表示多少个文档
next()	将游标中的下一个文档作为 DBObject 返回，并将索引加 1
size()	计算与查询匹配的文档数，且不考虑 limit()和 skip()的影响
skip(size)	在返回文档前，跳过指定数量的文档
sort(sort)	按 DBObject 参数 sort 指定的方式对游标中的文档排序
toArray([max])	从服务器检索所有的文档，并以列表的方式返回。如果指定了参数 max，则只检索指定数量的文档

10.1.5 理解 Java 对象 BasicDBObject 和 DBObject

正如您在本书前面介绍 MongoDB shell 的章节中看到的，大多数数据库、集合和游标操作都将对象作为参数。这些对象定义了查询、排序、聚合以及其他运算符。文档也是以对象的方式从数据库返回的。

在 MongoDB shell 中，这些对象是 JavaScript 对象，但在 Java 中，表示文档和请求参数的对象都是特殊对象。服务器返回的文档是用 DBObject 对象表示的，这种对象提供了获取和设置文档中字段的功能。对于用作请求参数的对象，是用 BasicDBObject 表示的。

BasicDBObject是使用下面的构造函数创建的，其中key为JavaScript属性的名称，而value为JavaScript属性的值：

```
BasicDBObject(key, value)
```

要给BasicDBObject对象添加属性，可使用方法append()。

例如，假设您要创建一个查询对象，用于查找第一个字母为a且长度超过6的单词。在MongoDB shell中，可使用如下代码：

```
find({"first":"a", "size": {"$gt": 6}});
```

而在Java中，必须使用如下语法创建一个将传递给方法find()的BasicDBObject对象：

```
BasicDBObject query = new BasicDBObject("first", "a");
query.append("size", new BasicDBObject("$gt", 6));
```

使用这种方式，可创建需要传递给MongoDB数据库请求的对象。有关执行查询、更新、聚合等需要的对象的结构，请参阅介绍MongoDB shell的第5～9章。

DBObject提供了如下方法，可用于获取和设置服务器请求返回的文档的属性。

- get(fieldName)：返回文档中指定字段的值。
- put(fieldName, value)：设置文档中指定字段的值。
- putAll(map)：将一个Java对象Map作为参数，并根据其中指定的键/值对设置文档的字段。
- toMap()：以Map对象的方式返回文档中所有的字段。

Try It Yourself

使用Java MongoDB驱动程序连接到MongoDB

明白Java MongoDB驱动程序中的对象后，便可以开始在Java应用程序中实现MongoDB了。本节将引导您在Java应用程序中逐步实现MongoDB。

请执行如下步骤，使用Java MongoDB驱动程序创建第一个Java MongoDB应用程序。

1．如果还没有安装Java JDK，请访问http://docs.oracle.com/javase/7/docs/webnotes/install/，按说明下载并安装用于您的开发平台的Java JDK。

2．确保将<jdk_install>/bin添加到了系统路径中，并能够在控制台提示符下执行命令javac和java。

3．从下面的网址下载Java MongoDB驱动程序，并将其存储在本书使用的示例代码文件夹code：http://central.maven.org/ maven2/org/mongodb/mongo-java-driver/2.11.3/mongo-java-driver-2.11.3.jar。

4．将第3步下载的JAR文件的存储位置添加到环境变量CLASSPATH。

5．确保启动了MongoDB服务器。

6．再次运行脚本文件code/hour05/generate_words.js以重置数据库words。

7．在文件夹 code/hour10 中新建一个文件，并将其命名为 JavaConnect.java。

8．在这个文件中输入程序清单 10.1 所示的代码。这些代码创建 MongoClient、DB 和 DBCollection 对象，并检索文档。

9．将这个文件存盘。

10．打开一个控制台窗口，并切换到目录 code/hour10。

11．执行下面的命令来编译这个新建的 Java 文件：

```
javac JavaConnect.java
```

12. 执行下面的命令来运行这个连接到 MongoDB 的 Java 应用程序。程序清单 10.2 显示了这个应用程序的输出。

```
java JavaConnect
```

程序清单 10.1　JavaConnect.java：在 Java 应用程序中连接到 MongoDB 数据库

```
01 import com.mongodb.MongoClient;
02 import com.mongodb.WriteConcern;
03 import com.mongodb.DB;
04 import com.mongodb.DBCollection;
05 public class JavaConnect {
06   public static void main(String[] args) {
07     try {
08       MongoClient mongoClient = new MongoClient("localhost", 27017);
09       mongoClient.setWriteConcern(WriteConcern.JOURNAL_SAFE);
10       DB db = mongoClient.getDB("words");
11       DBCollection collection = db.getCollection("word_stats");
12       System.out.println("Number of Documents: " +
13       new Long(collection.count()).toString());
14     } catch (Exception e) {
15       System.out.println(e);
16     }
17   }
18 }
```

程序清单 10.2　JavaConnect.java-output：在 Java 应用程序中连接到 MongoDB 数据库的输出

```
Number of Documents: 2673
```

▲

10.2　使用 Java 查找文档

在 Java 应用程序中需要执行的一种常见任务是，查找一个或多个需要在应用程序中使用的文档。在 Java 中查找文档与使用 MongoDB shell 查找文档类似，您可获取一个或多个文档，并使用查询来限制返回的文档。

接下来的几小节讨论如何使用 Java 对象在 MongoDB 集合中查找和检索文档。

10.2.1 使用 Java 从 MongoDB 获取文档

DBCollection 对象提供了方法 find()和 findOne(),它们与 MongoDB shell 中的同名方法类似，也分别查找一个和多个文档。

调用 findOne()时，将以 DBObject 对象的方式从服务器返回单个文档，然后您就可根据需要在应用程序中使用这个对象，如下所示：

```
DBObject doc = myColl.findOne();
```

DBCollection 对象的方法 find()返回一个 DBCursor 对象，这个对象表示找到的文档，但不取回它们。可以多种不同的方式迭代 DBCursor 对象。

可以使用 while 循环和方法 hasNext()来判断是否到达了游标末尾，如下所示：

```
DBCursor cursor = myColl.find();
while(cursor.hasNext()){
   DBObject doc = cursor.next();
   System.out.println(doc.toString());
}
```

还可使用方法 toArray()将游标转换为 Java Array 对象，再使用任何 Java 技术迭代该对象。例如，下面的代码查找集合中的所有文档，再将前 5 个转换为一个 List 并迭代它：

```
DBCursor cursor = collection.find();
List<DBObject> docs = cursor.toArray(5);
for(final DBObject doc : docs) {
   System.out.println(doc.toString());
}
```

▼ Try It Yourself

使用 Java 从 MongoDB 检索文档

在本节中，您将编写一个简单的 Java 应用程序，它使用 find()和 findOne()从示例数据库中检索文档。通过这个示例，您将熟悉如何使用方法 find()和 findOne()以及如何处理响应。程序清单 10.3 显示了这个示例的代码。

在这个示例中，方法 main()连接到 MongoDB 数据库，获取一个 DBCollection 对象，再调用其他方法来查找并显示文档。

方法 getOne()调用方法 findOne()从集合中获取单个文档，再显示该文档；方法 getManyWhile()查找所有的文档，再使用 while 循环和方法 hasNext()逐个获取这些文档，并计算总字符数。

方法 getManyFor()查找集合中的所有文档，再使用 for 循环和方法 next()获取前 5 个文档。方法 getManyToArray()查找集合中的所有文档，再使用方法 toArray()和参数 5 来获取前 5 个文档。

请执行如下步骤，创建并运行这个在示例数据集中查找文档并显示结果的 Java 应用程序。

1．确保启动了 MongoDB 服务器。

2．确保下载并安装了 Java MongoDB 驱动程序，并运行了生成数据库 words 的脚本文件 code/hour05/generate_words.js。

3．在文件夹 code/hour10 中新建一个文件，并将其命名为 JavaFind.java。

4．在这个文件中输入程序清单 10.3 所示的代码。这些代码使用了方法 find()和 findOne()。

5．将这个文件存盘。

6．打开一个控制台窗口，并切换到目录 code/hour10。

7．执行下面的命令来编译这个新建的 Java 文件：

```
javac JavaFind.java
```

8．执行下面的命令来运行这个 Java 应用程序。程序清单 10.4 显示了这个应用程序的输出。

```
java JavaFind
```

程序清单 10.3 JavaFind.java：在 Java 应用程序中查找并检索集合中的文档

```
01 import com.mongodb.MongoClient;
02 import com.mongodb.DB;
03 import com.mongodb.DBCollection;
04 import com.mongodb.DBObject;
05 import com.mongodb.DBCursor;
06 import java.util.List;
07 public class JavaFind {
08   public static void main(String[] args) {
09      try {
10         MongoClient mongoClient = new MongoClient("localhost", 27017);
11         DB db = mongoClient.getDB("words");
12         DBCollection collection = db.getCollection("word_stats");
13         JavaFind.getOne(collection);
14         JavaFind.getManyWhile(collection);
15         JavaFind.getManyFor(collection);
16         JavaFind.getManyToArray(collection);
17      } catch (Exception e) {
18         System.out.println(e);
19      }
20   }
21   public static void getOne(DBCollection collection){
22      DBObject doc = collection.findOne();
23      System.out.println("Single Document: ");
```

```
24      System.out.println(doc.toString());
25    }
26    public static void getManyWhile(DBCollection collection){
27      DBCursor cursor = collection.find();
28      Long count = 0L;
29      while(cursor.hasNext()) {
30        DBObject doc = cursor.next();
31        count += (Long)Math.round((Double)doc.get("size"));
32      }
33      System.out.println("\nTotal characters using While loop: ");
34      System.out.println(count);
35    }
36    public static void getManyFor(DBCollection collection){
37      System.out.println("\nFor loop iteration: ");
38      DBCursor cursor = collection.find();
39      for(Integer i=0; i<5; i++){
40        DBObject doc = cursor.next();
41        System.out.println(doc.get("word"));
42      }
43    }
44    public static void getManyToArray(DBCollection collection){
45      System.out.println("\nConverted to array iteration: ");
46      DBCursor cursor = collection.find();
47      List<DBObject> docs = cursor.toArray(5);
48      for(final DBObject doc : docs) {
49        System.out.println(doc.get("word"));
50      }
51    }
52 }
```

程序清单 10.4 JavaFind.java-output：在 Java 应用程序中查找并检索集合中文档的输出

```
Single Document:
{ "_id" : { "$oid" : "52e2992e138a073440e46378"} , "word" : "the" ,
  "first" : "t" , "last" : "e" , "size" : 3.0 , "letters" : [ "t" , "h" ,
  "e"] ,
  "stats" : { "vowels" : 1.0 , "consonants" : 2.0} ,
  "charsets" : [ { "type" : "consonants" , "chars" : [ "t" , "h"]} ,
                 { "type" : "vowels" , "chars" : [ "e"]}]}

Total characters using While loop:
16868

For loop iteration:
the
be
and
of
```

```
a

Converted to array iteration:
the
be
and
of
a
```

▲

10.2.2 使用 Java 在 MongoDB 数据库中查找特定的文档

一般而言，您不会想从服务器检索集合中的所有文档。方法 find()和 findOne()让您能够向服务器发送一个查询对象，从而像在 MongoDB shell 中那样限制文档。

要创建查询对象，可使用本章前面描述的 BasicDBObject 对象。对于查询对象中为子对象的字段，可创建 BasicDBObject 子对象；对于其他类型（如整型、字符串和数组）的字段，可使用相应的 Java 类型。

例如，要创建一个查询对象来查找 size=5 的单词，可使用下面的代码：

```
BasicDBObject query = new BasicDBObject("size", 5);
myColl.find(query);
```

要创建一个查询对象来查找 size>5 的单词，可使用下面的代码：

```
BasicDBObject query = new BasicDBObject("size",
    new BasicDBObject("$gt", 5));
myColl.find(query);
```

要创建一个查询对象来查找第一个字母为 x、y 或 z 的单词，可使用 String 数组，如下所示：

```
BasicDBObject query = new BasicDBObject("first",
    new BasicDBObject("$in", new String[]{"x", "y", "z"}));
myColl.find(query);
```

利用上述技巧可创建需要的任何查询对象：不仅能为查找操作创建查询对象，还能为其他需要查询对象的操作这样做。

▼ Try It Yourself

使用 Java 从 MongoDB 数据库检索特定的文档

在本节中，您将编写一个简单的 Java 应用程序，它使用查询对象和方法 find()从示例数据库检索一组特定的文档。通过这个示例，您将熟悉如何创建查询对象以及如何使用它们来显示数据库请求返回的文档。程序清单 10.4 显示了这个示例的代码。

在这个示例中，方法 main()连接到 MongoDB 数据库，获取一个 DBCollection 对象，并调用其他的方法来查找并显示特定的文档。方法 displayCursor()迭代游标并显示它表示的单词。

方法 over12()查找长度超过 12 的单词；方法 startingABC()查找以 a、b 或 c 打头的单词；方法 startEndVowels()查找以元音字母打头和结尾的单词；方法 over6Vowels()查找包含的元音字母超过 6 个的单词；方法 nonAlphaCharacters()查找包含类型为 other 的字符集且长度为 1 的单词。

请执行如下步骤，创建并运行这个在示例数据集中查找特定文档并显示结果的 Java 应用程序。

1．确保启动了 MongoDB 服务器。

2．确保下载并安装了 Java MongoDB 驱动程序，并运行了生成数据库 words 的脚本文件 code/hour05/generate_words.js。

3．在文件夹 code/hour10 中新建一个文件，并将其命名为 JavaFindSpecific.java。

4．在这个文件中输入程序清单 10.5 所示的代码。这些代码使用了方法 find()和查询对象。

5．将这个文件存盘。

6．打开一个控制台窗口，并切换到目录 code/hour10。

7．执行下面的命令来编译这个新建的 Java 文件：

```
javac JavaFindSpecific.java
```

8．执行下面的命令来运行这个 Java 应用程序。程序清单 10.6 显示了这个应用程序的输出。

```
java JavaFindSpecific
```

程序清单 10.5 JavaFindSpecific.java：在 Java 应用程序中从集合中查找并检索特定文档

```
01 import com.mongodb.MongoClient;
02 import com.mongodb.DB;
03 import com.mongodb.DBCollection;
04 import com.mongodb.BasicDBObject;
05 import com.mongodb.DBObject;
06 import com.mongodb.DBCursor;
07 public class JavaFindSpecific {
08   public static void main(String[] args) {
09     try {
10       MongoClient mongoClient = new MongoClient("localhost", 27017);
11       DB db = mongoClient.getDB("words");
12       DBCollection collection = db.getCollection("word_stats");
13       JavaFindSpecific.over12(collection);
14       JavaFindSpecific.startingABC(collection);
15       JavaFindSpecific.startEndVowels(collection);
```

```
16            JavaFindSpecific.over6Vowels(collection);
17            JavaFindSpecific.nonAlphaCharacters(collection);
18         } catch (Exception e) {
19            System.out.println(e);
20         }
21      }
22      public static void displayCursor(DBCursor cursor){
23         String words = "";
24         while(cursor.hasNext()){
25            DBObject doc = cursor.next();
26            words = words.concat(doc.get("word").toString()).concat(",");
27         }
28         if(words.length() > 65){
29            words = words.substring(0, 65) + "...";
30         }
31         System.out.println(words);
32      }
33      public static void over12(DBCollection collection){
34         BasicDBObject query =
35            new BasicDBObject("size",
36                 new BasicDBObject("$gt", 12));
37         DBCursor cursor = collection.find(query);
38         System.out.println("\nWords with more than 12 characters: ");
39         JavaFindSpecific.displayCursor(cursor);
40      }
41      public static void startingABC(DBCollection collection){
42         BasicDBObject query =
43            new BasicDBObject("first",
44                 new BasicDBObject("$in", new String[]{"a","b","c"}));
45         DBCursor cursor = collection.find(query);
46         System.out.println("\nWords starting with A, B or C: ");
47         JavaFindSpecific.displayCursor(cursor);
48      }
49      public static void startEndVowels(DBCollection collection){
50         BasicDBObject query =
51             new BasicDBObject("$and", new BasicDBObject[]{
52                  new BasicDBObject("first",
53                       new BasicDBObject("$in",
54                            new String[]{"a","e","i","o","u"})),
55             new BasicDBObject("last",
56                  new BasicDBObject("$in",
57                       new String[]{"a","e","i","o","u"}))
58         });
59         query.append("size", new BasicDBObject("$gt", 5));
60         DBCursor cursor = collection.find(query);
61         System.out.println("\nWords starting and ending with a vowel: ");
62         JavaFindSpecific.displayCursor(cursor);
63      }
```

```
64    public static void over6Vowels(DBCollection collection){
65       BasicDBObject query =
66            new BasicDBObject("stats.vowels",
67                 new BasicDBObject("$gt", 5));
68       DBCursor cursor = collection.find(query);
69       System.out.println("\nWords with more than 5 vowels: ");
70       JavaFindSpecific.displayCursor(cursor);
71    }
72    public static void nonAlphaCharacters(DBCollection collection){
73       BasicDBObject query =
74            new BasicDBObject("charsets",
75                 new BasicDBObject("$elemMatch",
76                      new BasicDBObject("$and", new BasicDBObject[]{
77                           new BasicDBObject("type", "other"),
78                           new BasicDBObject("chars",
79                                new BasicDBObject("$size", 1))
80       }))));
81       DBCursor cursor = collection.find(query);
82       System.out.println("\nWords with 1 non-alphabet characters: ");
83       JavaFindSpecific.displayCursor(cursor);
84    }
85 }
```

程序清单 10.6 JavaFindSpecific.java-output：在Java应用程序中从集合中查找并检索特定文档的输出

```
Words with more than 12 characters:
international,administration,environmental,responsibility,investi...

Words starting with A, B or C:
be,and,a,can't,at,but,by,as,can,all,about,come,could,also,because...

Words starting and ending with a vowel:
include,office,experience,everyone,evidence,available,involve,any...

Words with more than 5 vowels:
international,organization,administration,investigation,communica...

Words with 1 non-alphabet characters:
don't,won't,can't,shouldn't,e-mail,long-term,so-called,mm-hmm,
```

▲

10.3 使用Java计算文档数

使用Java访问MongoDB数据库中的文档集时，您可能想先确定文档数，再决定是否检索它们。无论是在 MongoDB 服务器还是客户端，计算文档数的开销都很小，因为不需要传输实际文档。

DBCursor 对象的方法 count()让您能够获取游标表示的文档数。例如，下面的代码使用方法 find()来获取一个 DBCursor 对象，再使用方法 count()来获取文档数：

```
DBCursor cursor = wordsColl.find();
Integer itemCount = cursor.count();
```

itemCount 的值为与 find()操作匹配的单词数。

Try It Yourself

在 Java 应用程序中使用 count()获取 DBCursor 对象表示的文档数

在本节中，您将编写一个简单的 Java 应用程序，它使用查询对象和 find()从示例数据库检索特定的文档集，并使用 count()来获取游标表示的文档数。通过这个示例，您将熟悉如何在检索并处理文档前获取文档数。程序清单 10.7 显示了这个示例的代码。

在这个示例中，方法 main()连接到 MongoDB 数据库，获取一个 DBCollection 对象，再调用其他的方法来查找特定的文档并显示找到的文档数。方法 countWords()使用查询对象、find()和 count()来计算数据库中的单词总数以及以 a 打头的单词数。

请执行如下步骤，创建并运行这个 Java 应用程序，它查找示例数据集中的特定文档，计算找到的文档数并显示结果。

1．确保启动了 MongoDB 服务器。

2．确保下载并安装了 Java MongoDB 驱动程序，并运行了生成数据库 words 的脚本文件 code/hour05/generate_words.js。

3．在文件夹 code/hour10 中新建一个文件，并将其命名为 JavaFindCount.java。

4．在这个文件中输入程序清单 10.7 所示的代码。这些代码使用方法 find()和查询对象查找特定文档，并计算找到的文档数。

5．将这个文件存盘。

6．打开一个控制台窗口，并切换到目录 code/hour10。

7．执行下面的命令来编译这个新建的 Java 文件：

```
javac JavaFindCount.java
```

8．执行下面的命令来运行这个 Java 应用程序。程序清单 10.8 显示了这个应用程序的输出。

```
java JavaFindCount
```

程序清单 10.7　JavaFindCount.java：在 Java 应用程序中计算在集合中找到的特定文档的数量

```
01 import com.mongodb.MongoClient;
02 import com.mongodb.DB;
03 import com.mongodb.DBCollection;
```

```
04 import com.mongodb.BasicDBObject;
05 public class JavaFindCount {
06   public static void main(String[] args) {
07      try {
08         MongoClient mongoClient = new MongoClient("localhost", 27017);
09         DB db = mongoClient.getDB("words");
10         DBCollection collection = db.getCollection("word_stats");
11         JavaFindCount.countWords(collection);
12      } catch (Exception e){
13         System.out.println(e);
14      }
15   }
16   public static void countWords(DBCollection collection) {
17      Integer count = collection.find().count();
18      System.out.println("Total words in the collection: " + count);
19      BasicDBObject query = new BasicDBObject("first", "a");
20      count = collection.find(query).count();
21      System.out.println("Total words starting with A: " + count);
22   }
23 }
```

程序清单 10.8 JavaFindCount.java-output：在 Java 应用程序中计算在集合中找到的特定文档数量的输出

```
Total words in the collection: 2673
Total words starting with A: 192
```

▲

10.4 使用 Java 对结果集排序

从 MongoDB 数据库检索文档时，一个重要方面是对文档进行排序。只想检索特定数量（如前 10 个）的文档或要对结果集进行分页时，这特别有帮助。排序选项让您能够指定用于排序的文档字段和方向。

DBCursor 对象的方法 sort()让您能够指定要根据哪些字段对游标中的文档进行排序，并按相应的顺序返回文档。方法 sort()将一个 BasicDBObject 作为参数，这个对象将字段名用作属性名，并使用值 1（升序）和-1（降序）来指定排序顺序。

例如，要按字段 name 升序排列文档，可使用下面的代码：

```
BasicDBObject sorter = new BasicDBObject("name", 1);
myCollection.find().sort(sorter);
```

在传递给方法 sort()的对象中，可指定多个字段，这样文档将按这些字段排序。还可对同一个游标调用 sort()方法多次，从而依次按不同的字段进行排序。例如，要首先按字段 name

升序排列，再按字段 value 降序排列，可使用下面的代码：

```
BasicDBObject sorter = new BasicDBObject("name", 1);
sorter.append("value", -1);
myCollection.find().sort(sorter);
```

也可使用下面的代码：

```
BasicDBObject sorter1 = new BasicDBObject("name", 1);
BasicDBObject sorter2 = new BasicDBObject("value", -1);
myCollection.find().sort(sorter1).sort(sorter2);
```

▼ Try It Yourself

使用 sort()以特定顺序返回 Java 对象 DBCursor 表示的文档

在本节中，您将编写一个简单的 Java 应用程序，它使用查询对象和方法 find()从示例数据库检索特定的文档集，再使用方法 sort()将游标中的文档按特定顺序排列。通过这个示例，您将熟悉如何在检索并处理文档前对游标表示的文档进行排序。程序清单 10.9 显示了这个示例的代码。

在这个示例中，方法 main()连接到 MongoDB 数据库，获取一个 DBCollection 对象，再调用其他的方法来查找特定的文档，对找到的文档进行排序并显示结果。方法 displayCursor()显示排序后的单词列表。

方法 sortWordsAscending()获取以 w 打头的单词并将它们按升序排列；方法 sortWordsDesc()获取以 w 打头的单词并将它们按降序排列；方法 sortWordsAscAndSize()获取以 q 打头的单词，并将它们首先按最后一个字母升序排列，再按长度降序排列。

执行下面的步骤，创建并运行这个 Java 应用程序，它在示例数据集中查找特定的文档，对找到的文档进行排序并显示结果。

1. 确保启动了 MongoDB 服务器。

2. 确保下载并安装了 Java MongoDB 驱动程序，并运行了生成数据库 words 的脚本文件 code/hour05/generate_words.js。

3. 在文件夹 code/hour10 中新建一个文件，并将其命名为 JavaFindSort.java。

4. 在这个文件中输入程序清单 10.9 所示的代码。这些代码对 DBCursor 对象表示的文档进行排序。

5. 将这个文件存盘。

6. 打开一个控制台窗口，并切换到目录 code/hour10。

7. 执行下面的命令来编译这个新建的 Java 文件：

```
javac JavaFindSort.java
```

8. 执行下面的命令来运行这个 Java 应用程序。程序清单 10.10 显示了这个应用程序的输出。

```
java JavaFindSort
```

程序清单 10.9 JavaFindSort.java：在 Java 应用程序中查找集合中的特定文档并进行排序

```
01 import com.mongodb.DBCursor;
02 import com.mongodb.DBObject;
03 import com.mongodb.MongoClient;
04 import com.mongodb.DB;
05 import com.mongodb.DBCollection;
06 import com.mongodb.BasicDBObject;
07 public class JavaFindSort {
08   public static void main(String[] args) {
09     try {
10       MongoClient mongoClient = new MongoClient("localhost", 27017);
11       DB db = mongoClient.getDB("words");
12       DBCollection collection = db.getCollection("word_stats");
13       JavaFindSort.sortWordsAscending(collection);
14       JavaFindSort.sortWordsDesc(collection);
15       JavaFindSort.sortWordsAscAndSize(collection);
16     } catch (Exception e){
17       System.out.println(e);
18     }
19   }
20   public static void displayCursor(DBCursor cursor){
21     String words = "";
22     while(cursor.hasNext()){
23       DBObject doc = cursor.next();
24       words = words.concat(doc.get("word").toString()).concat(",");
25     }
26     if(words.length() > 65){
27       words = words.substring(0, 65) + "...";
28     }
29     System.out.println(words);
30   }
31   public static void sortWordsAscending(DBCollection collection) {
32     BasicDBObject query = new BasicDBObject("first", "w");
33     DBCursor cursor = collection.find(query);
34     BasicDBObject sorter = new BasicDBObject("word", 1);
35     cursor.sort(sorter);
36     System.out.println("\nW words ordered ascending: ");
37     JavaFindSort.displayCursor(cursor);
38   }
39   public static void sortWordsDesc(DBCollection collection) {
40     BasicDBObject query = new BasicDBObject("first", "w");
41     DBCursor cursor = collection.find(query);
42     BasicDBObject sorter = new BasicDBObject("word", -1);
43     cursor.sort(sorter);
44     System.out.println("\nW words ordered descending: ");
45     JavaFindSort.displayCursor(cursor);
46   }
```

```
47   public static void sortWordsAscAndSize(DBCollection collection) {
48      BasicDBObject query = new BasicDBObject("first", "q");
49      DBCursor cursor = collection.find(query);
50      BasicDBObject sorter = new BasicDBObject("last", 1);
51      sorter.append("size", -1);
52      cursor.sort(sorter);
53      System.out.println("\nQ words ordered first by last letter " +
54                         "and then by size: ");
55      JavaFindSort.displayCursor(cursor);
56   }
57 }
```

程序清单 10.10 JavaFindSort.java-output：在 Java 应用程序中查找集合中的特定文档并进行排序的输出

```
W words ordered ascending:
wage,wait,wake,walk,wall,want,war,warm,warn,warning,wash,waste,wa...

W words ordered descending:
wrong,writing,writer,write,wrap,would,worth,worry,world,works,wor...

Q words ordered first by last letter and then by size:
quite,quote,quick,question,quarter,quiet,quit,quickly,quality,qui...
```

▲

10.5 小结

本章介绍了 Java MongoDB 驱动程序提供的对象，这些对象分别表示连接、数据库、集合、游标和文档，提供了在 Java 应用程序中访问 MongoDB 所需的功能。

您还下载并安装了 Java MongoDB 驱动程序，并创建了一个简单的 Java 应用程序来连接到 MongoDB 数据库。接下来，您学习了如何使用 DBCollection 和 DBCursor 对象来查找和检索文档。最后，您学习了如何在检索游标表示的文档前计算文档数量以及对其进行排序。

10.6 问与答

问：Java MongoDB 驱动程序还提供了本章没有介绍的其他对象吗？

答：是的。本章只介绍了您需要知道的主要对象，但 Java MongoDB 驱动程序还提供了很多支持对象，有关这方面的文档，请参阅 http://api.mongodb.org/java/current/index.html。

问：MongoClient 对象实例表示的是一条到服务器的连接吗？

答：不是。MongoClient 实际上实现了一个连接池，让同一个 MongoClient 对象实例可同时被多个线程使用。

10.7 作业

作业包含一组问题及其答案，旨在加深您对本章内容的理解。请尽可能先回答问题，再看答案。

10.7.1 小测验

1．如何控制find()操作将返回哪些文档？

2．如何按字段name升序排列文档？

3．如何获取DBObject对象的字段值？

4．判断对错：方法findOne()返回一个DBCursor对象。

10.7.2 小测验答案

1．创建一个定义查询的BasicDBObject对象。

2．创建一个BasicDBObject("name", 1)对象，并将其传递给方法sort()。

3．使用方法get(fieldName)。

4．错。它返回一个DBObject对象。

10.7.3 练习

1．扩展文件JavaFindSort.java，在其中添加一个方法，它将文档首先按长度降序排列，再按最后一个字母降序排列。

2．扩展文件JavaFindSpecific.java，在其中查找以a打头并以e结尾的单词。

第 11 章

在 Java 应用程序中访问 MongoDB 数据库

本章介绍如下内容：

- 使用 Java 对大型数据集分页；
- 使用 Java 限制从文档中返回的字段；
- 使用 Java 生成文档中不同字段值列表；
- 使用 Java 对文档进行分组并生成返回数据集；
- 在 Java 应用程序中使用聚合流水线根据集合中的文档生成数据集。

本章继续介绍 Java MongoDB 驱动程序，以及如何在 Java 应用程序中使用它来检索数据，重点是限制返回的结果，这是通过限制返回的文档数和字段以及对大型数据集进行分页实现的。

本章还将介绍如何在 Java 应用程序中执行各种分组和聚合操作。这些操作让您能够在服务器端处理数据，再将结果返回给 Java 应用程序，从而减少发送的数据量以及应用程序的工作量。

11.1 使用 Java 限制结果集

在大型系统上查询较复杂的文档时，常常需要限制返回的内容，以降低对服务器和客户端网络和内存的影响。要限制与查询匹配的结果集，方法有三种：只接受一定数量的文档；限制返回的字段；对结果分页，分批地获取它们。

11.1.1 使用 Java 限制结果集的大小

要限制 find()或其他查询请求返回的数据量，最简单的方法是对 find()操作返回的 DBCursor 对象调用方法 limit()，它让 DBCursor 对象返回指定数量的文档，可避免检索的对象量超过应用程序的处理能力。

例如，下面的代码只显示集合中的前10个文档，即便匹配的文档有数千个：

```
DBCursor cursor = wordsColl.find();
cursor.limit(10);
while(cursor.hasNext()){
   DBObject word = cursor.next();
   System.out.println(word);
}
```

Try It Yourself

使用limit()将Java对象DBCursor表示的文档减少到指定的数量

在本节中，您将编写一个简单的Java应用程序，它使用limit()来限制find()操作返回的结果。通过这个示例，您将熟悉如何结合使用limit()和find()，并了解limit()对结果的影响。程序清单11.1显示了这个示例的代码。

在这个示例中，方法main()连接到MongoDB数据库，获取一个DBCollection对象，并调用其他方法来查找并显示数量有限的文档。方法 displayCursor()迭代游标并显示找到的单词。

方法limitResults()接受一个limit参数，查找以p打头的单词，并返回参数limit指定的单词数。

请执行如下步骤，创建并运行这个Java应用程序，它在示例数据集中查找指定数量的文档并显示结果。

1. 确保启动了MongoDB服务器。

2. 确保下载并安装了Java MongoDB驱动程序，并运行了生成数据库words的脚本文件code/hour05/generate_words.js。

3. 在文件夹code/hour11中新建一个文件，并将其命名为JavaFindLimit.java。

4. 在这个文件中输入程序清单11.1所示的代码。这些代码使用了方法find()和limit()。

5. 将这个文件存盘。

6. 打开一个控制台窗口，并切换到目录code/hour11。

7. 执行下面的命令来编译这个新建的Java文件：

```
javac JavaFindLimit.java
```

8. 执行下面的命令来运行这个Java应用程序。程序清单11.2显示了这个应用程序的输出。

```
java JavaFindLimit
```

程序清单11.1　JavaFindLimit.java：在Java应用程序中从集合中查找指定数量的文档

```
01 import com.mongodb.DBCursor;
02 import com.mongodb.DBObject;
03 import com.mongodb.MongoClient;
```

```
04 import com.mongodb.DB;
05 import com.mongodb.DBCollection;
06 import com.mongodb.BasicDBObject;
07 public class JavaFindLimit {
08   public static void main(String[] args) {
09     try {
10       MongoClient mongoClient = new MongoClient("localhost", 27017);
11       DB db = mongoClient.getDB("words");
12       DBCollection collection = db.getCollection("word_stats");
13       JavaFindLimit.limitResults(collection, 1);
14       JavaFindLimit.limitResults(collection, 3);
15       JavaFindLimit.limitResults(collection, 5);
16       JavaFindLimit.limitResults(collection, 7);
17     } catch (Exception e){
18       System.out.println(e);
19     }
20   }
21   public static void displayCursor(DBCursor cursor){
22     String words = "";
23     while(cursor.hasNext()){
24       DBObject doc = cursor.next();
25       words = words.concat(doc.get("word").toString()).concat(",");
26     }
27     if(words.length() > 65){
28       words = words.substring(0, 65) + "...";
29     }
30     System.out.println(words);
31   }
32   public static void limitResults(DBCollection collection,
33                                   Integer limit) {
34     BasicDBObject query = new BasicDBObject("first", "p");
35     DBCursor cursor = collection.find(query);
36     cursor.limit(limit);
37     System.out.println("\nP words Limited to " +
38                        limit.toString() + " :");
39     JavaFindLimit.displayCursor(cursor);
40   }
41 }
```

程序清单 11.2 JavaFindLimit.java-output：在 Java 应用程序中从集合中查找指定数量文档的输出

```
P words Limited to 1 :
people,

P words Limited to 3 :
people,put,problem,

P words Limited to 5 :
```

```
people,put,problem,part,place,

P words Limited to 7 :
people,put,problem,part,place,program,play,
```

▲

11.1.2 使用Java限制返回的字段

为限制文档检索时返回的数据量，另一种极有效的方式是限制要返回的字段。文档可能有很多字段在有些情况下很有用，但在其他情况下没用。从MongoDB服务器检索文档时，需考虑应包含哪些字段，并只请求必要的字段。

要对DBCollection对象的方法find()从服务器返回的字段进行限制，可使用参数fields。这个参数是一个BasicDBObject对象，它使用值true来包含字段，使用值false来排除字段。

例如，要在返回文档时排除字段stats、value和comments，可使用下面的fields参数：

```
BasicDBObject fields = new BasicDBObject("stats", false);
fields.append("value", false);
fields.append("comments", false);
DBCursor cursor = myColl.find(null, fields);
```

这里将查询对象指定成了null，因为您要查找所有的文档。

仅包含所需的字段通常更容易。例如，如果只想返回first字段为t的文档的word和size字段，可使用下面的代码：

```
BasicDBObject query = new BasicDBObject("first", "t");
BasicDBObject fields = new BasicDBObject("word", true);
fields.append("size", true);
DBCursor cursor = myColl.find(query, fields);
```

▼ Try It Yourself

在方法find()中使用参数fields来减少DBCursor对象表示的文档中的字段数

在本节中，您将编写一个简单的Java应用程序，它在方法find()中使用参数fields来限制返回的字段。通过这个示例，您将熟悉如何使用方法find()的参数fields，并了解它对结果的影响。程序清单11.3显示了这个示例的代码。

在这个示例中，方法main()连接到MongoDB数据库，获取一个DBCollection对象，并调用其他的方法来查找文档并显示其指定的字段。方法displayCursor()迭代游标并显示找到的文档。

方法includeFields()接受一个字段名列表，创建参数fields并将其传递给方法find()，使其只返回指定的字段；方法excludeFields()接受一个字段名列表，创建参数fields并将其传递给方法 find()，以排除指定的字段。

请执行如下步骤，创建并运行这个 Java 应用程序，它在示例数据集中查找文档、限制返回的字段并显示结果。

1．确保启动了 MongoDB 服务器。

2．确保下载并安装了 Java MongoDB 驱动程序，并运行了生成数据库 words 的脚本文件 code/hour05/generate_words.js。

3．在文件夹 code/hour11 中新建一个文件，并将其命名为 JavaFindFields.java。

4．在这个文件中输入程序清单 11.3 所示的代码。这些代码在调用方法 find()时传递了参数 fields。

5．将这个文件存盘。

6．打开一个控制台窗口，并切换到目录 code/hour11。

7．执行下面的命令来编译这个新建的 Java 文件：

```
javac JavaFindFields.java
```

8．执行下面的命令来运行这个 Java 应用程序。程序清单 11.4 显示了这个应用程序的输出。

```
java JavaFindFields
```

程序清单 11.3　JavaFindFields.java：在 Java 应用程序中限制从集合返回的文档包含的字段

```
01 import com.mongodb.DBCursor;
02 import com.mongodb.DBObject;
03 import com.mongodb.MongoClient;
04 import com.mongodb.DB;
05 import com.mongodb.DBCollection;
06 import com.mongodb.BasicDBObject;
07 import java.util.Arrays;
08 public class JavaFindFields {
09   public static void main(String[] args) {
10      try {
11         MongoClient mongoClient = new MongoClient("localhost", 27017);
12         DB db = mongoClient.getDB("words");
13         DBCollection collection = db.getCollection("word_stats");
14         JavaFindFields.excludeFields(collection,
15             new String[]{});
16         JavaFindFields.includeFields(collection,
17             new String[]{"word"});
18         JavaFindFields.includeFields(collection,
19             new String[]{"word", "stats"});
20         JavaFindFields.excludeFields(collection,
21             new String[]{"stats", "charsets"});
22      } catch (Exception e){
23         System.out.println(e);
```

```
24        }
25     }
26     public static void displayCursor(DBCursor cursor){
27        while(cursor.hasNext()){
28           DBObject doc = cursor.next();
29           System.out.println(doc);
30        }
31     }
32     public static void includeFields(DBCollection collection,
33                                      String[] fields) {
34        BasicDBObject query = new BasicDBObject("first", "p");
35        BasicDBObject fieldDoc = new BasicDBObject();
36        for(final String field : fields) {
37           fieldDoc.append(field, 1);
38        }
39        DBCursor cursor = collection.find(query, fieldDoc);
40        cursor.limit(1);
41        System.out.println("\nIncluding " + Arrays.toString(fields) +
42                           " fields: ");
43        JavaFindFields.displayCursor(cursor);
44     }
45     public static void excludeFields(DBCollection collection,
46                                      String[] fields) {
47        BasicDBObject query = new BasicDBObject("first", "p");
48        BasicDBObject fieldDoc = new BasicDBObject();
49        for(final String field : fields) {
50           fieldDoc.append(field, false);
51        }
52        DBCursor cursor = collection.find(query, fieldDoc);
53        cursor.limit(1);
54        System.out.println("\nExcluding " + Arrays.toString(fields) +
55                           " fields: ");
56        JavaFindFields.displayCursor(cursor);
57     }
58  }
```

程序清单 11.4　JavaFindFields.java-output：在 Java 应用程序中限制从集合返回的文档包含的字段的输出

```
Excluding [] fields:
{ "_id" : { "$oid" : "52e2992e138a073440e463b5"} , "word" : "people" ,
"first" : "p" ,
  "last" : "e" , "size" : 6.0 , "letters" : [ "p" , "e" , "o" , "l"] ,
  "stats" : { "vowels" : 3.0 , "consonants" : 3.0} ,
  "charsets" : [ { "type" : "consonants" , "chars" : [ "p" , "l"]} ,
                 { "type" : "vowels" , "chars" : [ "e" , "o"]}]}
```

```
Including [word] fields:
{ "_id" : { "$oid" : "52e2992e138a073440e46378"} , "word" : "the"}

Including [word, stats] fields:
{ "_id" : { "$oid" : "52e2992e138a073440e46378"} , "word" : "the" ,
  "stats" : { "vowels" : 1.0 , "consonants" : 2.0}}

Excluding [stats, charsets] fields:
{ "_id" : { "$oid" : "52e2992e138a073440e463b5"} , "word" : "people" ,
"first" : "p" ,
  "last" : "e" , "size" : 6.0 , "letters" : [ "p" , "e" , "o" , "l"]}
```

▲

11.1.3 使用 Java 将结果集分页

为减少返回的文档数，一种常见的方法是进行分页。要进行分页，需要指定要在结果集中跳过的文档数，还需限制返回的文档数。跳过的文档数将不断增加，每次的增量都是前一次返回的文档数。

要对一组文档进行分页，需要使用 DBCursor 对象的方法 limit()和 skip()。方法 skip()让您能够指定在返回文档前要跳过多少个文档。

每次获取下一组文档时，都增大方法 skip()中指定的值，增量为前一次调用 limit()时指定的值，这样就实现了数据集分页。

例如，下面的语句查找第 11～20 个文档：

```
DBCursor cursor = collection.find();
cursor.limit(10);
cursor.skip(10);
```

进行分页时，务必调用方法 sort()来确保文档的排列顺序不变。

▼ Try It Yourself

在 Java 中使用 skip()和 limit()对 MongoDB 集合中的文档进行分页

在本节中，您将编写一个简单的 Java 应用程序，它使用 DBCursor 对象的方法 skip()和 limit()方法对 find()返回的大量文档进行分页。通过这个示例，您将熟悉如何使用 skip()和 limit()对较大的数据集进行分页。程序清单 11.5 显示了这个示例的代码。

在这个示例中，方法 main()连接到 MongoDB 数据库，获取一个 DBCollection 对象，并调用其他的方法来查找文档并以分页方式显示它们。方法 displayCursor()迭代游标并显示当前页中的单词。

方法 pageResults()接受一个 skip 参数，并根据它以分页方式显示以 w 开头的所有单词。

每显示一页后，都将 skip 值递增，直到到达游标末尾。

请执行下面的步骤，创建并运行这个对示例数据集中的文档进行分页并显示结果的 Java 应用程序。

1．确保启动了 MongoDB 服务器。

2．确保下载并安装了 Java MongoDB 驱动程序，并运行了生成数据库 words 的脚本文件 code/hour05/generate_words.js。

3．在文件夹 code/hour11 中新建一个文件，并将其命名为 JavaFindPaging.java。

4．在这个文件中输入程序清单 11.5 所示的代码。这些代码实现了文档集分页。

5．将这个文件存盘。

6．打开一个控制台窗口，并切换到目录 code/hour11。

7．执行下面的命令来编译这个新建的 Java 文件：

```
javac JavaFindPaging.java
```

8．执行下面的命令来运行这个 Java 应用程序。程序清单 11.6 显示了这个应用程序的输出。

```
java JavaFindPaging
```

程序清单 11.5　JavaFindPaging.java：在 Java 应用程序中分页显示集合中的文档集

```
01 import com.mongodb.DBCursor;
02 import com.mongodb.DBObject;
03 import com.mongodb.MongoClient;
04 import com.mongodb.DB;
05 import com.mongodb.DBCollection;
06 import com.mongodb.BasicDBObject;
07 public class JavaFindPaging {
08   public static void main(String[] args) {
09      try {
10         MongoClient mongoClient = new MongoClient("localhost", 27017);
11         DB db = mongoClient.getDB("words");
12         DBCollection collection = db.getCollection("word_stats");
13         JavaFindPaging.pageResults(collection, 0);
14      } catch (Exception e){
15         System.out.println(e);
16      }
17   }
18   public static void displayCursor(DBCursor cursor){
19      String words = "";
20      while(cursor.hasNext()){
21         DBObject doc = cursor.next();
22         words = words.concat(doc.get("word").toString()).concat(",");
23      }
24      if(words.length() > 65){
25         words = words.substring(0, 65) + "...";
```

```
26        }
27        System.out.println(words);
28      }
29      public static void pageResults(DBCollection collection,
30                                     Integer skip) {
31        BasicDBObject query = new BasicDBObject("first", "w");
32        DBCursor cursor = collection.find(query);
33        cursor.sort(new BasicDBObject("word", 1));
34        cursor.limit(10);
35        cursor.skip(skip);
36        System.out.println("Page " + new Integer(skip+1).toString() +
37                          " to " +
38                          new Integer(skip+cursor.size()).toString() +
39                          ":");
40        JavaFindPaging.displayCursor(cursor);
41        if (cursor.size() == 10){
42          JavaFindPaging.pageResults(collection, skip+10);
43        }
44      }
45 }
```

程序清单 11.6 JavaFindPaging.java-output：在 Java 应用程序中分页显示集合中的文档集的输出

```
Page 1 to 10:
wage,wait,wake,walk,wall,want,war,warm,warn,warning,
Page 11 to 20:
wash,waste,watch,water,wave,way,we,weak,wealth,wealthy,
Page 21 to 30:
weapon,wear,weather,wedding,week,weekend,weigh,weight,welcome,wel...
Page 31 to 40:
well,west,western,wet,what,whatever,wheel,when,whenever,where,
Page 41 to 50:
whereas,whether,which,while,whisper,white,who,whole,whom,whose,
Page 51 to 60:
why,wide,widely,wife,wild,will,willing,win,wind,window,
Page 61 to 70:
wine,wing,winner,winter,wipe,wire,wisdom,wish,with,withdraw,
Page 71 to 80:
within,without,witness,woman,won't,wonder,wonderful,wood,wooden,w...
Page 81 to 90:
work,worker,working,works,world,worry,worth,would,wrap,write,
Page 91 to 93:
writer,writing,wrong,
```

▲

11.2 使用Java查找不同的字段值

一种很有用的 MongoDB 集合查询是，获取一组文档中某个字段的不同值列表。不同（distinct）意味着纵然有数千个文档，您只想知道那些独一无二的值。

DBCollection 对象的方法 distinct()让您能够找出指定字段的不同值列表，这种方法的语法如下：

```
distinct(key, [query])
```

其中参数 key 是一个字符串，指定了要获取哪个字段的不同值。要获取子文档中字段的不同值，可使用句点语法，如 stats.count。参数 query 是一个包含标准查询选项的对象，指定了要从哪些文档中获取不同的字段值。

例如，假设有一些包含字段 first、last 和 age 的用户文档，要获取年龄超过 65 岁的用户的不同姓，可使用下面的操作：

```
BasicDBObject query = new BasicDBObject("age",
    new BasicDBObject("$gt", 5));
lastNames = myCollection.distinct('last', query);
```

方法 distinct()返回一个数组，其中包含指定字段的不同值，例如：

```
["Smith", "Jones", ...]
```

▼ Try It Yourself

使用Java检索一组文档中指定字段的不同值

在本节中，您将编写一个Java应用程序，它使用DBCollection对象的方法distinct() 来检索示例数据库中不同的字段值。通过这个示例，您将熟练地生成数据集中的不同字段值列表。程序清单 11.7 显示了这个示例的代码。

在这个示例中，方法 main()连接到 MongoDB 数据库，获取一个 DBCollection 对象，并调用其他的方法来找出并显示不同的字段值。

方法 sizesOfAllWords()找出并显示所有单词的各种长度；方法 sizesOfQWords()找出并显示以 q 打头的单词的各种长度；方法 firstLetterOfLongWords()找出并显示长度超过 12 的单词的各种长度。

请执行下面的步骤，创建并运行这个 Java 应用程序，它找出示例数据集中文档集的不同字段值，并显示结果。

1．确保启动了 MongoDB 服务器。

2．确保下载并安装了 Java MongoDB 驱动程序，并运行了生成数据库 words 的脚本文件 code/hour05/generate_words.js。

3．在文件夹 code/hour11 中新建一个文件，并将其命名为 JavaFindDistinct.java。

4．在这个文件中输入程序清单 11.7 所示的代码。这些代码对文档集执行 distinct()操作。

5．将这个文件存盘。

6．打开一个控制台窗口，并切换到目录 code/hour11。

7．执行下面的命令来编译这个新建的 Java 文件：

```
javac JavaFindDistinct.java
```

8．执行下面的命令来运行这个 Java 应用程序。程序清单 11.8 显示了这个应用程序的输出。

```
java JavaFindDistinct
```

程序清单 11.7 JavaFindDistinct.java：在 Java 应用程序中找出文档集中不同的字段值

```
01 import com.mongodb.MongoClient;
02 import com.mongodb.DB;
03 import com.mongodb.DBCollection;
04 import com.mongodb.BasicDBObject;
05 import com.mongodb.DBObject;
06 import com.mongodb.DBCursor;
07 import java.util.List;
08 public class JavaFindDistinct {
09   public static void main(String[] args) {
10     try {
11       MongoClient mongoClient = new MongoClient("localhost", 27017);
12       DB db = mongoClient.getDB("words");
13       DBCollection collection = db.getCollection("word_stats");
14       JavaFindDistinct.sizesOfAllWords(collection);
15       JavaFindDistinct.sizesOfQWords(collection);
16       JavaFindDistinct.firstLetterOfLongWords(collection);
17     } catch (Exception e) {
18       System.out.println(e);
19     }
20   }
21   public static void sizesOfAllWords(DBCollection collection){
22     List<Double> results = collection.distinct("size");
23     System.out.println("\nDistinct Sizes of words: ");
24     System.out.println(results.toString());
25   }
26   public static void sizesOfQWords(DBCollection collection){
27     BasicDBObject query = new BasicDBObject("first", "q");
28     List<Double> results = collection.distinct("size", query);
29     System.out.println("\nDistinct Sizes of words starting with Q: ");
30     System.out.println(results.toString());
31   }
32   public static void firstLetterOfLongWords(DBCollection collection){
33     BasicDBObject query =
```

```
34            new BasicDBObject("size",
35            new BasicDBObject("$gt", 12));
36        List<String> results = collection.distinct("first", query);
37        System.out.println("\nDistinct first letters of words longer " +
38                           "than 12 characters: ");
39        System.out.println(results.toString());
40    }
41 }
```

程序清单11.8　JavaFindDistinct.java-output：在Java应用程序中找出文档集中不同字段值的输出

```
Distinct Sizes of words:
[ 3.0 , 2.0 , 1.0 , 4.0 , 5.0 , 9.0 , 6.0 , 7.0 , 8.0 , 10.0 , 11.0 , 12.0 ,
  13.0 , 14.0]

Distinct Sizes of words starting with Q:
[ 8.0 , 5.0 , 7.0 , 4.0]

Distinct first letters of words longer than 12 characters:
[ "i" , "a" , "e" , "r" , "c" , "u" , "s" , "p" , "t"]
```

▲

11.3　在Java应用程序中对查找操作结果进行分组

在Java中对大型数据集执行操作时，根据文档的一个或多个字段的值将结果分组通常很有用。这也可以在取回文档后使用代码来完成，但让MongoDB服务器在原本就要迭代文档的请求中这样做，效率要高得多。

在Java中，要将查询结果分组，可使用DBCollection对象的方法group()。分组请求首先收集所有与查询匹配的文档，再对于指定键的每个不同值，都在数组中添加一个分组对象，对这些分组对象执行操作，并返回这个分组对象数组。

方法group()的语法如下：

```
group({key, cond , initial, reduce, [finalize]})
```

其中参数key、cond和initial都是BasicDBObject对象，指定了要用来分组的字段、查询以及要使用的初始文档；参数reduce和finalize为String对象，包含以字符串方式表示的JavaScript函数，这些函数将在服务器上运行以归并文档并生成最终结果。有关这些参数的更详细信息，请参阅第9章。

为演示这个方法，下面的代码实现了简单分组，它创建了对象key、cond和initial，并以字符串的方式传入了一个reduce函数：

```
BasicDBObject key = new BasicDBObject("first", true);
BasicDBObject cond = new BasicDBObject("last", "a");
cond.append("size", 5);
```

```
BasicDBObject initial = new BasicDBObject("count", 0);
String reduce = "function (obj, prev) { prev.count++; }";
DBObject result = collection.group(key, cond, initial, reduce);
```

方法 group()以 DBObject 对象的方式返回分组结果。下面的代码逐项地显示了分组结果的内容：

```
for (Object name: group.toMap().values()) {
   System.out.println(name);
}
```

Try It Yourself

使用 Java 根据键值将文档分组

在本节中，您将创建一个简单的Java应用程序，它使用DBCollection对象的方法group()从示例数据库检索文档，根据指定字段进行分组，并在服务器上执行 reduce 和 finalize 函数。通过这个示例，您将熟悉如何使用 group()在服务器端对数据集进行处理，以生成分组数据。程序清单 11.9 显示了这个示例的代码。

在这个示例中，方法 main()连接到 MongoDB 数据库，获取一个 DBCollection 对象，并调用其他的方法来查找文档、进行分组并显示结果。方法 displayGroup()显示分组结果。

方法 firstIsALastIsVowel()将第一个字母为 a 且最后一个字母为元音字母的单词分组，其中的 reduce 函数计算单词数，以确定每组的单词数。

方法 firstLetterTotals()根据第一个字母分组，并计算各组中所有单词的元音字母总数和辅音字母总数。在其中的 finalize 函数中，将元音字母总数和辅音字母总数相加，以提供各组单词的字符总数。

请执行下面的步骤，创建并运行这个 Java 应用程序，它对示例数据集中的文档进行分组和处理，并显示结果。

1. 确保启动了 MongoDB 服务器。

2. 确保下载并安装了 Java MongoDB 驱动程序，并运行了生成数据库 words 的脚本文件 code/hour05/generate_words.js。

3. 在文件夹 code/hour11 中新建一个文件，并将其命名为 JavaGroup.java。

4. 在这个文件中输入程序清单 11.9 所示的代码。这些代码对文档集执行 group()操作。

5. 将这个文件存盘。

6. 打开一个控制台窗口，并切换到目录 code/hour11。

7. 执行下面的命令来编译这个新建的 Java 文件：

```
javac JavaGroup.java
```

8. 执行下面的命令来运行这个 Java 应用程序。程序清单 11.10 显示了这个应用程序的输出。

```
java JavaGroup
```

程序清单 11.9 JavaGroup.java：在Java应用程序中根据字段值对单词分组以生成不同的数据

```
01 import com.mongodb.MongoClient;
02 import com.mongodb.DB;
03 import com.mongodb.DBCollection;
04 import com.mongodb.BasicDBObject;
05 import com.mongodb.DBObject;
06 import com.mongodb.DBCursor;
07 public class JavaGroup {
08   public static void main(String[] args) {
09     try {
10       MongoClient mongoClient = new MongoClient("localhost", 27017);
11       DB db = mongoClient.getDB("words");
12       DBCollection collection = db.getCollection("word_stats");
13       JavaGroup.firstIsALastIsVowel(collection);
14       JavaGroup.firstLetterTotals(collection);
15     } catch (Exception e) {
16       System.out.println(e);
17     }
18   }
19   public static void displayGroup(DBObject result){
20     for (Object name: result.toMap().values()) {
21       System.out.println(name);
22     }
23   }
24   public static void firstIsALastIsVowel(DBCollection collection){
25     BasicDBObject key = new BasicDBObject("first", true);
26     key.append("last", true);
27     BasicDBObject cond = new BasicDBObject("first", "a");
28     cond.append("last",
29         new BasicDBObject("$in",
30         new String[]{"a","e","i","o","u"}));
31     BasicDBObject initial = new BasicDBObject("count", 0);
32     String reduce = "function (obj, prev) { prev.count++; }";
33     DBObject result = collection.group(key, cond, initial, reduce);
34     System.out.println("\n'A' words grouped by first and last" +
35                        " letter that end with a vowel");
36     JavaGroup.displayGroup(result);
37   }
38   public static void firstLetterTotals(DBCollection collection){
39     BasicDBObject key = new BasicDBObject("first", true);
40     BasicDBObject cond = new BasicDBObject();
41     BasicDBObject initial = new BasicDBObject("vowels", 0);
42     initial.append("cons", 0);
43     String reduce = "function (obj, prev) { " +
44                     "prev.vowels += obj.stats.vowels; " +
45                     "prev.cons += obj.stats.consonants; " +
46                     "}";
47     String finalize = "function (obj) { " +
```

```
48                         "obj.total = obj.vowels + obj.cons; " +
49                         "}";
50      DBObject result = collection.group(key, cond, initial,
51                                         reduce, finalize);
52      System.out.println("\nWords grouped by first letter " +
53                          "with totals: ");
54      JavaGroup.displayGroup(result);
55   }
56 }
```

程序清单 11.10 JavaGroup.java-output：在 Java 应用程序中根据字段值对单词分组以生成不同数据的输出

```
'A' words grouped by first and last letter that end with a vowel
{ "first" : "a" , "last" : "e" , "count" : 52.0}
{ "first" : "a" , "last" : "o" , "count" : 2.0}
{ "first" : "a" , "last" : "a" , "count" : 3.0}

Words grouped by first letter with totals:
{ "first" : "l" , "vowels" : 189.0 , "cons" : 299.0 , "total" : 488.0}
{ "first" : "p" , "vowels" : 550.0 , "cons" : 964.0 , "total" : 1514.0}
{ "first" : "j" , "vowels" : 47.0 , "cons" : 73.0 , "total" : 120.0}
{ "first" : "k" , "vowels" : 22.0 , "cons" : 48.0 , "total" : 70.0}
{ "first" : "u" , "vowels" : 93.0 , "cons" : 117.0 , "total" : 210.0}
{ "first" : "g" , "vowels" : 134.0 , "cons" : 240.0 , "total" : 374.0}
{ "first" : "m" , "vowels" : 262.0 , "cons" : 417.0 , "total" : 679.0}
{ "first" : "s" , "vowels" : 640.0 , "cons" : 1215.0 , "total" : 1855.0}
{ "first" : "n" , "vowels" : 136.0 , "cons" : 208.0 , "total" : 344.0}
{ "first" : "e" , "vowels" : 482.0 , "cons" : 630.0 , "total" : 1112.0}
{ "first" : "v" , "vowels" : 117.0 , "cons" : 143.0 , "total" : 260.0}
{ "first" : "r" , "vowels" : 414.0 , "cons" : 574.0 , "total" : 988.0}
{ "first" : "q" , "vowels" : 28.0 , "cons" : 32.0 , "total" : 60.0}
{ "first" : "z" , "vowels" : 2.0 , "cons" : 2.0 , "total" : 4.0}
{ "first" : "o" , "vowels" : 204.0 , "cons" : 237.0 , "total" : 441.0}
{ "first" : "a" , "vowels" : 545.0 , "cons" : 725.0 , "total" : 1270.0}
{ "first" : "c" , "vowels" : 713.0 , "cons" : 1233.0 , "total" : 1946.0}
{ "first" : "b" , "vowels" : 246.0 , "cons" : 444.0 , "total" : 690.0}
{ "first" : "t" , "vowels" : 333.0 , "cons" : 614.0 , "total" : 947.0}
{ "first" : "y" , "vowels" : 26.0 , "cons" : 41.0 , "total" : 67.0}
{ "first" : "f" , "vowels" : 258.0 , "cons" : 443.0 , "total" : 701.0}
{ "first" : "h" , "vowels" : 145.0 , "cons" : 248.0 , "total" : 393.0}
{ "first" : "i" , "vowels" : 384.0 , "cons" : 522.0 , "total" : 906.0}
{ "first" : "d" , "vowels" : 362.0 , "cons" : 585.0 , "total" : 947.0}
{ "first" : "w" , "vowels" : 161.0 , "cons" : 313.0 , "total" : 474.0}
```

▲

11.4 从 Java 应用程序发出请求时使用聚合来操作数据

在 Java 应用程序中使用 MongoDB 时，另一个很有用的工具是聚合框架。DBCollection 对象提供了对数据执行聚合操作的方法 aggregate()，这个方法的语法如下：

```
aggregate(operator, [operator, ...])
```

参数 operator 是一系列运算符对象，提供了用于聚合数据的流水线。这些运算符对象是使用聚合运算符创建的 DBObject 对象。聚合运算符在第 9 章介绍过，您现在应该熟悉它们。

例如，下面的代码定义了运算符$group 和$limit，其中运算符$group 根据字段 word 进行分组（并将该字段的值存储在结果文档的_id 字段中），使用$avg 计算 size 字段的平均值（并将结果存储在 average 字段中）。请注意，在聚合运算中引用原始文档的字段时，必须在字段名前加上$：

```
BasicDBObject groupOps = new BasicDBObject("_id", "$word");
groupOps.append("average", new BasicDBObject("$avg", "$size"));
BasicDBObject group = new BasicDBObject("$group", groupOps);
BasicDBObject limit = new BasicDBObject("$limit", 10);
AggregationOutput result = collection.aggregate(group, limit);
```

方法 aggregate()返回一个包含聚合结果的 AggregationOutput 对象。AggregationOutput 对象的方法 results()返回一个可迭代的对象，您可使用它来访问结果。为演示这一点，下面的代码逐项显示聚合结果的内容：

```
for (Iterator<DBObject> items = result.results().iterator(); items.
  hasNext();){
   System.out.println(items.next());
}
```

Try It Yourself

在 Java 应用程序中使用聚合来生成数据

在本节中，您将编写一个简单的 Java 应用程序，它使用 DBCollection 对象的方法 aggregate()从示例数据库检索各种聚合数据。通过这个示例，您将熟悉如何使用 aggregate()来利用聚合流水线在 MongoDB 服务器上处理数据，再返回结果。程序清单 11.11 显示了这个示例的代码。

在这个示例中，方法 main()连接到 MongoDB 数据库，获取一个 DBCollection 对象，并调用其他方法来聚合数据并显示结果。方法 displayAggregate()显示聚合结果。

方法 largeSmallVowels()使用了一条包含运算符$match、$group 和$sort 的聚合流水线，这条流水线查找以元音字母开头的单词，根据第一个字母将这些单词分组，并找出各组中最长和最短单词的长度。

方法 top5AverageWordFirst()使用了一条包含运算符$group、$sort 和$limit 的聚合流水

线，这条流水线根据第一个字母将单词分组，并找出单词平均长度最长的前 5 组。

请执行下面的步骤，创建并运行这个 Java 应用程序，它使用聚合流水线来处理示例数据集中的文档，并显示结果。

1．确保启动了 MongoDB 服务器。

2．确保下载并安装了 Java MongoDB 驱动程序，并运行了生成数据库 words 的脚本文件 code/hour05/generate_words.js。

3．在文件夹 code/hour11 中新建一个文件，并将其命名为 JavaAggregate.java。

4．在这个文件中输入程序清单 11.11 所示的代码。这些代码对文档集执行 aggregate()操作。

5．将这个文件存盘。

6．打开一个控制台窗口，并切换到目录 code/hour11。

7．执行下面的命令来编译这个新建的 Java 文件：

```
javac JavaAggregate.java
```

8. 执行下面的命令来运行这个 Java 应用程序。程序清单 11.12 显示了这个应用程序的输出。

```
java JavaAggregate
```

程序清单 11.11　JavaAggregate.java：在 Java 应用程序中使用聚合流水线生成数据集

```
01 import com.mongodb.MongoClient;
02 import com.mongodb.DB;
03 import com.mongodb.DBCollection;
04 import com.mongodb.BasicDBObject;
05 import com.mongodb.DBObject;
06 import com.mongodb.DBCursor;
07 import com.mongodb.AggregationOutput;
08 import java.util.Iterator;
09 public class JavaAggregate {
10   public static void main(String[] args) {
11      try {
12         MongoClient mongoClient = new MongoClient("localhost", 27017);
13         DB db = mongoClient.getDB("words");
14         DBCollection collection = db.getCollection("word_stats");
15         JavaAggregate.largeSmallVowels(collection);
16         JavaAggregate.top5AverageWordFirst(collection);
17      } catch (Exception e) {
18         System.out.println(e);
19      }
20   }
21   public static void displayAggregate(AggregationOutput result){
22      for (Iterator<DBObject> items = result.results().iterator();
23           items.hasNext();){
```

```
24          System.out.println(items.next());
25        }
26     }
27     public static void largeSmallVowels(DBCollection collection){
28       BasicDBObject match = new BasicDBObject("$match",
29           new BasicDBObject("first",
30               new BasicDBObject ("$in",
31                   new String[]{"a","e","i","o","u"})));
32       BasicDBObject groupOps = new BasicDBObject("_id", "$first");
33       groupOps.append("largest", new BasicDBObject("$max", "$size"));
34       groupOps.append("smallest", new BasicDBObject("$min", "$size"));
35       groupOps.append("total", new BasicDBObject("$sum", 1));
36       BasicDBObject group = new BasicDBObject("$group", groupOps);
37       BasicDBObject sort = new BasicDBObject("$sort",
38           new BasicDBObject("first", 1));
39       AggregationOutput result =
40           collection.aggregate(match, group, sort);
41       System.out.println("\nLargest and smallest word sizes for " +
42                          "words beginnig with a vowel: ");
43       JavaAggregate.displayAggregate(result);
44     }
45     public static void top5AverageWordFirst(DBCollection collection){
46       BasicDBObject groupOps = new BasicDBObject("_id", "$first");
47       groupOps.append("average", new BasicDBObject("$avg", "$size"));
48       BasicDBObject group = new BasicDBObject("$group", groupOps);
49       BasicDBObject sort = new BasicDBObject("$sort",
50           new BasicDBObject("average", -1));
51       BasicDBObject limit = new BasicDBObject("$limit", 5);
52       AggregationOutput result =
53           collection.aggregate(group, sort, limit);
54       System.out.println("\nFirst letter of top 5 largest average " +
55                          "word size: ");
56       JavaAggregate.displayAggregate(result);
57     }
58 }
```

程序清单 11.12 JavaAggregate.java-output：在 Java 应用程序中使用聚合流水线生成数据集的输出

```
Largest and smallest word sizes for words beginnig with a vowel:
{ "_id" : "e" , "largest" : 13.0 , "smallest" : 3.0 , "total" : 150}
{ "_id" : "u" , "largest" : 13.0 , "smallest" : 2.0 , "total" : 33}
{ "_id" : "i" , "largest" : 14.0 , "smallest" : 1.0 , "total" : 114}
{ "_id" : "o" , "largest" : 12.0 , "smallest" : 2.0 , "total" : 72}
{ "_id" : "a" , "largest" : 14.0 , "smallest" : 1.0 , "total" : 192}

First letter of top 5 largest average word size:
{ "_id" : "i" , "average" : 7.947368421052632}
{ "_id" : "e" , "average" : 7.42}
```

```
{ "_id" : "c" , "average" : 7.292134831460674}
{ "_id" : "p" , "average" : 6.881818181818182}
{ "_id" : "r" , "average" : 6.767123287671233}
```

▲

11.5 小结

在本章中，您学习了如何使用 DBCollection 和 DBCursor 对象的其他方法。您了解到，方法 limit()可减少游标返回的文档数，而结合使用方法 limit()和 skip()可分页显示大型数据集。使用方法 find()的参数 fields 可减少从数据库返回的字段数。

本章还介绍了如何在 Java 应用程序中使用 DBCollection 对象的方法 distinct()、group()和 aggregate()来执行数据汇总操作。这些操作让您能够在服务器端处理数据，再将结果返回给 Java 应用程序，从而减少了需要发送的数据量以及应用程序的工作量。

11.6 问与答

问：有 Java 框架支持 MongoDB 吗？

答：有。例如，Spring 框架就支持 MongoDB。

11.7 作业

作业包含一组问题及其答案，旨在加深您对本章内容的理解。请尽可能先回答问题，再看答案。

11.7.1 小测验

1. 在 Java 中，如何获取 DBCursor 对象表示的第 21～30 个文档？
2. 在 Java 应用程序中，如何找出集合中文档的特定字段的不同值？
3. 在 Java 中，如何返回集合的前 10 个文档？
4. 在 Java 中，如何禁止数据库查询返回特定的字段？

11.7.2 小测验答案

1. 对 DBCursor 对象调用 limit(10)和 skip(20)。
2. 使用 DBCollection 对象的方法 distinct()。
3. 对 DBCursor 对象调用 limit(10)。
4. 在传递给方法 find()的参数 fields 中，将这个字段的值设置为 false。

11.7.3 练习

1. 编写一个 Java 应用程序，找出示例数据集中以 n 打头的单词，根据长度降序排列它们，并显示前 5 个单词。
2. 扩展文件 JavaAggregate.java，在其中添加一个执行聚合的方法，它匹配长度为 4 的单词，将返回文档限制为 5 个，并返回字段 word 和 stats（但将字段 word 重命名为 _id）。这种聚合操作对应的 MongoDB shell 聚合流水线类似于下面这样：

```
{$match: {size:4}},
{$limit: 5},
{$project: {_id:"$word", stats:1}}
```

第 12 章

在 Java 应用程序中操作 MongoDB 数据

本章介绍如下内容：

- 使用 Java 在集合中插入文档；
- 使用 Java 从集合中删除文档；
- 使用 Java 在集合中获取、修改并保存单个文档；
- 使用 Java 更新集合中的文档；
- 使用 Java 执行 upsert 操作。

本章继续介绍 Java MongoDB 驱动程序，讨论如何在 Java 应用程序中使用它在集合中添加、操作和删除文档。修改集合中数据的方式有多种：插入新文档、通过更新或保存修改既有文档以及执行 upsert 操作（先尝试更新文档，如果没有找到，就插入一个新文档）。

接下来的几节将介绍 Java 对象 DBCollection 的一些方法，它们让您能够操作集合中的数据。您将明白如何在 Java 应用程序中插入、删除、保存和更新文档。

12.1 使用 Java 添加文档

在 Java 中与 MongoDB 数据库交互时，一项重要的任务是在集合中插入文档。要插入文档，首先要创建一个表示该文档的 BasicDBObject 对象。插入操作将 BasicDBObject 对象以 BSON 的方式传递给 MongoDB 服务器，以便能够插入到集合中。

有新文档的 BasicDBObject 版本后，就可将其存储到 MongoDB 数据库中，为此可对相应的 DBCollection 对象实例调用方法 insert()。方法 insert()的语法如下，其中参数 docs 可以是单个文档对象，也可以是一个文档对象数组：

```
insert(docs)
```

例如，下面的示例在集合中插入单个文档和一个文档数组：

```
BasicDBObject doc1 = new BasicDBObject("name", "Fred");
WriteResult result = myColl.insert(doc1);
BasicDBObject doc2 = new BasicDBObject("name", "George");
BasicDBObject doc3 = new BasicDBObject("name", "Ron");
WriteResult result = myColl.insert(new BasicDBObject[]{doc2, doc3});
```

请注意，方法insert()返回一个WriteResult对象，其中包含有关写入操作的信息。

Try It Yourself

使用Java在集合中插入文档

在本节中，您将编写一个简单的Java应用程序，它使用DBCollection对象的方法insert()在示例数据库的一个集合中插入新文档。通过这个示例，您将熟悉如何使用Java来插入文档。程序清单12.1显示了这个示例的代码。

在这个示例中，方法main()连接到MongoDB数据库，获取一个DBCollection对象，并调用其他的方法来插入文档。方法showNewDocs()显示新插入到集合中的文档。

方法addSelfie()新建一个表示单词selfie的文档，并使用insert()将其加入到数据库中；方法addGoogleAndTweet()创建表示单词google和tweet的新文档，并使用insert()以数组的方式将它们插入数据库。

请执行下面的步骤，创建并运行这个在示例数据库中插入新文档并显示结果的Java应用程序。

1．确保启动了MongoDB服务器。

2．确保下载并安装了Java MongoDB驱动程序，并运行了生成数据库words的脚本文件code/hour05/generate_words.js。

3．在文件夹code/hour12中新建一个文件，并将其命名为JavaDocAdd.java。

4．在这个文件中输入程序清单12.1所示的代码。这些代码使用insert()来添加新文档。

5．将这个文件存盘。

6．打开一个控制台窗口，并切换到目录code/hour12。

7．执行下面的命令来编译这个新建的Java文件：

```
javac JavaDocAdd.java
```

8．执行下面的命令来运行这个Java应用程序。程序清单12.2显示了这个应用程序的输出。

```
java JavaDocAdd
```

程序清单12.1 JavaDocAdd.java：在Java应用程序中将新文档插入到集合中

```
01 import com.mongodb.MongoClient;
02 import com.mongodb.WriteConcern;
03 import com.mongodb.DB;
```

```
04 import com.mongodb.DBCollection;
05 import com.mongodb.DBObject;
06 import com.mongodb.BasicDBObject;
07 import com.mongodb.DBCursor;
08 import com.mongodb.WriteResult;
09 public class JavaDocAdd {
10   public static void main(String[] args) {
11     try {
12       MongoClient mongoClient = new MongoClient("localhost", 27017);
13       mongoClient.setWriteConcern(WriteConcern.JOURNAL_SAFE);
14       DB db = mongoClient.getDB("words");
15       DBCollection collection = db.getCollection("word_stats");
16       JavaDocAdd.showNewDocs(collection, "Before Additions");
17       JavaDocAdd.addSelfie(collection);
18       JavaDocAdd.showNewDocs(collection, "After adding single");
19       JavaDocAdd.addGoogleAndTweet(collection);
20       JavaDocAdd.showNewDocs(collection, "After adding mutliple");
21     } catch (Exception e) {
22       System.out.println(e);
23     }
24   }
25   public static void addSelfie(DBCollection collection){
26     BasicDBObject selfie = new BasicDBObject("word","selfie");
27     selfie.append("first", "s").append("last", "e");
28     selfie.append("size", 6).append("category", "New");
29     BasicDBObject stats = new BasicDBObject("consonants", 3);
30     stats.append("vowels", 3);
31     selfie.append("stats", stats);
32     selfie.append("letters", new String[]{"s","e","l","f","i"});
33     BasicDBObject cons = new BasicDBObject("type", "consonants");
34     cons.append("chars", new String[]{"s","l","f"});
35     BasicDBObject vowels = new BasicDBObject("type", "vowels");
36     vowels.append("chars", new String[]{"e","i"});
37     BasicDBObject[] charsets = new BasicDBObject[]{cons, vowels};
38     selfie.append("charsets", charsets);
39     WriteResult result = collection.insert(selfie);
40     System.out.println("Insert One Result: \n" + result.toString());
41   }
42   public static void addGoogleAndTweet(DBCollection collection){
43     //Create google Object
44     BasicDBObject google = new BasicDBObject("word","google");
45     google.append("first", "g").append("last", "e");
46     google.append("size", 6).append("category", "New");
47     BasicDBObject stats = new BasicDBObject("consonants", 3);
48     stats.append("vowels", 3);
49     google.append("stats", stats);
50     google.append("letters", new String[]{"g","o","l","e"});
51     BasicDBObject cons = new BasicDBObject("type", "consonants");
```

```
52      cons.append("chars", new String[]{"g","l"});
53      BasicDBObject vowels = new BasicDBObject("type", "vowels");
54      vowels.append("chars", new String[]{"o","e"});
55      BasicDBObject[] charsets = new BasicDBObject[]{cons, vowels};
56      google.append("charsets", charsets);
57      //Create tweet Object
58      BasicDBObject tweet = new BasicDBObject("word","tweet");
59      tweet.append("first", "t").append("last", "t");
60      tweet.append("size", 6).append("category", "New");
61      BasicDBObject tstats = new BasicDBObject("consonants", 3);
62      stats.append("vowels", 2);
63      tweet.append("stats", tstats);
64      tweet.append("letters", new String[]{"t","w","e"});
65      BasicDBObject tcons = new BasicDBObject("type", "consonants");
66      tcons.append("chars", new String[]{"t","w"});
67      BasicDBObject tvowels = new BasicDBObject("type", "vowels");
68      tvowels.append("chars", new String[]{"e"});
69      BasicDBObject[] tcharsets = new BasicDBObject[]{tcons, tvowels};
70      tweet.append("charsets", tcharsets);
71      //Insert object array
72      WriteResult result = collection.insert(
73          new BasicDBObject[]{google, tweet});
74      System.out.println("Insert Multiple Result: \n" +
75                         result.toString());
76    }
77    public static void showNewDocs(DBCollection collection, String msg){
78      System.out.println("\n" + msg + ": ");
79      BasicDBObject query = new BasicDBObject("category", "New");
80      DBCursor cursor = collection.find(query);
81      while(cursor.hasNext()) {
82        DBObject doc = cursor.next();
83        System.out.println(doc);
84      }
85    }
86 }
```

程序清单 12.2 JavaDocAdd.java-output：在 Java 应用程序中将新文档插入到集合中的输出

```
Before Additions:

Insert One Result:
{ "serverUsed" : "localhost/127.0.0.1:27017" , "n" : 0 , "connectionId" :
  35 ,
  "err" : null , "ok" : 1.0}

After adding single:
{ "_id" : { "$oid" : "52e80bc4ba4191662131feea"} , "word" : "selfie" , "first" :
  "s" ,
```

```
  "last" : "e" , "size" : 6 , "category" : "New" ,
  "stats" : { "consonants" : 3 , "vowels" : 3} ,
  "letters" : [ "s" , "e" , "l" , "f" , "i"] ,
  "charsets" : [ { "type" : "consonants" , "chars" : [ "s" , "l" , "f"]} ,
                { "type" : "vowels" , "chars" : [ "e" , "i"]}]}

Insert Multiple Result:
{ "serverUsed" : "localhost/127.0.0.1:27017" , "n" : 0 , "connectionId" :
  35 ,
  "err" : null , "ok" : 1.0}

After adding mutliple:
{ "_id" : { "$oid" : "52e80bc4ba4191662131feec"} , "word" : "tweet" , "first" :
  "t",
  "last" : "t" , "size" : 6 , "category" : "New" , "stats" : { "consonants" :
  3} ,
  "letters" : [ "t" , "w" , "e"] ,
  "charsets" : [ { "type" : "consonants" , "chars" : [ "t" , "w"]} ,
                { "type" : "vowels" , "chars" : [ "e"]}]}
{ "_id" : { "$oid" : "52e80bc4ba4191662131feea"} , "word" : "selfie" , "first" :
  "s" ,
  "last" : "e" , "size" : 6 , "category" : "New" ,
  "stats" : { "consonants" : 3 , "vowels" : 3} ,
  "letters" : [ "s" , "e" , "l" , "f" , "i"] ,
  "charsets" : [ { "type" : "consonants" , "chars" : [ "s" , "l" , "f"]} ,
                { "type" : "vowels" , "chars" : [ "e" , "i"]}]}
{ "_id" : { "$oid" : "52e80bc4ba4191662131feeb"} , "word" : "google" , "first" :
  "g" ,
  "last" : "e" , "size" : 6 , "category" : "New" ,
  "stats" : { "consonants" : 3 , "vowels" : 2} , "letters" : [ "g" , "o" ,
  "l" ,
  "e"] ,
  "charsets" : [ { "type" : "consonants" , "chars" : [ "g" , "l"]} ,
                { "type" : "vowels" , "chars" : [ "o" , "e"]}]}
```

▲

12.2 使用 Java 删除文档

在 Java 中，有时候需要从 MongoDB 集合中删除文档，以减少消耗的空间，改善性能以及保持整洁。DBCollection 对象的方法 remove()使得从集合中删除文档非常简单，其语法如下：

```
remove([query])
```

其中参数query是一个BasicDBObject对象，指定要了删除哪些文档。请求将query指定的字段和值与文档的字段和值进行比较，进而删除匹配的文档。如果没有指定参数 query，将删除集合中的所有文档。

例如，要删除集合words_stats中所有的文档，可使用如下代码：

```
DBCollection collection = myDB.getCollection('word_stats');
WriteResult results = collection.remove();
```

下面的代码删除集合words_stats中所有以a打头的单词：

```
DBCollection collection = myDB.getCollection('word_stats');
BasicDBObject query = new BasicDBObject("first", "a");
collection.remove(query);
```

Try It Yourself

使用Java从集合中删除文档

在本节中，您将编写一个简单的Java应用程序，它使用DBCollection对象的方法从示例数据库的一个集合中删除文档。通过这个示例，您将熟悉如何使用Java删除文档。程序清单12.3显示了这个示例的代码。

在这个示例中，方法main()连接到MongoDB数据库，获取一个DBCollection对象，再调用其他的方法来删除文档。方法showNewDocs()显示前面创建的新文档，从而核实它们确实从集合中删除了。

方法removeNewDocs()使用一个查询对象来删除字段category为New的文档。

请执行下面的步骤，创建并运行这个从示例数据库中删除文档并显示结果的Java应用程序。

1．确保启动了MongoDB服务器。

2．确保下载并安装了Java MongoDB驱动程序，并运行了生成数据库words的脚本文件code/hour05/generate_words.js。

3．在文件夹code/hour12中新建一个文件，并将其命名为JavaDocDelete.java。

4．在这个文件中输入程序清单12.3所示的代码。这些代码使用remove()来删除文档。

5．将这个文件存盘。

6．打开一个控制台窗口，并切换到目录code/hour12。

7．执行下面的命令来编译这个新建的Java文件：

```
javac JavaDocDelete.java
```

8．执行下面的命令来运行这个Java应用程序。程序清单12.4显示了这个应用程序的输出。

```
java JavaDocDelete
```

程序清单 12.3 JavaDocDelete.java：在 Java 应用程序中从集合中删除文档

```
01 import com.mongodb.MongoClient;
02 import com.mongodb.WriteConcern;
03 import com.mongodb.DB;
04 import com.mongodb.DBCollection;
05 import com.mongodb.DBObject;
06 import com.mongodb.BasicDBObject;
07 import com.mongodb.DBCursor;
08 import com.mongodb.WriteResult;
09 public class JavaDocDelete {
10   public static void main(String[] args) {
11     try {
12       MongoClient mongoClient = new MongoClient("localhost", 27017);
13       mongoClient.setWriteConcern(WriteConcern.JOURNAL_SAFE);
14       DB db = mongoClient.getDB("words");
15       DBCollection collection = db.getCollection("word_stats");
16       JavaDocDelete.showNewDocs(collection, "Before delete");
17       JavaDocDelete.removeNewDocs(collection);
18       JavaDocDelete.showNewDocs(collection, "After delete");
19     } catch (Exception e) {
20       System.out.println(e);
21     }
22   }
23   public static void removeNewDocs(DBCollection collection){
24     BasicDBObject query = new BasicDBObject("category", "New");
25     WriteResult result = collection.remove(query);
26     System.out.println("Delete Result: \n" +
27         result.toString());
28   }
29   public static void showNewDocs(DBCollection collection,
30                                  String msg){
31     System.out.println("\n" + msg + ": ");
32     BasicDBObject query = new BasicDBObject("category", "New");
33     DBCursor cursor = collection.find(query);
34     while(cursor.hasNext()) {
35       DBObject doc = cursor.next();
36       System.out.println(doc);
37     }
38   }
39 }
```

程序清单 12.4 JavaDocDelete.java-output：在 Java 应用程序中从集合中删除文档的输出

```
Before delete:
{ "_id" : { "$oid" : "52e80bc4ba4191662131feec"} , "word" : "tweet" , "first" :
  "t",
 "last" : "t" , "size" : 6 , "category" : "New" ,
```

```
  "stats" : { "consonants" : 3} , "letters" : [ "t" , "w" , "e"] ,
  "charsets" : [ { "type" : "consonants" , "chars" : [ "t" , "w"]} ,
               { "type" : "vowels" , "chars" : [ "e"]}]}
{ "_id" : { "$oid" : "52e80bc4ba4191662131feea"} , "word" : "selfie" , "first" :
  "s" ,
  "last" : "e" , "size" : 6 , "category" : "New" ,
  "stats" : { "consonants" : 3 , "vowels" : 3} ,
  "letters" : [ "s" , "e" , "l" , "f" , "i"] ,
  "charsets" : [ { "type" : "consonants" , "chars" : [ "s" , "l" , "f"]} ,
               { "type" : "vowels" , "chars" : [ "e" , "i"]}]}
{ "_id" : { "$oid" : "52e80bc4ba4191662131feeb"} , "word" : "google" , "first" :
  "g" ,
  "last" : "e" , "size" : 6 , "category" : "New" ,
  "stats" : { "consonants" : 3 , "vowels" : 2} , "letters" : [ "g" , "o" ,
  "l" , "e"] ,
  "charsets" : [ { "type" : "consonants" , "chars" : [ "g" , "l"]} ,
  { "type" : "vowels" , "chars" : [ "o" , "e"]}]}
Delete Result:
{ "serverUsed" : "localhost/127.0.0.1:27017" , "n" : 3 , "connectionId" :
  36 ,
  "err" : null , "ok" : 1.0}

After delete:
```

▲

12.3 使用Java保存文档

一种更新数据库中文档的便利方式是，使用DBCollection对象的方法save()，这种方法接受一个DBObject作为参数，并将其保存到数据库中。如果指定的文档已存在于数据库中，就将其更新为指定的值；否则就插入一个新文档。

方法save()的语法如下，其中参数doc是一个要保存到集合中的DBObject或BasicDBObject对象：

```
save(doc)
```

▼ Try It Yourself

使用Java将文档保存到集合中

在本节中，您将创建一个简单的Java应用程序，它使用DBCollection对象的方法save()来更新示例数据库中的一个既有文档。通过这个示例，您将熟悉如何使用Java更新并保存文档对象。程序清单12.5显示了这个示例的代码。

在这个示例中，方法 main()连接到 MongoDB 数据库，获取一个 DBCollection 对象，并调用其他的方法来保存文档。方法 showWord()显示更新前和更新后的单词 ocean。

方法 saveBlueDoc()从数据库中获取单词 ocean 的文档，使用 put()将字段 category 改为 blue，再使用方法 save()保存这个文档。方法 resetDoc()从数据库获取单词 ocean 的文档，使用方法 put()将字段 category 恢复为空，再使用方法 save()保存这个文档。

请执行如下步骤，创建并运行这个将文档保存到示例数据库中并显示结果的 Java 应用程序。

1. 确保启动了 MongoDB 服务器。

2. 确保下载并安装了 Java MongoDB 驱动程序，并运行了生成数据库 words 的脚本文件 code/hour05/generate_words.js。

3. 在文件夹 code/hour12 中新建一个文件，并将其命名为 JavaDocSave.java。

4. 在这个文件中输入程序清单 12.5 所示的代码。这些代码使用 save()来保存文档。

5. 将这个文件存盘。

6. 打开一个控制台窗口，并切换到目录 code/hour12。

7. 执行下面的命令来编译这个新建的 Java 文件：

```
javac JavaDocSave.java
```

8. 执行下面的命令来运行这个 Java 应用程序。程序清单 12.6 显示了这个应用程序的输出。

```
java JavaDocSave
```

程序清单 12.5 JavaDocSave.java：在 Java 应用程序中将文档保存到集合中

```
01 import com.mongodb.MongoClient;
02 import com.mongodb.WriteConcern;
03 import com.mongodb.DB;
04 import com.mongodb.DBCollection;
05 import com.mongodb.DBObject;
06 import com.mongodb.BasicDBObject;
07 import com.mongodb.DBCursor;
08 import com.mongodb.WriteResult;
09 public class JavaDocSave {
10   public static void main(String[] args) {
11     try {
12       MongoClient mongoClient = new MongoClient("localhost", 27017);
13       mongoClient.setWriteConcern(WriteConcern.JOURNAL_SAFE);
14       DB db = mongoClient.getDB("words");
15       DBCollection collection = db.getCollection("word_stats");
16       JavaDocSave.showWord(collection, "Before save");
17       JavaDocSave.saveBlueDoc(collection);
18       JavaDocSave.showWord(collection, "After save");
19       JavaDocSave.resetDoc(collection);
20       JavaDocSave.showWord(collection, "After reset");
21     } catch (Exception e) {
22       System.out.println(e);
23     }
```

```
24    }
25    public static void saveBlueDoc(DBCollection collection){
26       BasicDBObject query = new BasicDBObject("word", "ocean");
27       DBObject word = collection.findOne(query);
28       word.put("category", "blue");
29       WriteResult result = collection.save(word);
30       System.out.println("Update Result: \n" + result.toString());
31    }
32    public static void resetDoc(DBCollection collection){
33       BasicDBObject query = new BasicDBObject("word", "ocean");
34       DBObject word = collection.findOne(query);
35       word.put("category", "");
36       WriteResult result = collection.save(word);
37       System.out.println("Update Result: \n" + result.toString());
38    }
39    public static void showWord(DBCollection collection, String msg){
40       System.out.println("\n" + msg + ": ");
41       BasicDBObject query = new BasicDBObject("word", "ocean");
42       BasicDBObject fields = new BasicDBObject("word", 1);
43       fields.append("category", 1);
44       DBObject doc = collection.findOne(query, fields);
45       System.out.println(doc);
46    }
47 }
```

程序清单12.6 JavaDocSave.java-output：在Java应用程序中将文档保存到集合中的输出

```
Before save:
{ "_id" : { "$oid" : "52e2992e138a073440e469f2"} , "word" : "ocean" ,
  "category" : ""}
Update Result:
{ "serverUsed" : "localhost/127.0.0.1:27017" , "updatedExisting" : true ,
  "n" : 1 ,
"connectionId" : 37 , "err" : null , "ok" : 1.0}

After save:
{ "_id" : { "$oid" : "52e2992e138a073440e469f2"} , "word" : "ocean" ,
"category" : "blue"}
Update Result:
{ "serverUsed" : "localhost/127.0.0.1:27017" , "updatedExisting" : true ,
  "n" : 1 ,
"connectionId" : 37 , "err" : null , "ok" : 1.0}

After reset:
{ "_id" : { "$oid" : "52e2992e138a073440e469f2"} , "word" : "ocean" ,
"category" : ""}
```

12.4 使用 Java 更新文档

将文档插入集合后，经常需要使用 Java 根据数据变化更新它们。DBCollection 对象的方法 update()让您能够更新集合中的文档，它多才多艺，但使用起来非常容易。下面是方法 update()的语法：

```
update(query, update, [upsert], [multi])
```

参数 query 是一个 BasicDBObject 对象，指定了要修改哪些文档。请求将判断 query 指定的属性和值是否与文档的字段和值匹配，进而更新匹配的文档。参数 update 是一个 BasicDBObject 对象，指定了要如何修改与查询匹配的文档。第 8 章介绍了可在这个对象中使用的更新运算符。

参数 upsert 是个布尔值；如果为 true 且没有文档与查询匹配，将插入一个新文档。参数 multi 也是一个布尔值；如果为 true 将更新所有与查询匹配的文档；如果为 false 将只更新与查询匹配的第一个文档。

例如，对于集合中字段 category 为 new 的文档，下面的代码将其字段 category 改为 old。在这里，upsert 被设置为 false，因此即便没有字段 category 为 new 的文档，也不会插入新文档；而 multi 被设置为 true，因此将更新所有匹配的文档：

```
BasicDBObject query = new BasicDBObject("category", "New");
BasicDBObject update = new BasicDBObject("$set",
    new BasicDBObject("category", "Old"));
update(query, update, false, true);
```

Try It Yourself

使用 Java 更新集合中的文档

在本节中，您将编写一个简单的 Java 应用程序，它使用 DBCollection 对象的方法 update()来更新示例数据库的一个集合中的既有文档。通过这个示例，您将熟悉如何在 Java 中使用 MongoDB 更新运算符来更新文档。程序清单 12.7 显示了这个示例的代码。

在这个示例中，方法 main()连接到 MongoDB 数据库，获取一个 DBCollection 对象，再调用其他方法更新文档。方法 showWord()显示更新前和更新后的文档。

方法 updateDoc()创建一个查询对象，它从数据库获取表示单词 left 的文档；再创建一个更新对象，它将字段 word 的值改为 lefty，将字段 size 和 stats.consonants 的值加 1，并将字母 y 压入到数组字段 letters 中。方法 resetDoc()将文档恢复原样，以演示如何将字段值减 1 以及如何从数组字段中弹出值。

请执行下面的步骤，创建并运行这个更新示例数据库中文档并显示结果的 Java 应用程序。

1. 确保启动了 MongoDB 服务器。

2．确保下载并安装了Java MongoDB驱动程序，并运行了生成数据库words的脚本文件code/hour05/generate_words.js。

3．在文件夹code/hour12中新建一个文件，并将其命名为JavaDocUpdate.java。

4．在这个文件中输入程序清单12.7所示的代码。这些代码使用update()来更新文档。

5．将这个文件存盘。

6．打开一个控制台窗口，并切换到目录code/hour12。

7．执行下面的命令来编译这个新建的Java文件：

```
javac JavaDocUpdate.java
```

8．执行下面的命令来运行这个Java应用程序。程序清单12.8显示了这个应用程序的输出。

```
java JavaDocUpdate
```

程序清单12.7 JavaDocUpdate.java：在Java应用程序中更新集合中的文档

```
01 import com.mongodb.MongoClient;
02 import com.mongodb.WriteConcern;
03 import com.mongodb.DB;
04 import com.mongodb.DBCollection;
05 import com.mongodb.DBObject;
06 import com.mongodb.BasicDBObject;
07 import com.mongodb.DBCursor;
08 import com.mongodb.WriteResult;
09 public class JavaDocUpdate {
10   public static void main(String[] args) {
11      try {
12         MongoClient mongoClient = new MongoClient("localhost", 27017);
13         mongoClient.setWriteConcern(WriteConcern.JOURNAL_SAFE);
14         DB db = mongoClient.getDB("words");
15         DBCollection collection = db.getCollection("word_stats");
16         JavaDocUpdate.showWord(collection, "Before update");
17         JavaDocUpdate.updateDoc(collection);
18         JavaDocUpdate.showWord(collection, "After update");
19         JavaDocUpdate.resetDoc(collection);
20         JavaDocUpdate.showWord(collection, "After reset");
21      } catch (Exception e) {
22         System.out.println(e);
23      }
24   }
25   public static void updateDoc(DBCollection collection){
26      BasicDBObject query = new BasicDBObject("word", "left");
27      BasicDBObject update = new BasicDBObject();
28      update.append("$set", new BasicDBObject("word", "lefty"));
29      BasicDBObject inc = new BasicDBObject("size", 1);
30      inc.append("stats.consonants", 1);
```

```
31      update.append("$inc", inc);
32      update.append("$push", new BasicDBObject("letters", "y"));
33      WriteResult result = collection.update(query, update,
34                                              false, false);
35      System.out.println("Update Result: \n" + result.toString());
36    }
37    public static void resetDoc(DBCollection collection){
38      BasicDBObject query = new BasicDBObject("word", "lefty");
39      BasicDBObject update = new BasicDBObject();
40      update.append("$set", new BasicDBObject("word", "left"));
41      BasicDBObject inc = new BasicDBObject("size", -1);
42      inc.append("stats.consonants", -1);
43      update.append("$inc", inc);
44      update.append("$pop", new BasicDBObject("letters", 1));
45      WriteResult result = collection.update(query, update,
46                                              false, false);
47      System.out.println("Reset Result: \n" + result.toString());
48    }
49    public static void showWord(DBCollection collection, String msg){
50      System.out.println("\n" + msg + ": ");
51      BasicDBObject query = new BasicDBObject("word",
52          new BasicDBObject("$in", new String[]{"left", "lefty"}));
53      DBCursor cursor = collection.find(query);
54      while(cursor.hasNext()) {
55        DBObject doc = cursor.next();
56        System.out.println(doc);
57      }
58    }
59 }
```

程序清单 12.8 JavaDocUpdate.java-output：在 Java 应用程序中更新集合中文档的输出

```
Before update:
{ "_id" : { "$oid" : "52e2992e138a073440e4663c"} ,
  "charsets" : [ { "type" : "consonants" , "chars" : [ "l" , "f" , "t"]} ,
                 { "type" : "vowels" , "chars" : [ "e"]}] ,
  "first" : "l" , "last" : "t" , "letters" : [ "l" , "e" , "f" , "t"] , "size" :
  4.0 ,
  "stats" : { "consonants" : 3.0 , "vowels" : 1.0} , "word" : "left"}
Update Result:
{ "serverUsed" : "localhost/127.0.0.1:27017" , "updatedExisting" : true ,
  "n" : 1 , "connectionId" : 38 , "err" : null , "ok" : 1.0}

After update:
{ "_id" : { "$oid" : "52e2992e138a073440e4663c"} ,
  "charsets" : [ { "type" : "consonants" , "chars" : [ "l" , "f" , "t"]} ,
                 { "type" : "vowels" , "chars" : [ "e"]}] ,
  "first" : "l" , "last" : "t" , "letters" : [ "l" , "e" , "f" , "t" , "y"] ,
```

```
  "size" : 5.0 , "stats" : { "consonants" : 4.0 , "vowels" : 1.0} , "word" :
  "lefty"}
Reset Result:
{ "serverUsed" : "localhost/127.0.0.1:27017" , "updatedExisting" : true ,
  "n" : 1 , "connectionId" : 38 , "err" : null , "ok" : 1.0}

After reset:
{ "_id" : { "$oid" : "52e2992e138a073440e4663c"} ,
  "charsets" : [ { "type" : "consonants" , "chars" : [ "l" , "f" , "t"]} ,
                 { "type" : "vowels" , "chars" : [ "e"]}] ,
  "first" : "l" , "last" : "t" , "letters" : [ "l" , "e" , "f" , "t"] , "size" :
  4.0 ,
  "stats" : { "consonants" : 3.0 , "vowels" : 1.0} , "word" : "left"}
```

▲

12.5 使用 Java 更新或插入文档

在 Java 中，DBCollection 对象的方法 update()的另一种用途是，用于执行 upsert 操作。upsert 操作先尝试更新集合中的文档；如果没有与查询匹配的文档，就使用$set 运算符来创建一个新文档，并将其插入到集合中。下面显示了方法 update()的语法：

```
update(query, update, [upsert], [multi])
```

参数 query 指定要修改哪些文档；参数 update 是一个 BasicDBObject 对象，指定了要如何修改与查询匹配的文档。要执行 upsert 操作，必须将参数 upsert 设置为 true，并将参数 multi 设置为 false。

例如，下面的代码对 name=myDoc 的文档执行 upsert 操作。运算符$set 指定了用来创建或更新文档的字段。由于参数 upsert 被设置为 true，因此如果没有找到指定的文档，将创建它；否则就更新它：

```
BasicDBObject query = new BasicDBObject("name", "myDoc");
BasicDBObject setOp = new BasicDBObject("name", "myDoc");
setOp.append("number", 5);
setOp.append("score", 10);
BasicDBObject update = new BasicDBObject("$set", setOp);
update(query, update, true, false);
```

▼ Try It Yourself

使用 Java 更新集合中的文档

在本节中，您将编写一个简单的 Java 应用程序，它使用方法 update()对示例数据库执行 upsert 操作：先插入一个新文档，再更新这个文档。通过这个示例，您将熟悉如何在 Java

应用程序使用方法 update()来执行 upsert 操作。程序清单 12.9 显示了这个示例的代码。

在这个示例中，方法 main()连接到 MongoDB 数据库，获取一个 DBCollection 对象，再调用其他的方法来更新文档。方法 showWord()用于显示单词被添加前后以及被更新后的情况。

方法 addUpsert()创建一个数据库中没有的新单词，再使用 upsert 操作来插入这个新文档。这个文档包含的信息有些不对，因此方法 updateUpsert()执行 upsert 操作来修复这些错误；这次更新了既有文档，演示了 upsert 操作的更新功能。

请执行如下步骤，创建并运行这个 Java 应用程序，它对示例数据库中的文档执行 upsert 操作并显示结果。

1．确保启动了 MongoDB 服务器。

2．确保下载并安装了 Java MongoDB 驱动程序，并运行了生成数据库 words 的脚本文件 code/hour05/generate_words.js。

3．在文件夹 code/hour12 中新建一个文件，并将其命名为 JavaDocUpsert.java。

4．在这个文件中输入程序清单 12.9 所示的代码。这些代码使用 update()来对文档执行 upsert 操作。

5．将这个文件存盘。

6．打开一个控制台窗口，并切换到目录 code/hour12。

7．执行下面的命令来编译这个新建的 Java 文件：

```
javac JavaDocUpsert.java
```

8．执行下面的命令来运行这个 Java 应用程序。程序清单 12.10 显示了这个应用程序的输出。

```
java JavaDocUpsert
```

程序清单 12.9　JavaDocUpsert.java：在 Java 应用程序中对集合中的文档执行 upsert 操作

```
01 import com.mongodb.MongoClient;
02 import com.mongodb.WriteConcern;
03 import com.mongodb.DB;
04 import com.mongodb.DBCollection;
05 import com.mongodb.DBObject;
06 import com.mongodb.BasicDBObject;
07 import com.mongodb.DBCursor;
08 import com.mongodb.WriteResult;
09 public class JavaDocUpsert {
10   public static void main(String[] args) {
11      try {
12         MongoClient mongoClient = new MongoClient("localhost", 27017);
13         mongoClient.setWriteConcern(WriteConcern.JOURNAL_SAFE);
14         DB db = mongoClient.getDB("words");
15         DBCollection collection = db.getCollection("word_stats");
16         JavaDocUpsert.showWord(collection, "Before upsert");
```

```
17          JavaDocUpsert.addUpsert(collection);
18          JavaDocUpsert.updateUpsert(collection);
19       } catch (Exception e) {
20          System.out.println(e);
21       }
22    }
23    public static void showWord(DBCollection collection, String msg){
24       System.out.println("\n" + msg + ": ");
25       BasicDBObject query = new BasicDBObject("word", "righty");
26       DBObject doc = collection.findOne(query);
27       System.out.println(doc);
28    }
29    public static void addUpsert(DBCollection collection){
30       BasicDBObject query = new BasicDBObject("word", "righty");
31       BasicDBObject setOp = new BasicDBObject("word","righty");
32       setOp.append("first", "l").append("last", "y");
33       setOp.append("size", 4).append("category", "New");
34       BasicDBObject stats = new BasicDBObject("consonants", 4);
35       stats.append("vowels", 1);
36       setOp.append("stats", stats);
37       setOp.append("letters", new String[]{"r","i","g","h"});
38       BasicDBObject cons = new BasicDBObject("type", "consonants");
39       cons.append("chars", new String[]{"r","g","h"});
40       BasicDBObject vowels = new BasicDBObject("type", "vowels");
41       vowels.append("chars", new String[]{"i"});
42       BasicDBObject[] charsets = new BasicDBObject[]{cons, vowels};
43       setOp.append("charsets", charsets);
44       BasicDBObject update = new BasicDBObject("$set", setOp);
45       WriteResult result = collection.update(query, update,
46                                              true, false);
47       System.out.println("Update as insert Result: \n" +
48                          result.toString());
49       JavaDocUpsert.showWord(collection, "After upsert as insert");
50    }
51    public static void updateUpsert(DBCollection collection){
52       BasicDBObject query = new BasicDBObject("word", "righty");
53       BasicDBObject setOp = new BasicDBObject("word","righty");
54       setOp.append("first", "l").append("last", "y");
55       setOp.append("size", 6).append("category", "New");
56       BasicDBObject stats = new BasicDBObject("consonants", 5);
57       stats.append("vowels", 1);
58       setOp.append("stats", stats);
59       setOp.append("letters", new String[]{"r","i","g","h","t","y"});
60       BasicDBObject cons = new BasicDBObject("type", "consonants");
61       cons.append("chars", new String[]{"r","g","h","t","y"});
62       BasicDBObject vowels = new BasicDBObject("type", "vowels");
63       vowels.append("chars", new String[]{"i"});
```

```
64      BasicDBObject[] charsets = new BasicDBObject[]{cons, vowels};
65      setOp.append("charsets", charsets);
66      BasicDBObject update = new BasicDBObject("$set", setOp);
67      WriteResult result = collection.update(query, update,
68                                             true, false);
69      System.out.println("Update as insert Result: \n" +
70                         result.toString());
71      JavaDocUpsert.showWord(collection, "After upsert as update");
72    }
73 }
```

程序清单 12.10 JavaDocUpsert.java-output：在 Java 应用程序中对集合中文档执行 upsert 操作的输出

```
Before upsert:
null

Update as insert Result:
{ "serverUsed" : "localhost/127.0.0.1:27017" , "updatedExisting" : false ,
  "upserted" : {
"$oid" : "52eadfa3381e4f7e1b27b410"} , "n" : 1 , "connectionId" : 117 , "err" :
  null , "ok" : 1.0}

After upsert as insert:
{ "_id" : { "$oid" : "52eadfa3381e4f7e1b27b410"} , "category" : "New" ,
  "charsets" : [ { "type" : "consonants" , "chars" : [ "r" , "g" , "h"]} ,
                 { "type" : "vowels" , "chars" : [ "i"]}] ,
  "first" : "l" , "last" : "y" , "letters" : [ "r" , "i" , "g" , "h"] ,
  "size" : 4 , "stats" : { "consonants" : 4 , "vowels" : 1} , "word" : "righty"}

Update as insert Result:
{ "serverUsed" : "localhost/127.0.0.1:27017" , "updatedExisting" : true ,
  "n" : 1 ,
"connectionId" : 117 , "err" : null , "ok" : 1.0}

After upsert as update:
{ "_id" : { "$oid" : "52eadfa3381e4f7e1b27b410"} , "category" : "New" ,
  "charsets" : [ { "type" : "consonants" , "chars" : [ "r" , "g" , "h" , "t" ,
  "y"]} ,
                 { "type" : "vowels" , "chars" : [ "i"]}] ,
  "first" : "l" , "last" : "y" , "letters" : [ "r" , "i" , "g" , "h" , "t" ,
  "y"] ,
  "size" : 6 , "stats" : { "consonants" : 5 , "vowels" : 1} , "word" : "righty"}
```

▲

12.6 小结

在本章中，您在Java应用程序中使用了Java MongoDB驱动程序来添加、操作和删除集合中的文档。您使用了DBCollection对象的多个方法来修改集合中的数据。

方法insert()添加新文档；方法remove()删除文档；方法save()更新单个文档。

方法update()有多种用途，您可使用它来更新单个或多个文档，还可通过将参数upsert设置为true来在集合中插入新文档——如果没有与查询匹配的文档。

12.7 问与答

问：使用Java可删除整个集合吗？

答：可以。为此，可调用DBCollection对象的方法drop()。

12.8 作业

作业包含一组问题及其答案，旨在加深您对本章内容的理解。请尽可能先回答问题，再看答案。

12.8.1 小测验

1．在Java应用程序中，要在文档不存在时插入它，可使用哪种操作？
2．如何让方法update()只更新一个文档？
3．判断对错：DBCollection对象的方法save()只能用来保存对既有文档的修改。
4．在DBCollection对象的update()方法中，哪个参数指定了要更新的字段？

12.8.2 小测验答案

1．使用DBCollection对象的方法update()，并将参数upsert设置为true。
2．将参数multi设置为false。
3．错。方法save()还在文档不存在时添加它。
4．参数update。它是一个BasicDBObject对象，包含的字段定义了MongoDB更新运算符。

12.8.3 练习

1．编写一个类似于文件JavaDocAdd.java的Java应用程序，将一个新单词添加示例数据集的word_stats集合中。
2．编写一个Java应用程序，使用方法update()来更新以字母e打头的所有单词：给它们都添加值为eWords的category字段。

第 13 章

在 PHP 应用程序中实现 MongoDB

本章介绍如下内容：

- 使用 PHP MongoDB 对象来访问 MongoDB 数据库；
- 在 PHP 应用程序中使用 PHP MongoDB 驱动程序；
- 在 PHP 应用程序中连接到 MongoDB 数据库；
- 在 PHP 应用程序中查找和检索文档；
- 在 PHP 应用程序中对游标中的文档进行排序。

本章介绍如何在 PHP 应用程序中实现 MongoDB。要在 PHP 应用程序中访问和使用 MongoDB，需要使用 PHP MongoDB 驱动程序。PHP MongoDB 驱动程序是一个库，提供了在 PHP 应用程序中访问 MongoDB 服务器所需的对象和功能。

这些对象与本书前面一直在使用的 MongoDB shell 对象类似。要明白本章和下一章的示例，您必须熟悉 MongoDB 对象和请求的结构。如果您还未阅读第 5～9 章，现在就去阅读。

在接下来的几节中，您将学习在 PHP 中访问 MongoDB 服务器、数据库、集合和文档时要用到的对象，您还将使用 PHP MongoDB 驱动程序来访问示例集合中的文档。

13.1 理解 PHP MongoDB 驱动程序中的对象

PHP MongoDB 驱动程序提供了多个对象，让您能够连接到 MongoDB 数据库，进而查找和操作集合中的对象。这些对象分别表示 MongoDB 服务器连接、数据库、集合、游标和文档，提供了在 PHP 应用程序中集成 MongoDB 数据库中数据所需的功能。

接下来的几小节介绍如何在 PHP 中创建和使用这些对象。

13.1.1 理解 PHP 对象 MongoClient

PHP 对象 MongoClient 提供了连接到 MongoDB 服务器和访问数据库的功能。要在 PHP 应用程序中实现 MongoDB，首先需要创建一个 MongoClient 对象实例，然后就可使用它来访问数据库，设置写入关注以及执行其他操作（如表 13.1 所示）。

要创建 MongoClient 对象实例，需要使用合适的选项调用 new MongoClient()。最基本的方式是连接到本地主机的默认端口：

```
$mongo = new MongoClient("");
```

您还可以使用如下格式的连接字符串：

```
mongodb://username:password@host:port/database?options
```

例如，要使用用户名 test 和密码 myPass 连接到主机 1.1.1.1 的端口 8888 上的数据库 words，可使用如下代码：

```
$mongo = new MongoClient("mongodb://test:myPass@1.1.1.1:8888/words");
```

创建 MongoClient 对象实例后，就可使用表 13.1 所示的方法来访问数据库和设置选项。

表 13.1　　PHP 对象 MongoClient 的方法

方法	描述
close()	关闭连接
connect()	重新打开已关闭的连接
getConnections()	返回一个数组，其中包含所有已打开的连接
listDBs()	返回一个数组，其中包含服务器中所有的数据库
selectDB(dbName)	返回一个与指定数据库相关联的 MongoDB 对象
selectCollection(dbName, collName)	返回一个 MongoCollection 对象，它与指定数据库中的指定集合相关联
setReadPreference(preference)	将客户端的读取首选项设置为下列值之一： MongoClient::RP_PRIMARY MongoClient::RP_PRIMARY_SECONDARY MongoClient::RP_SECONDARY MongoClient::RP_SECONDARY_SECONDARY MongoClient::RP_NEAREST

13.1.2 理解 PHP 对象 MongoDB

PHP 对象 MongoDB 提供了身份验证、用户账户管理以及访问和操作集合的功能。要获取 MongoDB 对象实例，最简单的方式是直接使用 MongoClient 对象和数据库名，例如，下面的代码获取一个与数据库 words 相关联的 MongoDB 对象：

```
$mongo = new MongoClient("");
$db = $mongo->words;
```

您还可以调用 MongoClient 对象的方法 selectDB()来获取 MongoDB 对象，这在数据库名称不适合使用 PHP 语法->时很有用，如下所示：

```
$mongo = new MongoClient("");
$db = $mongo->selectDB("words");
```

创建 MongoDB 对象实例后，就可使用它来访问数据库了。表 13.2 列出了 MongoDB 对象的一些常用方法。

表 13.2 PHP 对象 MongoDB 的方法

方法	描述
authenticate(username, password)	使用用户凭证向数据库验证身份
createCollection(name, options)	在服务器上创建一个集合。参数 options 是一个 Array 对象，指定了集合创建选项
drop()	删除当前数据库
listCollections()	返回一个数组，其中包含当前数据库中所有的集合
selectCollection(name)	返回一个与 name 指定的集合相关联的 MongoCollection 对象
setReadPreference(prefer ence)	与前一小节介绍的 MongoClient 的同名方法相同

13.1.3 理解 PHP 对象 MongoCollection

PHP 对象 MongoCollection 提供了访问和操作集合中文档的功能。要获取 MongoCollection 对象实例，最简单的方式是直接使用 MongoDB 对象和集合名。例如，下面的代码获取一个 MongoCollection 对象，它与数据库 words 中的集合 word_stats 相关联：

```
$mongo = new MongoClient("");
$db = $mongo->words;
$collection = $db->word_stats;
```

您还可以调用 MongoDB 对象的方法 selectCollection()来获取 MongoCollection 对象，这在集合名不适合使用 PHP 语法->时很有用，如下所示：

```
$mongo = new MongoClient("");
$db = $mongo->selectDB("words");
$collection = $db->selectCollection("word_stats");
```

创建 MongoCollection 对象实例后，就可使用它来访问集合了。表 13.3 列出了 MongoCollection 对象的一些常用方法。

表 13.3 PHP 对象 MongoCollection 的方法

方法	描述
aggregate(pipeline)	应用聚合选项流水线。流水线中的每个选项都是一个表示聚合操作的 Array 对象。Array 对象将在本章后面讨论，而聚合操作在第 9 章讨论过
batchInsert(docs, [options]))	在数据库中插入一个文档数组，其中参数 options 是一个 Array 对象，指定了写入关注和其他更新选项
count([query])	返回集合中与指定查询匹配的文档数。参数 query 是一个描述查询的 Array 对象

续表

方法	描述
distinct(key, [query])	返回一个数组，其中包含指定字段的不同值。可选参数 query 是一个 Array 对象，让您能够限制要考虑哪些文档
drop()	删除集合
dropIndex(keys)	删除 keys 指定的索引
ensureIndex(keys, [options])	添加 keys 和可选参数 options 描述的索引，这两个参数都是 Array 对象
find([query], [fields])	返回一个表示集合中文档的 MongoCursor 对象。可选参数 query 是一个 Array 对象，让您能够限制要包含的文档；可选参数 fields 也是一个 Array 对象，让您能够指定要返回文档中的哪些字段
findAndModify(query, update, fields, options)	以原子方式查找并更新集合中的文档，并返回修改后的文档。参数 query 是一个 Array 对象，指定要更新哪些文档；参数 update 是一个 Array 对象，指定要使用的更新运算符；参数 fields 是一个 Array 对象，指定要返回更新后的文档中的哪些字段；参数 options 也是一个 Array 对象，指定写入关注和其他更新选项
findOne([query], [fields])	返回一个 Array 对象，表示集合中的一个文档。可选参数 query 是一个 Array 对象，让您能够限制要包含的文档；可选参数 fields 也是一个 Array 对象，让您能够指定要返回文档中的哪些字段
group(key, initial, reduce, [options])	对集合执行分组操作（参见第 9 章）
insert(object, [options])	在集合中插入一个对象，其中参数 options 是一个 Array 对象，指定了写入关注和其他更新选项
remove([query], [options]))	从集合中删除文档。如果没有指定参数 query，将删除所有文档；否则只删除与查询匹配的文档。参数 options 是一个 Array 对象，指定了写入关注和其他更新选项
save(object, [options])	将对象保存到集合中。如果指定的对象不存在，就插入它。参数 options 是一个 Array 对象，指定了写入关注和其他更新选项
setReadPreference(preference)	与前面介绍的 MongoClient 的同名方法相同
update(query, update, [options])	更新集合中的文档。参数 query 是一个 Array 对象，指定了要更新哪些文档；参数 update 是一个 Array 对象，指定了更新运算符；参数 options 是一个 Array 对象，指定了写入关注和其他更新选项（如 upsert 和 multiple）

13.1.4 理解 PHP 对象 MongoCursor

PHP 对象 MongoCursor 表示 MongoDB 服务器中的一组文档。使用查找操作查询集合时，通常返回一个 MongoCursor 对象，而不是向 PHP 应用程序返回全部文档对象，这让您能够在 PHP 中以受控的方式访问文档。

MongoCursor 对象以分批的方式从服务器取回文档，并使用一个索引来迭代文档。在迭代期间，当索引到达当前那批文档末尾时，将从服务器取回下批文档。

下面的示例使用查找操作获取一个 MongoCursor 对象实例：

```
$mongo = new MongoClient("");
$db = $mongo->words;
$collection = $db->word_stats;
$cursor = $collection->find();
```

创建 MongoCursor 对象实例后，就可使用它来访问集合中的文档了。表 13.4 列出了 MongoCursor 对象的一些常用方法。

表 13.4　PHP 对象 MongoCursor 的方法

方法	描述
batchSize(size)	指定每当读取到当前已下载的最后一个文档时，游标都将再返回多少个文档
count([foundOnly])	返回游标表示的文档数。如果参数 foundOnly 为 true，计算文档数时将考虑 limit()和 skip()设置的值，否则返回游标表示的所有文档数。参数 foundOnly 默认为 false
current()	以 Array 对象的方式返回游标中的当前文档，但不将索引加 1
getNext()	以 Array 对象的方式返回游标中的下一个文档，并将索引加 1
hasNext()	如果游标中还有其他可供迭代的对象，就返回 true
limit(size)	指定游标可最多表示多少个文档
next()	将游标的索引加 1
skip(size)	在返回文档前，跳过指定数量的文档
sort(sort)	按 Array 参数 sort 指定的方式对游标中的文档排序

13.1.5 理解表示参数和文档的 PHP 对象 Array

正如您在本书前面介绍 MongoDB shell 的章节中看到的，大多数数据库、集合和游标操作都将对象作为参数。这些对象定义了查询、排序、聚合以及其他运算符。文档也是以对象的方式从数据库返回的。

在 MongoDB shell 中，这些对象是 JavaScript 对象，但在 PHP 中，表示文档和请求参数的对象都是特殊的 Array 对象。服务器返回的文档是用 Array 对象表示的，其中包含与文档字段对应的键。对于用作请求参数的对象，也是用 Array 对象表示的。

要创建 Array 对象，可使用标准的 PHP 语法：

```
$myArr = array(key => value, ...);
```

13.1.6 设置写入关注和其他请求选项

在前几节中，有多个方法包含参数 options，它是一个 Array 对象，让您能够设置写入关注和其他选项。这些选项让您能够根据应用程序的需求配置写入关注、超时时间和其他选项。

在 Array 参数 options 中，可设置的一些选项如下。

- w：设置写入关注。1 表示确认，0 表示不确认，而 majority 表示已写入大部分副本服务器。
- j：设置为 true 或 false，以启用或禁用日记确认。
- wtimeout：等待写入确认的时间，单位为毫秒。
- timeout：使用确认式请求时等待数据库响应的时间，单位为毫秒。

- upsert：布尔值，如果为true，update()请求将执行upsert操作。
- multiple：布尔值，如果为true，update()可能更新多个文档。

例如，下面的代码创建了一个Array对象，以指定基本的写入关注和更新选项：

```
$options = array('w' => 1, 'j' => true, 'wtimeout': 10000);
```

Try It Yourself

使用PHP MongoDB驱动程序连接到MongoDB

明白PHP MongoDB驱动程序中的对象后，便可以开始在PHP应用程序中实现MongoDB了。本节将引导您在PHP应用程序中逐步实现MongoDB。

请执行如下步骤，使用PHP MongoDB驱动程序创建第一个PHP MongoDB应用程序。

1. 如果还没有安装PHP，请访问www.php.net/manual/en/install.php，按说明下载并安装用于您的开发平台的线程安全版PHP。您不需要在Web服务器中安装PHP，而只需能够从命令行运行可执行文件php即可。

2. 确保将可执行文件php所在的文件夹添加到了系统路径中，能够在控制台提示符下执行命令php。

3. 从下面的网址下载PHP MongoDB驱动程序，并在您的开发环境中安装它：www.php.net/manual/en/mongo.installation.php。将下载的文件解压缩，将得到扩展名为so或dll的MongoDB驱动程序文件。将其加入到PHP扩展文件夹中，再修改文件php.ini，以包含PHP MongoDB驱动程序。

4. 确保启动了MongoDB服务器。

5. 再次运行脚本文件code/hour05/generate_words.js以重置数据库words。

6. 在文件夹code/hour13中新建一个文件，并将其命名为PHPConnect.php。

7. 在这个文件中输入程序清单13.1所示的代码。这些代码创建MongoClient、MongoDB和MongoCollection对象，并检索文档。

8. 将这个文件存盘。

9. 打开一个控制台窗口，并切换到目录code/hour13。

10. 执行下面的命令来运行这个PHP应用程序。程序清单13.2显示了这个应用程序的输出。您创建了第一个MongoDB PHP应用程序。

```
php PHPConnect.php
```

程序清单13.1 PHPConnect.php：在PHP应用程序中连接到MongoDB数据库

```
01 <?php
02   $mongo = new MongoClient("");
03   $db = $mongo->words;
04   $collection = $db->word_stats;
```

```
05   print_r("Number of Documents: ");
06   print_r($collection->find()->count());
07 ?>
```

程序清单 13.2 PHPConnect.php-output：在 PHP 应用程序中连接到 MongoDB 数据库的输出

```
Number of Documents: 2673
```

▲

13.2 使用 PHP 查找文档

在 PHP 应用程序中需要执行的一种常见任务是，查找一个或多个需要在应用程序中使用的文档。在 PHP 中查找文档与使用 MongoDB shell 查找文档类似，您可获取一个或多个文档，并使用查询来限制返回的文档。

接下来的几小节讨论如何使用 PHP 对象在 MongoDB 集合中查找和检索文档。

13.2.1 使用 PHP 从 MongoDB 获取文档

MongoCollection 对象提供了方法 find()和 findOne()，它们与 MongoDB shell 中的同名方法类似，也分别查找一个和多个文档。

调用 findOne()时，将以 Array 对象的方式从服务器返回单个文档，然后您就可根据需要在应用程序中使用这个对象，如下所示：

```
$doc = myColl->findOne();
```

MongoCollection 对象的方法 find()返回一个 MongoCursor 对象，这个对象表示找到的文档，但不取回它们。可以多种不同的方式迭代 MongoCursor 对象。

可以使用 while 循环和方法 hasNext()来判断是否到达了游标末尾，如下所示：

```
$cursor = $myColl->find();
while($cursor->hasNext()){
   $doc = $cursor->getNext();
   print_r($doc);
}
```

还可使用 PHP foreach 语法来迭代 MongoCursor 对象。例如，下面的代码查找集合中的所有文档，再使用 foreach 来显示每个文档：

```
cursor = $collection->find();
foreach ($cursor as $id => $doc){
   print_r($doc["word"]);
}
```

Try It Yourself

使用 PHP 从 MongoDB 检索文档

在本节中，您将编写一个简单的 PHP 应用程序，它使用 find()和 findOne()从示例数据库中检索文档。通过这个示例，您将熟悉如何使用方法 find()和 findOne()以及如何处理响应。程序清单 13.3 显示了这个示例的代码。

在这个示例中，主脚本连接到 MongoDB 数据库，获取一个 MongoCollection 对象，再调用其他方法来查找并显示文档。

方法 getOne()调用方法 findOne()从集合中获取单个文档，再显示该文档；方法 getManyWhile()查找所有的文档，再使用 while 循环和方法 hasNext()逐个获取这些文档，并计算总字符数。

方法 getManyForEach()查找集合中的所有文档，再使用 foreach 循环和方法 getNext()来显示前 10 个单词。

请执行如下步骤，创建并运行这个在示例数据集中查找文档并显示结果的 PHP 应用程序。

1．确保启动了 MongoDB 服务器。

2．确保下载并安装了 PHP MongoDB 驱动程序，并运行了生成数据库 words 的脚本文件 code/hour05/generate_words.js。

3．在文件夹 code/hour13 中新建一个文件，并将其命名为 PHPFind.php。

4．在这个文件中输入程序清单 13.3 所示的代码。这些代码使用了方法 find()和 findOne()。

5．将这个文件存盘。

6．打开一个控制台窗口，并切换到目录 code/hour13。

7．执行下面的命令来运行这个 PHP 应用程序。程序清单 13.4 显示了这个应用程序的输出。

```
php PHPFind.php
```

程序清单 13.3　PHPFind.php：在 PHP 应用程序中查找并检索集合中的文档

```
01 <?php
02  $mongo = new MongoClient("");
03  $db = $mongo->words;
04  $collection = $db->word_stats;
05  getOne($collection);
06  getManyWhile($collection);
07  getManyForEach($collection);
08  function getOne($collection){
09    $doc = $collection->findOne();
10    print_r("Single Document: \n");
```

```
11      print_r(json_encode($doc));
12    }
13    function getManyWhile($collection){
14      print_r("\n\nMany Using While Loop: \n");
15      $cursor = $collection->find();
16      $cursor->limit(10);
17      while($cursor->hasNext()){
18        $doc = $cursor->getNext();
19        print_r($doc["word"]);
20        print_r(",");
21      }
22    }
23    function getManyForEach($collection){
24      print_r("\n\nMany Using For Each Loop: \n");
25      $cursor = $collection->find();
26      $cursor->limit(10);
27      foreach ($cursor as $id => $doc){
28        print_r($doc["word"]);
29        print_r(",");
30      }
31    }
32 ?>
```

程序清单 13.4　PHPFind.php-output：在 PHP 应用程序中查找并检索集合中文档的输出

```
Single Document:
{ "_id":{"$id":"52e89477c25e849855325f6a"},"word":"the","first":"t","last"
  :"e",
 "size":3,"letters":["t","h","e"],"stats":{"vowels":1,"consonants":2},
 "charsets":[{"type":"consonants","chars":["t","h"]},
             {"type":"vowels","chars":["e"]}]}

Many Using While Loop:
the,be,and,of,a,in,to,have,it,i,

Many Using For Each Loop:
the,be,and,of,a,in,to,have,it,i,
```

▲

13.2.2　使用 PHP 在 MongoDB 数据库中查找特定的文档

一般而言，您不会想从服务器检索集合中的所有文档。方法 find()和 findOne()让您能够向服务器发送一个查询对象，从而像在 MongoDB shell 中那样限制文档。

要创建查询对象，可使用本章前面描述的 Array 对象。对于查询对象中为子对象的字段，可创建 Array 子对象；对于其他类型（如整型、字符串和数组）的字段，可使用相应的 PHP 类型。

例如，要创建一个查询对象来查找 size=5 的单词，可使用下面的代码：

```
$query = array('size' => 5);
$myColl->find($query);
```

要创建一个查询对象来查找 size>5 的单词，可使用下面的代码：

```
$query = array('size' =>
    array('$gt' => 5));
$myColl->find($query);
```

要创建一个查询对象来查找第一个字母为 x、y 或 z 的单词，可使用 String 数组，如下所示：

```
$query = array('first' =>
    array('$in' => ["x", "y", "z"]));
$myColl->find($query);
```

利用上述技巧可创建需要的任何查询对象：不仅能为查找操作创建查询对象，还能为其他需要查询对象的操作这样做。

Try It Yourself

使用 PHP 从 MongoDB 数据库检索特定的文档

在本节中，您将编写一个简单的 PHP 应用程序，它使用查询对象和方法 find()从示例数据库检索一组特定的文档。通过这个示例，您将熟悉如何创建查询对象以及如何使用它们来显示数据库请求返回的文档。程序清单 13.4 显示了这个示例的代码。

在这个示例中，主脚本连接到 MongoDB 数据库，获取一个 MongoCollection 对象，并调用其他的方法来查找并显示特定的文档。方法 displayCursor()迭代游标并显示它表示的单词。

方法 over12()查找长度超过 12 的单词；方法 startingABC()查找以 a、b 或 c 打头的单词；方法 startEndVowels()查找以元音字母打头和结尾的单词；方法 over6Vowels()查找包含的元音字母超过 6 个的单词；方法 nonAlphaCharacters()查找包含类型为 other 的字符集且长度为 1 的单词。

请执行如下步骤，创建并运行这个在示例数据集中查找特定文档并显示结果的 PHP 应用程序。

1．确保启动了 MongoDB 服务器。

2．确保下载并安装了 PHP MongoDB 驱动程序，并运行了生成数据库 words 的脚本文件 code/hour05/generate_words.js。

3．在文件夹 code/hour13 中新建一个文件，并将其命名为 PHPFindSpecific.php。

4．在这个文件中输入程序清单 13.5 所示的代码。这些代码使用了方法 find()和查询对象。

5．将这个文件存盘。

6．打开一个控制台窗口，并切换到目录 code/hour13。

7．执行下面的命令来运行这个 PHP 应用程序。程序清单 13.6 显示了这个应用程序的输出。

```
php PHPFindSpecific.php
```

程序清单 13.5 PHPFindSpecific.php：在 PHP 应用程序中从集合中查找并检索特定文档

```
01 <?php
02  $mongo = new MongoClient("");
03  $db = $mongo->words;
04  $collection = $db->word_stats;
05  over12($collection);
06  startingABC($collection);
07  startEndVowels($collection);
08  over6Vowels($collection);
09  nonAlphaCharacters($collection);
10  function displayCursor($cursor){
11    $words = "";
12    foreach ($cursor as $id => $doc){
13      $words .= $doc["word"].",";
14    }
15    if (strlen($words) > 65){
16      $words = substr($words, 0, 65)."...";
17    }
18    print_r($words);
19  }
20  function over12($collection){
21    print_r("\n\nWords with more than 12 characters: \n");
22    $query = array('size' => array('$gt' => 12));
23    $cursor = $collection->find($query);
24    displayCursor($cursor);
25  }
26  function startingABC($collection){
27    print_r("\n\nWords starting with A, B or C: \n");
28    $query = array('first' => array('$in' => ["a","b","c"]));
29    $cursor = $collection->find($query);
30    displayCursor($cursor);
31  }
32  function startEndVowels($collection){
33    print_r("\n\nWords starting and ending with a vowel: \n");
34    $query = array('$and' => [
35         array('first' => array('$in' => ["a","e","i","o","u"])),
36         array('last' => array('$in' => ["a","e","i","o","u"]))]);
37    $cursor = $collection->find($query);
```

```
38    displayCursor($cursor);
39  }
40  function over6Vowels($collection){
41    print_r("\n\nWords with more than 5 vowels: \n");
42    $query = array('stats.vowels' => array('$gt' => 5));
43    $cursor = $collection->find($query);
44    displayCursor($cursor);
45  }
46  function nonAlphaCharacters($collection){
47    print_r("\n\nWords with 1 non-alphabet characters: \n");
48    $query = array('charsets' =>
49         array('$elemMatch' =>
50           array('$and' => [
51             array('type' => 'other'),
52             array('chars' => array('$size' => 1))])));
53    $cursor = $collection->find($query);
54    displayCursor($cursor);
55  }
56 ?>
```

程序清单 13.6 PHPFindSpecific.php-output：在PHP应用程序中从集合中查找并检索特定文档的输出

```
Words with more than 12 characters:
international,administration,environmental,responsibility,investi...

Words starting with A, B or C:
be,and,a,can't,at,but,by,as,can,all,about,come,could,also,because...

Words starting and ending with a vowel:
a,i,one,into,also,use,area,eye,issue,include,once,idea,ago,office...

Words with more than 5 vowels:
international,organization,administration,investigation,communica...

Words with 1 non-alphabet characters:
don't,won't,can't,shouldn't,e-mail,long-term,so-called,mm-hmm,
```

▲

13.3 使用PHP计算文档数

使用PHP访问MongoDB数据库中的文档集时，您可能想先确定文档数，再决定是否检索它们。无论是在MongoDB服务器还是客户端，计算文档数的开销都很小，因为不需要传输实际文档。

MongoCursor对象的方法count()让您能够获取游标表示的文档数。例如，下面的代码使用方法 find()来获取一个 MongoCursor 对象，再使用方法 count()来获取文档数：

```
$cursor = $wordsColl->find();
$itemCount = $cursor->count();
```

$itemCount 的值为与 find()操作匹配的单词数。

Try It Yourself

在 PHP 应用程序中使用 count()获取 MongoCursor 对象表示的文档数

在本节中，您将编写一个简单的 PHP 应用程序，它使用查询对象和 find()从示例数据库检索特定的文档集，再使用 count()来获取游标表示的文档数。通过这个示例，您将熟悉如何在检索并处理文档前获取文档数。程序清单 13.7 显示了这个示例的代码。

在这个示例中，主脚本连接到 MongoDB 数据库，获取一个 MongoCollection 对象，再调用其他的方法来查找特定的文档并显示找到的文档数。方法 countWords()使用查询对象、find()和 count()来计算数据库中的单词总数以及以 a 打头的单词数。

请执行如下步骤，创建并运行这个 PHP 应用程序，它查找示例数据集中的特定文档，计算找到的文档数并显示结果。

1. 确保启动了 MongoDB 服务器。

2. 确保下载并安装了 PHP MongoDB 驱动程序，并运行了生成数据库 words 的脚本文件 code/hour05/generate_words.js。

3. 在文件夹 code/hour13 中新建一个文件，并将其命名为 PHPFindCount.php。

4. 在这个文件中输入程序清单 13.7 所示的代码。这些代码使用方法 find()和查询对象查找特定文档，并计算找到的文档数。

5. 将这个文件存盘。

6. 打开一个控制台窗口，并切换到目录 code/hour13。

7. 执行下面的命令来运行这个 PHP 应用程序。程序清单 13.8 显示了这个应用程序的输出。

```
php PHPFindCount.php
```

程序清单 13.7 PHPFindCount.php：在 PHP 应用程序中计算在集合中找到的特定文档的数量

```
01 <?php
02  $mongo = new MongoClient("");
03  $db = $mongo->words;
04  $collection = $db->word_stats;
05  countWords($collection);
06  function countWords($collection){
07    $cursor = $collection->find();
08    print_r("Total words in the collection: \n");
09    print_r($cursor->count());
```

```
10      $query = array('first' => 'a');
11      $cursor = $collection->find($query);
12      print_r("\n\nTotal words starting with A: \n");
13      print_r($cursor->count());
14    }
15 ?>
```

程序清单 13.8 PHPFindCount.php-output：在 PHP 应用程序中计算在集合中找到的特定文档数量的输出

```
Total words in the collection:
2673

Total words starting with A:
192
```

13.4 使用 PHP 对结果集排序

从 MongoDB 数据库检索文档时，一个重要方面是对文档进行排序。只想检索特定数量（如前 10 个）的文档或要对结果集进行分页时，这特别有帮助。排序选项让您能够指定用于排序的文档字段和方向。

MongoCursor 对象的方法 sort()让您能够指定要根据哪些字段对游标中的文档进行排序，并按相应的顺序返回文档。方法 sort()将一个 Array 对象作为参数，这个对象将字段名用作属性名，并使用值 1（升序）和-1（降序）来指定排序顺序

例如，要按字段 name 升序排列文档，可使用下面的代码：

```
$sorter = array('name' => 1);
$cursor = $myCollection->find();
$cursor->sort($sorter);
```

在传递给方法 sort()的对象中，可指定多个字段，这样文档将按这些字段排序。还可对同一个游标调用 sort()方法多次，从而依次按不同的字段进行排序。例如，要首先按字段 name 升序排列，再按字段 value 降序排列，可使用下面的代码：

```
$sorter = array('name' => 1, 'value' => -1);
$cursor = $myCollection->find();
$cursor->sort(sorter);
```

也可使用下面的代码：

```
$sorter1 = array('name' => 1);
$sorter2 = array('value' => -1);
$cursor = $myCollection->find();
$cursor = $cursor->sort(sorter1)
$cursor->sort(sorter2);
```

Try It Yourself

使用 sort()以特定顺序返回 PHP 对象 MongoCursor 表示的文档

在本节中，您将编写一个简单的 PHP 应用程序，它使用查询对象和方法 find()从示例数据库检索特定的文档集，再使用方法 sort()将游标中的文档按特定顺序排列。通过这个示例，您将熟悉如何在检索并处理文档前对游标表示的文档进行排序。程序清单 13.9 显示了这个示例的代码。

在这个示例中，主脚本连接到 MongoDB 数据库，获取一个 MongoCollection 对象，再调用其他的方法来查找特定的文档，对找到的文档进行排序并显示结果。方法 displayCursor()显示排序后的单词列表。

方法 sortWordsAscending()获取以 w 打头的单词并将它们按升序排列；方法 sortWordsDescending()获取以 w 打头的单词并将它们按降序排列；方法 sortWordsAscAndSize()获取以 q 打头的单词，并将它们首先按最后一个字母升序排列，再按长度降序排列。

执行下面的步骤，创建并运行这个 PHP 应用程序，它在示例数据集中查找特定的文档，对找到的文档进行排序并显示结果。

1．确保启动了 MongoDB 服务器。

2．确保下载并安装了 PHP MongoDB 驱动程序，并运行了生成数据库 words 的脚本文件 code/hour05/generate_words.js。

3．在文件夹 code/hour13 中新建一个文件，并将其命名为 PHPFindSort.php。

4．在这个文件中输入程序清单 13.9 所示的代码。这些代码对 MongoCursor 对象表示的文档进行排序。

5．将这个文件存盘。

6．打开一个控制台窗口，并切换到目录 code/hour13。

7．执行下面的命令来运行这个 PHP 应用程序。程序清单 13.10 显示了这个应用程序的输出。

```
php PHPFindSort.php
```

程序清单 13.9 PHPFindSort.php：在 PHP 应用程序中查找集合中的特定文档并进行排序

```
01 <?php
02  $mongo = new MongoClient("");
03  $db = $mongo->words;
04  $collection = $db->word_stats;
05  sortWordsAscending($collection);
06  sortWordsDescending($collection);
07  sortWordsAscAndSize($collection);
08  function displayCursor($cursor){
09    $words = "";
```

```
10     foreach ($cursor as $id => $doc){
11       $words .= $doc["word"].",";
12     }
13     if (strlen($words) > 65){
14       $words = substr($words, 0, 65)."...";
15     }
16     print_r($words);
17   }
18   function sortWordsAscending($collection){
19     $query = array('first' => 'w');
20     $cursor = $collection->find($query);
21     $sorter = array('word' => 1);
22     $cursor->sort($sorter);
23     print_r("\n\nW words ordered ascending: \n");
24     displayCursor($cursor);
25   }
26   function sortWordsDescending($collection){
27     $query = array('first' => 'w');
28     $cursor = $collection->find($query);
29     $sorter = array('word' => -1);
30     $cursor->sort($sorter);
31     print_r("\n\nW words ordered descending: \n");
32     displayCursor($cursor);
33   }
34   function sortWordsAscAndSize($collection){
35     $query = array('first' => 'q');
36     $cursor = $collection->find($query);
37     $sorter = array('last' => 1, 'size' => -1);
38     $cursor->sort($sorter);
39     print_r("\n\nQ words ordered first by last letter ");
40     print_r("and then by size: \n");
41     displayCursor($cursor);
42   }
43 ?>
```

程序清单 13.10 PHPFindSort.php-output：在PHP应用程序中查找集合中的特定文档并进行排序的输出

```
W words ordered ascending:
wage,wait,wake,walk,wall,want,war,warm,warn,warning,wash,waste,wa...

W words ordered descending:
wrong,writing,writer,write,wrap,would,worth,worry,world,works,wor...

Q words ordered first by last letter and then by size:
quite,quote,quick,question,quarter,quiet,quit,quickly,quality,qui...
```

13.5 小结

本章介绍了 PHP MongoDB 驱动程序提供的对象，这些对象分别表示连接、数据库、集合、游标和文档，提供了在 PHP 应用程序中访问 MongoDB 所需的功能。

您还下载并安装了 PHP MongoDB 驱动程序，并创建了一个简单 PHP 应用程序来连接到 MongoDB 数据库。接下来，您学习了如何使用 MongoCollection 和 MongoCursor 对象来查找和检索文档。最后，您学习了如何在检索游标表示的文档前计算文档数量以及对其进行排序。

13.6 问与答

问：PHP MongoDB 驱动程序还提供了本章没有介绍的其他对象吗？

答：是的。本章只介绍了您需要知道的主要对象，但 PHP MongoDB 驱动程序还提供了很多支持对象和函数，有关这方面的文档，请参阅 http://us2.php.net/mongo。

问：哪些 PHP 版本支持 MongoDB？

答：当前，有用于 PHP 5.2、5.3、5.4 和 5.5 版的 MongoDB 驱动程序。

13.7 作业

作业包含一组问题及其答案，旨在加深您对本章内容的理解。请尽可能先回答问题，再看答案。

13.7.1 小测验

1．如何控制 find()操作将返回哪些文档？

2．如何按字段 name 升序排列文档？

3．如何获取 MongoDB 对象的字段值？

4．判断对错：方法 findOne()返回一个 MongoCursor 对象。

13.7.2 小测验答案

1．创建一个定义查询的 Array 对象。

2．创建一个 array("name", 1)对象，并将其传递给方法 sort()。

3．使用方法 get(fieldName)。

4．错。它返回一个表示文档的 Array 对象。

13.7.3 练习

1．扩展文件 PHPFindSort.php，在其中添加一个方法，它将文档首先按长度降序排列，再按最后一个字母降序排列。

2．扩展文件 PHPFindSpecific.php，在其中查找以 a 打头并以 e 结尾的单词。

第 14 章

在 PHP 应用程序中访问 MongoDB 数据库

本章介绍如下内容：

- 使用 PHP 对大型数据集分页；
- 使用 PHP 限制从文档中返回的字段；
- 使用 PHP 生成文档中不同字段值列表；
- 使用 PHP 对文档进行分组并生成返回数据集；
- 在 PHP 应用程序中使用聚合流水线根据集合中的文档生成数据集。

本章继续介绍 PHP MongoDB 驱动程序，以及如何在 PHP 应用程序中使用它来检索数据，重点是限制返回的结果，这是通过限制返回的文档数和字段以及对大型数据集进行分页实现的。

本章还将介绍如何在 PHP 应用程序中执行各种分组和聚合操作。这些操作让您能够在服务器端处理数据，再将结果返回给 PHP 应用程序，从而减少发送的数据量以及应用程序的工作量。

14.1 使用 PHP 限制结果集

在大型系统上查询较复杂的文档时，常常需要限制返回的内容，以降低对服务器和客户端网络和内存的影响。要限制与查询匹配的结果集，方法有三种：只接受一定数量的文档；限制返回的字段；对结果分页，分批地获取它们。

14.1.1 使用 PHP 限制结果集的大小

要限制 find()或其他查询请求返回的数据量，最简单的方法是对 find()操作返回的 MongoCursor 对象调用方法 limit()，它让 MongoCursor 对象返回指定数量的文档，可避免检索的对象量超过应用程序的处理能力。

例如，下面的代码只显示集合中的前10个文档，即便匹配的文档有数千个：

```
$cursor = $wordsColl->find();
$cursor->limit(10);
while($cursor->hasNext()){
  $word = cursor->getNext();
  print_r($word);
}
```

Try It Yourself

使用limit()将PHP对象MongoCursor表示的文档减少到指定的数量

在本节中，您将编写一个简单的PHP应用程序，它使用limit()来限制find()操作返回的结果。通过这个示例，您将熟悉如何结合使用limit()和find()，并了解limit()对结果的影响。程序清单14.1显示了这个示例的代码。

在这个示例中，主脚本连接到MongoDB数据库，获取一个MongoCollection对象，并调用其他方法来查找并显示数量有限的文档。方法displayCursor()迭代游标并显示找到的单词。

方法limitResults()接受一个limit参数，查找以p打头的单词，并返回参数limit指定的单词数。

请执行如下步骤，创建并运行这个PHP应用程序，它在示例数据集中查找指定数量的文档并显示结果。

1．确保启动了MongoDB服务器。

2．确保下载并安装了PHP MongoDB驱动程序，并运行了生成数据库words的脚本文件code/hour05/generate_words.js。

3．在文件夹code/hour14中新建一个文件，并将其命名为PHPFindLimit.php。

4．在这个文件中输入程序清单14.1所示的代码。这些代码使用了方法find()和limit()。

5．将这个文件存盘。

6．打开一个控制台窗口，并切换到目录code/hour14。

7．执行下面的命令来运行这个PHP应用程序。程序清单14.2显示了这个应用程序的输出。

```
php PHPFindLimit.php
```

程序清单14.1 PHPFindLimit.php：在PHP应用程序中在集合中查找指定数量的文档

```
01 <?php
02   $mongo = new MongoClient("");
03   $db = $mongo->words;
04   $collection = $db->word_stats;
```

```
05  limitResults($collection, 1);
06  limitResults($collection, 3);
07  limitResults($collection, 5);
08  limitResults($collection, 7);
09  function displayCursor($cursor){
10    $words = "";
11    foreach ($cursor as $id => $doc){
12      $words .= $doc["word"].",";
13    }
14    if (strlen($words) > 65){
15      $words = substr($words, 0, 65)."...";
16    }
17    print_r($words);
18  }
19  function limitResults($collection, $limit){
20    $query = array('first' => 'p');
21    $cursor = $collection->find($query);
22    $cursor->limit($limit);
23    print_r("\n\nP words Limited to ".$limit." :\n");
24    displayCursor($cursor);
25  }
26 ?>
```

程序清单 14.2　PHPFindLimit.php-output：在 PHP 应用程序中在集合中查找指定数量文档的输出

```
P words Limited to 1 :
people,

P words Limited to 3 :
people,put,problem,

P words Limited to 5 :
people,put,problem,part,place,

P words Limited to 7 :
people,put,problem,part,place,program,play,
```

▲

14.1.2　使用 PHP 限制返回的字段

为限制文档检索时返回的数据量，另一种极有效的方式是限制要返回的字段。文档可能有很多字段在有些情况下很有用，但在其他情况下没用。从 MongoDB 服务器检索文档时，需考虑应包含哪些字段，并只请求必要的字段。

要对 MongoCollection 对象的方法 find()从服务器返回的字段进行限制，可使用参数 fields。

这个参数是一个Array对象，它使用值true来包含字段，使用值false来排除字段。

例如，要在返回文档时排除字段stats、value和comments，可使用下面的fields参数：

```
$fields = array('stats' => false, 'value' => false, 'comments' => false);
$cursor = $myColl->find(null, $fields);
```

这里将查询对象指定成了null，因为您要查找所有的文档。

仅包含所需的字段通常更容易。例如，如果只想返回first字段为t的文档的word和size字段，可使用下面的代码：

```
$query = array('first' => 't');
$fields = array('word' => true, 'size' => true);
$cursor = $myColl->find($query, $fields);
```

Try It Yourself

在方法find()中使用参数fields来减少MongoCursor对象表示的文档中的字段数

在本节中，您将编写一个简单的PHP应用程序，它在方法find()中使用参数fields来限制返回的字段。通过这个示例，您将熟悉如何使用方法find()的参数fields，并了解它对结果的影响。程序清单14.3显示了这个示例的代码。

在这个示例中，主脚本连接到MongoDB数据库，获取一个MongoCollection对象，并调用其他的方法来查找文档并显示其指定的字段。方法displayCursor()迭代游标并显示找到的文档。

方法includeFields()接受一个字段名列表，创建参数fields并将其传递给方法find()，使其只返回指定的字段；方法excludeFields()接受一个字段名列表，创建参数fields并将其传递给方法find()，以排除指定的字段。

请执行如下步骤，创建并运行这个PHP应用程序，它在示例数据集中查找文档，限制返回的字段并显示结果。

1．确保启动了MongoDB服务器。

2．确保下载并安装了PHP MongoDB驱动程序，并运行了生成数据库words的脚本文件code/hour05/generate_words.js。

3．在文件夹code/hour14中新建一个文件，并将其命名为PHPFindFields.php。

4．在这个文件中输入程序清单14.3所示的代码。这些代码在调用方法find()时传递了参数fields。

5．将这个文件存盘。

6．打开一个控制台窗口，并切换到目录code/hour14。

7．执行下面的命令来运行这个PHP应用程序。程序清单14.4显示了这个应用程序的输出。

```
php PHPFindFields.php
```

程序清单 14.3 PHPFindFields.php：在 PHP 应用程序中限制从集合返回的文档包含的字段

```
01 <?php
02  $mongo = new MongoClient("");
03  $db = $mongo->words;
04  $collection = $db->word_stats;
05  excludeFields($collection, []);
06  includeFields($collection, ["word", "size"]);
07  includeFields($collection, ["word", "letters"]);
08  excludeFields($collection, ["chars", "letter", "charsets"]);
09  function displayCursor($doc){
10    print_r(json_encode($doc)."\n");
11  }
12  function includeFields($collection, $fields){
13    $query = array('first' => 'p');
14    $fieldObj = array();
15    foreach ($fields as $id => $field){
16      $fieldObj[$field] = true;
17    }
18    $word = $collection->findOne($query, $fieldObj);
19    print_r("\nIncluding ".json_encode($fields)." fields: \n");
20    displayCursor($word);
21  }
22  function excludeFields($collection, $fields){
23    $query = array('first' => 'p');
24    $fieldObj = array();
25    foreach ($fields as $id => $field){
26      $fieldObj[$field] = false;
27    }
28    $doc = $collection->findOne($query, $fieldObj);
29    print_r("\nExcluding ".json_encode($fields)." fields: \n");
30    displayCursor($doc);
31  }
32 ?>
```

程序清单 14.4 PHPFindFields.php-output：在 PHP 应用程序中限制从集合返回的文档包含的字段的输出

```
Excluding [] fields:
{ "_id":{"$id":"52e89477c25e849855325fa7"},"word":"people","first":"p","
  last":"e",
"size":6,"letters":["p","e","o","l"],"stats":{"vowels":3,"consonants":3}
  ,
  "charsets":[{"type":"consonants","chars":["p","l"]},
             {"type":"vowels","chars":["e","o"]}]}
```

```
Including ["word","size"] fields:
{ "_id":{"$id":"52e89477c25e849855325fa7"},"word":"people","size":6}

Including ["word","letters"] fields:
{ "_id":{"$id":"52e89477c25e849855325fa7"},"word":"people","letters":["p",
  "e","o",
  "l"]}

Excluding ["chars","letter","charsets"] fields:
{ "_id":{"$id":"52e89477c25e849855325fa7"},"word":"people","first":"p","
  last":"e",
"size":6,"letters":["p","e","o","l"],"stats":{"vowels":3,"consonants":3}}
```

▲

14.1.3 使用PHP将结果集分页

为减少返回的文档数，一种常见的方法是进行分页。要进行分页，需要指定要在结果集中跳过的文档数，还需限制返回的文档数。跳过的文档数将不断增加，每次的增量都是前一次返回的文档数。

要对一组文档进行分页，需要使用MongoCursor对象的方法limit()和skip()。方法skip()让您能够指定在返回文档前要跳过多少个文档。

每次获取下一组文档时，都增大方法skip()中指定的值，增量为前一次调用limit()时指定的值，这样就实现了数据集分页。

例如，下面的语句查找第11～20个文档：

```
$cursor = $collection->find();
$cursor->limit(10);
$cursor->skip(10);
```

进行分页时，务必调用方法sort()来确保文档的排列顺序不变。

▼ Try It Yourself

在PHP中使用skip()和limit()对MongoDB集合中的文档进行分页

在本节中，您将编写一个简单的PHP应用程序，它使用MongoCursor对象的方法skip()和limit()方法对find()返回的大量文档进行分页。通过这个示例，您将熟悉如何使用skip()和limit()对较大的数据集进行分页。程序清单14.5显示了这个示例的代码。

在这个示例中，主脚本连接到MongoDB数据库，获取一个MongoCollection对象，并调用其他的方法来查找文档并以分页方式显示它们。方法 displayCursor()迭代游标并显示当前页中的单词。

方法 pageResults()接受一个 skip 参数，并根据它以分页方式显示以 w 开头的所有单词。每显示一页后，都将 skip 值递增，直到到达游标末尾。

请执行下面的步骤，创建并运行这个对示例数据集中的文档进行分页并显示结果的 PHP 应用程序。

1．确保启动了 MongoDB 服务器。

2．确保下载并安装了 PHP MongoDB 驱动程序，并运行了生成数据库 words 的脚本文件 code/hour05/generate_words.js。

3．在文件夹 code/hour14 中新建一个文件，并将其命名为 PHPFindPaging.php。

4．在这个文件中输入程序清单 14.5 所示的代码。这些代码实现了文档集分页。

5．将这个文件存盘。

6．打开一个控制台窗口，并切换到目录 code/hour14。

7．执行下面的命令来运行这个 PHP 应用程序。程序清单 14.6 显示了这个应用程序的输出。

```
php PHPFindPaging.php
```

程序清单 14.5　PHPFindPaging.php：在 PHP 应用程序中分页显示集合中的文档集

```
01 <?php
02  $mongo = new MongoClient("");
03  $db = $mongo->words;
04  $collection = $db->word_stats;
05  pageResults($collection, 0);
06  function displayCursor($cursor){
07    $words = "";
08    foreach ($cursor as $id => $doc){
09      $words .= $doc["word"].",";
10    }
11    if (strlen($words) > 65){
12      $words = substr($words, 0, 65)."...";
13    }
14    print_r($words);
15  }
16  function pageResults($collection, $skip){
17    $query = array('first' => 'w');
18    $cursor = $collection->find($query);
19    $cursor->limit(10);
20    $cursor->skip($skip);
21    print_r("\nPage ".($skip+1)." to ");
22    print_r(($skip+$cursor->count(true)).": \n");
23    displayCursor($cursor);
24    if($cursor->count(true) == 10){
```

```
25        pageResults($collection, $skip+10);
26      }
27    }
28 ?>
```

程序清单 14.6 PHPFindPaging.php-output：在 PHP 应用程序中分页显示集合中的文档集的输出

```
Page 1 to 10:
with,won't,we,what,who,would,will,when,which,want,
Page 11 to 20:
way,well,woman,work,world,while,why,where,week,without,
Page 21 to 30:
water,write,word,white,whether,watch,war,within,walk,win,
Page 31 to 40:
wait,wife,whole,wear,whose,wall,worker,window,wrong,west,
Page 41 to 50:
whatever,wonder,weapon,wide,weight,worry,writer,whom,wish,western...
Page 51 to 60:
wind,weekend,wood,winter,willing,wild,worth,warm,wave,wonderful,
Page 61 to 70:
wine,writing,welcome,weather,works,wake,warn,wing,winner,welfare,
Page 71 to 80:
witness,waste,wheel,weak,wrap,warning,wash,widely,wedding,wheneve...
Page 81 to 90:
wire,whisper,wet,weigh,wooden,wealth,wage,wipe,whereas,withdraw,
Page 91 to 93:
working,wisdom,wealthy,
```

▲

14.2 使用 PHP 查找不同的字段值

一种很有用的 MongoDB 集合查询是，获取一组文档中某个字段的不同值列表。不同（distinct）意味着纵然有数千个文档，您只想知道那些独一无二的值。

MongoCollection 对象的方法 distinct()让您能够找出指定字段的不同值列表，这个方法的语法如下：

```
distinct(key, [query])
```

其中参数 key 是一个字符串，指定了要获取哪个字段的不同值。要获取子文档中字段的不同值，可使用句点语法，如 stats.count。参数 query 是一个包含标准查询选项的对象，指定了要从哪些文档中获取不同的字段值。

例如，假设有一些包含字段 first、last 和 age 的用户文档，要获取年龄超过 65 岁的用户的不同姓，可使用下面的操作：

```
$query = array('age' =>
    array('$gt' => 65));
$lastNames = $myCollection.distinct('last', $query);
```

方法 distinct()返回一个数组，其中包含指定字段的不同值，例如：

```
["Smith", "Jones", ...]
```

Try It Yourself

使用 PHP 检索一组文档中指定字段的不同值

在本节中，您将编写一个 PHP 应用程序，它使用 MongoCollection 对象的方法 distinct()来检索示例数据库中不同的字段值。通过这个示例，您将熟练地生成数据集中的不同字段值列表。程序清单 14.7 显示了这个示例的代码。

在这个示例中，主脚本连接到 MongoDB 数据库，获取一个 MongoCollection 对象，并调用其他的方法来找出并显示不同的字段值。

方法 sizesOfAllWords()找出并显示所有单词的各种长度；方法 sizesOfQWords()找出并显示以 q 打头的单词的各种长度；方法 firstLetterOfLongWords()找出并显示长度超过 12 的单词的各种长度。

请执行下面的步骤，创建并运行这个 PHP 应用程序，它找出示例数据集中文档集的不同字段值，并显示结果。

1．确保启动了 MongoDB 服务器。

2．确保下载并安装了 PHP MongoDB 驱动程序，并运行了生成数据库 words 的脚本文件 code/hour05/generate_words.js。

3．在文件夹 code/hour14 中新建一个文件，并将其命名为 PHPFindDistinct.php。

4．在这个文件中输入程序清单 14.7 所示的代码。这些代码对文档集执行 distinct()操作。

5．将这个文件存盘。

6．打开一个控制台窗口，并切换到目录 code/hour14。

7．执行下面的命令来运行这个 PHP 应用程序。程序清单 14.8 显示了这个应用程序的输出。

```
php PHPFindDistinct.php
```

程序清单 14.7　PHPFindDistinct.php：在 PHP 应用程序中找出文档集中不同的字段值

```
01 <?php
02   $mongo = new MongoClient("");
03   $db = $mongo->words;
04   $collection = $db->word_stats;
05   sizesOfAllWords($collection);
06   sizesOfQWords($collection);
```

```
07   firstLetterOfLongWords($collection);
08   function sizesOfAllWords($collection){
09     $results = $collection->distinct("size");
10     print_r("\nDistinct Sizes of words: \n");
11     print_r(json_encode($results)."\n");
12   }
13   function sizesOfQWords($collection){
14     $query = array('first' => 'q');
15     $results = $collection->distinct("size", $query);
16     print_r("\nDistinct Sizes of words starting with Q: \n");
17     print_r(json_encode($results)."\n");
18   }
19   function firstLetterOfLongWords($collection){
20     $query = array('size' => array('$gt' => 12));
21     $results = $collection->distinct("first", $query);
22     print_r("\nDistinct first letters of words longer than".
23             " 12 characters: \n");
24     print_r(json_encode($results)."\n");
25   }
26 ?>
```

程序清单 14.8 PHPFindDistinct.php-output：在 PHP 应用程序中找出文档集中不同字段值的输出

```
Distinct Sizes of words:
[3,2,1,4,5,9,6,7,8,10,11,12,13,14]

Distinct Sizes of words starting with Q:
[8,5,7,4]

Distinct first letters of words longer than 12 characters:
["i","a","e","r","c","u","s","p","t"]
```

▲

14.3 在PHP应用程序中对查找操作结果进行分组

在PHP中对大型数据集执行操作时，根据文档的一个或多个字段的值将结果分组通常很有用。这也可以在取回文档后使用代码来完成，但让MongoDB服务器在原本就要迭代文档的请求中这样做，效率要高得多。

在PHP中，要将查询结果分组，可使用MongoCollection对象的方法group()。分组请求首先收集所有与查询匹配的文档，再对于指定键的每个不同值，都在数组中添加一个分组对象，对这些分组对象执行操作，并返回这个分组对象数组。

方法group()的语法如下：

```
group({key, cond , initial, reduce, [finalize]})
```

其中参数key、cond和initial都是Array对象，指定了要用来分组的字段、查询以及要使用的初始文档；参数reduce和finalize为String对象，包含以字符串方式表示的JavaScript函数，这些函数将在服务器上运行以归并文档并生成最终结果。有关这些参数的更详细信息，请参阅第9章。

为演示这个方法，下面的代码实现了简单分组，它创建了对象key、cond和initial，并以字符串的方式传入了一个reduce函数：

```
$key = array('first' => true);
$cond = array('last' => 'a', 'size' => 5);
$initial = array('count' => 0);
$reduce = "function (obj, prev) { prev.count++; }";
$options = array('condition' => $cond);
$results = $collection->group($key, $initial, $reduce, $options);
```

方法group()返回一个Array对象，其中的元素retval包含分组结果。元素retval是一个聚合结果列表，下面的代码逐项地显示了分组结果的内容：

```
foreach($results['retval'] as $idx => $result){
   print_r(json_encode($result)."\n");
}
```

Try It Yourself

使用PHP根据键值将文档分组

在本节中，您将创建一个简单的PHP应用程序，它使用MongoCollection对象的方法group()从示例数据库检索文档，根据指定字段进行分组，并在服务器上执行reduce和finalize函数。通过这个示例，您将熟悉如何使用group()在服务器端对数据集进行处理，以生成分组数据。程序清单14.9显示了这个示例的代码。

在这个示例中，主脚本连接到MongoDB数据库，获取一个MongoCollection对象，并调用其他的方法来查找文档、进行分组并显示结果。方法displayGroup()显示分组结果。

方法firstIsALastIsVowel()将第一个字母为a且最后一个字母为元音字母的单词分组，其中的reduce函数计算单词数，以确定每组的单词数。

方法firstLetterTotals()根据第一个字母分组，并计算各组中所有单词的元音字母总数和辅音字母总数。在其中的finalize函数中，将元音字母总数和辅音字母总数相加，以提供各组单词的字符总数。

请执行下面的步骤，创建并运行这个PHP应用程序，它对示例数据集中的文档进行分组和处理，并显示结果。

1. 确保启动了MongoDB服务器。

2. 确保下载并安装了PHP MongoDB驱动程序，并运行了生成数据库words的脚本文件code/hour05/generate_words.js。

3. 在文件夹code/hour14中新建一个文件，并将其命名为PHPGroup.php。

4. 在这个文件中输入程序清单 14.9 所示的代码。这些代码对文档集执行 group()操作。

5. 将这个文件存盘。

6. 打开一个控制台窗口，并切换到目录 code/hour14。

7. 执行下面的命令来运行这个 PHP 应用程序。程序清单 14.10 显示了这个应用程序的输出。

```
php PHPGroup.php
```

程序清单 14.9 PHPGroup.php：在 PHP 应用程序中根据字段值对单词分组以生成不同的数据

```
01 <?php
02  $mongo = new MongoClient("");
03  $db = $mongo->words;
04  $collection = $db->word_stats;
05  firstIsALastIsVowel($collection);
06  firstLetterTotals($collection);
07  function displayGroup($results){
08    foreach($results['retval'] as $idx => $result){
09      print_r(json_encode($result)."\n");
10    }
11  }
12  function firstIsALastIsVowel($collection){
13    $key = array('first' => true, "last" => true);
14    $cond = array('first' => 'a', 'last' =>
15                      array('$in' => ["a","e","i","o","u"]));
16    $initial = array('count' => 0);
17    $reduce = "function (obj, prev) { prev.count++; }";
18    $options = array('condition' => $cond);
19    $results = $collection->group($key, $initial, $reduce, $options);
20    print_r("\n\n'A' words grouped by first and last".
21             " letter that end with a vowel:\n");
22    displayGroup($results);
23  }
24  function firstLetterTotals($collection){
25    $key = array('first' => true);
26    $cond = array();
27    $initial = array('vowels' => 0, 'cons' => 0);
28    $reduce = "function (obj, prev) { " .
29                 "prev.vowels += obj.stats.vowels; " .
30                 "prev.cons += obj.stats.consonants; " .
31               "}";
32    $finalize = "function (obj) { " .
33                   "obj.total = obj.vowels + obj.cons; " .
34                 "}";
35    $options = array('condition' => $cond,
36                        'finalize' => $finalize);
37    $results = $collection->group($key, $initial, $reduce, $options);
```

```
38    print_r("\n\nWords grouped by first letter ".
39            "with totals:\n");
40    displayGroup($results);
41  }
42 ?>
```

程序清单 14.10　PHPGroup.php-output：在 PHP 应用程序中根据字段值对单词分组以生成不同数据的输出

```
'A' words grouped by first and last letter that end with a vowel:
{"first":"a","last":"a","count":3}
{"first":"a","last":"o","count":2}
{"first":"a","last":"e","count":52}

Words grouped by first letter with totals:
{"first":"t","vowels":333,"cons":614,"total":947}
{"first":"b","vowels":246,"cons":444,"total":690}
{"first":"a","vowels":545,"cons":725,"total":1270}
{"first":"o","vowels":204,"cons":237,"total":441}
{"first":"i","vowels":384,"cons":522,"total":906}
{"first":"h","vowels":145,"cons":248,"total":393}
{"first":"f","vowels":258,"cons":443,"total":701}
{"first":"y","vowels":26,"cons":41,"total":67}
{"first":"w","vowels":161,"cons":313,"total":474}
{"first":"d","vowels":362,"cons":585,"total":947}
{"first":"c","vowels":713,"cons":1233,"total":1946}
{"first":"s","vowels":640,"cons":1215,"total":1855}
{"first":"n","vowels":136,"cons":208,"total":344}
{"first":"g","vowels":134,"cons":240,"total":374}
{"first":"m","vowels":262,"cons":417,"total":679}
{"first":"k","vowels":22,"cons":48,"total":70}
{"first":"u","vowels":93,"cons":117,"total":210}
{"first":"p","vowels":550,"cons":964,"total":1514}
{"first":"j","vowels":47,"cons":73,"total":120}
{"first":"l","vowels":189,"cons":299,"total":488}
{"first":"v","vowels":117,"cons":143,"total":260}
{"first":"e","vowels":482,"cons":630,"total":1112}
{"first":"r","vowels":414,"cons":574,"total":988}
{"first":"q","vowels":28,"cons":32,"total":60}
{"first":"z","vowels":2,"cons":2,"total":4}
```

▲

14.4　从 PHP 应用程序发出请求时使用聚合来操作数据

在 PHP 应用程序中使用 MongoDB 时，另一个很有用的工具是聚合框架。MongoCollection

对象提供了对数据执行聚合操作的方法 aggregate()，这个方法的语法如下：

```
aggregate(operator, [operator, ...])
```

参数 operator 是一系列运算符对象，提供了用于聚合数据的流水线。这些运算符对象是使用聚合运算符创建的 Array 对象。聚合运算符在第 9 章介绍过，您现在应该熟悉它们。

例如，下面的代码定义了运算符$group 和$limit，其中运算符$group 根据字段 word 进行分组（并将该字段的值存储在结果文档的_id 字段中），使用$avg 计算 size 字段的平均值（并将结果存储在 average 字段中）。请注意，在聚合运算中引用原始文档的字段时，必须在字段名前加上$：

```
$group = array('$group' =>
            array('_id' => '$word',
                  'average' => array('$avg' => '$size')));
$limit = array('$limit' => 10);
$result = $collection->aggregate($group, $limit);
```

方法 aggregate()返回一个 Array 对象，其中的元素 result 包含聚合结果。元素 result 是一个聚合结果列表。为演示这一点，下面的代码逐项显示聚合结果的内容：

```
foreach($result['result'] as $idx => $item){
   print_r(json_encode($item)."\n");
}
```

Try It Yourself

在 PHP 应用程序中使用聚合来生成数据

在本节中，您将编写一个简单的 PHP 应用程序，它使用 MongoCollection 对象的方法 aggregate()从示例数据库检索各种聚合数据。通过这个示例，您将熟悉如何使用 aggregate()来利用聚合流水线在 MongoDB 服务器上处理数据，再返回结果。程序清单 14.11 显示了这个示例的代码。

在这个示例中，主脚本连接到 MongoDB 数据库，获取一个 MongoCollection 对象，并调用其他方法来聚合数据并显示结果。方法 displayAggregate()显示聚合结果。

方法 largeSmallVowels()使用了一条包含运算符$match、$group 和$sort 的聚合流水线，这条流水线查找以元音字母开头的单词，根据第一个字母将这些单词分组，并找出各组中最长和最短单词的长度。

方法 top5AverageWordFirst()使用了一条包含运算符$group、$sort 和$limit 的聚合流水线，这条流水线根据第一个字母将单词分组，并找出单词平均长度最长的前 5 组。

请执行下面的步骤，创建并运行这个 PHP 应用程序，它使用聚合流水线来处理示例数据集中的文档，并显示结果。

1. 确保启动了 MongoDB 服务器。

2. 确保下载并安装了 PHP MongoDB 驱动程序，并运行了生成数据库 words 的脚本文件 code/hour05/generate_words.js。

3．在文件夹 code/hour14 中新建一个文件，并将其命名为 PHPAggregate.php。

4．在这个文件中输入程序清单 14.11 所示的代码。这些代码对文档集执行 aggregate()操作。

5．将这个文件存盘。

6．打开一个控制台窗口，并切换到目录 code/hour14。

7．执行下面的命令来运行这个 PHP 应用程序。程序清单 14.12 显示了这个应用程序的输出。

```
php PHPAggregate.php
```

程序清单 14.11　PHPAggregate.php：在 PHP 应用程序中使用聚合流水线生成数据集

```
01 <?php
02  $mongo = new MongoClient("");
03  $db = $mongo->words;
04  $collection = $db->word_stats;
05  largeSmallVowels($collection);
06  top5AverageWordFirst($collection);
07  function displayAggregate($result){
08    foreach($result['result'] as $idx => $item){
09      print_r(json_encode($item)."\n");
10    }
11  }
12  function largeSmallVowels($collection){
13    $match = array('$match' =>
14                array('first' =>
15                  array('$in' => ['a','e','i','o','u'])));
16    $group = array('$group' =>
17                array('_id' => '$first',
18                      'largest' => array('$max' => '$size'),
19                      'smallest' => array('$min' => '$size'),
20                      'total' => array('$sum' => 1)));
21    $sort = array('$sort' => array('first' => 1));
22    $result = $collection->aggregate($match, $group, $sort);
23    print_r("\nLargest and smallest word sizes for ".
24            "words beginning with a vowel:\n");
25    displayAggregate($result);
26  }
27  function top5AverageWordFirst($collection){
28    $group = array('$group' =>
29               array('_id' => '$first',
30                     'average' => array('$avg' => '$size')));
31    $sort = array('$sort' => array('average' => -1));
32    $limit = array('$limit' => 5);
```

```
33    $result = $collection->aggregate($group, $sort, $limit);
34    print_r("\nFirst letter of top 5 largest average ".
35            "word size:\n");
36    displayAggregate($result);
37  }
38 ?>
```

程序清单 14.12 PHPAggregate.php-output：在 PHP 应用程序中使用聚合流水线生成数据集的输出

```
Largest and smallest word sizes for words beginning with a vowel:
{"_id":"e","largest":13,"smallest":3,"total":150}
{"_id":"u","largest":13,"smallest":2,"total":33}
{"_id":"i","largest":14,"smallest":1,"total":114}
{"_id":"o","largest":12,"smallest":2,"total":72}
{"_id":"a","largest":14,"smallest":1,"total":192}
First letter of top 5 largest average word size:
{"_id":"i","average":7.9473684210526}
{"_id":"e","average":7.42}
{"_id":"c","average":7.2921348314607}
{"_id":"p","average":6.8818181818182}
{"_id":"r","average":6.7671232876712}
```

▲

14.5 小结

在本章中，您学习了如何使用 MongoCollection 和 MongoCursor 对象的其他方法。您了解到，方法 limit()可减少游标返回的文档数，而结合使用方法 limit()和 skip()可分页显示大型数据集。使用方法 find()的参数 fields 可减少从数据库返回的字段数。

本章还介绍了如何在 PHP 应用程序中使用 MongoCollection 对象的方法 distinct()、group()和 aggregate()来执行数据汇总操作。这些操作让您能够在服务器端处理数据，再将结果返回给 PHP 应用程序，从而减少了需要发送的数据量以及应用程序的工作量。

14.6 问与答

问：遇到错误时，PHP MongoDB 驱动程序中的对象会引发异常吗？

答：会。PHP MongoDB 驱动程序包含多个异常对象，如 MongoException 和 MongoCursorException，在驱动程序代码发生错误时，将引发这些异常。

问：能够在 PHP Array 对象和 BSON 对象之间进行转换吗？

答：可以。PHP MongoDB 驱动程序提供了方法 bson_encode(BSON)和 bson_decode(array)，它们分别将 BSON 对象编码为数组以及将数组解码为 BSON 对象。

14.7 作业

作业包含一组问题及其答案，旨在加深您对本章内容的理解。请尽可能先回答问题，再看答案。

14.7.1 小测验

1．在 PHP 中，如何获取 MongoCursor 对象表示的第 21～30 个文档？
2．在 PHP 应用程序中，如何找出集合中文档的特定字段的不同值？
3．在 PHP 中，如何返回集合的前 10 个文档？
4．在 PHP 中，如何禁止数据库查询返回特定的字段？

14.7.2 小测验答案

1．对 MongoCursor 对象调用 limit(10)和 skip(20)。
2．使用 MongoCollection 对象的方法 distinct()。
3．对 MongoCursor 对象调用 limit(10)。
4．在传递给方法 find()的参数 fields 中，将这个字段的值设置为 false。

14.7.3 练习

1．编写一个 PHP 应用程序，找出示例数据集中以 n 打头的单词，根据长度降序排列它们，并显示前 5 个单词。
2．扩展文件 PHPAggregate.php，在其中添加一个执行聚合的方法，它匹配长度为 4 的单词，将返回文档限制为 5 个，并返回字段 word 和 stats（但将字段 word 重命名为_id）。这种聚合操作对应的 MongoDB shell 聚合流水线类似于下面这样：

```
{$match: {size:4}},
{$limit: 5},
{$project: {_id:"$word", stats:1}}
```

第 15 章

在 PHP 应用程序中操作 MongoDB 数据

本章介绍如下内容：

- 使用 PHP 在集合中插入文档；
- 使用 PHP 从集合中删除文档；
- 使用 PHP 在集合中获取、修改并保存单个文档；
- 使用 PHP 更新集合中的文档；
- 使用 PHP 执行 upsert 操作。

本章继续介绍 PHP MongoDB 驱动程序，讨论如何在 PHP 应用程序中使用它在集合中添加、操作和删除文档。修改集合中数据的方式有多种：插入新文档、通过更新或保存修改既有文档以及执行 upsert 操作（先尝试更新文档，如果没有找到，就插入一个新文档）。

接下来的几节将介绍 PHP 对象 MongoCollection 的一些方法，它们让您能够操作集合中的数据。您将明白如何在 PHP 应用程序中插入、删除、保存和更新文档。

15.1 使用 PHP 添加文档

在 PHP 中与 MongoDB 数据库交互时，一项重要的任务是在集合中插入文档。要插入文档，首先要创建一个表示该文档的 Array 对象。插入操作将 Array 对象以 BSON 的方式传递给 MongoDB 服务器，以便能够插入到集合中。

有新文档的 Array 版本后，就可将其存储到 MongoDB 数据库中，为此可对相应的 MongoCollection 对象实例调用方法 insert()。方法 insert()的语法如下，其中参数 doc 是单个文档对象：

```
insert(doc)
```

例如，下面的示例在集合中插入单个文档：

```
$doc1 = array('name' => 'Fred');
$result = $myColl->insert($doc1);
```

要在集合中插入多个文档，可使用 MongoCollection 对象的方法 batchInsert()。这个方法将一个表示文档的 Array 对象数组作为参数，如下所示：

```
$doc2 = array('name' => 'George');
$doc3 = array('name' => 'Ron');
$result = $myColl->batchInsert([$doc2, $doc3]);
```

请注意，方法 insert()返回一个 result 对象，其中包含有关写入操作的信息。

▼ Try It Yourself

使用 PHP 在集合中插入文档

在本节中，您将编写一个简单的 PHP 应用程序，它使用 MongoCollection 对象的方法 insert()在示例数据库的一个集合中插入新文档。通过这个示例，您将熟悉如何使用 PHP 来插入文档。程序清单 15.1 显示了这个示例的代码。

在这个示例中，主脚本连接到 MongoDB 数据库，获取一个 MongoCollection 对象，并调用其他的方法来插入文档。方法 showNewDocs()显示新插入到集合中的文档。

方法 addSelfie()新建一个表示单词 selfie 的文档，并使用 insert()将其加入到数据库中；方法 addGoogleAndTweet()创建表示单词 google 和 tweet 的新文档，并使用 batchInsert()以数组的方式将它们插入数据库。

请执行下面的步骤，创建并运行这个在示例数据库中插入新文档并显示结果的 PHP 应用程序。

1．确保启动了 MongoDB 服务器。

2．确保下载并安装了 PHP MongoDB 驱动程序，并运行了生成数据库 words 的脚本文件 code/hour05/generate_words.js。

3．在文件夹 code/hour15 中新建一个文件，并将其命名为 PHPDocAdd.php。

4．在这个文件中输入程序清单 15.1 所示的代码。这些代码使用 insert()和 batchInsert()来添加新文档。

5．将这个文件存盘。

6．打开一个控制台窗口，并切换到目录 code/hour15。

7．执行下面的命令来运行这个 PHP 应用程序。程序清单 15.2 显示了这个应用程序的输出。

```
php PHPDocAdd.php
```

程序清单 15.1　PHPDocAdd.php：在 PHP 应用程序中将新文档插入到集合中

```
01 <?php
02   $mongo = new MongoClient("");
03   $db = $mongo->words;
```

```
04  $collection = $db->word_stats;
05  print_r("\nBefore Inserting: \n");
06  showNewDocs($collection);
07  addSelfie($collection);
08  addGoogleAndTweet($collection);
09  function showNewDocs($collection){
10    $query = array('category' => 'New');
11    $cursor = $collection->find($query);
12    foreach ($cursor as $id => $doc){
13      print_r(json_encode($doc)."\n");
14    }
15  }
16  function addSelfie($collection){
17    $selfie = array(
18        'word' => 'selfie', 'first' => 's', 'last' => 'e',
19        'size' => 6, 'category' => 'New',
20        'stats' => array('vowels' => 3, 'consonants' => 3),
21        'letters' => ["s","e","l","f","i"],
22        'charsets' => [
23          array('type' => 'consonants', 'chars' => ["s","l","f"]),
24          array('type' => 'vowels', 'chars' => ["e","i"])]
25    );
26    $options = array('w' => 1, 'j' => true);
27    $results = $collection->insert($selfie, $options);
28    print_r("\nInserting One Results: \n");
29    print_r(json_encode($results)."\n");
30    print_r("After Inserting One: \n");
31    showNewDocs($collection);
32  }
33  function addGoogleAndTweet($collection){
34    $google = array(
35        'word' => 'google', 'first' => 'g', 'last' => 'e',
36        'size' => 6, 'category' => 'New',
37        'stats' => array('vowels' => 3, 'consonants' => 3),
38        'letters' => ["g","o","l","e"],
39        'charsets' => [
40          array('type' => 'consonants', 'chars' => ["g","l"]),
41          array('type' => 'vowels', 'chars' => ["o","e"])]
42    );
43    $tweet = array(
44        'word' => 'tweet', 'first' => 't', 'last' => 't',
45        'size' => 5, 'category' => 'New',
46        'stats' => array('vowels' => 2, 'consonants' => 3),
47        'letters' => ["t","w","e"],
48        'charsets' => [
49          array('type' => 'consonants', 'chars' => ["t","w"]),
50          array('type' => 'vowels', 'chars' => ["e"])]
51    );
52    $options = array('w' => 1, 'j' => true);
```

```
53    $results =
54        $collection->batchInsert([$google, $tweet], $options);
55    print_r("\nInserting Multiple Results: \n");
56    print_r(json_encode($results)."\n");
57    print_r("After Inserting Multiple: \n");
58    showNewDocs($collection);
59  }
60 ?>
```

程序清单 15.2 PHPDocAdd.php-output：在 PHP 应用程序中将新文档插入到集合中的输出

```
Before Inserting:

Inserting One Results:
{"n":0,"connectionId":15,"err":null,"ok":1}
After Inserting One:
{ "_id":{"$id":"52e944b8828594f041000029"},"word":"selfie","first":"s",
  "last":"e",
 "size":6,"category":"New","stats":{"vowels":3,"consonants":3},
 "letters":["s","e","l","f","i"],
 "charsets":[{"type":"consonants","chars":["s","l","f"]},
             {"type":"vowels","chars":["e","i"]}]}

Inserting Multiple Results:
{"n":0,"connectionId":15,"err":null,"ok":1}
After Inserting Multiple:
{ "_id":{"$id":"52e944b8828594f04100002b"},"word":"tweet","first":"t",
  "last":"t",
 "size":5,"category":"New","stats":{"vowels":2,"consonants":3},
  "letters":["t","w",
 "e"],
 "charsets":[{"type":"consonants","chars":["t","w"]},
             {"type":"vowels","chars":["e"]}]}
{ "_id":{"$id":"52e944b8828594f041000029"},"word":"selfie","first":"s",
  "last":"e",
 "size":6,"category":"New","stats":{"vowels":3,"consonants":3},
 "letters":["s","e","l","f","i"],
 "charsets":[{"type":"consonants","chars":["s","l","f"]},
             {"type":"vowels","chars":["e","i"]}]}
{ "_id":{"$id":"52e944b8828594f04100002a"},"word":"google","first":"g",
  "last":"e",
 "size":6,"category":"New","stats":{"vowels":3,"consonants":3},
 "letters":["g","o","l","e"],
 "charsets":[{"type":"consonants","chars":["g","l"]},
             {"type":"vowels","chars":["o","e"]}]}
```

15.2 使用PHP删除文档

在PHP中，有时候需要从MongoDB集合中删除文档，以减少消耗的空间，改善性能以及保持整洁。MongoCollection对象的方法remove()使得从集合中删除文档非常简单，其语法如下：

```
remove([query])
```

其中参数query是一个Array对象，指定要了删除哪些文档。请求将query指定的字段和值与文档的字段和值进行比较，进而删除匹配的文档。如果没有指定参数 query，将删除集合中的所有文档。

例如，要删除集合words_stats中所有的文档，可使用如下代码：

```
$collection = $myDB->getCollection('word_stats');
$results = $collection->remove();
```

下面的代码删除集合words_stats中所有以a打头的单词：

```
$collection = $myDB->getCollection('word_stats');
$query = array('first' => 'a');
collection->remove($query);
```

Try It Yourself

使用PHP从集合中删除文档

在本节中，您将编写一个简单的PHP应用程序，它使用MongoCollection对象的方法从示例数据库的一个集合中删除文档。通过这个示例，您将熟悉如何使用PHP删除文档。程序清单15.3显示了这个示例的代码。

在这个示例中，主脚本连接到MongoDB数据库，获取一个MongoCollection对象，再调用其他的方法来删除文档。方法showNewDocs()显示前面创建的新文档，从而核实它们确实从集合中删除了。

方法removeNewDocs()使用一个查询对象来删除字段category为New的文档。

请执行下面的步骤，创建并运行这个从示例数据库中删除文档并显示结果的PHP应用程序。

1．确保启动了MongoDB服务器。

2．确保下载并安装了PHP MongoDB驱动程序，并运行了生成数据库words的脚本文件code/hour05/generate_words.js。

3．在文件夹code/hour15中新建一个文件，并将其命名为PHPDocDelete.php。

4．在这个文件中输入程序清单15.3所示的代码。这些代码使用remove()来删除文档。

5．将这个文件存盘。

6．打开一个控制台窗口，并切换到目录 code/hour15。

7．执行下面的命令来运行这个 PHP 应用程序。程序清单 15.4 显示了这个应用程序的输出。

```
php PHPDocDelete.php
```

程序清单 15.3 PHPDocDelete.php：在 PHP 应用程序中从集合中删除文档

```
01 <?php
02  $mongo = new MongoClient("");
03  $db = $mongo->words;
04  $collection = $db->word_stats;
05  print_r("\nBefore Deleting: \n");
06  showNewDocs($collection);
07  removeNewDocs($collection);
08  function showNewDocs($collection){
09    $query = array('category' => 'New');
10    $cursor = $collection->find($query);
11    foreach ($cursor as $id => $doc){
12      print_r(json_encode($doc)."\n");
13    }
14  }
15  function removeNewDocs($collection){
16    $query = array('category' => "New");
17    $options = array('w' => 1, 'j' => true);
18    $results = $collection->remove($query, $options);
19    print_r("\nDelete Docs Result: \n");
20    print_r(json_encode($results)."\n");
21    print_r("\nAfter Deleting Docs: \n");
22    showNewDocs($collection);
23  }
24 ?>
```

程序清单 15.4 PHPDocDelete.php-output：在 PHP 应用程序中从集合中删除文档的输出

```
Before Deleting:
{ "_id":{"$id":"52e944b8828594f04100002b"},"word":"tweet","first":"t",
  "last":"t",
 "size":5,"category":"New","stats":{"vowels":2,"consonants":3},
  "letters":["t","w", "e"],
 "charsets":[{"type":"consonants","chars":["t","w"]},
              {"type":"vowels","chars":["e"]}]}
{"_id":{"$id":"52e944b8828594f041000029"},"word":"selfie","first":"s",
  "last":"e",
 "size":6,"category":"New","stats":{"vowels":3,"consonants":3},
 "letters":["s","e","l","f","i"],
 "charsets":[{"type":"consonants","chars":["s","l","f"]},
```

```
                {"type":"vowels","chars":["e","i"]}]}
{"_id":{"$id":"52e944b8828594f04100002a"},"word":"google","first":"g",
  "last":"e",
  "size":6,"category":"New","stats":{"vowels":3,"consonants":3},
  "letters":["g","o","l","e"],
  "charsets":[{"type":"consonants","chars":["g","l"]},
              {"type":"vowels","chars":["o","e"]}]}

Delete Docs Result:
{"n":3,"connectionId":16,"err":null,"ok":1}

After Deleting Docs:
<empty>
```

▲

15.3 使用PHP保存文档

一种更新数据库中文档的便利方式是，使用MongoCollection对象的方法save()，这个方法接受一个Array对象作为参数，并将其保存到数据库中。如果指定的文档已存在于数据库中，就将其更新为指定的值；否则就插入一个新文档。

方法save()的语法如下，其中参数doc是一个Array对象，表示的是要保存到集合中的文档：

```
save(doc)
```

▼ Try It Yourself

使用PHP将文档保存到集合中

在本节中，您将创建一个简单的PHP应用程序，它使用MongoCollection对象的方法save()来更新示例数据库中的一个既有文档。通过这个示例，您将熟悉如何使用PHP更新并保存文档对象。程序清单15.5显示了这个示例的代码。

在这个示例中，主脚本连接到MongoDB数据库，获取一个MongoCollection对象，并调用其他的方法来保存文档。方法showWord()显示更新前和更新后的单词ocean。

方法saveBlueDoc()从数据库中获取单词ocean的文档，使用put()将字段category改为blue，再使用方法save()保存这个文档。方法resetDoc()从数据库获取单词ocean的文档，使用方法put()将字段category恢复为空，再使用方法save()保存这个文档。

请执行如下步骤，创建并运行这个将文档保存到示例数据库中并显示结果的PHP应用程序。

1．确保启动了MongoDB服务器。

2．确保下载并安装了PHP MongoDB驱动程序，并运行了生成数据库words的脚本文件code/hour05/generate_words.js。

3．在文件夹code/hour15中新建一个文件，并将其命名为PHPDocSave.php。

4．在这个文件中输入程序清单15.5所示的代码。这些代码使用save()来保存文档。

5．将这个文件存盘。

6．打开一个控制台窗口，并切换到目录code/hour15。

7．执行下面的命令来运行这个PHP应用程序。程序清单15.6显示了这个应用程序的输出。

```
php PHPDocSave.php
```

程序清单15.5　PHPDocSave.php：在PHP应用程序中将文档保存到集合中

```
01 <?php
02  $mongo = new MongoClient("");
03  $db = $mongo->words;
04  $collection = $db->word_stats;
05  print_r("\nBefore Saving: \n");
06  showWord($collection);
07  saveBlueDoc($collection);
08  resetDoc($collection);
09  function showWord($collection){
10    $query = array('word' => 'ocean');
11    $fields = array('word' => true, 'category' => true);
12    $doc = $collection->findOne($query, $fields);
13    print_r(json_encode($doc)."\n");
14  }
15  function saveBlueDoc($collection){
16    $query = array('word' => "ocean");
17    $doc = $collection->findOne($query);
18    $doc["category"] = "blue";
19    $options = array('w' => 1, 'j' => true);
20    $results = $collection->save($doc, $options);
21    print_r("\nSave Docs Result: \n");
22    print_r(json_encode($results)."\n");
23    print_r("\nAfter Saving Doc: \n");
24    showWord($collection);
25  }
26  function resetDoc($collection){
27    $query = array('word' => "ocean");
28    $doc = $collection->findOne($query);
29    $doc["category"] = "";
30    $options = array('w' => 1, 'j' => true);
31    $results = $collection->save($doc, $options);
32    print_r("\nReset Docs Result: \n");
33    print_r(json_encode($results)."\n");
```

```
34    print_r("\nAfter Resetting Doc: \n");
35    showWord($collection);
36  }
37 ?>
```

程序清单 15.6 PHPDocSave.php-output：在 PHP 应用程序中将文档保存到集合中的输出

```
Before Saving:
{"_id":{"$id":"52e89477c25e8498553265e4"},"word":"ocean"}

Save Docs Result:
{"updatedExisting":true,"n":1,"connectionId":18,"err":null,"ok":1}

After Saving Doc:
{"_id":{"$id":"52e89477c25e8498553265e4"},"word":"ocean","category":"blue"}

Reset Docs Result:
{"updatedExisting":true,"n":1,"connectionId":18,"err":null,"ok":1}

After Resetting Doc:
{"_id":{"$id":"52e89477c25e8498553265e4"},"word":"ocean","category":""}
```

▲

15.4 使用 PHP 更新文档

将文档插入集合后，经常需要使用 PHP 根据数据变化更新它们。MongoCollection 对象的方法 update()让您能够更新集合中的文档，它多才多艺，但使用起来非常容易。下面是方法 update()的语法：

```
update(query, update, [options])
```

参数 query 是一个 Array 对象，指定了要修改哪些文档。请求将判断 query 指定的属性和值是否与文档的字段和值匹配，进而更新匹配的文档。参数 update 是一个 Array 对象，指定了要如何修改与查询匹配的文档。第 8 章介绍了可在这个对象中使用的更新运算符。

参数 options 是一个 Array 对象，指定了更新操作选项。对于 update()请求，可在这个参数中设置 upsert 和 multiple 字段。如果将字段 upsert 设置为 true，则没有文档与查询匹配时，将插入一个新文档。如果将字段 multiple 设置为 true，将更新所有与查询匹配的文档；如果为 false，将只更新与查询匹配的第一个文档。

例如，对于集合中字段 category 为 new 的文档，下面的代码将其字段 category 改为 old。在这里，upsert 被设置为 false，因此即便没有字段 category 为 new 的文档，也不会插入新文档；而 multiple 被设置为 true，因此将更新所有匹配的文档：

```
$query = array('category' => 'New');
$update = array('$set' =>
    array('category' => 'Old'));
$options = array('upsert' => false, 'multiple' => true);
$myColl->update($query, $update, $options);
```

Try It Yourself

使用 PHP 更新集合中的文档

在本节中，您将编写一个简单的 PHP 应用程序，它使用 MongoCollection 对象的方法 update()来更新示例数据库的一个集合中的既有文档。通过这个示例，您将熟悉如何在 PHP 中使用 MongoDB 更新运算符来更新文档。程序清单 15.7 显示了这个示例的代码。

在这个示例中，主脚本连接到 MongoDB 数据库，获取一个 MongoCollection 对象，再调用其他方法更新文档。方法 showWord()显示更新前和更新后的文档。

方法 updateDoc()创建一个查询对象，它从数据库获取表示单词 left 的文档；再创建一个更新对象，它将字段 word 的值改为 lefty，将字段 size 和 stats.consonants 的值加 1，并将字母 y 压入到数组字段 letters 中。方法 resetDoc()将文档恢复原样，以演示如何将字段值减 1 以及如何从数组字段中弹出值。

请执行下面的步骤，创建并运行这个更新示例数据库中文档并显示结果的 PHP 应用程序。

1．确保启动了 MongoDB 服务器。

2．确保下载并安装了 PHP MongoDB 驱动程序，并运行了生成数据库 words 的脚本文件 code/hour05/generate_words.js。

3．在文件夹 code/hour15 中新建一个文件，并将其命名为 PHPDocUpdate.php。

4．在这个文件中输入程序清单 15.7 所示的代码。这些代码使用 update()来更新文档。

5．将这个文件存盘。

6．打开一个控制台窗口，并切换到目录 code/hour15。

7．执行下面的命令来运行这个 PHP 应用程序。程序清单 15.8 显示了这个应用程序的输出。

```
php PHPDocUpdate.php
```

程序清单 15.7　PHPDocUpdate.php：在 PHP 应用程序中更新集合中的文档

```
01 <?php
02  $mongo = new MongoClient("");
03  $db = $mongo->words;
04  $collection = $db->word_stats;
05  print_r("\nBefore Updating: \n");
06  showWord($collection);
```

```
07  updateDoc($collection);
08  resetDoc($collection);
09  function showWord($collection){
10    $query = array('word' => array('$in' => ['left', 'lefty']));
11    $cursor = $collection->find($query);
12    foreach ($cursor as $id => $doc){
13      print_r(json_encode($doc)."\n");
14    }
15  }
16  function updateDoc($collection){
17    $query = array('word' => "left");
18    $update = array(
19          '$set' => array('word' => 'lefty'),
20          '$inc' => array('size' => 1, 'stats.consonants' => 1),
21          '$push' => array('letters' => 'y'));
22    $options = array('w' => 1, 'j' => true,
23                     'upsert' => false, 'multiple' => false);
24    $results = $collection->update($query, $update, $options);
25    print_r("\nUpdate Doc Result: \n");
26    print_r(json_encode($results)."\n");
27    print_r("\nAfter Updating Doc: \n");
28    showWord($collection);
29  }
30  function resetDoc($collection){
31    $query = array('word' => "lefty");
32    $update = array(
33          '$set' => array('word' => 'left'),
34          '$inc' => array('size' => -1, 'stats.consonants' => -1),
35          '$pop' => array('letters' => 1));
36    $options = array('w' => 1, 'j' => true, 'upsert' => false,
37                     'multiple' => false);
38    $results = $collection->update($query, $update, $options);
39    print_r("\nReset Doc Result: \n");
40    print_r(json_encode($results)."\n");
41    print_r("\nAfter Resetting Doc: \n");
42    showWord($collection);
43  }
44 ?>
```

程序清单 15.8 PHPDocUpdate.php-output：在 PHP 应用程序中更新集合中文档的输出

```
Before Updating:
{ "_id":{"$id":"52e89477c25e84985532622e"},
  "charsets":[{"type":"consonants","chars":["l","f","t"]},
             {"type":"vowels","chars":["e"]}],
  "first":"l","last":"t","letters":["l","e","f","t"],"size":4,
```

```
  "stats":{"consonants":3,"vowels":1},"word":"left"}

Update Doc Result:
{"updatedExisting":true,"n":1,"connectionId":20,"err":null,"ok":1}

After Updating Doc:
{ "_id":{"$id":"52e89477c25e84985532622e"},
  "charsets":[{"type":"consonants","chars":["l","f","t"]},
              {"type":"vowels","chars":["e"]}],
  "first":"l","last":"t","letters":["l","e","f","t","y"],"size":5,
  "stats":{"consonants":4,"vowels":1},"word":"lefty"}

Reset Doc Result:
{"updatedExisting":true,"n":1,"connectionId":20,"err":null,"ok":1}

After Resetting Doc:
{ "_id":{"$id":"52e89477c25e84985532622e"},
  "charsets":[{"type":"consonants","chars":["l","f","t"]},
              {"type":"vowels","chars":["e"]}],
  "first":"l","last":"t","letters":["l","e","f","t"],"size":4,
  "stats":{"consonants":3,"vowels":1},"word":"left"}
```

▲

15.5 使用 PHP 更新或插入文档

在 PHP 中，MongoCollection 对象的方法 update()的另一种用途是，用于执行 upsert 操作。upsert 操作先尝试更新集合中的文档；如果没有与查询匹配的文档，就使用$set 运算符来创建一个新文档，并将其插入到集合中。下面显示了方法 update()的语法：

```
update(query, update, [options])
```

参数 query 指定要修改哪些文档；参数 update 是一个 Array 对象，指定了要如何修改与查询匹配的文档；参数 options 指定写入关注选项以及 upsert 和 multiple 的设置。要执行 upsert 操作，必须将 upsert 设置为 true，并将 multiple 设置为 false。

例如，下面的代码对 name=myDoc 的文档执行 upsert 操作。运算符$set 指定了用来创建或更新文档的字段。由于参数 upsert 被设置为 true，因此如果没有找到指定的文档，将创建它；否则就更新它：

```
$query = array('name' => 'myDoc');
$update = array('$set' =>
   array('name' => 'myDoc', 'number' => 5, 'score' => 10));
$options = array('w' => 1, 'j' => true, 'upsert' => true, 'multiple' => false);
$results = $collection->update($query, $update, $options);
```

Try It Yourself

使用PHP更新集合中的文档

在本节中，您将编写一个简单的PHP应用程序，它使用方法update()对示例数据库执行upsert操作：先插入一个新文档，再更新这个文档。通过这个示例，您将熟悉如何在PHP应用程序使用方法update()来执行upsert操作。程序清单15.9显示了这个示例的代码。

在这个示例中，主脚本连接到MongoDB数据库，获取一个MongoCollection对象，再调用其他的方法来更新文档。方法showWord()用于显示单词被添加前后以及被更新后的情况。

方法addUpsert()创建一个数据库中没有的新单词，再使用upsert操作来插入这个新文档。这个文档包含的信息有些不对，因此方法updateUpsert()执行upsert操作来修复这些错误；这次更新了既有文档，演示了upsert操作的更新功能。

请执行如下步骤，创建并运行这个PHP应用程序，它对示例数据库中的文档执行upsert操作并显示结果。

1. 确保启动了MongoDB服务器。

2. 确保下载并安装了PHP MongoDB驱动程序，并运行了生成数据库words的脚本文件code/hour05/generate_words.js。

3. 在文件夹code/hour15中新建一个文件，并将其命名为PHPDocUpsert.php。

4. 在这个文件中输入程序清单15.9所示的代码。这些代码使用update()来对文档执行upsert操作。

5. 将这个文件存盘。

6. 打开一个控制台窗口，并切换到目录code/hour15。

7. 执行下面的命令来运行这个PHP应用程序。程序清单15.10显示了这个应用程序的输出。

```
php PHPDocUpsert.php
```

程序清单15.9 PHPDocUpsert.php：在PHP应用程序中对集合中的文档执行upsert操作

```
01 <?php
02  $mongo = new MongoClient("");
03  $db = $mongo->words;
04  $collection = $db->word_stats;
05  print_r("\nBefore Upserting: \n");
06  showWord($collection);
07  addUpsert($collection);
08  updateUpsert($collection);
09  function showWord($collection){
10    $query = array('word' => 'righty');
11    $doc = $collection->findOne($query);
12    print_r(json_encode($doc)."\n");
13  }
```

```
14  function addUpsert($collection){
15    $query = array('word' => 'righty');
16    $update = array( '$set' =>
17      array(
18        'word' => 'righty', 'first' => 'r', 'last' => 'y',
19        'size' => 4, 'category' => 'New',
20        'stats' => array('vowels' => 1, 'consonants' => 4),
21        'letters' => ["r","i","g","h"],
22        'charsets' => [
23          array('type' => 'consonants', 'chars' => ["r","g","h"]),
24          array('type' => 'vowels', 'chars' => ["i"])]
25      ));
26    $options = array('w' => 1, 'j' => true,
27                     'upsert' => true, 'multiple' => false);
28    $results = $collection->update($query, $update, $options);
29    print_r("\nUpsert as insert results: \n");
30    print_r(json_encode($results)."\n");
31    print_r("After Upsert as insert: \n");
32    showWord($collection);
33  }
34  function updateUpsert($collection){
35    $query = array('word' => 'righty');
36    $update = array( '$set' =>
37       array(
38         'word' => 'righty', 'first' => 'r', 'last' => 'y',
39         'size' => 6, 'category' => 'Updated',
40         'stats' => array('vowels' => 1, 'consonants' => 5),
41         'letters' => ["r","i","g","h","t","y"],
42         'charsets' => [
43           array('type' => 'consonants', 'chars' => ["r","g","h","t",
  "y"]),
44           array('type' => 'vowels', 'chars' => ["i"])]
45       ));
46    $options = array('w' => 1, 'j' => true,
47                     'upsert' => true, 'multiple' => false);
48    $results = $collection->update($query, $update, $options);
49    print_r("\nUpsert as update results: \n");
50    print_r(json_encode($results)."\n");
51    print_r("After Upsert as update: \n");
52    showWord($collection);
53    cleanupWord($collection);
54  }
55  function cleanupWord($collection){
56    $collection->remove(array('word' => 'righty'));
57  }
58 ?>
```

程序清单 15.10 PHPDocUpsert.php-output：在PHP应用程序中对集合中文档执行upsert操作的输出

```
Before Upserting:
null

Upsert as insert results:
{"updatedExisting":false,"upserted":{"$id":"52eaebf2381e4f7e1b27b411"},"
  n":1,
  "connectionId":120,"err":null,"ok":1}

After Upsert as insert:
{ "_id":{"$id":"52eaebf2381e4f7e1b27b411"},"category":"New",
  "charsets":[{"type":"consonants","chars":["r","g","h"]},
              {"type":"vowels","chars":["i"]}],
  "first":"r","last":"y","letters":["r","i","g","h"],"size":4,
  "stats":{"vowels":1,"consonants":4},"word":"righty"}

Upsert as update results:
{"updatedExisting":true,"n":1,"connectionId":120,"err":null,"ok":1}

After Upsert as update:
{"_id":{"$id":"52eaebf2381e4f7e1b27b411"},"category":"Updated",
  "charsets":[{"type":"consonants","chars":["r","g","h","t","y"]},
              {"type":"vowels","chars":["i"]}],
  "first":"r","last":"y","letters":["r","i","g","h","t","y"],
  "size":6,"stats":{"vowels":1,"consonants":5},"word":"righty"}
```

▲

15.6 小结

在本章中，您在PHP应用程序中使用了PHP MongoDB驱动程序来添加、操作和删除集合中的文档。您使用了MongoCollection对象的多个方法来修改集合中的数据。

方法insert()添加新文档；方法remove()删除文档；方法save()更新单个文档。

方法update()有多种用途，您可使用它来更新单个或多个文档，还可通过将参数upsert设置为true来在集合中插入新文档——如果没有与查询匹配的文档。

15.7 问与答

问：遇到错误时，PHP MongoDB驱动程序中的对象会引发异常吗？

答：会。PHP MongoDB驱动程序包含多个异常对象，如MongoException和MongoCursorException，在驱动程序代码发生错误时，将引发这些异常。

问：能够在 PHP Array 对象和 BSON 对象之间进行转换吗？

答：可以。PHP MongoDB 驱动程序提供了方法 bson_encode(BSON)和 bson_decode(array)，它们分别将 BSON 对象编码为数组以及将数组解码为 BSON 对象。

15.8 作业

作业包含一组问题及其答案，旨在加深您对本章内容的理解。请尽可能先回答问题，再看答案。

15.8.1 小测验

1．在 PHP 应用程序中，要在文档不存在时插入它，可使用哪种操作？
2．如何让方法 update()只更新一个文档？
3．判断对错：MongoCollection 对象的方法 save()只能用来保存对既有文档的修改。
4．在 MongoCollection 对象的 update()方法中，哪个参数指定了要更新的字段？

15.8.2 小测验答案

1．使用 MongoCollection 对象的方法 update()，并将参数 upsert 设置为 true。
2．将参数 multiple 设置为 false。
3．错。方法 save()还在文档不存在时添加它。
4．参数 update。它是一个 Array 对象，包含的字段定义了 MongoDB 更新运算符。

15.8.3 练习

1．编写一个类似于文件 PHPDocAdd.php 的 PHP 应用程序，将一个新单词添加示例数据集的 word_stats 集合中。
2．编写一个 PHP 应用程序，使用方法 update()来更新以字母 e 打头的所有单词：给它们都添加值为 eWords 的 category 字段。

第 16 章

在 Python 应用程序中实现 MongoDB

本章介绍如下内容：

- 使用 Python MongoDB 对象来访问 MongoDB 数据库；
- 在 Python 应用程序中使用 Python MongoDB 驱动程序；
- 在 Python 应用程序中连接到 MongoDB 数据库；
- 在 Python 应用程序中查找和检索文档；
- 在 Python 应用程序中对游标中的文档进行排序。

本章介绍如何在 Python 应用程序中实现 MongoDB。要在 Python 应用程序中访问和使用 MongoDB，需要使用 Python MongoDB 驱动程序。Python MongoDB 驱动程序是一个库，提供了在 Python 应用程序中访问 MongoDB 服务器所需的对象和功能。

这些对象与本书前面一直在使用的 MongoDB shell 对象类似。要明白本章和下一章的示例，您必须熟悉 MongoDB 对象和请求的结构。如果您还未阅读第 5～9 章，现在就去阅读。

在接下来的几节中，您将学习在 Python 中访问 MongoDB 服务器、数据库、集合和文档时要用到的对象，您还将使用 Python MongoDB 驱动程序来访问示例集合中的文档。

16.1 理解 Python MongoDB 驱动程序中的对象

Python MongoDB 驱动程序提供了多个对象，让您能够连接到 MongoDB 数据库，进而查找和操作集合中的对象。这些对象分别表示 MongoDB 服务器连接、数据库、集合、游标和文档，提供了在 Python 应用程序中集成 MongoDB 数据库中数据所需的功能。

接下来的几小节介绍如何在 Python 中创建和使用这些对象。

16.1.1 理解 Python 对象 MongoClient

Python 对象 MongoClient 提供了连接到 MongoDB 服务器和访问数据库的功能。要在 Python 应用程序中实现 MongoDB，首先需要创建一个 MongoClient 对象实例，然后就可使用它来访问数据库，设置写入关注以及执行其他操作（如表 16.1 所示）。

要创建 MongoClient 对象实例，需要使用合适的选项调用 new MongoClient()。最基本的方式是连接到本地主机的默认端口：

```
mongo = new MongoClient("")
```

您还可以使用如下格式的连接字符串：

```
mongodb://username:password@host:port/database?options
```

例如，要使用用户名 test 和密码 myPass 连接到主机 1.1.1.1 的端口 8888 上的数据库 words，可使用如下代码：

```
mongo = MongoClient("mongodb://test:myPass@1.1.1.1:8888/words")
```

创建 MongoClient 对象实例后，就可使用表 16.1 所示的方法来访问数据库和设置选项。

表 16.1 Python 对象 MongoClient 的方法

方法	描述
close()	关闭连接
database_names()	返回一个数组，其中包含当前服务器中的所有数据库
drop_database(name)	删除指定的数据库
read_preference	MongoClient 对象的一个属性，指定了读取首选项，可设置为下列值之一： pymongo.read_preferences.ReadPreference.PRIMARY pymongo.read_preferences.ReadPreference.PRIMARY_SECONDARY pymongo.read_preferences.ReadPreference.SECONDARY pymongo.read_preferences.ReadPreference.SECONDARY_SECONDARY pymongo.read_preferences.ReadPreference.NEAREST
write_concern	MongoClient 对象的一个属性，包含一个指定写入关注的字典

16.1.2 理解 Python 对象 Database

Python 对象 Database 提供了身份验证、用户账户管理以及访问和操作集合的功能。与 MongoClient 对象相关联的数据库存储在 MongoClient 对象的一个内部字典中。要获取 Database 对象实例，最简单的方式是直接使用 MongoClient 对象和数据库名，例如，下面的代码获取一个与数据库 words 相关联的 Database 对象：

```
mongo = MongoClient("")
db = mongo["words"]
```

创建 Database 对象实例后，就可使用它来访问数据库了。表 16.2 列出了 Database 对象的一些常用方法。

表 16.2 Python 对象 Database 的方法

方法	描述
add_user(name, password, [read_only])	在当前数据库中添加一个名称和密码为指定值的用户账户。如果 read_only 为 True，该用户将只能读取数据库
authenticate(username, password)	使用用户凭证向数据库验证身份
create_collection(name, options)	在服务器上创建一个集合。参数 options 是一个 Dictionary 对象，指定了集合创建选项
drop_collection(name)	删除指定集合
collection_names()	返回一个数组，其中包含当前数据库中所有的集合
read_preference	与前一小节介绍的 MongoClient 的同名属性相同
write_concern	与前一小节介绍的 MongoClient 的同名属性相同

16.1.3 理解 Python 对象 Collection

Python 对象 Collection 提供了访问和操作集合中文档的功能。与 Database 对象相关联的集合存储在 Database 对象的内部字典中。要获取 Collection 对象实例，最简单的方式是直接使用 Database 对象和集合名。例如，下面的代码获取一个 Collection 对象，它与数据库 words 中的集合 word_stats 相关联：

```
mongo = MongoClient("")
db = mongo["words"]
collection = db["word_stats"]
```

创建 Collection 对象实例后，就可使用它来访问集合了。表 16.3 列出了 Collection 对象的一些常用方法。

表 16.3 Python 对象 Collection 的方法

方法	描述
aggregate(pipeline)	应用聚合选项流水线。流水线中的每个选项都是一个表示聚合操作的 Dictionary 对象。Dictionary 对象将在本章后面讨论，而聚合操作在第 9 章讨论过
count([query])	返回集合中与指定查询匹配的文档数。参数 query 是一个描述查询的 Dictionary 对象
distinct(key)	返回一个数组，其中包含指定字段的不同值
drop()	删除集合
drop_index(keys)	删除 keys 指定的索引
ensure_index(keys, [options])	添加 keys 和可选参数 options 描述的索引，这两个参数都是 Dictionary 对象
find([query], [fields])	返回一个表示集合中文档的 Cursor 对象。可选参数 query 是一个 Dictionary 对象，让您能够限制要包含的文档；可选参数 fields 也是一个 Dictionary 对象，让您能够指定要返回文档中的哪些字段

续表

方法	描述
find_and_modify(query, update, fields, upsert, sort)	以原子方式查找并更新集合中的文档，并返回修改后的文档。参数 query 是一个 Dictionary 对象，指定要更新哪些文档；参数 update 是一个 Dictionary 对象，指定要使用的更新运算符；参数 fields 是一个 Dictionary 对象，指定要返回更新后的文档中的哪些字段；参数 sort 是一个指定排序方式的列表，而参数 upsert 为 True 时将执行 upsert 操作
find_one([query], [fields])	返回一个 Dictionary 对象，表示集合中的一个文档。可选参数 query 是一个 Dictionary 对象，让您能够限制要包含的文档；可选参数 fields 也是一个 Dictionary 对象，让您能够指定要返回文档中的哪些字段
group(key, condition, initial, reduce, [finalize])	对集合执行分组操作（参见第 9 章）
insert(objects)	在集合中插入一个或多个对象
remove([query])	从集合中删除文档。如果没有指定参数 query，将删除所有文档；否则只删除与查询匹配的文档
rename(newName)	重命名集合
save(object)	将对象保存到集合中。如果指定的对象不存在，就插入它
update(query, update, [upsert],[manipulate], [safe], [multi])	更新集合中的文档。参数 query 是一个 Dictionary 对象，指定要更新哪些文档；参数 update 是一个 Dictionary 对象，指定更新运算符。您可使用布尔参数 upsert 来指定是否执行 upsert 操作；如果参数 multi 为 False，将只更新第一个文档
read_preference	与前面介绍的 MongoClient 的同名属性相同
write_concern	与前面介绍的 MongoClient 的同名属性相同

16.1.4 理解 Python 对象 Cursor

Python 对象 Cursor 表示 MongoDB 服务器中的一组文档。使用查找操作查询集合时，通常返回一个 Cursor 对象，而不是向 Python 应用程序返回全部文档对象，这让您能够在 Python 中以受控的方式访问文档。

Cursor 对象以分批的方式从服务器取回文档，并使用一个索引来迭代文档。在迭代期间，当索引到达当前那批文档末尾时，将从服务器取回下批文档。

下面的示例使用查找操作获取一个 Cursor 对象实例：

```
mongo = MongoClient("")
db = mongo['words']
collection = db['word_stats']
cursor = collection.find()
```

创建 Cursor 对象实例后，就可使用它来访问集合中的文档了。表 16.4 列出了 Cursor 对象的一些常用方法。

表 16.4　Python 对象 Cursor 的方法

方法	描述
batch_size(size)	指定每当读取到当前已下载的最后一个文档时，游标都将再返回多少个文档
count([foundonly])	返回游标表示的文档数。如果参数 foundonly 为 True，计算文档数时将考虑 limit()和 skip()设置的值，否则返回游标表示的所有文档数。参数 foundonly 默认为 False

续表

方法	描述
distinct(key)	返回一个数组，其中包含 Cursor 对象表示的文档中参数 key 指定的字段的不同值
limit(size)	指定 Cursor 对象可最多表示多少个文档
skip(size)	在返回文档前，跳过指定数量的文档
sort(sort)	根据列表参数 sort 指定的字段对游标中的文档进行排序。参数 sort 的语法如下，其中 direction 为 1（表示升序）或-1（表示降序）： [(key, direction), ...]

16.1.5 理解表示参数和文档的 Python 对象 Dictionary

正如您在本书前面介绍 MongoDB shell 的章节中看到的，大多数数据库、集合和游标操作都将对象作为参数。这些对象定义了查询、排序、聚合以及其他运算符。文档也是以对象的方式从数据库返回的。

在 MongoDB shell 中，这些对象是 JavaScript 对象，但在 Python 中，表示文档和请求参数的对象都是 Dictionary 对象。服务器返回的文档是用 Dictionary 对象表示的，其中包含与文档字段对应的键。对于用作请求参数的对象，也是用 Dictionary 对象表示的。

要创建 Dictionary 对象，可使用标准的 Python 语法：

```
myDict = {key : value, ...}
```

16.1.6 设置写入关注和其他请求选项

写入数据的数据库操作使用写入关注，它指定了返回前如何核实数据库写入。您可能注意到了，在前几小节中，有多种对象都有属性 write_concern，您可将其设置为一个指定写入关注选项的 Dictionary 对象。这些选项让您能够根据应用程序的需求配置写入关注、超时时间和其他选项。

在 Dictironary 属性 write_concern 中，可设置的一些选项如下。

- w：设置写入关注。1 表示确认，0 表示不确认，majority 表示已写入大部分副本服务器。
- j：设置为 True 或 False，以启用或禁用日记确认。
- wtimeout：等待写入确认的时间，单位为毫秒。
- fsync：如果为 True，写入请求将等到 fsync 结束再返回。

例如，下面的 Python 代码创建了一个 Dictionary 对象，以指定基本的写入关注和更新选项：

```
collection.write_concern = {'w' : 1, 'j' : True, 'wtimeout': 10000, 'fsync':
  True};
```

Try It Yourself

使用 Python MongoDB 驱动程序连接到 MongoDB

明白 Python MongoDB 驱动程序中的对象后，便可以开始在 Python 应用程序中实现 MongoDB 了。本节将引导您逐步实现 MongoDB。

请执行如下步骤，使用 Python MongoDB 驱动程序创建第一个 Python MongoDB 应用程序。

1．如果还没有安装 Python，请访问 www.python.org/download/，按说明下载并安装用于您的开发平台的 Python。

2．确保将可执行文件 python 所在的文件夹添加到了系统路径中，从而能够在控制台提示符下执行命令 python。

3．从下面的网址下载 Python MongoDB 驱动程序，并在您的开发环境中安装它：http://api.mongodb.org/python/current/installation.html。在 Window 平台上，使用 MS Windows 安装程序以简化安装工作；在其他平台上，如果可能的话使用 pip 安装。

4．确保启动了 MongoDB 服务器。

5．再次运行脚本文件 code/hour05/generate_words.js 以重置数据库 words。

6．在文件夹 code/hour16 中新建一个文件，并将其命名为 PythonConnect.py。

7. 在这个文件中输入程序清单 16.1 所示的代码。这些代码创建 MongoClient、Database 和 Collection 对象，并检索文档。

8．将这个文件存盘。

9．打开一个控制台窗口，并切换到目录 code/hour16。

10．执行下面的命令来运行这个 Python 应用程序。程序清单 16.2 显示了这个应用程序的输出。您创建了第一个 MongoDB Python 应用程序。

```
python PythonConnect.py
```

程序清单 16.1　PythonConnect.py：在 Python 应用程序中连接到 MongoDB 数据库

```
01 from pymongo import MongoClient
02 import pymongo
03 mongo = MongoClient('mongodb://localhost:27017/')
04 db = mongo['words']
05 collection = db['word_stats']
06 print ("Number of Documents: ")
07 print (collection.find().count())
```

程序清单 16.2　PythonConnect.py-output：在 Python 应用程序中连接到 MongoDB 数据库的输出

```
Number of Documents:
2673
```

16.2 使用 Python 查找文档

在 Python 应用程序中需要执行的一种常见任务是，查找一个或多个需要在应用程序中使用的文档。在 Python 中查找文档与使用 MongoDB shell 查找文档类似，您可获取一个或多个文档，并使用查询来限制返回的文档。

接下来的几小节讨论如何使用 Python 对象在 MongoDB 集合中查找和检索文档。

16.2.1 使用 Python 从 MongoDB 获取文档

Collection 对象提供了方法 find()和 find_one()，它们与 MongoDB shell 中的同名方法类似，也分别查找一个和多个文档。

调用 find_one()时，将以 Dictionary 对象的方式从服务器返回单个文档，然后您就可根据需要在应用程序中使用这个对象，如下所示：

```
doc = myColl.find_one()
```

Collection 对象的方法 find()返回一个 Cursor 对象，这个对象表示找到的文档，但不取回它们。可以多种不同的方式迭代 Cursor 对象。

可以使用 for 循环来迭代，如下所示：

```
cursor = myColl.find()
for doc in cursor:
  print (doc)
```

由于 Python 将游标视为列表，因此也可使用切片语法来获取游标的部分内容。例如，下面的代码查找集合中的所有文档，再显示第 5～10 个文档：

```
cursor = collection.find()
slice = cursor[5:10]
for doc in slice:
  print (doc)
```

▼ Try It Yourself

使用 Python 从 MongoDB 检索文档

在本节中，您将编写一个简单的 Python 应用程序，它使用 find()和 find_one()从示例数据库中检索文档。通过这个示例，您将熟悉如何使用方法 find()和 find_one()以及如何处理响应。程序清单 16.3 显示了这个示例的代码。

在这个示例中，函数__main__连接到 MongoDB 数据库，获取一个 Collection 对象，再调用其他方法来查找并显示文档。

方法 getOne()调用方法 find_one()从集合中获取单个文档，再显示该文档；方法 getManyFor()查找所有的文档，再使用 for 循环逐个获取这些文档。

方法 getManySlice()查找集合中的所有文档，再使用 Python 切片语法来获取并显示第 5～10 个文档。

请执行如下步骤，创建并运行这个在示例数据集中查找文档并显示结果的 Python 应用程序。

1．确保启动了 MongoDB 服务器。

2．确保下载并安装了 Python MongoDB 驱动程序，并运行了生成数据库 words 的脚本文件 code/hour05/generate_words.js。

3．在文件夹 code/hour16 中新建一个文件，并将其命名为 PythonFind.py。

4．在这个文件中输入程序清单 16.3 所示的代码。这些代码使用了方法 find()和 find_one()。

5．将这个文件存盘。

6．打开一个控制台窗口，并切换到目录 code/hour16。

7．执行下面的命令来运行这个 Python 应用程序。程序清单 16.4 显示了这个应用程序的输出。

```
python PythonFind.py
```

程序清单 16.3　PythonFind.py：在 Python 应用程序中查找并检索集合中的文档

```
01 from pymongo import MongoClient
02 def getOne(collection):
03   doc = collection.find_one()
04   print ("Single Document:")
05   print (doc)
06 def getManyFor(collection):
07   print ("\nMany Using While Loop:")
08   cursor = collection.find()
09   words = []
10   for doc in cursor:
11     words.append(str(doc['word']))
12     if len(words) > 10:
13         break
14   print (words)
15 def getManySlice(collection):
16   print ("\nMany Using For Each Loop:")
17   cursor = collection.find()
18   cursor = cursor[5:10]
19   words = []
20   for doc in cursor:
21     words.append(str(doc['word']))
22   print (words)
23 if __name__=="__main__":
24   mongo = MongoClient('mongodb://localhost:27017/')
25   db = mongo['words']
```

```
26    collection = db['word_stats']
27    getOne(collection)
28    getManyFor(collection)
29    getManySlice(collection)
```

程序清单 16.4 PythonFind.py-output：在 Python 应用程序中查找并检索集合中文档的输出

```
Single Document:
{'stats': {'consonants': 2.0, 'vowels': 1.0}, 'last': 'e',
  'charsets': [{'chars': ['t', 'h'], 'type': 'consonants'},
               {'chars': ['e'], 'type': 'vowels'}],
'first': 't', 'letters': ['t', 'h', 'e'], 'word': 'the',
'_id': ObjectId('52e89477c25e849855325f6a'), 'size': 3.0}

Many Using While Loop:
['the', 'be', 'and', 'of', 'a', 'in', 'to', 'have', 'it', 'i', 'that']

Many Using For Each Loop:
['in', 'to', 'have', 'it', 'i']
```

▲

16.2.2 使用 Python 在 MongoDB 数据库中查找特定的文档

一般而言，您不会想从服务器检索集合中的所有文档。方法 find()和 find_one()让您能够向服务器发送一个查询对象，从而像在 MongoDB shell 中那样限制文档。

要创建查询对象，可使用本章前面描述的 Dictionary 对象。对于查询对象中为子对象的字段，可创建 Dictionary 子对象；对于其他类型（如整型、字符串和数组）的字段，可使用相应的 Python 类型。

例如，要创建一个查询对象来查找 size=5 的单词，可使用下面的代码：

```
query = {'size' : 5}
myColl.find(query)
```

要创建一个查询对象来查找 size>5 的单词，可使用下面的代码：

```
query = {'size' :
    {'$gt' : 5}}
myColl.find(query)
```

要创建一个查询对象来查找第一个字母为 x、y 或 z 的单词，可使用 String 数组，如下所示：

```
query = {'first' :
    {'$in' : ["x", "y", "z"]}}
myColl.find(query)
```

利用上述技巧可创建需要的任何查询对象：不仅能为查找操作创建查询对象，还能为其他需要查询对象的操作这样做。

▼ Try It Yourself

使用 Python 从 MongoDB 数据库检索特定的文档

在本节中，您将编写一个简单的 Python 应用程序，它使用查询对象和方法 find()从示例数据库检索一组特定的文档。通过这个示例，您将熟悉如何创建查询对象以及如何使用它们来显示数据库请求返回的文档。程序清单 16.4 显示了这个示例的代码。

在这个示例中，函数__main__连接到 MongoDB 数据库，获取一个 Collection 对象，并调用其他的方法来查找并显示特定的文档。方法 displayCursor()迭代游标并显示它表示的单词。

方法 over12()查找长度超过 12 的单词；方法 startingABC()查找以 a、b 或 c 打头的单词；方法 startEndVowels()查找以元音字母打头和结尾的单词；方法 over6Vowels()查找包含的元音字母超过 6 个的单词；方法 nonAlphaCharacters()查找包含类型为 other 的字符集且长度为 1 的单词。

请执行如下步骤，创建并运行这个在示例数据集中查找特定文档并显示结果的 Python 应用程序。

1．确保启动了 MongoDB 服务器。

2．确保下载并安装了 Python MongoDB 驱动程序，并运行了生成数据库 words 的脚本文件 code/hour05/generate_words.js。

3．在文件夹 code/hour16 中新建一个文件，并将其命名为 PythonFindSpecific.py。

4．在这个文件中输入程序清单 16.5 所示的代码。这些代码使用了方法 find()和查询对象。

5．将这个文件存盘。

6．打开一个控制台窗口，并切换到目录 code/hour16。

7．执行下面的命令来运行这个 Python 应用程序。程序清单 16.6 显示了这个应用程序的输出。

```
python PythonFindSpecific.py
```

程序清单 16.5　PythonFindSpecific.py：在 Python 应用程序中从集合中查找并检索特定文档

```
01 from pymongo import MongoClient
02 def displayCursor(cursor):
03   words = ''
04   for doc in cursor:
05     words += doc["word"] + ","
06   if len(words) > 65:
07     words = words[:65] + "..."
```

```
08   print (words)
09 def over12(collection):
10   print ("\n\nWords with more than 12 characters:")
11   query = {'size': {'$gt': 12}}
12   cursor = collection.find(query)
13   displayCursor(cursor)
14 def startingABC(collection):
15   print ("\nWords starting with A, B or C:")
16   query = {'first': {'$in': ["a","b","c"]}}
17   cursor = collection.find(query)
18   displayCursor(cursor)
19 def startEndVowels(collection):
20   print ("\nWords starting and ending with a vowel:")
21   query = {'$and': [
22             {'first': {'$in': ["a","e","i","o","u"]}},
23             {'last': {'$in': ["a","e","i","o","u"]}}]}
24   cursor = collection.find(query)
25   displayCursor(cursor)
26 def over6Vowels(collection):
27   print ("\nWords with more than 5 vowels:")
28   query = {'stats.vowels': {'$gt': 5}}
29   cursor = collection.find(query)
30   displayCursor(cursor)
31 def nonAlphaCharacters(collection):
32   print ("\nWords with 1 non-alphabet characters:")
33   query = {'charsets':
34       {'$elemMatch':
35         {'$and': [
36           {'type': 'other'},
37           {'chars': {'$size': 1}}]}}}
38   cursor = collection.find(query)
39   displayCursor(cursor)
40 if __name__=="__main__":
41   mongo = MongoClient('mongodb://localhost:27017/')
42   db = mongo['words']
43   collection = db['word_stats']
44   over12(collection)
45   startEndVowels(collection)
46   over6Vowels(collection)
47   nonAlphaCharacters(collection)
```

程序清单 16.6 PythonFindSpecific.py-output：在 Python 应用程序中从集合中查找并检索特定文档的输出

```
Words with more than 12 characters:
international,administration,environmental,responsibility,investi...
```

```
Words starting and ending with a vowel:
a,i,one,into,also,use,area,eye,issue,include,once,idea,ago,office...

Words with more than 5 vowels:
international,organization,administration,investigation,communica...

Words with 1 non-alphabet characters:
don't,won't,can't,shouldn't,e-mail,long-term,so-called,mm-hmm,
```

▲

16.3 使用 Python 计算文档数

使用 Python 访问 MongoDB 数据库中的文档集时，您可能想先确定文档数，再决定是否检索它们。无论是在 MongoDB 服务器还是客户端，计算文档数的开销都很小，因为不需要传输实际文档。

Cursor 对象的方法 count()让您能够获取游标表示的文档数。例如，下面的代码使用方法 find()来获取一个 Cursor 对象，再使用方法 count()来获取文档数：

```
cursor = wordsColl.find()
itemCount = cursor.count()
```

itemCount 的值为与 find()操作匹配的单词数。

▼ Try It Yourself

在 Python 应用程序中使用 count()获取 Cursor 对象表示的文档数

在本节中，您将编写一个简单的 Python 应用程序，它使用查询对象和 find()从示例数据库检索特定的文档集，并使用 count()来获取游标表示的文档数。通过这个示例，您将熟悉如何在检索并处理文档前获取文档数。程序清单 16.7 显示了这个示例的代码。

在这个示例中，函数__main__连接到 MongoDB 数据库，获取一个 Collection 对象，再调用其他的方法来查找特定的文档并显示找到的文档数。方法 countWords()使用查询对象、find()和 count()来计算数据库中的单词总数以及以 a 打头的单词数。

请执行如下步骤，创建并运行这个 Python 应用程序，它查找示例数据集中的特定文档，计算找到的文档数并显示结果。

1．确保启动了 MongoDB 服务器。

2．确保下载并安装了 Python MongoDB 驱动程序，并运行了生成数据库 words 的脚本文件 code/hour05/generate_words.js。

3．在文件夹 code/hour16 中新建一个文件，并将其命名为 PythonFindCount.py。

4．在这个文件中输入程序清单 16.7 所示的代码。这些代码使用方法 find()和查询对象查找特定文档，并计算找到的文档数。

5．将这个文件存盘。

6．打开一个控制台窗口，并切换到目录code/hour16。

7．执行下面的命令来运行这个Python应用程序。程序清单16.8显示了这个应用程序的输出。

```
python PythonFindCount.py
```

程序清单16.7 PythonFindCount.py：在Python应用程序中计算在集合中找到的特定文档的数量

```
01 from pymongo import MongoClient
02 def countWords(collection):
03     cursor = collection.find();
04     print ("Total words in the collection:")
05     print (cursor.count())
06     query = {'first': 'a'}
07     cursor = collection.find(query)
08     print ("\nTotal words starting with A:")
09     print (cursor.count())
10 if __name__=="__main__":
11     mongo = MongoClient('mongodb://localhost:27017/')
12     db = mongo['words']
13     collection = db['word_stats']
14     countWords(collection)
```

程序清单16.8 PythonFindCount.py-output：在Python应用程序中计算在集合中找到的特定文档数量的输出

```
Total words in the collection:
2673

Total words starting with A:
192
```

▲

16.4 使用Python对结果集排序

从MongoDB数据库检索文档时，一个重要方面是对文档进行排序。只想检索特定数量（如前10个）的文档或要对结果集进行分页时，这特别有帮助。排序选项让您能够指定用于排序的文档字段和方向。

Cursor对象的方法sort()让您能够指定要根据哪些字段对游标中的文档进行排序，并按相应的顺序返回文档。方法sort()将一个元组（(key, order)对）列表作为参数，其中key是要用于排序的字段名，而order为1（升序）或-1（降序）。

例如，要按字段 name 升序排列文档，可使用下面的代码：

```
sorter = [('name', 1)]
cursor = myCollection.find()
cursor.sort(sorter)
```

在传递给方法 sort()的列表中，可指定多个字段，这样文档将按这些字段排序。还可对同一个游标调用 sort()方法多次，从而依次按不同的字段进行排序。例如，要首先按字段 name 升序排列，再按字段 value 降序排列，可使用下面的代码：

```
sorter = [('name', 1), ('value', -1)];
cursor = myCollection.find()
cursor.sort(sorter)
```

也可使用下面的代码：

```
sorter1 = [('name', 1)]
sorter2 = [('value', -1)]
cursor = myCollection.find()
cursor = cursor.sort(sorter1)
cursor.sort(sorter2)
```

Try It Yourself

使用 sort()以特定顺序返回 Python 对象 Cursor 表示的文档

在本节中，您将编写一个简单的 Python 应用程序，它使用查询对象和方法 find()从示例数据库检索特定的文档集，再使用方法 sort()将游标中的文档按特定顺序排列。通过这个示例，您将熟悉如何在检索并处理文档前对游标表示的文档进行排序。程序清单 16.9 显示了这个示例的代码。

在这个示例中，函数__main__连接到 MongoDB 数据库，获取一个 Collection 对象，再调用其他的方法来查找特定的文档，对找到的文档进行排序并显示结果。方法 displayCursor()显示排序后的单词列表。

方法 sortWordsAscending()获取以 w 打头的单词并将它们按升序排列；方法 sortWordsDescending()获取以 w 打头的单词并将它们按降序排列；方法 sortWordsAscAndSize()获取以 q 打头的单词，并将它们首先按最后一个字母升序排列，再按长度降序排列。

执行下面的步骤，创建并运行这个 Python 应用程序，它在示例数据集中查找特定的文档，对找到的文档进行排序并显示结果。

1．确保启动了 MongoDB 服务器。

2．确保下载并安装了 Python MongoDB 驱动程序，并运行了生成数据库 words 的脚本文件 code/hour05/generate_words.js。

3．在文件夹 code/hour16 中新建一个文件，并将其命名为 PythonFindSort.py。

4．在这个文件中输入程序清单 16.9 所示的代码。这些代码对 Cursor 对象表示的文档进行排序。

5．将这个文件存盘。

6．打开一个控制台窗口，并切换到目录code/hour16。

7．执行下面的命令来运行这个Python应用程序。程序清单16.10显示了这个应用程序的输出。

```
python PythonFindSort.py
```

程序清单16.9 PythonFindSort.py：在Python应用程序中查找集合中的特定文档并进行排序

```
01 from pymongo import MongoClient
02 def displayCursor(cursor):
03   words = ''
04   for doc in cursor:
05     words += doc["word"] + ","
06   if len(words) > 65:
07     words = words[:65] + "..."
08   print (words)
09 def sortWordsAscending(collection):
10   query = {'first': 'w'}
11   cursor = collection.find(query)
12   sorter = [('word', 1)]
13   cursor.sort(sorter)
14   print ("\nW words ordered ascending:")
15   displayCursor(cursor)
16 def sortWordsDescending(collection):
17   query = {'first': 'w'}
18   cursor = collection.find(query)
19   sorter = [('word', -1)]
20   cursor.sort(sorter)
21   print ("\n\nW words ordered descending:")
22   displayCursor(cursor)
23 def sortWordsAscAndSize(collection):
24   query = {'first': 'q'}
25   cursor = collection.find(query)
26   sorter = [('last', 1), ('size', -1)]
27   cursor.sort(sorter)
28   print ("\nQ words ordered first by last letter " + \
29         "and then by size:")
30   displayCursor(cursor)
31 if __name__=="__main__":
32     mongo = MongoClient('mongodb://localhost:27017/')
33     db = mongo['words']
34     collection = db['word_stats']
35     sortWordsAscending(collection)
36     sortWordsDescending(collection)
37     sortWordsAscAndSize(collection)
```

程序清单 16.10 PythonFindSort.py-output：在 Python 应用程序中查找集合中的特定文档并进行排序的输出

```
W words ordered ascending:
wage,wait,wake,walk,wall,want,war,warm,warn,warning,wash,waste,wa...

W words ordered descending:
wrong,writing,writer,write,wrap,would,worth,worry,world,works,wor...

Q words ordered first by last letter and then by size:
quite,quote,quick,question,quarter,quiet,quit,quickly,quality,qui...
```

▲

16.5 小结

本章介绍了 Python MongoDB 驱动程序提供的对象，这些对象分别表示连接、数据库、集合、游标和文档，提供了在 Python 应用程序中访问 MongoDB 所需的功能。

您还下载并安装了 Python MongoDB 驱动程序，并创建了一个简单 Python 应用程序来连接到 MongoDB 数据库。接下来，您学习了如何使用 Collection 和 Cursor 对象来查找和检索文档。最后，您学习了如何在检索游标表示的文档前计算文档数量以及对其进行排序。

16.6 问与答

问：Python MongoDB 驱动程序还提供了本章没有介绍的其他对象吗？

答：是的。本章只介绍了您需要知道的主要对象，但 Python MongoDB 驱动程序还提供了很多支持对象和函数，有关这方面的文档，请参阅 http://api.mongodb.org/python/current/api/index.html。

问：哪些 Python 版本支持 MongoDB？

答：这取决于您使用的平台。在大多数平台上，32 位和 64 位的 Python 2.5 和更高版本都支持 MongoDB。

16.7 作业

作业包含一组问题及其答案，旨在加深您对本章内容的理解。请尽可能先回答问题，再看答案。

16.7.1 小测验

1. 如何控制 find()操作将返回哪些文档？

2．如何按字段name升序排列文档？

3．如何获取Database对象的字段值？

4．判断对错：方法find_one()返回一个Cursor对象。

16.7.2 小测验答案

1．创建一个定义查询的Dictionary对象。

2．创建参数[('name', 1)]，并将其传递给方法sort()。

3．使用方法get(fieldName)。

4．错。它返回一个表示文档的Dictionary对象。

16.7.3 练习

1．扩展文件PythonFindSort.py，在其中添加一个方法，它将文档首先按长度降序排列，再按最后一个字母降序排列。

2．扩展文件PythonFindSpecific.py，在其中查找以a打头并以e结尾的单词。

第 17 章

在Python应用程序中访问MongoDB数据库

本章介绍如下内容：

- 使用 Python 对大型数据集分页；
- 使用 Python 限制从文档中返回的字段；
- 使用 Python 生成文档中不同字段值列表；
- 使用 Python 对文档进行分组并生成返回数据集；
- 在 Python 应用程序中使用聚合流水线根据集合中的文档生成数据集。

本章继续介绍 Python MongoDB 驱动程序，以及如何在 Python 应用程序中使用它来检索数据，重点是限制返回的结果，这是通过限制返回的文档数和字段以及对大型数据集进行分页实现的。

本章还将介绍如何在 Python 应用程序执行各种分组和聚合操作。这些操作让您能够在服务器端处理数据，再将结果返回给 Python 应用程序，从而减少发送的数据量以及应用程序的工作量。

17.1 使用 Python 限制结果集

在大型系统上查询较复杂的文档时，常常需要限制返回的内容，以降低对服务器和客户端网络和内存的影响。要限制与查询匹配的结果集，方法有三种：只接受一定数量的文档；限制返回的字段；对结果分页，分批地获取它们。

17.1.1 使用 Python 限制结果集的大小

要限制 find()或其他查询请求返回的数据量，最简单的方法是对 find()操作返回的 Cursor 对象调用方法 limit()，它让 Cursor 对象返回指定数量的文档，可避免检索的对象量超过应用程序的处理能力。

例如，下面的代码只显示集合中的前10个文档，即便匹配的文档有数千个：

```
cursor = wordsColl.find()
cursor.limit(10)
for word in cursor:
  print (word)
```

Try It Yourself

使用limit()将Python对象Cursor表示的文档减少到指定的数量

在本节中，您将编写一个简单的Python应用程序，它使用limit()来限制find()操作返回的结果。通过这个示例，您将熟悉如何结合使用limit()和find()，并了解limit()对结果的影响。程序清单17.1显示了这个示例的代码。

在这个示例中，函数__main__连接到MongoDB数据库，获取一个Collection对象，并调用其他方法来查找并显示数量有限的文档。方法displayCursor()迭代游标并显示找到的单词。

方法limitResults()接受一个limit参数，查找以p打头的单词，并返回参数limit指定的单词数。

请执行如下步骤，创建并运行这个Python应用程序，它在示例数据集中查找指定数量的文档并显示结果。

1．确保启动了MongoDB服务器。

2．确保下载并安装了Python MongoDB驱动程序，并运行了生成数据库words的脚本文件code/hour05/generate_words.js。

3．在文件夹code/hour17中新建一个文件，并将其命名为PythonFindLimit.py。

4．在这个文件中输入程序清单17.1所示的代码。这些代码使用了方法find()和limit()。

5．将这个文件存盘。

6．打开一个控制台窗口，并切换到目录code/hour17。

7．执行下面的命令来运行这个Python应用程序。程序清单17.2显示了这个应用程序的输出。

```
python PythonFindLimit.py
```

程序清单17.1 PythonFindLimit.py：在Python应用程序中在集合中查找指定数量的文档

```
01 from pymongo import MongoClient
02 def displayCursor(cursor):
03     words = ''
04     for doc in cursor:
05       words += doc["word"] + ","
06     if len(words) > 65:
```

```
07          words = words[:65] + "..."
08      print (words)
09 def limitResults(collection, limit):
10      query = {'first': 'p'}
11      cursor = collection.find(query)
12      cursor.limit(limit)
13      print ("\nP words Limited to " + str(limit) +" :")
14      displayCursor(cursor)
15 if __name__=="__main__":
16      mongo = MongoClient('mongodb://localhost:27017/')
17      db = mongo['words']
18      collection = db['word_stats']
19      limitResults(collection, 1)
20      limitResults(collection, 3)
21      limitResults(collection, 5)
22      limitResults(collection, 7)
```

程序清单 17.2　PythonFindLimit.py-output：在 Python 应用程序中在集合中查找指定数量文档的输出

```
P words Limited to 1 :
people,

P words Limited to 3 :
people,put,problem,

P words Limited to 5 :
people,put,problem,part,place,

P words Limited to 7 :
people,put,problem,part,place,program,play,
```

▲

17.1.2　使用 Python 限制返回的字段

为限制文档检索时返回的数据量，另一种极有效的方式是限制要返回的字段。文档可能有很多字段在有些情况下很有用，但在其他情况下没用。从 MongoDB 服务器检索文档时，需考虑应包含哪些字段，并只请求必要的字段。

要对 Collection 对象的方法 find()从服务器返回的字段进行限制，可使用参数 fields。这个参数是一个 Dictionary 对象，它使用值 True 来包含字段，使用值 False 来排除字段。

例如，要在返回文档时排除字段 stats、value 和 comments，可使用下面的 fields 参数：

```
fields = {'stats' : false, 'value' : false, 'comments' : False);
cursor = myColl.find(None, fields)
```

这里将查询对象指定成了None，因为您要查找所有的文档。

仅包含所需的字段通常更容易。例如，如果只想返回first字段为t的文档的word和size字段，可使用下面的代码：

```
query = {'first' : 't'}
fields = {'word' : true, 'size' : True}
cursor = myColl.find(query, fields)
```

Try It Yourself

在方法find()中使用参数fields来减少Cursor对象表示的文档中的字段数

在本节中，您将编写一个简单的Python应用程序，它在方法find()中使用参数fields来限制返回的字段。通过这个示例，您将熟悉如何使用方法find()的参数fields，并了解它对结果的影响。程序清单17.3显示了这个示例的代码。

在这个示例中，函数__main__连接到MongoDB数据库，获取一个Collection对象，并调用其他的方法来查找文档并显示其指定的字段。方法displayCursor()迭代游标并显示找到的文档。

方法includeFields()接受一个字段名列表，创建参数fields并将其传递给方法find()，使其只返回指定的字段；方法excludeFields()接受一个字段名列表，创建参数fields并将其传递给方法find()，以排除指定的字段。

请执行如下步骤，创建并运行这个Python应用程序，它在示例数据集中查找文档、限制返回的字段并显示结果。

1. 确保启动了MongoDB服务器。

2. 确保下载并安装了Python MongoDB驱动程序，并运行了生成数据库words的脚本文件code/hour05/generate_words.js。

3. 在文件夹code/hour17中新建一个文件，并将其命名为PythonFindFields.py。

4. 在这个文件中输入程序清单17.3所示的代码。这些代码在调用方法find()时传递了参数fields。

5. 将这个文件存盘。

6. 打开一个控制台窗口，并切换到目录code/hour17。

7. 执行下面的命令来运行这个Python应用程序。程序清单17.4显示了这个应用程序的输出。

```
python PythonFindFields.py
```

程序清单17.3 PythonFindFields.py：在Python应用程序中限制从集合返回的文档包含的字段

```
01 from pymongo import MongoClient
02 def displayCursor(cursor):
03     print (cursor)
```

```
04 def includeFields(collection, fields):
05     query = {'first': 'p'}
06     fieldObj = {}
07     for field in fields:
08       fieldObj[field] = True
09     word = collection.find_one(query, fieldObj)
10     print ("\nIncluding " + str(fields) +" fields:")
11     displayCursor(word)
12 def excludeFields(collection, fields):
13     query = {'first': 'p'}
14     if not len(fields):
15         fieldObj = None
16     else:
17         fieldObj = {}
18         for field in fields:
19            fieldObj[field] = False
20     doc = collection.find_one(query, fieldObj)
21     print ("\nExcluding " + str(fields) + " fields:")
22     displayCursor(doc)
23 if __name__=="__main__":
24     mongo = MongoClient('mongodb://localhost:27017/')
25     db = mongo['words']
26     collection = db['word_stats']
27     excludeFields(collection, [])
28     includeFields(collection, ['word', 'size'])
29     includeFields(collection, ['word', 'letters'])
30     excludeFields(collection, ['letters', 'stats', 'charsets'])
```

程序清单 17.4 PythonFindFields.py-output：在 Python 应用程序中限制从集合返回的文档包含的字段的输出

```
Excluding [] fields:
{ 'stats': {'consonants': 3.0, 'vowels': 3.0}, 'last': 'e',
  'charsets': [{'chars': ['p', 'l'], 'type': 'consonants'},
               {'chars': ['e', 'o'], 'type': 'vowels'}],
  'first': 'p', 'letters': ['p', 'e', 'o', 'l'], 'word': 'people',
  '_id': ObjectId('52e89477c25e849855325fa7'), 'size': 6.0}

Including ['word', 'size'] fields:
{'_id': ObjectId('52e89477c25e849855325fa7'), 'word': 'people', 'size':
  6.0}

Including ['word', 'letters'] fields:
{ 'letters': ['p', 'e', 'o', 'l'],
  '_id': ObjectId('52e89477c25e849855325fa7'), 'word': 'people'}
```

```
Excluding ['letters', 'stats', 'charsets'] fields:
{ 'last': 'e', 'first': 'p', 'letters': ['p', 'e', 'o', 'l'],
  'word': 'people', '_id': ObjectId('52e89477c25e849855325fa7'), 'size':
  6.0}
```

▲

17.1.3 使用Python将结果集分页

为减少返回的文档数，一种常见的方法是进行分页。要进行分页，需要指定要在结果集中跳过的文档数，还需限制返回的文档数。跳过的文档数将不断增加，每次的增量都是前一次返回的文档数。

要对一组文档进行分页，需要使用Cursor对象的方法limit()和skip()。方法skip()让您能够指定在返回文档前要跳过多少个文档。

每次获取下一组文档时，都增大方法skip()中指定的值，增量为前一次调用limit()时指定的值，这样就实现了数据集分页。

例如，下面的语句查找第11～20个文档：

```
cursor = collection.find()
cursor.limit(10)
cursor.skip(10)
```

进行分页时，务必调用方法sort()来确保文档的排列顺序不变。

▼ Try It Yourself

在Python中使用skip()和limit()对MongoDB集合中的文档进行分页

在本节中，您将编写一个简单的Python应用程序，它使用Cursor对象的方法skip()和limit()方法对 find()返回的大量文档进行分页。通过这个示例，您将熟悉如何使用 skip()和limit()对较大的数据集进行分页。程序清单17.5显示了这个示例的代码。

在这个示例中，函数__main__连接到MongoDB数据库，获取一个Collection对象，并调用其他的方法来查找文档并以分页方式显示它们。方法 displayCursor()迭代游标并显示当前页中的单词。

方法pageResults()接受一个skip参数，并根据它以分页方式显示以w开头的所有单词。每显示一页后，都将skip值递增，直到到达游标末尾。

请执行下面的步骤，创建并运行这个对示例数据集中的文档进行分页并显示结果的Python应用程序。

1．确保启动了MongoDB服务器。

2．确保下载并安装了Python MongoDB驱动程序，并运行了生成数据库words的脚本文件 code/hour05/generate_words.js。

3．在文件夹 code/hour17 中新建一个文件，并将其命名为 PythonFindPaging.py。

4．在这个文件中输入程序清单 17.5 所示的代码。这些代码实现了文档集分页。

5．将这个文件存盘。

6．打开一个控制台窗口，并切换到目录 code/hour17。

7．执行下面的命令来运行这个 Python 应用程序。程序清单 17.6 显示了这个应用程序的输出。

```
python PythonFindPaging.py
```

程序清单 17.5 PythonFindPaging.py：在 Python 应用程序中分页显示集合中的文档集

```
01 from pymongo import MongoClient
02 def displayCursor(cursor):
03     words = ''
04     for doc in cursor:
05       words += doc["word"] + ","
06     if len(words) > 65:
07       words = words[:65] + "..."
08     print (words)
09 def pageResults(collection, skip):
10     query = {'first': 'w'}
11     cursor = collection.find(query)
12     cursor.limit(10)
13     cursor.skip(skip)
14     print ("Page " + str(skip+1) + " to " + \
15            str(skip + cursor.count(True)) + ":")
16     displayCursor(cursor);
17     if(cursor.count(True) == 10):
18       pageResults(collection, skip+10);
19 if __name__=="__main__":
20     mongo = MongoClient('mongodb://localhost:27017/')
21     db = mongo['words']
22     collection = db['word_stats']
23     pageResults(collection, 0)
```

程序清单 17.6 PythonFindPaging.py-output：在 Python 应用程序中分页显示集合中的文档集的输出

```
Page 1 to 10:
with,won't,we,what,who,would,will,when,which,want,
Page 11 to 20:
way,well,woman,work,world,while,why,where,week,without,
Page 21 to 30:
water,write,word,white,whether,watch,war,within,walk,win,
Page 31 to 40:
wait,wife,whole,wear,whose,wall,worker,window,wrong,west,
```

```
Page 41 to 50:
whatever,wonder,weapon,wide,weight,worry,writer,whom,wish,western...
Page 51 to 60:
wind,weekend,wood,winter,willing,wild,worth,warm,wave,wonderful,
Page 61 to 70:
wine,writing,welcome,weather,works,wake,warn,wing,winner,welfare,
Page 71 to 80:
witness,waste,wheel,weak,wrap,warning,wash,widely,wedding,wheneve...
Page 81 to 90:
wire,whisper,wet,weigh,wooden,wealth,wage,wipe,whereas,withdraw,
Page 91 to 93:
working,wisdom,wealthy,
```

▲

17.2 使用Python查找不同的字段值

一种很有用的 MongoDB 集合查询是，获取一组文档中某个字段的不同值列表。不同（distinct）意味着纵然有数千个文档，您只想知道那些独一无二的值。

Collection 和 Cursor 对象的方法 distinct()让您能够找出指定字段的不同值列表，这个方法的语法如下：

```
distinct(key)
```

其中参数 key 是一个字符串，指定了要获取哪个字段的不同值。要获取子文档中字段的不同值，可使用句点语法，如 stats.count。如果要获取部分文档中指定字段的不同值，可先使用查询生成一个 Cursor 对象，再对这个 Cursor 对象调用方法 distinct()。

例如，假设有一些包含字段 first、last 和 age 的用户文档，要获取年龄超过 65 岁的用户的不同姓，可使用下面的操作：

```
query = {'age' : {'$gt' : 65}}
cursor = myCollection.find(query)
lastNames = cursor.distinct('last')
```

方法 distinct()返回一个数组，其中包含指定字段的不同值，例如：

```
["Smith", "Jones", ...]
```

▼ Try It Yourself

使用 Python 检索一组文档中指定字段的不同值

在本节中，您将编写一个 Python 应用程序，它使用 Collection 对象的方法 distinct()来检索示例数据库中不同的字段值。通过这个示例，您将熟练地生成数据集中的不同字段值列表。程序清单 17.7 显示了这个示例的代码。

在这个示例中，函数__main__连接到 MongoDB 数据库，获取一个 Collection 对象，并调用其他的方法来找出并显示不同的字段值。

方法 sizesOfAllWords()找出并显示所有单词的各种长度；方法 sizesOfQWords()找出并显示以 q 打头的单词的各种长度；方法 firstLetterOfLongWords()找出并显示长度超过 12 的单词的各种长度。

请执行下面的步骤，创建并运行这个 Python 应用程序，它找出示例数据集中文档集的不同字段值，并显示结果。

1．确保启动了 MongoDB 服务器。

2．确保下载并安装了 Python MongoDB 驱动程序，并运行了生成数据库 words 的脚本文件 code/hour05/generate_words.js。

3．在文件夹 code/hour17 中新建一个文件，并将其命名为 PythonFindDistinct.py。

4．在这个文件中输入程序清单 17.7 所示的代码。这些代码对文档集执行 distinct()操作。

5．将这个文件存盘。

6．打开一个控制台窗口，并切换到目录 code/hour17。

7．执行下面的命令来运行这个 Python 应用程序。程序清单 17.8 显示了这个应用程序的输出。

```
python PythonFindDistinct.py
```

程序清单 17.7 PythonFindDistinct.py：在 Python 应用程序中找出文档集中不同的字段值

```
01 from pymongo import MongoClient
02 def sizesOfAllWords(collection):
03     results = collection.distinct("size")
04     print ("\nDistinct Sizes of words: ")
05     print (str(results))
06 def sizesOfQWords(collection):
07     query = {'first': 'q'}
08     cursor = collection.find(query)
09     results = cursor.distinct("size")
10     print ("\nDistinct Sizes of words starting with Q:")
11     print (str(results))
12 def firstLetterOfLongWords(collection):
13     query = {'size': {'$gt': 12}}
14     cursor = collection.find(query)
15     results = cursor.distinct("first")
16     print ("\nDistinct first letters of words longer than" + \
17             " 12 characters:")
18     print (str(results))
19 if __name__=="__main__":
20     mongo = MongoClient('mongodb://localhost:27017/')
21     db = mongo['words']
22     collection = db['word_stats']
23     sizesOfAllWords(collection)
```

```
24      sizesOfQWords(collection)
25      firstLetterOfLongWords(collection)
```

程序清单 17.8 PythonFindDistinct.py-output：在Python应用程序中找出文档集中不同字段值的输出

```
Distinct Sizes of words:
[3.0, 2.0, 1.0, 4.0, 5.0, 9.0, 6.0, 7.0, 8.0, 10.0, 11.0, 12.0, 13.0, 14.0]

Distinct Sizes of words starting with Q:
[8.0, 5.0, 7.0, 4.0]

Distinct first letters of words longer than 12 characters:
['i', 'a', 'e', 'r', 'c', 'u', 's', 'p', 't']
```

▲

17.3 在Python应用程序中对查找操作结果进行分组

在Python中对大型数据集执行操作时，根据文档的一个或多个字段的值将结果分组通常很有用。这也可以在取回文档后使用代码来完成，但让MongoDB服务器在原本就要迭代文档的请求中这样做，效率要高得多。

在Python中，要将查询结果分组，可使用Collection对象的方法group()。分组请求首先收集所有与查询匹配的文档，再对于指定键的每个不同值，都在数组中添加一个分组对象，对这些分组对象执行操作，并返回这个分组对象数组。

方法group()的语法如下：

```
group({key, cond , initial, reduce, [finalize]})
```

其中参数key、cond和initial都是Dictionary对象，指定了要用来分组的字段、查询以及要使用的初始文档；参数reduce和finalize为String对象，包含以字符串方式表示的JavaScript函数，这些函数将在服务器上运行以归并文档并生成最终结果。有关这些参数的更详细信息，请参阅第9章。

为演示这个方法，下面的代码实现了简单分组，它创建了对象key、cond和initial，并以字符串的方式传入了一个reduce函数：

```
key = {'first' : True }
cond = {'first' : 'a', 'size': 5}
initial = {'count' : 0}
reduce = "function (obj, prev) { prev.count++; }"
results = collection.group(key, cond, initial, reduce)
```

方法group()返回一个包含分组结果的List。下面的代码逐项地显示了分组结果的内容：

```
for result in results:
    print (result)
```

Try It Yourself

使用 Python 根据键值将文档分组

在本节中，您将创建一个简单的 Python 应用程序，它使用 Collection 对象的方法 group()从示例数据库检索文档，根据指定字段进行分组，并在服务器上执行 reduce 和 finalize 函数。通过这个示例，您将熟悉如何使用 group()在服务器端对数据集进行处理，以生成分组数据。程序清单 17.9 显示了这个示例的代码。

在这个示例中，函数__main__连接到 MongoDB 数据库，获取一个 Collection 对象，并调用其他的方法来查找文档、进行分组并显示结果。方法 displayGroup()显示分组结果。

方法 firstIsALastIsVowel()将第一个字母为 a 且最后一个字母为元音字母的单词分组，其中的 reduce 函数计算单词数，以确定每组的单词数。

方法 firstLetterTotals()根据第一个字母分组，并计算各组中所有单词的元音字母总数和辅音字母总数。在其中的 finalize 函数中，将元音字母总数和辅音字母总数相加，以提供各组单词的字符总数。

请执行下面的步骤，创建并运行这个 Python 应用程序，它对示例数据集中的文档进行分组和处理，并显示结果。

1. 确保启动了 MongoDB 服务器。

2. 确保下载并安装了 Python MongoDB 驱动程序，并运行了生成数据库 words 的脚本文件 code/hour05/generate_words.js。

3. 在文件夹 code/hour17 中新建一个文件，并将其命名为 PythonGroup.py。

4. 在这个文件中输入程序清单 17.9 所示的代码。这些代码对文档集执行 group()操作。

5. 将这个文件存盘。

6. 打开一个控制台窗口，并切换到目录 code/hour17。

7. 执行下面的命令来运行这个 Python 应用程序。程序清单 17.10 显示了这个应用程序的输出。

```
python PythonGroup.py
```

程序清单 17.9 PythonGroup.py：在 Python 应用程序中根据字段值对单词分组以生成不同的数据

```
01 from pymongo import MongoClient
02 def displayGroup(results):
03     for result in results:
04       print (result)
05 def firstIsALastIsVowel(collection):
06     key = {'first' : True, "last" : True}
07     cond = {'first' : 'a', 'last' :
08                    {'$in' : ["a","e","i","o","u"]}}
```

```
09      initial = {'count' : 0}
10      reduce = "function (obj, prev) { prev.count++; }"
11      results = collection.group(key, cond, initial, reduce)
12      print ("\n\n'A' words grouped by first and last" + \
13             " letter that end with a vowel:")
14      displayGroup(results)
15  def firstLetterTotals(collection):
16      key = {'first' : True}
17      cond = {}
18      initial = {'vowels' : 0, 'cons' : 0}
19      reduce = "function (obj, prev) { " + \
20                  "prev.vowels += obj.stats.vowels; " + \
21                  "prev.cons += obj.stats.consonants; " + \
22               "}"
23      finalize = "function (obj) { " + \
24                  "obj.total = obj.vowels + obj.cons; " + \
25               "}"
26      results = collection.group(key, cond, initial, reduce, finalize)
27      print ("\n\nWords grouped by first letter " + \
28             "with totals:")
29      displayGroup(results)
30  if __name__=="__main__":
31      mongo = MongoClient('mongodb://localhost:27017/')
32      db = mongo['words']
33      collection = db['word_stats']
34      firstIsALastIsVowel(collection)
35      firstLetterTotals(collection)
```

程序清单 17.10 PythonGroup.py-output：在 Python 应用程序中根据字段值对单词分组以生成不同数据的输出

```
'A' words grouped by first and last letter that end with a vowel:
{'count': 3.0, 'last': 'a', 'first': 'a'}
{'count': 2.0, 'last': 'o', 'first': 'a'}
{'count': 52.0, 'last': 'e', 'first': 'a'}
Words grouped by first letter with totals:
{'total': 947.0, 'cons': 614.0, 'vowels': 333.0, 'first': 't'}
{'total': 690.0, 'cons': 444.0, 'vowels': 246.0, 'first': 'b'}
{'total': 1270.0, 'cons': 725.0, 'vowels': 545.0, 'first': 'a'}
{'total': 441.0, 'cons': 237.0, 'vowels': 204.0, 'first': 'o'}
{'total': 906.0, 'cons': 522.0, 'vowels': 384.0, 'first': 'i'}
{'total': 393.0, 'cons': 248.0, 'vowels': 145.0, 'first': 'h'}
{'total': 701.0, 'cons': 443.0, 'vowels': 258.0, 'first': 'f'}
{'total': 67.0, 'cons': 41.0, 'vowels': 26.0, 'first': 'y'}
{'total': 474.0, 'cons': 313.0, 'vowels': 161.0, 'first': 'w'}
{'total': 947.0, 'cons': 585.0, 'vowels': 362.0, 'first': 'd'}
```

```
{'total': 1946.0, 'cons': 1233.0, 'vowels': 713.0, 'first': 'c'}
{'total': 1855.0, 'cons': 1215.0, 'vowels': 640.0, 'first': 's'}
{'total': 344.0, 'cons': 208.0, 'vowels': 136.0, 'first': 'n'}
{'total': 374.0, 'cons': 240.0, 'vowels': 134.0, 'first': 'g'}
{'total': 679.0, 'cons': 417.0, 'vowels': 262.0, 'first': 'm'}
{'total': 70.0, 'cons': 48.0, 'vowels': 22.0, 'first': 'k'}
{'total': 210.0, 'cons': 117.0, 'vowels': 93.0, 'first': 'u'}
{'total': 1514.0, 'cons': 964.0, 'vowels': 550.0, 'first': 'p'}
{'total': 120.0, 'cons': 73.0, 'vowels': 47.0, 'first': 'j'}
{'total': 488.0, 'cons': 299.0, 'vowels': 189.0, 'first': 'l'}
{'total': 260.0, 'cons': 143.0, 'vowels': 117.0, 'first': 'v'}
{'total': 1112.0, 'cons': 630.0, 'vowels': 482.0, 'first': 'e'}
{'total': 988.0, 'cons': 574.0, 'vowels': 414.0, 'first': 'r'}
{'total': 60.0, 'cons': 32.0, 'vowels': 28.0, 'first': 'q'}
{'total': 4.0, 'cons': 2.0, 'vowels': 2.0, 'first': 'z'}
```

▲

17.4 从 Python 应用程序发出请求时使用聚合来操作数据

在 Python 应用程序中使用 MongoDB 时，另一个很有用的工具是聚合框架。Collection 对象提供了对数据执行聚合操作的方法 aggregate()，这个方法的语法如下：

```
aggregate(operator, [operator, ...])
```

参数 operator 是一系列运算符对象，提供了用于聚合数据的流水线。这些运算符对象是使用聚合运算符创建的 Dictionary 对象。聚合运算符在第 9 章介绍过，您现在应该熟悉它们。

例如，下面的代码定义了运算符$group 和$limit，其中运算符$group 根据字段 word 进行分组（并将该字段的值存储在结果文档的_id 字段中），使用$avg 计算 size 字段的平均值（并将结果存储在 average 字段中）。请注意，在聚合运算中引用原始文档的字段时，必须在字段名前加上$：

```
group = {'$group' :
              {'_id' : '$word',
               'average' : {'$avg' : '$size'}}}
limit = {'$limit' : 10}
result = collection.aggregate([group, limit])
```

方法 aggregate()返回一个 Dictionary 对象。这个 Dictionary 对象包含一个 result 键，而该键对应的值是一个包含聚合结果的列表。为演示这一点，下面的代码逐项显示聚合结果的内容：

```
for result in results['result']:
    print (result)
```

Try It Yourself

在 Python 应用程序中使用聚合来生成数据

在本节中，您将编写一个简单的 Python 应用程序，它使用 Collection 对象的方法 aggregate()从示例数据库检索各种聚合数据。通过这个示例，您将熟悉如何使用 aggregate()来利用聚合流水线在 MongoDB 服务器上处理数据，再返回结果。程序清单 17.11 显示了这个示例的代码。

在这个示例中，函数__main__连接到 MongoDB 数据库，获取一个 Collection 对象，并调用其他方法来聚合数据并显示结果。方法 displayAggregate()显示聚合结果。

方法 largeSmallVowels()使用了一条包含运算符$match、$group 和$sort 的聚合流水线，这条流水线查找以元音字母开头的单词，根据第一个字母将这些单词分组，并找出各组中最长和最短单词的长度。

方法 top5AverageWordFirst()使用了一条包含运算符$group、$sort 和$limit 的聚合流水线，这条流水线根据第一个字母将单词分组，并找出单词平均长度最长的前 5 组。

请执行下面的步骤，创建并运行这个 Python 应用程序，它使用聚合流水线来处理示例数据集中的文档，并显示结果。

1．确保启动了 MongoDB 服务器。

2．确保下载并安装了 Python MongoDB 驱动程序，并运行了生成数据库 words 的脚本文件 code/hour05/generate_words.js。

3．在文件夹 code/hour17 中新建一个文件，并将其命名为 PythonAggregate.py。

4．在这个文件中输入程序清单 17.11 所示的代码。这些代码对文档集执行 aggregate()操作。

5．将这个文件存盘。

6．打开一个控制台窗口，并切换到目录 code/hour17。

7．执行下面的命令来运行这个 Python 应用程序。程序清单 17.12 显示了这个应用程序的输出。

```
python PythonAggregate.py
```

程序清单 17.11 PythonAggregate.py：在 Python 应用程序中使用聚合流水线生成数据集

```
01 from pymongo import MongoClient
02 def displayAggregate(results):
03     for result in results['result']:
04         print (result)
05 def largeSmallVowels(collection):
06     match = {'$match' :
07                {'first' :
08                    {'$in' : ['a','e','i','o','u']}}}
```

```
09     group = {'$group' :
10                 {'_id' : '$first',
11                        'largest' : {'$max' : '$size'},
12                        'smallest' : {'$min' : '$size'},
13                        'total' : {'$sum' : 1}}};
14     sort = {'$sort' : {'first' : 1}};
15     result = collection.aggregate([match, group, sort])
16     print ("\nLargest and smallest word sizes for " + \
17            "words beginning with a vowel:")
18     displayAggregate(result)
19 def top5AverageWordFirst(collection):
20     group = {'$group' :
21                 {'_id' : '$first',
22                       'average' : {'$avg' : '$size'}}}
23     sort = {'$sort' : {'average' : -1}}
24     limit = {'$limit' : 5}
25     result = collection.aggregate([group, sort, limit]);
26     print ("\nFirst letter of top 5 largest average " + \
27            "word size:")
28     displayAggregate(result)
29 if __name__=="__main__":
30     mongo = MongoClient('mongodb://localhost:27017/')
31     db = mongo['words']
32     collection = db['word_stats']
33     largeSmallVowels(collection)
34     top5AverageWordFirst(collection)
```

程序清单 17.12　PythonAggregate.py-output：在 Python 应用程序中使用聚合流水线生成数据集的输出

```
Largest and smallest word sizes for words beginning with a vowel:
{'total': 150, '_id': 'e', 'smallest': 3.0, 'largest': 13.0}
{'total': 33, '_id': '', 'smallest': 2.0, 'largest': 13.0}
{'total': 114, '_id': 'i', 'smallest': 1.0, 'largest': 14.0}
{'total': 72, '_id': 'o', 'smallest': 2.0, 'largest': 12.0}
{'total': 192, '_id': 'a', 'smallest': 1.0, 'largest': 14.0}

First letter of top 5 largest average word size:
{'average': 7.947368421052632, '_id': 'i'}
{'average': 7.42, '_id': 'e'}
{'average': 7.292134831460674, '_id': 'c'}
{'average': 6.881818181818182, '_id': 'p'}
{'average': 6.767123287671233, '_id': 'r'}
```

▲

17.5 小结

在本章中，您学习了如何使用Collection和Cursor对象的其他方法。您了解到，方法limit()可减少游标返回的文档数，而结合使用方法limit()和skip()可分页显示大型数据集。使用方法find()的参数fields可减少从数据库返回的字段数。

本章还介绍了如何在Python应用程序中使用Collection对象的方法distinct()、group()和aggregate()来执行数据汇总操作。这些操作让您能够在服务器端处理数据，再将结果返回给Python应用程序，从而减少了需要发送的数据量以及应用程序的工作量。

17.6 问与答

问：在Python应用程序中，能够以编程方式执行MongoDB命令吗？

答：可以。在Python MongoDB驱动程序中，Database对象包含方法comand()，这个方法将要在MongoDB服务器上执行的命令作为参数。

问：能够在Python Dictionary对象和BSON对象之间进行转换吗？

答：可以。Python MongoDB驱动程序提供bson.BSON类，这个类包含方法decode(dict)和encode(BSON)，它们分别将BSON对象编码为数组以及将数组解码为BSON对象。

17.7 作业

作业包含一组问题及其答案，旨在加深您对本章内容的理解。请尽可能先回答问题，再看答案。

17.7.1 小测验

1．在Python中，如何获取Cursor对象表示的第21～30个文档？

2．在Python应用程序中，如何找出集合中文档的特定字段的不同值？

3．在Python中，如何返回集合的前10个文档？

4．在Python中，如何禁止数据库查询返回特定的字段？

17.7.2 小测验答案

1．对Cursor对象调用limit(10)和skip(20)。

2．使用Collection对象的方法distinct()。

3．对Cursor对象调用limit(10)。

4．在传递给方法find()的参数fields中，将这个字段的值设置为false。

17.7.3 练习

1．编写一个 Python 应用程序，找出示例数据集中以 n 打头的单词，根据长度降序排列它们，并显示前 5 个单词。

2．扩展文件 PythonAggregate.py，在其中添加一个执行聚合的方法，它匹配长度为 4 的单词，将返回文档限制为 5 个，并返回字段 word 和 stats（但将字段 word 重命名为_id）。这种聚合操作对应的 MongoDB shell 聚合流水线类似于下面这样：

```
{$match: {size:4}},
{$limit: 5},
{$project: {_id:"$word", stats:1}}
```

第 18 章

在 Python 应用程序中操作 MongoDB 数据

本章介绍如下内容：

- 使用 Python 在集合中插入文档；
- 使用 Python 从集合中删除文档；
- 使用 Python 在集合中获取、修改并保存单个文档；
- 使用 Python 更新集合中的文档；
- 使用 Python 执行 upsert 操作。

本章继续介绍 Python MongoDB 驱动程序，讨论如何在 Python 应用程序中使用它在集合中添加、操作和删除文档。修改集合中数据的方式有多种：插入新文档、通过更新或保存修改既有文档以及执行 upsert 操作（先尝试更新文档，如果没有找到，就插入一个新文档）。

接下来的几节将介绍 Python 对象 Collection 的一些方法，它们让您能够操作集合中的数据。您将明白如何在 Python 应用程序中插入、删除、保存和更新文档。

18.1 使用 Python 添加文档

在 Python 中与 MongoDB 数据库交互时，一项重要的任务是在集合中插入文档。要插入文档，首先要创建一个表示该文档的 Dictionary 对象。插入操作将 Dictionary 对象以 BSON 的方式传递给 MongoDB 服务器，以便能够插入到集合中。

有新文档的 Dictionary 版本后，就可将其存储到 MongoDB 数据库中，为此可对相应的 Collection 对象实例调用方法 insert()。方法 insert()的语法如下，其中参数 doc 可以是单个文档对象，也可以是一个文档对象数组：

```
insert(doc)
```

例如，下面的示例在集合中插入单个文档：

```
doc1 = {'name' : 'Fred'}
result = myColl.insert(doc1)
```

要在集合中插入多个文档，可在调用 Collection 对象的方法 insert()时传入一个 Dictionary 对象数组，如下所示：

```
doc2 = {'name' : 'George'}
doc3 = {'name' : 'Ron'}
result = myColl.batchInsert([doc2, doc3])
```

请注意，方法 insert()返回一个 result 对象，其中包含被插入到数据库的新文档的对象 ID。

Try It Yourself

使用 Python 在集合中插入文档

在本节中，您将编写一个简单的 Python 应用程序，它使用 Collection 对象的方法 insert()在示例数据库的一个集合中插入新文档。通过这个示例，您将熟悉如何使用 Python 来插入文档。程序清单 18.1 显示了这个示例的代码。

在这个示例中，函数__main__连接到 MongoDB 数据库，获取一个 Collection 对象，并调用其他的方法来插入文档。方法 showNewDocs()显示新插入到集合中的文档。

方法 addSelfie()新建一个表示单词 selfie 的文档，并使用 insert()将其加入到数据库中；方法 addGoogleAndTweet()创建表示单词 google 和 tweet 的新文档，并使用 insert()以数组的方式将它们插入数据库。

请执行下面的步骤，创建并运行这个在示例数据库中插入新文档并显示结果的 Python 应用程序。

1．确保启动了 MongoDB 服务器。

2．确保下载并安装了 Python MongoDB 驱动程序，并运行了生成数据库 words 的脚本文件 code/hour05/generate_words.js。

3．在文件夹 code/hour18 中新建一个文件，并将其命名为 PythonDocAdd.py。

4．在这个文件中输入程序清单 18.1 所示的代码。这些代码使用 insert()来添加新文档。

5．将这个文件存盘。

6．打开一个控制台窗口，并切换到目录 code/hour18。

7．执行下面的命令来运行这个 Python 应用程序。程序清单 18.2 显示了这个应用程序的输出。

```
python PythonDocAdd.py
```

程序清单 18.1　PythonDocAdd.py：在 Python 应用程序中将新文档插入到集合中

```
01 from pymongo import MongoClient
02 def showNewDocs(collection):
03     query = {'category': 'New'}
```

```
04      cursor = collection.find(query)
05      for doc in cursor:
06          print (doc)
07 def addSelfie(collection):
08      selfie = {
09          'word' : 'selfie', 'first' : 's', 'last' : 'e',
10          'size' : 6, 'category' : 'New',
11          'stats' : {'vowels' : 3, 'consonants' : 3},
12          'letters' : ["s","e","l","f","i"],
13          'charsets' : [
14            {'type' : 'consonants', 'chars' : ["s","l","f"]},
15            {'type' : 'vowels', 'chars' : ["e","i"]}]}
16      results = collection.insert(selfie)
17      print ("\nInserting One Results:")
18      print (str(results))
19      print ("After Inserting One:")
20      showNewDocs(collection)
21 def addGoogleAndTweet(collection):
22      google = {
23          'word' : 'google', 'first' : 'g', 'last' : 'e',
24          'size' : 6, 'category' : 'New',
25          'stats' : {'vowels' : 3, 'consonants' : 3},
26          'letters' : ["g","o","l","e"],
27          'charsets' : [
28          {'type' : 'consonants', 'chars' : ["g","l"]},
29          {'type' : 'vowels', 'chars' : ["o","e"]}]}
30      tweet = {
31          'word' : 'tweet', 'first' : 't', 'last' : 't',
32          'size' : 5, 'category' : 'New',
33          'stats' : {'vowels' : 2, 'consonants' : 3},
34          'letters' : ["t","w","e"],
35          'charsets' : [
36          {'type' : 'consonants', 'chars' : ["t","w"]},
37          {'type' : 'vowels', 'chars' : ["e"]}]}
38      results = collection.insert([google, tweet])
39      print ("\nInserting Multiple Results:")
40      print (str(results))
41      print ("After Inserting Multiple:")
42      showNewDocs(collection)
43 if __name__=="__main__":
44      mongo = MongoClient('mongodb://localhost:27017/')
45      mongo.write_concern = {'w' : 1, 'j' : True}
46      db = mongo['words']
47      collection = db['word_stats']
48      print ("Before Inserting:")
49      showNewDocs(collection)
50      addSelfie(collection)
51      addGoogleAndTweet(collection)
```

程序清单 18.2 PythonDocAdd.py-output：在 Python 应用程序中将新文档插入到集合中的输出

```
Before Inserting:

Inserting One Results:
52e98aba251214137874bff0
After Inserting One:
{ 'category': 'New', 'word': 'selfie', 'last': 'e',
  'charsets': [{'chars': ['s', 'l', 'f'], 'type': 'consonants'},
               {'chars': ['e', 'i'], 'type': 'vowels'}],
  'first': 's', 'letters': ['s', 'e', 'l', 'f', 'i'],
  'stats': {'consonants': 3, 'vowels': 3},
  '_id': ObjectId('52e98aba251214137874bff0'), 'size': 6}

Inserting Multiple Results:
[ObjectId('52e98aba251214137874bff1'), ObjectId('52e98aba251214137874bff2')]
After Inserting Multiple:
{ 'category': 'New', 'word': 'google', 'last': 'e',
  'charsets': [{'chars': ['g', 'l'], 'type': 'consonants'},
               {'chars': ['o', 'e'], 'type': 'vowels'}],
  'first': 'g', 'letters': ['g', 'o', 'l', 'e'],
  'stats': {'consonants': 3, 'vowels': 3},
  '_id': ObjectId('52e98aba251214137874bff1'), 'size': 6}
{ 'category': 'New', 'word': 'tweet', 'last': 't',
  'charsets': [{'chars': ['t', 'w'], 'type': 'consonants'},
               {'chars': ['e'], 'type': 'vowels'}],
  'first': 't', 'letters': ['t', 'w', 'e'],
  'stats': {'consonants': 3, 'vowels': 2},
  '_id': ObjectId('52e98aba251214137874bff2'), 'size': 5}
{ 'category': 'New', 'word': 'selfie', 'last': 'e',
  'charsets': [{'chars': ['s', 'l', 'f'], 'type': 'consonants'},
               {'chars': ['e', 'i'], 'type': 'vowels'}],
  'first': 's', 'letters': ['s', 'e', 'l', 'f', 'i'],
  'stats': {'consonants': 3, 'vowels': 3},
  '_id': ObjectId('52e98aba251214137874bff0'), 'size': 6}
```

▲

18.2 使用 Python 删除文档

在 Python 中，有时候需要从 MongoDB 集合中删除文档，以减少消耗的空间，改善性能以及保持整洁。Collection 对象的方法 remove()使得从集合中删除文档非常简单，其语法如下：

```
remove([query])
```

其中参数 query 是一个 Dictionary 对象，指定要了删除哪些文档。请求将 query 指定的字段和值与文档的字段和值进行比较，进而删除匹配的文档。如果没有指定参数 query，将删除集合中的所有文档。

例如，要删除集合 words_stats 中所有的文档，可使用如下代码：

```
collection = myDB['word_stats']
results = collection.remove()
```

下面的代码删除集合 words_stats 中所有以 a 打头的单词：

```
collection = myDB['word_stats']
query = {'first' : 'a'}
collection.remove(query)
```

Try It Yourself

使用 Python 从集合中删除文档

在本节中，您将编写一个简单的 Python 应用程序，它使用 Collection 对象的方法从示例数据库的一个集合中删除文档。通过这个示例，您将熟悉如何使用 Python 删除文档。程序清单 18.3 显示了这个示例的代码。

在这个示例中，函数__main__连接到 MongoDB 数据库，获取一个 Collection 对象，再调用其他的方法来删除文档。方法 showNewDocs()显示前面创建的新文档，从而核实它们确实从集合中删除了。

方法 removeNewDocs()使用一个查询对象来删除字段 category 为 New 的文档。

请执行下面的步骤，创建并运行这个从示例数据库中删除文档并显示结果的 Python 应用程序。

1．确保启动了 MongoDB 服务器。

2．确保下载并安装了 Python MongoDB 驱动程序，并运行了生成数据库 words 的脚本文件 code/hour05/generate_words.js。

3．在文件夹 code/hour18 中新建一个文件，并将其命名为 PythonDocDelete.py。

4．在这个文件中输入程序清单 18.3 所示的代码。这些代码使用 remove()来删除文档。

5．将这个文件存盘。

6．打开一个控制台窗口，并切换到目录 code/hour18。

7．执行下面的命令来运行这个 Python 应用程序。程序清单 18.4 显示了这个应用程序的输出。

```
python PythonDocDelete.py
```

程序清单 18.3　PythonDocDelete.py：在 Python 应用程序中从集合中删除文档

```
01 from pymongo import MongoClient
02 def showNewDocs(collection):
03     query = {'category': 'New'}
```

```
04      cursor = collection.find(query)
05      for doc in cursor:
06          print (doc)
07 def removeNewDocs(collection):
08      query = {'category': "New"}
09      results = collection.remove(query)
10      print ("Delete Docs Result:")
11      print (str(results))
12      print ("\nAfter Deleting Docs:")
13      showNewDocs(collection)
14 if __name__=="__main__":
15      mongo = MongoClient('mongodb://localhost:27017/')
16      mongo.write_concern = {'w' : 1, 'j' : True}
17      db = mongo['words']
18      collection = db['word_stats']
19      print ("Before Deleting:")
20      showNewDocs(collection)
21      removeNewDocs(collection)
```

程序清单 18.4 PythonDocDelete.py-output：在 Python 应用程序中从集合中删除文档的输出

```
Before Deleting:
{ 'category': 'New', 'word': 'google', 'last': 'e',
  'charsets': [{'chars': ['g', 'l'], 'type': 'consonants'},
               {'chars': ['o', 'e'], 'type': 'vowels'}],
  'first': 'g', 'letters': ['g', 'o', 'l', 'e'],
  'stats': {'consonants': 3, 'vowels': 3},
  '_id': ObjectId('52e98aba251214137874bff1'), 'size': 6}
{ 'category': 'New', 'word': 'tweet', 'last': 't',
  'charsets': [{'chars': ['t', 'w'], 'type': 'consonants'},
               {'chars': ['e'], 'type': 'vowels'}],
  'first': 't', 'letters': ['t', 'w', 'e'],
  'stats': {'consonants': 3, 'vowels': 2},
  '_id': ObjectId('52e98aba251214137874bff2'), 'size': 5}
{ 'category': 'New', 'word': 'selfie', 'last': 'e',
  'charsets': [{'chars': ['s', 'l', 'f'], 'type': 'consonants'},
               {'chars': ['e', 'i'], 'type': 'vowels'}],
  'first': 's', 'letters': ['s', 'e', 'l', 'f', 'i'],
  'stats': {'consonants': 3, 'vowels': 3},
  '_id': ObjectId('52e98aba251214137874bff0'), 'size': 6}

Delete Docs Result:
{'connectionId': 105, 'ok': 1.0, 'err': None, 'n': 3}

After Deleting Docs:
```

18.3 使用Python保存文档

一种更新数据库中文档的便利方式是，使用Collection对象的方法save()，这个方法接受一个Dictionary作为参数，并将其保存到数据库中。如果指定的文档已存在于数据库中，就将其更新为指定的值；否则就插入一个新文档。

方法save()的语法如下，其中参数doc是一个Dictionary对象，表示要保存到集合中的文档：

```
save(doc)
```

Try It Yourself

使用Python将文档保存到集合中

在本节中，您将创建一个简单的Python应用程序，它使用Collection对象的方法save()来更新示例数据库中的一个既有文档。通过这个示例，您将熟悉如何使用Python更新并保存文档对象。程序清单18.5显示了这个示例的代码。

在这个示例中，函数__main__连接到MongoDB数据库，获取一个Collection对象，并调用其他的方法来保存文档。方法showWord()显示更新前和更新后的单词ocean。

方法saveBlueDoc()从数据库中获取单词ocean的文档，使用put()将字段category改为blue，再使用方法save()保存这个文档。方法resetDoc()从数据库获取单词ocean的文档，使用方法put()将字段category恢复为空，再使用方法save()保存这个文档。

请执行如下步骤，创建并运行这个将文档保存到示例数据库中并显示结果的Python应用程序。

1．确保启动了MongoDB服务器。

2．确保下载并安装了Python MongoDB驱动程序，并运行了生成数据库words的脚本文件code/hour05/generate_words.js。

3．在文件夹code/hour18中新建一个文件，并将其命名为PythonDocSave.py。

4．在这个文件中输入程序清单18.5所示的代码。这些代码使用save()来保存文档。

5．将这个文件存盘。

6．打开一个控制台窗口，并切换到目录code/hour18。

7．执行下面的命令来运行这个Python应用程序。程序清单18.6显示了这个应用程序的输出。

```
python PythonDocSave.py
```

程序清单18.5 PythonDocSave.py：在Python应用程序中将文档保存到集合中

```
01 from pymongo import MongoClient
02 def showWord(collection):
```

```
03     query = {'word' : 'ocean'}
04     fields = {'word' : True, 'category' : True}
05     doc = collection.find_one(query, fields)
06     print (doc)
07 def saveBlueDoc(collection):
08     query = {'word' : "ocean"}
09     doc = collection.find_one(query)
10     doc["category"] = "blue"
11     results = collection.save(doc)
12     print ("\nSave Docs Result:")
13     print (str(results))
14     print ("\nAfter Saving Doc:")
15     showWord(collection)
16 def resetDoc(collection):
17     query = {'word' : "ocean"}
18     doc = collection.find_one(query)
19     doc["category"] = ""
20     results = collection.save(doc)
21     print ("\nReset Docs Result:")
22     print (str(results))
23     print ("\nAfter Resetting Doc:")
24     showWord(collection)
25 if __name__=="__main__":
26     mongo = MongoClient('mongodb://localhost:27017/')
27     mongo.write_concern = {'w' : 1, 'j' : True}
28     db = mongo['words']
29     collection = db['word_stats']
30     print ("Before Saving:")
31     showWord(collection)
32     saveBlueDoc(collection)
33     resetDoc(collection)
```

程序清单 18.6　PythonDocSave.py-output：在 Python 应用程序中将文档保存到集合中的输出

```
Before Saving:
{'category': '', '_id': ObjectId('52e89477c25e8498553265e4'), 'word':
  'ocean'}

Save Docs Result:
52e89477c25e8498553265e4

After Saving Doc:
{'category': 'blue', '_id': ObjectId('52e89477c25e8498553265e4'), 'word':
  'ocean'}

Reset Docs Result:
52e89477c25e8498553265e4
```

```
After Resetting Doc:
{'category': '', '_id': ObjectId('52e89477c25e8498553265e4'), 'word':
  'ocean'}
```

▲

18.4 使用Python更新文档

将文档插入集合后，经常需要使用Python根据数据变化更新它们。Collection对象的方法update()让您能够更新集合中的文档，它多才多艺，但使用起来非常容易。下面是方法update()的语法：

```
update(query, update, [upsert], [manipulate], [safe], [multi])
```

参数query是一个Dictionary对象，指定了要修改哪些文档。请求将判断query指定的属性和值是否与文档的字段和值匹配，进而更新匹配的文档。参数update是一个Dictionary对象，指定了要如何修改与查询匹配的文档。第8章介绍了可在这个对象中使用的更新运算符。

对于基本的upate()操作，您需要理解的其他参数包括upsert和multi。参数upsert是个布尔值，决定了是否执行upsert操作；如果为True且没有文档与查询匹配，将插入一个新文档。参数multi也是一个布尔值；如果为True将更新所有与查询匹配的文档，否则只更新与查询匹配的第一个文档。

例如，对于集合中字段category为New的文档，下面的代码将其字段category改为Old。在这里，upsert被设置为False，因此即便没有字段category为New的文档，也不会插入新文档；而multi被设置为True，因此将更新所有匹配的文档：

```
query = {'category' : 'New'}
update = {'$set' : {'category' : 'Old'}}
myColl.update(query, update, upsert=False, multi=True)
```

▼ Try It Yourself

使用Python更新集合中的文档

在本节中，您将编写一个简单的Python应用程序，它使用Collection对象的方法update()来更新示例数据库的一个集合中的既有文档。通过这个示例，您将熟悉如何在Python中使用MongoDB更新运算符来更新文档。程序清单18.7显示了这个示例的代码。

在这个示例中，函数__main__连接到MongoDB数据库，获取一个Collection对象，再调用其他方法更新文档。方法showWord()显示更新前和更新后的文档。

方法updateDoc()创建一个查询对象，它从数据库获取表示单词left的文档；再创建一个更新对象，它将字段word的值改为lefty，将字段size和stats.consonants的值加1，并将字母y压入到数组字段letters中。方法resetDoc()将文档恢复原样，以演示如何将字段值减

1 以及如何从数组字段中弹出值。

请执行下面的步骤，创建并运行这个更新示例数据库中文档并显示结果的 Python 应用程序。

1．确保启动了 MongoDB 服务器。

2．确保下载并安装了 Python MongoDB 驱动程序，并运行了生成数据库 words 的脚本文件 code/hour05/generate_words.js。

3．在文件夹 code/hour18 中新建一个文件，并将其命名为 PythonDocUpdate.py。

4．在这个文件中输入程序清单 18.7 所示的代码。这些代码使用 update()来更新文档。

5．将这个文件存盘。

6．打开一个控制台窗口，并切换到目录 code/hour18。

7．执行下面的命令来运行这个 Python 应用程序。程序清单 18.8 显示了这个应用程序的输出。

```
python PythonDocUpdate.py
```

程序清单 18.7　PythonDocUpdate.py：在 Python 应用程序中更新集合中的文档

```
01 from pymongo import MongoClient
02 def showWord(collection):
03     query = {'word': {'$in' : ['left', 'lefty']}}
04     cursor = collection.find(query)
05     for doc in cursor:
06        print (doc)
07 def updateDoc(collection):
08     query = {'word' : "left"}
09     update = {
10          '$set' : {'word' : 'lefty'},
11          '$inc' : {'size' : 1, 'stats.consonants' : 1},
12          '$push' : {'letters' : 'y'}}
13     results = collection.update(query, update, upsert=False,
 multi=False)
14     print ("\nUpdate Doc Result: ")
15     print (str(results))
16     print ("\nAfter Updating Doc: ")
17     showWord(collection)
18 def resetDoc(collection):
19     query = {'word' : "lefty"}
20     update = {
21          '$set' : {'word' : 'left'},
22          '$inc' : {'size' : -1, 'stats.consonants' : -1},
23          '$pop' : {'letters' : 1}}
24     results = collection.update(query, update, upsert=False,
 multi=False)
25     print ("\nReset Doc Result: ")
26     print (str(results))
```

```
27      print ("\nAfter Resetting Doc: ")
28      showWord(collection)
29 if __name__=="__main__":
30      mongo = MongoClient('mongodb://localhost:27017/')
31      mongo.write_concern = {'w' : 1, 'j' : True}
32      db = mongo['words']
33      collection = db['word_stats']
34      print ("Before Updating:")
35      showWord(collection)
36      updateDoc(collection)
37      resetDoc(collection)
```

程序清单 18.8 PythonDocUpdate.py-output：在 Python 应用程序中更新集合中文档的输出

```
Before Updating:
{ 'stats': {'consonants': 3.0, 'vowels': 1.0},
  'letters': ['l', 'e', 'f', 't'], 'word': 'left',
  'charsets': [{'chars': ['l', 'f', 't'], 'type': 'consonants'},
               {'chars': ['e'], 'type': 'vowels'}],
  'first': 'l', 'last': 't', '_id': ObjectId('52e89477c25e84985532622e'),
  'size': 4.0}

Update Doc Result:
{'updatedExisting': True, 'connectionId': 107, 'ok': 1.0, 'err': None, 'n':
  1}

After Updating Doc:
{ 'stats': {'consonants': 4.0, 'vowels': 1.0},
  'letters': ['l', 'e', 'f', 't', 'y'], 'word': 'lefty',
  'charsets': [{'chars': ['l', 'f', 't'], 'type': 'consonants'},
               {'chars': ['e'], 'type': 'vowels'}],
  'first': 'l', 'last': 't', '_id': ObjectId('52e89477c25e84985532622e'),
  'size': 5.0}

Reset Doc Result:
{'updatedExisting': True, 'connectionId': 107, 'ok': 1.0, 'err': None, 'n': 1}

After Resetting Doc:
{ 'stats': {'consonants': 3.0, 'vowels': 1.0},
  'letters': ['l', 'e', 'f', 't'], 'word': 'left',
  'charsets': [{'chars': ['l', 'f', 't'], 'type': 'consonants'},
               {'chars': ['e'], 'type': 'vowels'}],
  'first': 'l', 'last': 't', '_id': ObjectId('52e89477c25e84985532622e'),
  'size': 4.0}
```

18.5　使用 Python 更新或插入文档

在 Python 中，Collection 对象的方法 update()的另一种用途是，用于执行 upsert 操作。upsert 操作先尝试更新集合中的文档；如果没有与查询匹配的文档，就使用$set 运算符来创建一个新文档，并将其插入到集合中。下面显示了方法 update()的语法：

```
update(query, update, [upsert], [manipulate], [safe], [multi])
```

参数 query 指定要修改哪些文档；参数 update 是一个 Dictionary 对象，指定了要如何修改与查询匹配的文档。要执行 upsert 操作，必须将参数 upsert 设置为 True，并将参数 multi 设置为 False。

例如，下面的代码对 name=myDoc 的文档执行 upsert 操作。运算符$set 指定了用来创建或更新文档的字段。由于参数 upsert 被设置为 True，因此如果没有找到指定的文档，将创建它；否则就更新它：

```
query = {'name' : 'myDoc'}
update = { '$set' : { 'name' : 'myDoc', 'number' : 5, 'score' : '10'}}
results = collection.update(query, update, upsert=True, multi=False)
```

Try It Yourself

使用 Python 更新集合中的文档

在本节中，您将编写一个简单的 Python 应用程序，它使用方法 update()对示例数据库执行 upsert 操作：先插入一个新文档，再更新这个文档。通过这个示例，您将熟悉如何在 Python 应用程序使用方法 update()来执行 upsert 操作。程序清单 18.9 显示了这个示例的代码。

在这个示例中，函数__main__连接到 MongoDB 数据库，获取一个 Collection 对象，再调用其他的方法来更新文档。方法 showWord()用于显示单词被添加前后以及被更新后的情况。

方法 addUpsert()创建一个数据库中没有的新单词，再使用 upsert 操作来插入这个新文档。这个文档包含的信息有些不对，因此方法 updateUpsert()执行 upsert 操作来修复这些错误；这次更新了既有文档，演示了 upsert 操作的更新功能。

请执行如下步骤，创建并运行这个 Python 应用程序，它对示例数据库中的文档执行 upsert 操作并显示结果。

1．确保启动了 MongoDB 服务器。

2．确保下载并安装了 Python MongoDB 驱动程序，并运行了生成数据库 words 的脚本文件 code/hour05/generate_words.js。

3．在文件夹 code/hour18 中新建一个文件，并将其命名为 PythonDocUpsert.py。

4．在这个文件中输入程序清单 18.9 所示的代码。这些代码使用 update()来对文档执行

upsert操作。

5．将这个文件存盘。

6．打开一个控制台窗口，并切换到目录code/hour18。

7．执行下面的命令来运行这个Python应用程序。程序清单18.10显示了这个应用程序的输出。

```
python PythonDocUpsert.py
```

程序清单18.9 PythonDocUpsert.py：在Python应用程序中对集合中的文档执行upsert操作

```
01 from pymongo import MongoClient
02 def showWord(collection):
03     query = {'word' : 'righty'}
04     doc = collection.find_one(query)
05     print (doc)
06 def addUpsert(collection):
07     query = {'word' : 'righty'}
08     update = { '$set' :
09       {
10         'word' : 'righty', 'first' : 'r', 'last' : 'y',
11         'size' : 4, 'category' : 'New',
12         'stats' : {'vowels' : 1, 'consonants' : 4},
13         'letters' : ["r","i","g","h"],
14         'charsets' : [
15           {'type' : 'consonants', 'chars' : ["r","g","h"]},
16           {'type' : 'vowels', 'chars' : ["i"]}]}}
17     results = collection.update(query, update, upsert=True, multi=False)
18     print ("\nUpsert as insert results: ")
19     print (results)
20     print ("After Upsert as insert:")
21     showWord(collection)
22 def updateUpsert(collection):
23     query = {'word' : 'righty'}
24     update = { '$set' :
25       {
26         'word' : 'righty', 'first' : 'r', 'last' : 'y',
27         'size' : 6, 'category' : 'Updated',
28         'stats' : {'vowels' : 1, 'consonants' : 5},
29         'letters' : ["r","i","g","h","t","y"],
30         'charsets' : [
31           {'type' : 'consonants', 'chars' : ["r","g","h","t","y"]},
32           {'type' : 'vowels', 'chars' : ["i"]}]}}
33     results = collection.update(query, update, upsert=True, multi=False)
34     print ("\nUpsert as update results:")
35     print (results)
36     print ("After Upsert as update:")
37     showWord(collection)
```

```
38 if __name__=="__main__":
39     mongo = MongoClient('mongodb://localhost:27017/')
40     mongo.write_concern = {'w' : 1, 'j' : True}
41     db = mongo['words']
42     collection = db['word_stats']
43     print ("Before Upserting:")
44     showWord(collection)
45     addUpsert(collection)
46     updateUpsert(collection)
47     def clean(collection):
48         query = {'word': "righty"}
49         collection.remove(query)
50     clean(collection)
```

程序清单 18.10　PythonDocUpsert.py-output：在 Python 应用程序中对集合中文档执行 upsert 操作的输出

```
Before Upserting:
None

Upsert as insert results:
{'ok': 1.0, 'upserted': ObjectId('52eaf704381e4f7e1b27b412'), 'err': None,
'connectionId': 123, 'n': 1, 'updatedExisting': False}

After Upsert as insert:
{ 'category': 'New', 'stats': {'consonants': 4, 'vowels': 1},
  'letters': ['r', 'i', 'g', 'h'], 'word': 'righty',
  'charsets': [{'chars': ['r', 'g', 'h'], 'type': 'consonants'},
               {'chars': ['i'], 'type': 'vowels'}],
  'size': 4, 'last': 'y',
  '_id': ObjectId('52eaf704381e4f7e1b27b412'), 'first': 'r'}

Upsert as update results:
{'updatedExisting': True, 'connectionId': 123, 'ok': 1.0, 'err': None, 'n':
  1}

After Upsert as update:
{ 'category': 'Updated', 'stats': {'consonants': 5, 'vowels': 1},
  'letters': ['r', 'i', 'g', 'h', 't', 'y'], 'word': 'righty',
  'charsets': [{'chars': ['r', 'g', 'h', 't', 'y'], 'type': 'consonants'},
               {'chars': ['i'], 'type': 'vowels'}],
  'size': 6, 'last': 'y',
  '_id': ObjectId('52eaf704381e4f7e1b27b412'), 'first': 'r'}
```

18.6 小结

在本章中，您在Python应用程序中使用了Python MongoDB驱动程序来添加、操作和删除集合中的文档。您使用了Collection对象的多个方法来修改集合中的数据。

方法insert()添加新文档；方法remove()删除文档；方法save()更新单个文档。

方法 update()有多种用途，您可使用它来更新单个或多个文档，还可通过将参数 upsert 设置为True在集合中插入新文档——如果没有与查询匹配的文档。

18.7 问与答

问：在Python应用程序中，能够以编程方式执行MongoDB命令吗？

答：可以。在Python MongoDB驱动程序中，Database对象包含方法comand()，这个方法将要在MongoDB服务器上执行的命令作为参数。

问：能够在Python Dictionary对象和BSON对象之间进行转换吗？

答：可以。Python MongoDB驱动程序提供bson.BSON类，这个类包含方法decode(dict)和encode(BSON)，它们分别将BSON对象编码为数组以及将数组解码为BSON对象。

18.8 作业

作业包含一组问题及其答案，旨在加深您对本章内容的理解。请尽可能先回答问题，再看答案。

18.8.1 小测验

1．在Python应用程序中，要在文档不存在时插入它，可使用哪种操作？

2．如何让方法update()只更新一个文档？

3．判断对错：Collection对象的方法save()只能用来保存对既有文档的修改。

4．在Collection对象的update()方法中，哪个参数指定了要更新的字段？

18.8.2 小测验答案

1．使用Collection对象的方法update()，并将参数upsert设置为True。

2．将参数multi设置为False。

3．错。方法save()是在文档不存在时添加它。

4．参数update。它是一个Dictionary对象，包含的字段定义了MongoDB更新运算符。

18.8.3 练习

1．编写一个类似于文件 PythonDocAdd.py 的 Python 应用程序，将一个新单词添加示例数据集的 word_stats 集合中。

2．编写一个 Python 应用程序，使用方法 update()来更新以字母 e 打头的所有单词：给它们都添加值为 eWords 的 category 字段。

第19章

在 Node.js 应用程序中实现 MongoDB

本章介绍如下内容：

- 使用 Node.js Database 对象来访问 MongoDB 数据库；
- 在 Node.js 应用程序中使用 Node.js MongoDB 驱动程序；
- 在 Node.js 应用程序中连接到 MongoDB 数据库；
- 在 Node.js 应用程序中查找和检索文档；
- 在 Node.js 应用程序中对游标中的文档进行排序。

本章介绍如何在 Node.js 应用程序中实现 MongoDB。要在 Node.js 应用程序中访问和使用 MongoDB，需要使用 Node.js MongoDB 驱动程序。Node.js MongoDB 驱动程序是一个库，提供了在 Node.js 应用程序中访问 MongoDB 服务器所需的对象和功能。

这些对象与本书前面一直在使用的 MongoDB shell 对象类似。要明白本章和下一章的示例，您必须熟悉 Database 对象和请求的结构。如果您还未阅读第 5～9 章，现在就去阅读。

在接下来的几节中，您将学习在 Node.js 中访问 MongoDB 服务器、数据库、集合和文档时要用到的对象，您还将使用 Node.js MongoDB 驱动程序来访问示例集合中的文档。

19.1 理解 Node.js MongoDB 驱动程序中的对象

Node.js MongoDB 驱动程序提供了多个对象，让您能够连接到 MongoDB 数据库，进而查找和操作集合中的对象。这些对象分别表示 MongoDB 服务器连接、数据库、集合、游标和文档，提供了在 Node.js 应用程序中集成 MongoDB 数据库中数据所需的功能。

接下来的几小节介绍如何在 Node.js 中创建和使用这些对象。

19.1.1 理解回调函数

在接下来的几小节，您将看到 Node.js MongoDB 对象的各种方法。这些方法大多接受一个回调函数作为参数。本章只是想提醒您，在 Node.js 中，一切都是异步的，因此当您读写数据库，并想根据读写情况执行其他操作时，这些操作必须在回调函数中进行。

例如，下面的代码显示对一个 Collection 对象执行 findOne()操作得到的结果。注意到显示文档的代码嵌套在传递给方法 connect()、collection()和 findOne()的回调函数中：

```
mongo.connect("mongodb://localhost/", function(err, db) {
  var myDB = db.db("words");
  myDB.collection("word_stats", function(err, collection){
    collection.findOne(function(err, doc)){
      console.log(doc);
    });
  });
});
```

在本章的所有方法中，回调函数的第一个参数是一个错误（如果发生了的话）。如果第一个参数对应的是一个值，您可以检查该错误。第二个参数通常是操作执行后的结果，比如对 find()来说，结果是 Cursor 对象；对于 count()来说，结果是一个数值。

19.1.2 理解 Node.js 对象 MongoClient

Node.js 对象 MongoClient 提供了连接到 MongoDB 服务器和访问数据库的功能。要在 Node.js 应用程序中实现 MongoDB，首先需要创建一个 MongoClient 对象实例，然后就可使用它来访问数据库，设置写入关注以及执行其他操作（如表 19.1 所示）。

要创建 MongoClient 对象实例，需要调用 new MongoClient()，并将一个使用主机和端口创建的 Server 对象作为参数。要打开连接，需要调用方法 open()，这个方法将 MongoClient 作为第二个参数传递给回调函数。例如，下面的代码连接到本地主机的默认端口：

```
mongo = new MongoClient(new Server("localhost", 27017));
mongo.open(function(err, mongoClient){
  var db = mongoClient.db("myDB");
  ...
});
```

您也可以调用 MongoClient 类的方法 connect()，并传入一个连接字符串。这个方法将 Database 对象作为第二个参数传递给回调函数。连接字符串的格式如下：

```
mongodb://username:password@host:port/database?options
```

例如，要使用用户名 test 和密码 myPass 连接到主机 1.1.1.1 的端口 8888 上的数据库 words，可使用如下代码：

```
MongoClient.connect("mongodb://test:myPass@1.1.1.1:8888/words",
  function(err, db){
. . .
});
```

创建 MongoClient 对象实例后，就可使用表 19.1 所示的方法来访问数据库和设置选项。

表 19.1 Node.js 对象 MongoClient 的方法

方法	描述
close()	关闭连接
connect(string, callback)	根据指定的连接字符串打开连接。连接打开后，将执行指定的回调函数
open(callback)	根据创建 MongoClient 对象时使用的 Server 对象的设置来打开连接。连接打开后，将调用指定的回调函数
db(name)	返回一个 Database 对象

19.1.3 理解 Node.js 对象 Database

Node.js 对象 Database 提供了身份验证、用户账户管理以及访问和操作集合的功能。与 MongoClient 对象相关联的数据库存储在 MongoClient 对象的内部字典中。

要获取 Database 对象实例，最简单的方式是调用 MongoClient 对象的方法 connect()，并传入一个连接字符串。例如，下面的代码获取一个表示数据库 words 的 Database 对象；注意到将这个 Database 对象作为第二个参数传递给了 connect()的回调函数：

```
var mongo = new MongoClient();
mongo.connect("mongodb://test:myPass@1.1.1.1:8888/words", function(err,
  db){
. . .
});
```

创建 Data base 对象实例后，就可使用它来访问数据库了。表 19.2 列出了 Database 对象的一些常用方法。

表 19.2 Node.js 对象 Database 的方法

方法	描述
addUser(name, password, callback)	在当前数据库中添加一个用户账户，其用户名和密码由 name 和 password 指定
authenticate(username, password, callback)	使用用户凭证向数据库验证身份
createCollection(name, [options], callback)	在服务器上创建一个集合。参数 options 是一个 JavaScript，指定了集合创建选项
dropCollection(name, callback)	删除指定的集合
collections(callback)	将一个数组作为第二个参数传递给回调函数，其中包含当前数据库中所有的集合
removeUser(username)	从数据库删除用户账户

19.1.4 理解 Node.js 对象 Collection

Node.js 对象 Collection 提供了访问和操作集合中文档的功能。与 Database 对象相关联的集合存储在 Database 对象的内部字典中。

要获取 Collection 对象实例，最简单的方式是使用 Database 对象的方法 collection()。例如，下面的实例获取一个 Collection 对象，它表示数据库 words 中的集合 word_stats。注意到将这个 Collection 对象作为第二个参数传递给了 collection()的回调函数：

```
var MongoClient = require('mongodb').MongoClient;
var Server = require('mongodb').Server;
var mongo = new MongoClient();
mongo.connect("mongodb://localhost/", function(err, db) {
  var myDB = db.db("words");
  myDB.collection("word_stats", function(err, collection){
...
  });
});
```

创建 Collection 对象实例后，就可使用它来访问集合了。表 19.3 列出了 Collection 对象的一些常用方法。

表 19.3　　Node.js 对象 Collection 的方法

方法	描述
aggregate(pipeline)	应用聚合选项流水线。参数 pipeline 是一个 JavaScript 对象数组，这些对象表示流水线中的聚合操作。结果将作为第二个参数传递给回调函数
count([query], [options], callback)	返回集合中与指定查询匹配的文档数。参数 query 是一个描述查询的 JavaScript 对象。参数 options 让您能够设置计数操作使用的 skip 值和 limit 值。计数结果将作为第二个参数传递给回调函数
distinct(key, callback)	返回一个数组，其中包含指定字段的不同值。这个数组作为第二个参数传递给回调函数
drop(callback)	删除集合
find([query], [options], callback)	返回一个表示集合中文档的 Cursor 对象。可选参数 query 是一个 JavaScript 对象，让您能够限制要包含的文档；可选参数 options 也是一个 JavaScript 对象，让您能够指定 find()操作的其他选项，如 fields、sort、limit 和 skip。生成的 Cursor 对象将作为第二个参数传递给回调函数。另外，方法 find()也返回一个可供您使用的 Cursor 对象。
findAndModify(query, sort, update, [options], callback)	以原子方式查找并更新集合中的文档，并返回修改后的文档。参数 query 是一个 JavaScript 对象，指定要更新哪些文档；参数 sort 指定排序方式；参数 update 是一个 JavaScript 对象，指定要使用的更新运算符；参数 options 也是一个 JavaScript 对象，与 find()的同名参数相同
findOne([query], [options], callback)	返回一个 JavaScript 对象，表示集合中的一个文档。可选参数 options 是一个 JavaScript 对象，与 find()的同名参数相同。返回的文档将作为第二个参数传递给回调函数
group(keys, condition, initial, reduce, [finalize], callback)	对集合执行分组操作（参见第 9 章）。分组结果将作为第二个参数传递给回调函数
insert(documents, [options], callback)	在集合中插入一个或多个文档。参数 options 让您能够设置写入关注和其他写入选项。插入的新文档将作为第二个参数传递给回调函数
remove([query], [options], callback)	从集合中删除文档。参数 options 让您能够设置写入关注和其他写入选项。如果没有指定参数 query，将删除所有文档；否则只删除与查询匹配的文档
rename(newName, callback)	重命名集合
save(object, [options], callback)	将对象保存到集合中。参数 options 让您能够设置写入关注和其他写入选项。如果指定的对象不存在，就插入它
update(query, update, [options], callback)	更新集合中的文档。参数 query 是一个 JavaScript 对象，指定了要更新哪些文档；参数 update 是一个 JavaScript 对象，指定了更新运算符；参数 options 是一个 JavaScript 对象，指定了写入关注和其他更新选项，如 upsert（是否执行 upsert 操作）和 multi（是否更新多个文档）

19.1.5 理解Node.js对象Cursor

Node.js对象Cursor表示MongoDB服务器中的一组文档。使用查找操作查询集合时，通常返回一个Cursor对象，而不是向Node.js应用程序返回全部文档对象，这让您能够在Node.js中以受控的方式访问文档。

Cursor对象以分批的方式从服务器取回文档，并使用一个索引来迭代文档。在迭代期间，当索引到达当前那批文档末尾时，将从服务器取回下批文档。

下面的示例使用查找操作获取一个Cursor对象实例：

```
var cursor = collection.find();
```

如果给find()指定了回调函数，获得的Cursor对象将作为第二个参数传递给回调函数，如下所示：

```
collection.find(function(err, cursor){
   . . .
});
```

创建Cursor对象实例后，就可使用它来访问集合中的文档了。表19.4列出了Cursor对象的一些常用方法。

表19.4 Node.js对象Cursor的方法

方法	描述
batchSize(size, callback)	指定每当读取到当前已下载的最后一个文档时，游标都将再返回多少个文档
count([applySkipLimit], callback)	返回游标表示的文档数。如果参数applySkipLimit为true，计算文档数时将考虑limit()和skip()设置的值，否则返回游标表示的所有文档数。计数结果将作为第二个参数传递给回调函数
limit(size, callback)	指定游标可最多表示多少个文档。这个方法返回一个新的Cursor对象，并将一个Cursor对象作为第二个参数传递给回调函数
skip(size, callback)	在返回文档前，跳过指定数量的文档。这个方法返回一个新的Cursor对象，并将一个Cursor对象作为第二个参数传递给回调函数
sort(sort, callback)	根据列表参数sort指定的字段对游标中的文档进行排序。这个方法返回一个新的Cursor对象，并将一个Cursor对象作为第二个参数传递给回调函数。参数sort的语法如下，其中direction为1（表示升序）或-1（表示降序）： [(key, direction), ...]
toArray(callback)	将游标表示的文档转换为一个JavaScript数组，让您能够访问它们。这个文档数组将作为第二个参数传递给回调函数

19.1.6 理解用于表示参数和文档的Node.js JavaScript对象

正如您在本书前面介绍MongoDB shell的章节中看到的，大多数数据库、集合和游标操作都将对象作为参数。这些对象定义了查询、排序、聚合以及其他运算符。文档也是以对象的方式从数据库返回的。

在MongoDB shell中，这些对象是JavaScript对象。Node.js是基于JavaScript的，因此在Node.js中，运算符、参数和文档也是用JavaScript对象表示的，这使得在MongoDB shell

和 Node.js 应用程序之间导航非常容易。

19.1.7 设置写入关注和其他请求选项

您可能注意到了，在前几节的表格中，有多个方法都包含参数 options，在这个参数中可指定的选项随方法而异。

写入数据的数据库操作使用写入关注，它指定了返回前如何核实数据库写入。

在 JavaScript 对象参数 options 中，可设置的一些选项如下。

- w：设置写入关注。1 表示确认，0 表示不确认，majority 表示已写入大部分副本服务器。
- j：设置为 true 或 false，以启用或禁用日记确认。
- wtimeout：等待写入确认的时间，单位为毫秒。
- fsync：如果为 true，写入请求将等到 fsync 结束再返回。

例如，下面的 Node.js 代码创建了一个 JavaScript 对象，以指定基本的写入关注和更新选项：

```
var options = {'w' : 1, 'j' : True, 'wtimeout': 10000, 'fsync': true};
```

要设置读取首选项，可在参数 options 中将 readPreference 设置为下面的值之一：

- ReadPreference.PRIMARY；
- ReadPreference.PRIMARY_PREFERRED；
- ReadPreference.SECONDARY；
- ReadPreference.SECONDARY_PREFERRED；
- ReadPreference.NEAREST。

例如，下面的代码将读取首选项设置为从副本集的主节点读取：

```
ReadPreference = require('mongodb').ReadPreference;
. . .
var options = {'readPreference': ReadPreference.PRIMARY};
```

Try It Yourself

使用 Node.js MongoDB 驱动程序连接到 MongoDB

明白 Node.js MongoDB 驱动程序中的对象后，便可以开始在 Node.js 应用程序中实现 MongoDB 了。本节将引导您在 Node.js 应用程序中逐步实现 MongoDB。

请执行如下步骤，使用 Node.js MongoDB 驱动程序创建第一个 Node.js MongoDB 应用程序。

1．如果还没有安装 Node.js，请访问 http://nodejs.org/，按说明下载并安装用于您的开发平台的 Node.js。

2．确保将可执行文件 node 所在的文件夹添加到了系统路径中，从而能够在控制台提示符下执行命令 node 和 npm。

3．在code文件夹中，创建文件夹hour19、hour20和hour21。打开一个控制台窗口，依次切换到上述每个文件夹，并使用如下命令在其中安装MongoDB Native Node.js驱动程序。

```
npm install mongodb
```

4．核实创建了下述所有文件夹：

code/hour19/node_modules/mongodb

code/hour20/node_modules/mongodb

code/hour21/node_modules/mongodb

5．确保启动了MongoDB服务器。

6．再次运行脚本文件code/hour05/generate_words.js以重置数据库words。

7．在文件夹code/hour19中新建一个文件，并将其命名为NodejsConnect.js。

8．在这个文件中输入程序清单19.1所示的代码。这些代码创建MongoClient、Database和Collection对象，并检索文档。

9．将这个文件存盘。

10．打开一个控制台窗口，并切换到目录code/hour19。

11．执行下面的命令来运行这个Node.js应用程序。程序清单19.2显示了这个应用程序的输出。您创建了第一个MongoDB Node.js应用程序。

```
node NodejsConnect.js
```

程序清单19.1 NodejsConnect.js：在Node.js应用程序中连接到MongoDB数据库

```
01 var MongoClient = require('mongodb').MongoClient;
02 var Server = require('mongodb').Server;
03 var mongo = new MongoClient();
04 mongo.connect("mongodb://localhost/", function(err, db) {
05   var myDB = db.db("words");
06   myDB.collection("word_stats", function(err, collection){
07     collection.count(function(err, count){
08       console.log("Number of Items: ");
09       console.log(count);
10       myDB.close();
11     });
12   });
13 });
```

程序清单19.2 NodejsConnect.js-output：在Node.js应用程序中连接到MongoDB数据库的输出

```
Number of Documents:
2673
```

▲

19.2 使用 Node.js 查找文档

在 Node.js 应用程序中需要执行的一种常见任务是，查找一个或多个需要在应用程序中使用的文档。在 Node.js 中查找文档与使用 MongoDB shell 查找文档类似，您可获取一个或多个文档，并使用查询来限制返回的文档。

接下来的几小节讨论如何使用 Node.js 对象在 MongoDB 集合中查找和检索文档。

19.2.1 使用 Node.js 从 MongoDB 获取文档

Collection 对象提供了方法 find()和 findOne()，它们与 MongoDB shell 中的同名方法类似，也分别查找一个和多个文档。

调用 findOne()时，将以 JavaScript 对象的方式将单个文档提供给回调函数，然后您就可根据需要在应用程序中使用这个对象，如下所示：

```
myColl.findOne(function(err, doc){
. . .
});
```

Collection 对象的方法 find()向回调函数提供一个 Cursor 对象，这个对象表示找到的文档，但不取回它们。可以多种不同的方式迭代 Cursor 对象。

可以使用 Cursor 对象的方法 each()来迭代返回的文档。每个文档都将作为第二个参数传递给 each()的回调函数。如果传入的文档为 null，就说明已到达游标末尾。例如，下面的代码使用 each()来迭代 Cursor 对象：

```
var cursor = myColl.find();
cursor.each(function(err, doc){
  if(doc){
    console.log(doc);
  }
});
```

如果有足够的内存来存储游标表示的所有文档，还可使用方法 toArray()将 Curosr 对象转换为文档对象数组。例如，下面的代码使用 toArray()来迭代 Cursor 对象：

```
var cursor = myColl.find();
cursor.toArray(function(err, docArr){
  for(var i in docArray){
    console.log(docArray[i]);
  }
});
```

▼ Try It Yourself

使用 Node.js 从 MongoDB 检索文档

在本节中，您将编写一个简单的 Node.js 应用程序，它使用 find()和 findOne()从示例数据库中检索文档。通过这个示例，您将熟悉如何使用方法 find()和 findOne()以及如何处理响应。程序清单 19.3 显示了这个示例的代码。

在这个示例中，主脚本连接到 MongoDB 数据库，获取一个 Collection 对象，再调用其他方法来查找并显示文档。

方法 getOne()调用方法 findOne()从集合中获取单个文档，再显示该文档；方法 getManyFor()查找所有的文档，将它们转换为一个数组，并使用 for 循环来显示前 5 个文档。

方法 getManyEach()查找集合中的前 5 个文档，在使用方法 each()来迭代并显示这些单词。

请执行如下步骤，创建并运行这个在示例数据集中查找文档并显示结果的 Node.js 应用程序。

1．确保启动了 MongoDB 服务器。

2．确保下载并安装了 Node.js MongoDB 驱动程序，并运行了生成数据库 words 的脚本文件 code/hour05/generate_words.js。

3．在文件夹 code/hour19 中新建一个文件，并将其命名为 NodejsFind.js。

4．在这个文件中输入程序清单 19.3 所示的代码。这些代码使用了方法 find()和 findOne()。

5．将这个文件存盘。

6．打开一个控制台窗口，并切换到目录 code/hour19。

7．执行下面的命令来运行这个 Node.js 应用程序。程序清单 19.4 显示了这个应用程序的输出。

```
node NodejsFind.js
```

程序清单 19.3 NodejsFind.js：在 Node.js 应用程序中查找并检索集合中的文档

```
01 var MongoClient = require('mongodb').MongoClient;
02 var Server = require('mongodb').Server;
03 var mongo = new MongoClient();
04 var myDB = null;
05 mongo.connect("mongodb://localhost/", function(err, db) {
06   myDB = db.db("words");
07   myDB.collection("word_stats", function(err, collection){
08      getOne(collection);
09      setTimeout(function(){myDB.close();}, 3000);
10   });
11 });
12 function getOne(collection){
13   collection.findOne({}, function(err, item){
14      console.log("Single Document: ");
15      console.log(item);
16      getManyFor(collection);
17   });
18 }
19 function getManyFor(collection){
```

```
20   var cursor = collection.find();
21   cursor.toArray(function(err, itemArr){
22     console.log("\nWords Using Array For Loop: ");
23     for(var i=0; i<5; i++){
24       console.log(itemArr[i].word);
25     }
26     getManyEach(collection);
27   });
28 }
29 function getManyEach(collection){
30   var cursor = collection.find().limit(5);
31   console.log("\nWords Using Each Loop: ");
32   cursor.each(function(err, item){
33     if(item){
34       console.log(item['word']);
35     }
36   });
37 }
```

程序清单 19.4　NodejsFind.js-output：在 Node.js 应用程序中查找并检索集合中文档的输出

```
Single Document:
{ _id: 52eff3508101065e6a93e322,
  word: 'the',
  first: 't',
  last: 'e',
  size: 3,
  letters: [ 't', 'h', 'e' ],
  stats: { vowels: 1, consonants: 2 },
  charsets:
   [ { type: 'consonants', chars: [Object] },
     { type: 'vowels', chars: [Object] } ] }

Words Using Array For Loop:
the
be
and
of
a

Words Using Each Loop:
the
be
and
of
a
```

19.2.2 使用Node.js在MongoDB数据库中查找特定的文档

一般而言，您不会想从服务器检索集合中的所有文档。方法 find()和 findOne()让您能够向服务器发送一个查询对象，从而像在 MongoDB shell 中那样限制文档。

要创建查询对象，可使用本章前面描述的 JavaScript 对象。对于查询对象中为子对象的字段，可创建 JavaScript 子对象；对于其他类型（如整型、字符串和数组）的字段，可使用相应的 Node.js 类型。

例如，要创建一个查询对象来查找 size=5 的单词，可使用下面的代码：

```
var query = {'size' : 5};
var cursor = myColl.find(query);
```

要创建一个查询对象来查找 size>5 的单词，可使用下面的代码：

```
var query = {'size' :
               {'$gt' : 5}};
var cursor = myColl.find(query);
```

要创建一个查询对象来查找第一个字母为 x、y 或 z 的单词，可使用 String 数组，如下所示：

```
var query = {'first' :
              {'$in' : ["x", "y", "z"]}};
var cursor = myColl.find(query);
```

利用上述技巧可创建需要的任何查询对象：不仅能为查找操作创建查询对象，还能为其他需要查询对象的操作这样做。

▼ Try It Yourself

使用 Node.js 从 MongoDB 数据库检索特定的文档

在本节中，您将编写一个简单的 Node.js 应用程序，它使用查询对象和方法 find()从示例数据库检索一组特定的文档。通过这个示例，您将熟悉如何创建查询对象以及如何使用它们来显示数据库请求返回的文档。程序清单 19.4 显示了这个示例的代码。

在这个示例中，主脚本连接到 MongoDB 数据库，获取一个 Collection 对象，并调用其他的方法来查找并显示特定的文档。方法 displayCursor()迭代游标并显示它表示的单词。

方法 over12()查找长度超过 12 的单词；方法 startingABC()查找以 a、b 或 c 打头的单词；方法 startEndVowels()查找以元音字母打头和结尾的单词；方法 over6Vowels()查找包含的元音字母超过 6 个的单词；方法 nonAlphaCharacters()查找包含类型为 other 的字符集且长度为 1 的单词。

请执行如下步骤，创建并运行这个在示例数据集中查找特定文档并显示结果的 Node.js 应用程序。

1. 确保启动了 MongoDB 服务器。

2. 确保下载并安装了 Node.js MongoDB 驱动程序，并运行了生成数据库 words 的脚本文件 code/hour05/generate_words.js。

3. 在文件夹 code/hour19 中新建一个文件，并将其命名为 NodejsFindSpecific.js。

4. 在这个文件中输入程序清单 19.5 所示的代码。这些代码使用了方法 find()和查询对象。

5. 将这个文件存盘。

6. 打开一个控制台窗口，并切换到目录 code/hour19。

7. 执行下面的命令来运行这个 Node.js 应用程序。程序清单 19.6 显示了这个应用程序的输出。

```
node NodejsFindSpecific.js
```

程序清单 19.5 NodejsFindSpecific.js：在 Node.js 应用程序中从集合中查找并检索特定文档

```
01 var MongoClient = require('mongodb').MongoClient;
02 var Server = require('mongodb').Server;
03 var mongo = new MongoClient();
04 var myDB = null;
05 mongo.connect("mongodb://localhost/", function(err, db) {
06   myDB = db.db("words");
07   myDB.collection("word_stats", function(err, collection){
08     over12(collection);
09     startingABC(collection);
10     startEndVowels(collection);
11     over6Vowels(collection);
12     nonAlphaCharacters(collection);
13     setTimeout(function(){myDB.close();}, 5000);
14   });
15 });
16 function displayCursor(cursor, msg){
17   cursor.toArray(function(err, itemArr){
18     var wordStr = "";
19     for(var i in itemArr){
20       wordStr += itemArr[i].word + ",";
21     }
22     if (wordStr.length > 65){
23       wordStr = wordStr.slice(0, 65) + "...";
24     }
25     console.log("\n" + msg + "\n" + wordStr);
26   });
27 }
28 function over12(collection){
29   var query = {'size': {'$gt': 12}};
30   var cursor = collection.find(query);
31   displayCursor(cursor, "Words with more than 12 characters:");
```

```
32 }
33 function startingABC(collection){
34   var query = {'first': {'$in': ["a","b","c"]}};
35   var cursor = collection.find(query);
36   displayCursor(cursor, "Words starting with A, B or C:");
37 }
38 function startEndVowels(collection){
39   var query = {'$and': [
40                 {'first': {'$in': ["a","e","i","o","u"]}},
41                 {'last': {'$in': ["a","e","i","o","u"]}}]};
42   var cursor = collection.find(query);
43   displayCursor(cursor, "Words starting and ending with a vowel:");
44 }
45 function over6Vowels(collection){
46   var query = {'stats.vowels': {'$gt': 5}};
47   var cursor = collection.find(query);
48   displayCursor(cursor, "Words with more than 5 vowel:");
49 }
50 function nonAlphaCharacters(collection){
51   var query = {'charsets':
52       {'$elemMatch':
53         {'$and': [
54           {'type': 'other'},
55           {'chars': {'$size': 1}}]}}};
56   var cursor = collection.find(query);
57   displayCursor(cursor, "Words with 1 non-alphabet characters:");
58 }
```

程序清单 19.6 NodejsFindSpecific.js-output：在Node.js应用程序中从集合中查找并检索特定文档的输出

```
Words with more than 12 characters:
international,administration,environmental,responsibility,investi...

Words with more than 5 vowel:
international,organization,administration,investigation,communica...

Words with 1 non-alphabet characters:
don't,won't,can't,shouldn't,e-mail,long-term,so-called,mm-hmm,

Words starting and ending with a vowel:
a,i,one,into,also,use,area,eye,issue,include,once,idea,ago,office...

Words starting with A, B or C:
be,and,a,can't,at,but,by,as,can,all,about,come,could,also,because...
```

19.3 使用 Node.js 计算文档数

使用 Node.js 访问 MongoDB 数据库中的文档集时，您可能想先确定文档数，再决定是否检索它们。无论是在 MongoDB 服务器还是客户端，计算文档数的开销都很小，因为不需要传输实际文档。

Cursor 对象的方法 count()让您能够获取游标表示的文档数。例如，下面的代码使用方法 find()来获取一个 Cursor 对象，再使用方法 count()来获取文档数：

```
var cursor = wordsColl.find();
cursor.count(function(err, itemCount){
  console.log("count = " + itemCount);
});
```

itemCount 的值为与 find()操作匹配的单词数。

Try It Yourself

在 Node.js 应用程序中使用 count()获取 Cursor 对象表示的文档数

在本节中，您将编写一个简单的 Node.js 应用程序，它使用查询对象和 find()从示例数据库检索特定的文档集，并使用 count()来获取游标表示的文档数。通过这个示例，您将熟悉如何在检索并处理文档前获取文档数。程序清单 19.7 显示了这个示例的代码。

在这个示例中，主脚本连接到 MongoDB 数据库，获取一个 Collection 对象，再调用其他的方法来查找特定的文档并显示找到的文档数。方法 countWords()使用查询对象、find()和 count()来计算数据库中的单词总数以及以 a 打头的单词数。

请执行如下步骤，创建并运行这个 Node.js 应用程序，它查找示例数据集中的特定文档，计算找到的文档数并显示结果。

1．确保启动了 MongoDB 服务器。

2．确保下载并安装了 Node.js MongoDB 驱动程序，并运行了生成数据库 words 的脚本文件 code/hour05/generate_words.js。

3．在文件夹 code/hour19 中新建一个文件，并将其命名为 NodejsFindCount.js。

4．在这个文件中输入程序清单 19.7 所示的代码。这些代码使用方法 find()和查询对象查找特定文档，并计算找到的文档数。

5．将这个文件存盘。

6．打开一个控制台窗口，并切换到目录 code/hour19。

7．执行下面的命令来运行这个 Node.js 应用程序。程序清单 19.8 显示了这个应用程序的输出。

```
node NodejsFindCount.js
```

程序清单 19.7　NodejsFindCount.js：在 Node.js 应用程序中计算在集合中找到的特定文档的数量

```
01 var MongoClient = require('mongodb').MongoClient;
02 var Server = require('mongodb').Server;
03 var mongo = new MongoClient();
04 var myDB = null;
05 mongo.connect("mongodb://localhost/", function(err, db) {
06   myDB = db.db("words");
07   myDB.collection("word_stats", function(err, collection){
08     countWords(collection);
09     setTimeout(function(){myDB.close();}, 3000);
10   });
11 });
12 function countWords(collection){
13   var allCursor = collection.find();
14   allCursor.count(function(err, cnt){
15     console.log("Total words in the collection:\n" + cnt);
16   });
17   var query = {first: 'a'};
18   var aCursor = collection.find(query);
19   aCursor.count(function(err, cnt){
20     console.log("\nTotal words starting with A:\n" + cnt);
21   });
22 }
```

程序清单 19.8　NodejsFindCount.js-output：在 Node.js 应用程序中计算在集合中找到的特定文档数量的输出

```
Total words in the collection:
2673

Total words starting with A:
192
```

▲

19.4　使用 Node.js 对结果集排序

从 MongoDB 数据库检索文档时，一个重要方面是对文档进行排序。只想检索特定数量（如前 10 个）的文档或要对结果集进行分页时，这特别有帮助。排序选项让您能够指定用于排序的文档字段和方向。

Cursor 对象的方法 sort()让您能够指定要根据哪些字段对游标中的文档进行排序，并按相应的顺序返回文档。方法 sort()将一个元组（[key, order]对）列表作为参数，其中 key 为用于排序的字段名，而 order 的值为 1（升序）或-1（降序）。

例如，要按字段 name 升序排列文档，可使用下面的代码：

```
var sorter = [['name', 1]];
var cursor = myCollection.find();
cursor.sort(sorter, function(err, sortedItems){
. . .
});
```

在传递给方法 sort()的列表中，可指定多个字段，这样文档将按这些字段排序。还可对同一个游标调用 sort()方法多次，从而依次按不同的字段进行排序。例如，要首先按字段 name 升序排列，再按字段 value 降序排列，可使用下面的代码：

```
var sorter = [['name', 1], ['value', -1]];
var cursor = myCollection.find();
cursor.sort(sorter, function(err, sortedItems){
   . . .
});
```

也可使用下面的代码：

```
var sorter1 = [['name', 1]];
var sorter2 = [['value', -1]];
var cursor = myCollection.find();
cursor = cursor.sort(sorter1);
cursor.sort(sorter2, function(err, sortedItems){
   . . .
});
```

▼ Try It Yourself

使用 sort()以特定顺序返回 Node.js 对象 Cursor 表示的文档

在本节中，您将编写一个简单的 Node.js 应用程序，它使用查询对象和方法 find()从示例数据库检索特定的文档集，再使用方法 sort()将游标中的文档按特定顺序排列。通过这个示例，您将熟悉如何在检索并处理文档前对游标表示的文档进行排序。程序清单 19.9 显示了这个示例的代码。

在这个示例中，主脚本连接到 MongoDB 数据库，获取一个 Collection 对象，再调用其他的方法来查找特定的文档，对找到的文档进行排序并显示结果。方法 displayCursor()显示排序后的单词列表。

方法sortWordsAscending()获取以w打头的单词并将它们按升序排列；方法sortWordsDescending()获取以 w 打头的单词并将它们按降序排列；方法 sortWordsAscAndSize()获取以 q 打头的单词，并将它们首先按最后一个字母升序排列，再按长度降序排列。

执行下面的步骤，创建并运行这个 Node.js 应用程序，它在示例数据集中查找特定的文档、对找到的文档进行排序并显示结果。

1. 确保启动了 MongoDB 服务器。

2. 确保下载并安装了 Node.js MongoDB 驱动程序，并运行了生成数据库 words 的脚本文件 code/hour05/generate_words.js。

3．在文件夹 code/hour19 中新建一个文件，并将其命名为 NodejsFindSort.js。

4．在这个文件中输入程序清单 19.9 所示的代码。这些代码对 Cursor 对象表示的文档进行排序。

5．将这个文件存盘。

6．打开一个控制台窗口，并切换到目录 code/hour19。

7．执行下面的命令来运行这个 Node.js 应用程序。程序清单 19.10 显示了这个应用程序的输出。

```
node NodejsFindSort.js
```

程序清单 19.9　NodejsFindSort.js：在 Node.js 应用程序中查找集合中的特定文档并进行排序

```
01 var MongoClient = require('mongodb').MongoClient;
02 var Server = require('mongodb').Server;
03 var mongo = new MongoClient();
04 var myDB = null;
05 mongo.connect("mongodb://localhost/", function(err, db) {
06   myDB = db.db("words");
07   myDB.collection("word_stats", function(err, collection){
08     sortWordsAscending(collection);
09     sortWordsDescending(collection);
10     sortWordsAscAndSize(collection);
11     setTimeout(function(){myDB.close();}, 3000);
12   });
13 });
14 function displayCursor(cursor, msg){
15   cursor.toArray(function(err, itemArr){
16     var wordStr = "";
17     for(var i in itemArr){
18       wordStr += itemArr[i].word + ",";
19     }
20     if (wordStr.length > 65){
21       wordStr = wordStr.slice(0, 65) + "...";
22     }
23     console.log("\n" + msg + "\n" + wordStr);
24   });
25 }
26 function sortWordsAscending(collection){
27   var query = {'first': 'w'};
28   var sorter = [['word', 1]];
29   var cursor = collection.find(query);
30   cursor = cursor.sort(sorter);
31   displayCursor(cursor, "W words ordered ascending:");
32 }
33 function sortWordsDescending(collection){
34   var query = {'first': 'w'};
35   var sorter = [['word', -1]];
```

```
36   var cursor = collection.find(query);
37   cursor = cursor.sort(sorter);
38   displayCursor(cursor, "W words ordered descending:");
39 }
40 function sortWordsAscAndSize(collection){
41   var query = {'first': 'q'};
42   var sorter = [['last', 1], ['size', -1]];
43   var cursor = collection.find(query);
44   cursor = cursor.sort(sorter);
45   displayCursor(cursor, "Q words ordered first by last "+
46                           "letter and then by size:");
47 }
```

程序清单 19.10 NodejsFindSort.js-output：在 Node.js 应用程序中查找集合中的特定文档并进行排序的输出

```
Q words ordered first by last letter and then by size:
quite,quote,quick,question,quarter,quiet,quit,quickly,quality,qui...

W words ordered ascending:
wage,wait,wake,walk,wall,want,war,warm,warn,warning,wash,waste,wa...

W words ordered descending:
wrong,writing,writer,write,wrap,would,worth,worry,world,works,wor...
```

▲

19.5 小结

本章介绍了 Node.js MongoDB 驱动程序提供的对象，这些对象分别表示连接、数据库、集合、游标和文档，提供了在 Node.js 应用程序中访问 MongoDB 所需的功能。

您还下载并安装了 Node.js MongoDB 驱动程序，并创建了一个简单 Node.js 应用程序来连接到 MongoDB 数据库。接下来，您学习了如何使用 Collection 和 Cursor 对象来查找和检索文档。最后，您学习了如何在检索游标表示的文档前计算文档数量以及对其进行排序。

19.6 问与答

问：Node.js MongoDB 驱动程序还提供了本章没有介绍的其他对象吗？

答：是的。本章只介绍了您需要知道的主要对象，但 Node.js MongoDB 驱动程序还提供了很多支持对象和函数，有关这方面的文档，请参阅 http://mongodb.github.io/ node-mongodb-native/api-generated/。

问：在Node.js中，有办法实现MongoDB对象关系模型吗？

答：有。Mongoose提供了不错的MongoDB文档关系模型，被MongoDB网站视为官方支持的ODM。

19.7 作业

作业包含一组问题及其答案，旨在加深您对本章内容的理解。请尽可能先回答问题，再看答案。

19.7.1 小测验

1. 如何控制find()操作将返回哪些文档？
2. 如何按字段name升序排列文档？
3. 如何获取文档对象的字段值？
4. 判断对错：方法findOne()返回一个Cursor对象。

19.7.2 小测验答案

1. 创建一个定义查询的JavaScript对象。
2. 创建列表[["name", 1]]，并将其传递给方法sort()。
3. 使用object[field]语法。
4. 错。它返回一个表示文档的JavaScript对象。

19.7.3 练习

1. 扩展文件NodejsFindSort.js，在其中添加一个方法，它将文档首先按长度降序排列，再按最后一个字母降序排列。
2. 扩展文件NodejsFindSpecific.js，在其中查找以a打头并以e结尾的单词。

第 20 章

在Node.js应用程序中访问MongoDB数据库

本章介绍如下内容：

- 使用 Node.js 对大型数据集分页；
- 使用 Node.js 限制从文档中返回的字段；
- 使用 Node.js 生成文档中不同字段值列表；
- 使用 Node.js 对文档进行分组并生成返回数据集；
- 在 Node.js 应用程序中使用聚合流水线根据集合中的文档生成数据集。

本章继续介绍 Node.js MongoDB 驱动程序，以及如何在 Node.js 应用程序中使用它来检索数据，重点是限制返回的结果，这是通过限制返回的文档数和字段以及对大型数据集进行分页实现的。

本章还将介绍如何在 Node.js 应用程序执行各种分组和聚合操作。这些操作让您能够在服务器端处理数据，再将结果返回给 Node.js 应用程序，从而减少发送的数据量以及应用程序的工作量。

20.1 使用 Node.js 限制结果集

在大型系统上查询较复杂的文档时，常常需要限制返回的内容，以降低对服务器和客户端网络和内存的影响。要限制与查询匹配的结果集，方法有三种：只接受一定数量的文档；限制返回的字段；对结果分页，分批地获取它们。

20.1.1 使用 Node.js 限制结果集的大小

要限制 find()或其他查询请求返回的数据量，最简单的方法是对 find()操作返回的 Cursor 对象调用方法 limit()，它让 Cursor 对象返回指定数量的文档，可避免检索的对象量超过应用程序的处理能力。

例如，下面的代码只显示集合中的前10个文档，即便匹配的文档有数千个：

```
var cursor = wordsColl.find();
cursor.limit(10, function(err, items){
   items.each(function(err, word){
      if(word){
         console.log(word);
      }
   }
});
```

Try It Yourself

使用limit()将Node.js对象Cursor表示的文档减少到指定的数量

在本节中，您将编写一个简单的Node.js应用程序，它使用limit()来限制find()操作返回的结果。通过这个示例，您将熟悉如何结合使用limit()和find()，并了解limit()对结果的影响。程序清单20.1显示了这个示例的代码。

在这个示例中，主脚本连接到MongoDB数据库，获取一个Collection对象，并调用其他方法来查找并显示数量有限的文档。方法displayCursor()迭代游标并显示找到的单词。

方法limitResults()接受一个limit参数，查找以p打头的单词，并返回参数limit指定的单词数。

请执行如下步骤，创建并运行这个Node.js应用程序，它在示例数据集中查找指定数量的文档并显示结果。

1．确保启动了MongoDB服务器。

2．确保下载并安装了Node.js MongoDB驱动程序，并运行了生成数据库words的脚本文件code/hour05/generate_words.js。

3．在文件夹code/hour20中新建一个文件，并将其命名为NodejsFindLimit.js。

4．在这个文件中输入程序清单20.1所示的代码。这些代码使用了方法find()和limit()。

5．将这个文件存盘。

6．打开一个控制台窗口，并切换到目录code/hour20。

7．执行下面的命令来运行这个Node.js应用程序。程序清单20.2显示了这个应用程序的输出。

```
node NodejsFindLimit.js
```

程序清单20.1 NodejsFindLimit.js：在Node.js应用程序中在集合中查找指定数量的文档

```
01 var MongoClient = require('mongodb').MongoClient;
02 var Server = require('mongodb').Server;
03 var mongo = new MongoClient();
```

```
04 var myDB = null;
05 mongo.connect("mongodb://localhost/", function(err, db) {
06   myDB = db.db("words");
07   myDB.collection("word_stats", function(err, collection){
08     limitResults(collection, 1);
09   });
10 });
11 function displayCursor(cursor, callback, collection, limit){
12   cursor.toArray(function(err, itemArr){
13     var wordStr = "";
14     for(var i in itemArr){
15       wordStr += itemArr[i].word + ",";
16     }
17     if (wordStr.length > 65){
18       wordStr = wordStr.slice(0, 65) + "...";
19     }
20     console.log(wordStr);
21     if(collection){
22       callback(collection, limit);
23     } else {
24       myDB.close();
25     }
26   });
27 }
28 function limitResults(collection, limit){
29   var query = {'first': 'p'};
30   var cursor = collection.find(query);
31   cursor.limit(limit, function(err, items){
32     console.log("\nP words Limited to " + limit + ":");
33     if(limit < 7){
34       displayCursor(items, limitResults, collection, limit + 2);
35     } else {
36       displayCursor(items, limitResults, null, null);
37     }
38   });
39 }
```

程序清单 20.2 NodejsFindLimit.js-output：在 Node.js 应用程序中在集合中查找指定数量文档的输出

```
P words Limited to 1:
people,

P words Limited to 3:
people,put,problem,

P words Limited to 5:
```

```
people,put,problem,part,place,

P words Limited to 7:
people,put,problem,part,place,program,play,
```

▲

20.1.2　使用 Node.js 限制返回的字段

为限制文档检索时返回的数据量，另一种极有效的方式是限制要返回的字段。文档可能有很多字段在有些情况下很有用，但在其他情况下没用。从 MongoDB 服务器检索文档时，需考虑应包含哪些字段，并只请求必要的字段。

要对 Collection 对象的方法 find()从服务器返回的字段进行限制，可使用参数 fields。这个参数是一个 JavaScript 对象，它使用值 true 来包含字段，使用值 false 来排除字段。

例如，要在返回文档时排除字段 stats、value 和 comments，可使用下面的 fields 参数：

```
var fields = {'stats' : false, 'value' : false, 'comments' : false);
var cursor = myColl.find({}, {'fields': fields});
```

这里将查询对象指定成了 null，因为您要查找所有的文档。

仅包含所需的字段通常更容易。例如，如果只想返回 first 字段为 t 的文档的 word 和 size 字段，可使用下面的代码：

```
var query = {'first' : 't'};
var fields = {'word' : true, 'size' : true};
var cursor = myColl.find(query, fields);
```

▼ Try It Yourself

在方法 find()中使用参数 fields 来减少 Cursor 对象表示的文档中的字段数

在本节中，您将编写一个简单的 Node.js 应用程序，它在方法 find()中使用参数 fields 来限制返回的字段。通过这个示例，您将熟悉如何使用方法 find()的参数 fields，并了解它对结果的影响。程序清单 20.3 显示了这个示例的代码。

在这个示例中，主脚本连接到 MongoDB 数据库，获取一个 Collection 对象，并调用其他的方法来查找文档并显示其指定的字段。方法 displayCursor()迭代游标并显示找到的文档。

方法 includeFields()接受一个字段名列表，创建参数 fields 并将其传递给方法 find()，使其只返回指定的字段；方法 excludeFields()接受一个字段名列表，创建参数 fields 并将其传递给方法 find()，以排除指定的字段。

请执行如下步骤，创建并运行这个 Node.js 应用程序，它在示例数据集中查找文档，限制返回的字段并显示结果。

1．确保启动了MongoDB服务器。

2．确保下载并安装了Node.js MongoDB驱动程序，并运行了生成数据库words的脚本文件code/hour05/generate_words.js。

3．在文件夹code/hour20中新建一个文件，并将其命名为NodejsFindFields.js。

4．在这个文件中输入程序清单20.3所示的代码。这些代码在调用方法find()时传递了参数fields。

5．将这个文件存盘。

6．打开一个控制台窗口，并切换到目录code/hour20。

7．执行下面的命令来运行这个Node.js应用程序。程序清单20.4显示了这个应用程序的输出。

```
node NodejsFindFields.js
```

程序清单20.3　NodejsFindFields.js：在Node.js应用程序中限制从集合返回的文档包含的字段

```
01 var MongoClient = require('mongodb').MongoClient;
02 var Server = require('mongodb').Server;
03 var mongo = new MongoClient();
04 var myDB = null;
05 mongo.connect("mongodb://localhost/", function(err, db) {
06   myDB = db.db("words");
07   myDB.collection("word_stats", function(err, collection){
08     includeFields(collection, ['word', 'size']);
09     includeFields(collection, ['word', 'letters']);
10     excludeFields(collection, ['lettes', 'stats', 'charsets']);
11     setTimeout(function(){myDB.close();}, 3000);
12   });
13 });
14 function displayCursor(doc, msg){
15   console.log("\n" + msg);
16   console.log(doc);
17 }
18 function includeFields(collection, fields){
19   var query = {'first': 'p'};
20   var fieldObj = {};
21   for (var i in fields){
22     fieldObj[fields[i]] = true;
23   }
24   collection.findOne(query, {fields: fieldObj}, function(err, doc){
25     displayCursor(doc, "Including " + fields +" fields:");
26   });
27 }
28 function excludeFields(collection, fields){
29   var query = {'first': 'p'};
```

```
30    var fieldObj = {};
31    for (var i in fields){
32      fieldObj[fields[i]] = false;
33    }
34    collection.findOne(query, {fields: fieldObj}, function(err, doc){
35      displayCursor(doc, "Excluding " + fields +" fields:");
36    });
37 }
```

程序清单 20.4 NodejsFindFields.js-output：在 Node.js 应用程序中限制从集合返回的文档包含的字段的输出

```
Including word,size fields:
{ _id: 52eff3508101065e6a93e35f, word: 'people', size: 6 }

Including word,letters fields:
{ _id: 52eff3508101065e6a93e35f,
  word: 'people',
  letters: [ 'p', 'e', 'o', 'l' ] }

Excluding lettes,stats,charsets fields:
{ _id: 52eff3508101065e6a93e35f,
word: 'people',
first: 'p',
last: 'e',
size: 6,
letters: [ 'p', 'e', 'o', 'l' ] }
```

▲

20.1.3 使用Node.js将结果集分页

为减少返回的文档数，一种常见的方法是进行分页。要进行分页，需要指定要在结果集中跳过的文档数，还需限制返回的文档数。跳过的文档数将不断增加，每次的增量都是前一次返回的文档数。

要对一组文档进行分页，需要使用Cursor对象的方法limit()和skip()。方法skip()让您能够指定在返回文档前要跳过多少个文档。

每次获取下一组文档时，都增大方法skip()中指定的值，增量为前一次调用limit()时指定的值，这样就实现了数据集分页。

例如，下面的语句查找第11～20个文档：

```
var cursor = collection.find();
cursor = cursor.limit(10);
cursor = cursor.skip(10);
```

进行分页时，务必调用方法 sort()来确保文档的排列顺序不变。

Try It Yourself

在 Node.js 中使用 skip()和 limit()对 MongoDB 集合中的文档进行分页

在本节中，您将编写一个简单的 Node.js 应用程序，它使用 Cursor 对象的方法 skip()和 limit()方法对 find()返回的大量文档进行分页。通过这个示例，您将熟悉如何使用 skip()和 limit()对较大的数据集进行分页。程序清单 20.5 显示了这个示例的代码。

在这个示例中，主脚本连接到 MongoDB 数据库，获取一个 Collection 对象，并调用其他的方法来查找文档并以分页方式显示它们。方法 displayCursor()迭代游标并显示当前页中的单词。

方法 pageResults()接受一个 skip 参数，并根据它以分页方式显示以 w 开头的所有单词。每显示一页后，都将 skip 值递增，直到到达游标末尾。

请执行下面的步骤，创建并运行这个对示例数据集中的文档进行分页并显示结果的 Node.js 应用程序。

1．确保启动了 MongoDB 服务器。

2．确保下载并安装了 Node.js MongoDB 驱动程序，并运行了生成数据库 words 的脚本文件 code/hour05/generate_words.js。

3．在文件夹 code/hour20 中新建一个文件，并将其命名为 NodejsFindPaging.js。

4．在这个文件中输入程序清单 20.5 所示的代码。这些代码实现了文档集分页。

5．将这个文件存盘。

6．打开一个控制台窗口，并切换到目录 code/hour20。

7．执行下面的命令来运行这个 Node.js 应用程序。程序清单 20.6 显示了这个应用程序的输出。

```
node NodejsFindPaging.js
```

程序清单 20.5　NodejsFindPaging.js：在 Node.js 应用程序中分页显示集合中的文档集

```
01 var MongoClient = require('mongodb').MongoClient;
02 var Server = require('mongodb').Server;
03 var mongo = new MongoClient();
04 var myDB = null;
05 mongo.connect("mongodb://localhost/", function(err, db) {
06   myDB = db.db("words");
07   myDB.collection("word_stats", function(err, collection){
08     pageResults(collection, 0);
09   });
10 });
11 function displayCursor(cursor, callback, collection, skip, more){
12   cursor.toArray(function(err, itemArr){
```

```
13      var wordStr = "";
14      for(var i in itemArr){
15        wordStr += itemArr[i].word + ",";
16      }
17      if (wordStr.length > 65){
18        wordStr = wordStr.slice(0, 65) + "...";
19      }
20      console.log(wordStr);
21      if(more){
22        callback(collection, skip);
23      } else {
24        myDB.close();
25      }
26    });
27 }
28 function pageResults(collection, skip){
29   var query = {'first': 'w'};
30   var cursor = collection.find(query);
31   cursor.skip(skip).limit(10, function(err, items){
32     items.count(true, function(err, count){
33       var pageStart = skip+1;
34       var pageEnd = skip+count;
35       var more = count==10;
36       console.log("Page " + pageStart + " to " + pageEnd + ":");
37       displayCursor(items, pageResults, collection, pageEnd, more);
38     });
39   });
40 }
```

程序清单 20.6 NodejsFindPaging.js-output: 在 Node.js 应用程序中分页显示集合中的文档集的输出

```
Page 1 to 10:
with,won't,we,what,who,would,will,when,which,want,
Page 11 to 20:
way,well,woman,work,world,while,why,where,week,without,
Page 21 to 30:
water,write,word,white,whether,watch,war,within,walk,win,
Page 31 to 40:
wait,wife,whole,wear,whose,wall,worker,window,wrong,west,
Page 41 to 50:
whatever,wonder,weapon,wide,weight,worry,writer,whom,wish,western...
Page 51 to 60:
wind,weekend,wood,winter,willing,wild,worth,warm,wave,wonderful,
Page 61 to 70:
wine,writing,welcome,weather,works,wake,warn,wing,winner,welfare,
Page 71 to 80:
witness,waste,wheel,weak,wrap,warning,wash,widely,wedding,wheneve...
```

```
Page 81 to 90:
wire,whisper,wet,weigh,wooden,wealth,wage,wipe,whereas,withdraw,
Page 91 to 93:
working,wisdom,wealthy,
```

▲

20.2 使用 Node.js 查找不同的字段值

一种很有用的 MongoDB 集合查询是，获取一组文档中某个字段的不同值列表。不同（distinct）意味着纵然有数千个文档，您只想知道那些独一无二的值。

Collection 和 Cursor 对象的方法 distinct()让您能够找出指定字段的不同值列表，这个方法的语法如下：

```
distinct(key, callback)
```

其中参数 key 是一个字符串，指定了要获取哪个字段的不同值。要获取子文档中字段的不同值，可使用句点语法，如 stats.count。如果要获取部分文档中指定字段的不同值，可先使用查询生成一个 Cursor 对象，再对这个 Cursor 对象调用方法 distinct()。

例如，假设有一些包含字段 first、last 和 age 的用户文档，要获取年龄超过 65 岁的用户的不同姓，可使用下面的操作：

```
var query = {'age' : {'$gt' : 65}};
var cursor = myCollection.find(query);
cursor.distinct('last', function(err, lastNames){
  console.log(lastNames);
}
```

方法 distinct()返回一个数组，其中包含指定字段的不同值，例如：

```
["Smith", "Jones", ...]
```

▼ Try It Yourself

使用 Node.js 检索一组文档中指定字段的不同值

在本节中，您将编写一个 Node.js 应用程序，它使用 Collection 对象的方法 distinct() 来检索示例数据库中不同的字段值。通过这个示例，您将熟练地生成数据集中的不同字段值列表。程序清单 20.7 显示了这个示例的代码。

在这个示例中，主脚本连接到 MongoDB 数据库，获取一个 Collection 对象，并调用其他的方法来找出并显示不同的字段值。

方法 sizesOfAllWords()找出并显示所有单词的各种长度；方法 sizesOfQWords()找出并显示以 q 打头的单词的各种长度；方法 firstLetterOfLongWords()找出并显示长度超过 12 的

单词的各种长度。

请执行下面的步骤，创建并运行这个 Node.js 应用程序，它找出示例数据集中文档集的不同字段值，并显示结果。

1．确保启动了 MongoDB 服务器。

2．确保下载并安装了 Node.js MongoDB 驱动程序，并运行了生成数据库 words 的脚本文件 code/hour05/generate_words.js。

3．在文件夹 code/hour20 中新建一个文件，并将其命名为 NodejsFindDistinct.js。

4．在这个文件中输入程序清单 20.7 所示的代码。这些代码对文档集执行 distinct() 操作。

5．将这个文件存盘。

6．打开一个控制台窗口，并切换到目录 code/hour20。

7．执行下面的命令来运行这个 Node.js 应用程序。程序清单 20.8 显示了这个应用程序的输出。

```
node NodejsFindDistinct.js
```

程序清单 20.7　NodejsFindDistinct.js：在 Node.js 应用程序中找出文档集中不同的字段值

```
01 var MongoClient = require('mongodb').MongoClient;
02 var Server = require('mongodb').Server;
03 var mongo = new MongoClient();
04 var myDB = null;
05 mongo.connect("mongodb://localhost/", function(err, db) {
06   myDB = db.db("words");
07   myDB.collection("word_stats", function(err, collection){
08      sizesOfAllWords(collection);
09      sizesOfQWords(collection);
10      firstLetterOfLongWords(collection);
11      setTimeout(function(){myDB.close();}, 3000);
12   });
13 });
14 function sizesOfAllWords(collection){
15   collection.distinct("size", function(err, results){
16      console.log("\nDistinct Sizes of words: \n" + results);
17   });
18 }
19 function sizesOfQWords(collection){
20   var query = {'first': 'q'};
21   collection.distinct("size", query, function(err, results){
22      console.log("\nDistinct Sizes of words starting with Q: \n" +
23                  results);
24   });
25 }
26 function firstLetterOfLongWords(collection){
27   var query = {'size': {'$gt': 12}};
```

```
28   collection.distinct("first", query, function(err, results){
29     console.log("\nDistinct first letters of words longer than" +
30                 " 12 characters: \n" + results);
31   });
32 }
```

程序清单 20.8 NodejsFindDistinct.js-output：在 Node.js 应用程序中找出文档集中不同字段值的输出

```
Distinct Sizes of words starting with Q:
8,5,7,4

Distinct Sizes of words:
3,2,1,4,5,9,6,7,8,10,11,12,13,14

Distinct first letters of words longer than 12 characters:
i,a,e,r,c,u,s,p,t
```

▲

20.3 在 Node.js 应用程序中对查找操作结果进行分组

在 Node.js 中对大型数据集执行操作时，根据文档的一个或多个字段的值将结果分组通常很有用。这也可以在取回文档后使用代码来完成，但让 MongoDB 服务器在原本就要迭代文档的请求中这样做，效率要高得多。

在 Node.js 中，要将查询结果分组，可使用 Collection 对象的方法 group()。分组请求首先收集所有与查询匹配的文档，再对于指定键的每个不同值，都在数组中添加一个分组对象，对这些分组对象执行操作，并返回这个分组对象数组。

方法 group()的语法如下：

```
group({keys, cond , initial, reduce, [finalize], callback})
```

其中参数 keys、cond 和 initial 都是 JavaScript 对象，指定了要用来分组的字段、查询以及要使用的初始文档；参数 reduce 和 finalize 为 String 对象，包含以字符串方式表示的 JavaScript 函数，这些函数将在服务器上运行以归并文档并生成最终结果。有关这些参数的更详细信息，请参阅第 9 章。

为演示这个方法，下面的代码实现了简单分组，它创建了对象 key、cond 和 initial，并以字符串的方式传入了一个 reduce 函数：

```
var key = {'first' : true };
var cond = {'first' : 'a', 'size': 5};
var initial = {'count' : 0};
var reduce = "function (obj, prev) { prev.count++; }";
collection.group(key, cond, initial, reduce, function(err, results){
  . . .
```

```
});
```

方法group()返回一个包含分组结果的数组。下面的代码逐项地显示了分组结果的内容：

```
for (var i in results){
  console.log(results[i]);
}
```

Try It Yourself

使用Node.js根据键值将文档分组

在本节中，您将创建一个简单的Node.js应用程序，它使用Collection对象的方法group()从示例数据库检索文档，根据指定字段进行分组，并在服务器上执行reduce和finalize函数。通过这个示例，您将熟悉如何使用group()在服务器端对数据集进行处理，以生成分组数据。程序清单20.9显示了这个示例的代码。

在这个示例中，主脚本连接到MongoDB数据库，获取一个Collection对象，并调用其他的方法来查找文档，进行分组并显示结果。方法displayGroup()显示分组结果。

方法firstIsALastIsVowel()将第一个字母为a且最后一个字母为元音字母的单词分组，其中的reduce函数计算单词数，以确定每组的单词数。

方法firstLetterTotals()根据第一个字母分组，并计算各组中所有单词的元音字母总数和辅音字母总数。在其中的finalize函数中，将元音字母总数和辅音字母总数相加，以提供各组单词的字符总数。

请执行下面的步骤，创建并运行这个Node.js应用程序，它对示例数据集中的文档进行分组和处理，并显示结果。

1．确保启动了MongoDB服务器。

2．确保下载并安装了Node.js MongoDB驱动程序，并运行了生成数据库words的脚本文件code/hour05/generate_words.js。

3．在文件夹code/hour20中新建一个文件，并将其命名为NodejsGroup.js。

4．在这个文件中输入程序清单20.9所示的代码。这些代码对文档集执行group()操作。

5．将这个文件存盘。

6．打开一个控制台窗口，并切换到目录code/hour20。

7．执行下面的命令来运行这个Node.js应用程序。程序清单20.10显示了这个应用程序的输出。

```
node NodejsGroup.js
```

程序清单20.9 NodejsGroup.js：在Node.js应用程序中根据字段值对单词分组以生成不同的数据

```
01 var MongoClient = require('mongodb').MongoClient;
02 var Server = require('mongodb').Server;
03 var mongo = new MongoClient();
```

```
04 var myDB = null;
05 mongo.connect("mongodb://localhost/", function(err, db) {
06   myDB = db.db("words");
07   myDB.collection("word_stats", function(err, collection){
08     firstIsALastIsVowel(collection);
09     setTimeout(function(){myDB.close();}, 3000);
10   });
11 });
12 function displayGroup(results){
13   for (var i in results){
14     console.log(results[i]);
15   }
16 }
17 function firstIsALastIsVowel(collection){
18   var key = {'first' : true, "last" : true};
19   var cond = {'first' : 'a', 'last' :
20                    {'$in' : ["a","e","i","o","u"]}};
21   var initial = {'count' : 0};
22   var reduce = "function (obj, prev) { prev.count++; }";
23   collection.group(key, cond, initial, reduce,
24     function(err, results){
25     console.log("\n'A' words grouped by first and last" +
26                 " letter that end with a vowel:");
27     displayGroup(results);
28     firstLetterTotals(collection);
29   });
30 }
31 function firstLetterTotals(collection){
32   var key = {'first' : true};
33   var cond = {};
34   var initial = {'vowels' : 0, 'cons' : 0};
35   var reduce = "function (obj, prev) { " +
36                  "prev.vowels += obj.stats.vowels; " +
37                  "prev.cons += obj.stats.consonants; " +
38                "}";
39   finalize = "function (obj) { " +
40                "obj.total = obj.vowels + obj.cons; " +
41              "}"
42 collection.group(key, cond, initial, reduce, finalize,
43   function(err, results){
44     console.log("\nWords grouped by first letter " +
45                 "with totals:");
46     displayGroup(results);
47   });
48 }
```

程序清单 20.10　NodejsGroup.js-output：在 Node.js 应用程序中根据字段值对单词分组以生成不同数据的输出

```
'A' words grouped by first and last letter that end with a vowel:
{ first: 'a', last: 'a', count: 3 }
{ first: 'a', last: 'o', count: 2 }
{ first: 'a', last: 'e', count: 52 }

Words grouped by first letter with totals:
{ first: 't', vowels: 333, cons: 614 }
{ first: 'b', vowels: 246, cons: 444 }
{ first: 'a', vowels: 545, cons: 725 }
{ first: 'o', vowels: 204, cons: 237 }
{ first: 'i', vowels: 384, cons: 522 }
{ first: 'h', vowels: 145, cons: 248 }
{ first: 'f', vowels: 258, cons: 443 }
{ first: 'y', vowels: 26, cons: 41 }
{ first: 'w', vowels: 161, cons: 313 }
{ first: 'd', vowels: 362, cons: 585 }
{ first: 'c', vowels: 713, cons: 1233 }
{ first: 's', vowels: 640, cons: 1215 }
{ first: 'n', vowels: 136, cons: 208 }
{ first: 'g', vowels: 134, cons: 240 }
{ first: 'm', vowels: 262, cons: 417 }
{ first: 'k', vowels: 22, cons: 48 }
{ first: 'u', vowels: 93, cons: 117 }
{ first: 'p', vowels: 550, cons: 964 }
{ first: 'j', vowels: 47, cons: 73 }
{ first: 'l', vowels: 189, cons: 299 }
{ first: 'v', vowels: 117, cons: 143 }
{ first: 'e', vowels: 482, cons: 630 }
{ first: 'r', vowels: 414, cons: 574 }
{ first: 'q', vowels: 28, cons: 32 }
{ first: 'z', vowels: 2, cons: 2 }
```

▲

20.4　从 Node.js 应用程序发出请求时使用聚合来操作数据

在 Node.js 应用程序中使用 MongoDB 时，另一个很有用的工具是聚合框架。Collection 对象提供了对数据执行聚合操作的方法 aggregate()，这个方法的语法如下：

```
aggregate(operator, [operator, ...], callback)
```

参数 operator 是一系列运算符对象，提供了用于聚合数据的流水线。这些运算符对象是使用聚合运算符创建的 JavaScript 对象。聚合运算符在第 9 章介绍过，您现在应该熟悉它们。

例如，下面的代码定义了运算符$group和$limit，其中运算符$group根据字段word进行分组（并将该字段的值存储在结果文档的_id字段中），使用$avg计算size字段的平均值（并将结果存储在average字段中）。请注意，在聚合运算中引用原始文档的字段时，必须在字段名前加上$：

```
var group = {'$group' :
               {'_id' : '$word',
                 'average' : {'$avg' : '$size'}}};
var limit = {'$limit' : 10};
collection.aggregate([group, limit], function(err, results){
   . . .
});
```

方法aggregate()返回一个包含聚合结果的数组，其中每个元素都是一个聚合结果。为演示这一点，下面的代码逐项显示聚合结果的内容：

```
for (var i in results){
  console.log(results[i]);
}
```

Try It Yourself

在Node.js应用程序中使用聚合来生成数据

在本节中，您将编写一个简单的Node.js应用程序，它使用Collection对象的方法aggregate()从示例数据库检索各种聚合数据。通过这个示例，您将熟悉如何使用aggregate()来利用聚合流水线在MongoDB服务器上处理数据，再返回结果。程序清单20.11显示了这个示例的代码。

在这个示例中，主脚本连接到MongoDB数据库，获取一个Collection对象，并调用其他方法来聚合数据并显示结果。方法displayAggregate()显示聚合结果。

方法largeSmallVowels()使用了一条包含运算符$match、$group和$sort的聚合流水线，这条流水线查找以元音字母开头的单词，根据第一个字母将这些单词分组，并找出各组中最长和最短单词的长度。

方法top5AverageWordFirst()使用了一条包含运算符$group、$sort和$limit的聚合流水线，这条流水线根据第一个字母将单词分组，并找出单词平均长度最长的前5组。

请执行下面的步骤，创建并运行这个Node.js应用程序，它使用聚合流水线来处理示例数据集中的文档，并显示结果。

1．确保启动了MongoDB服务器。

2．确保下载并安装了Node.js MongoDB驱动程序，并运行了生成数据库words的脚本文件code/hour05/generate_words.js。

3．在文件夹code/hour20中新建一个文件，并将其命名为NodejsAggregate.js。

4．在这个文件中输入程序清单20.11所示的代码。这些代码对文档集执行aggregate()操作。

5．将这个文件存盘。

6．打开一个控制台窗口，并切换到目录code/hour20。

7．执行下面的命令来运行这个Node.js应用程序。程序清单20.12显示了这个应用程序的输出。

```
node NodejsAggregate.js
```

程序清单20.11　NodejsAggregate.js：在Node.js应用程序中使用聚合流水线生成数据集

```
01 var MongoClient = require('mongodb').MongoClient;
02 var Server = require('mongodb').Server;
03 var mongo = new MongoClient();
04 var myDB = null;
05 mongo.connect("mongodb://localhost/", function(err, db) {
06   myDB = db.db("words");
07   myDB.collection("word_stats", function(err, collection){
08     largeSmallVowels(collection);
09     setTimeout(function(){myDB.close();}, 3000);
10   });
11 });
12 function displayAggregate(results){
13   for (var i in results){
14     console.log(results[i]);
15   }
16 }
17 function largeSmallVowels(collection){
18   var match = {'$match' :
19                {'first' :
20                  {'$in' : ['a','e','i','o','u']}}};
21   var group = {'$group' :
22                { '_id' : '$first',
23                  'largest' : {'$max' : '$size'},
24                  'smallest' : {'$min' : '$size'},
25                  'total' : {'$sum' : 1}}};
26   var sort = {'$sort' : {'first' : 1}};
27   collection.aggregate([match, group, sort],
28     function(err, results){
29       console.log("\nLargest and smallest word sizes for " +
30                   "words beginning with a vowel");
31       displayAggregate(results);
32       top5AverageWordFirst(collection);
33   });
34 }
35 function top5AverageWordFirst(collection){
36   var group = {'$group' :
37               {'_id' : '$first',
```

```
38                  'average' : {'$avg' : '$size'}}};
39    var sort = {'$sort' : {'average' : -1}};
40    var limit = {'$limit' : 5};
41    collection.aggregate([group, sort, limit],
42      function(err, results){
43        console.log("\nFirst letter of top 5 largest average " +
44                    "word size: ");
45        displayAggregate(results);
46    });
47 }
```

程序清单 20.12 NodejsAggregate.js-output：在 Node.js 应用程序中使用聚合流水线生成数据集的输出

```
Largest and smallest word sizes for words beginning with a vowel
{ _id: 'e', largest: 13, smallest: 3, total: 150 }
{ _id: 'u', largest: 13, smallest: 2, total: 33 }
{ _id: 'i', largest: 14, smallest: 1, total: 114 }
{ _id: 'o', largest: 12, smallest: 2, total: 72 }
{ _id: 'a', largest: 14, smallest: 1, total: 192 }

First letter of top 5 largest average word size:
{ _id: 'i', average: 7.947368421052632 }
{ _id: 'e', average: 7.42 }
{ _id: 'c', average: 7.292134831460674 }
{ _id: 'p', average: 6.881818181818182 }
{ _id: 'r', average: 6.767123287671233 }
```

▲

20.5 小结

在本章中，您学习了如何使用 Collection 和 Cursor 对象的其他方法。您了解到，方法 limit()可减少游标返回的文档数，而结合使用方法 limit()和 skip()可分页显示大型数据集。使用方法 find()的参数 fields 可减少从数据库返回的字段数。

本章还介绍了如何在 Node.js 应用程序中使用 Collection 对象的方法 distinct()、group()和 aggregate()来执行数据汇总操作。这些操作让您能够在服务器端处理数据，再将结果返回给 Node.js 应用程序，从而减少了需要发送的数据量以及应用程序的工作量。

20.6 问与答

问：在 Node.js 中实现 MongoDB 时，有办法避免使用所有的回调函数吗？

答：没办法。这是 Node.js 的特性，为支持 Node.js 的单事件队列模型，每种 MongoDB

操作都必须是异步的。唯一的例外是 Cursor 对象，可对其调用 sort()、limit()和 skip()等方法来生成新的 Cursor 对象，而无需使用回调函数，这是因为这些方法生成新的 Cursor 对象时，无需执行新的数据库请求。

20.7 作业

作业包含一组问题及其答案，旨在加深您对本章内容的理解。请尽可能先回答问题，再看答案。

20.7.1 小测验

1．在 Node.js 中，如何获取 Cursor 对象表示的第 21～30 个文档？
2．在 Node.js 应用程序中，如何找出集合中文档的特定字段的不同值？
3．在 Node.js 中，如何返回集合的前 10 个文档？
4．在 Node.js 中，如何禁止数据库查询返回特定的字段？

20.7.2 小测验答案

1．对 Cursor 对象调用 limit(10)和 skip(20)。
2．使用 Collection 对象的方法 distinct()。
3．对 Cursor 对象调用 limit(10)。
4．在传递给方法 find()的参数 options 的属性 fields 中，将这个字段的值设置为 false。

20.7.3 练习

1．编写一个 Node.js 应用程序，找出示例数据集中以 n 打头的单词，根据长度降序排列它们，并显示前 5 个单词。
2．扩展文件 NodejsAggregate.js，在其中添加一个执行聚合的方法，它匹配长度为 4 的单词，将返回文档限制为 5 个，并返回字段 word 和 stats（但将字段 word 重命名为 _id）。这种聚合操作对应的 MongoDB shell 聚合流水线类似于下面这样：

```
{$match: {size:4}},
{$limit: 5},
{$project: {_id:"$word", stats:1}}
```

第 21 章

在 Node.js 应用程序中操作 MongoDB 数据

本章介绍如下内容：

- 使用 Node.js 在集合中插入文档；
- 使用 Node.js 从集合中删除文档；
- 使用 Node.js 在集合中获取、修改并保存单个文档；
- 使用 Node.js 更新集合中的文档；
- 使用 Node.js 执行 upsert 操作。

本章继续介绍 Node.js MongoDB 驱动程序，讨论如何在 Node.js 应用程序中使用它在集合中添加、操作和删除文档。修改集合中数据的方式有多种：插入新文档、通过更新或保存修改既有文档以及执行 upsert 操作（先尝试更新文档，如果没有找到，就插入一个新文档）。

接下来的几节将介绍 Node.js 对象 Collection 的一些方法，它们让您能够操作集合中的数据。您将明白如何在 Node.js 应用程序中插入、删除、保存和更新文档。

21.1 使用 Node.js 添加文档

在 Node.js 中与 MongoDB 数据库交互时，一项重要的任务是在集合中插入文档。要插入文档，首先要创建一个表示该文档的 JavaScript 对象。插入操作将 JavaScript 对象以 BSON 的方式传递给 MongoDB 服务器，以便能够插入到集合中。

有新文档的 JavaScript 对象版本后，就可将其存储到 MongoDB 数据库中，为此可对相应的 Collection 对象实例调用方法 insert()。方法 insert()的语法如下，其中参数 doc 可以是单个文档对象，也可以是一个文档对象数组：

```
insert(doc, callback)
```

例如，下面的示例在集合中插入单个文档：

```
var doc1 = {'name' : 'Fred'};
myColl.insert(doc1, function(err, results){
   . . .
});
```

要在集合中插入多个文档，可在调用Collection对象的方法insert()时传入一个JavaScript对象数组，如下所示：

```
var doc2 = {'name' : 'George'};
var doc3 = {'name' : 'Ron'};
myColl.batchInsert([doc2, doc3], function(err, results){
   . . .
});
```

方法insert()以JavaScript对象的方式返回新创建的文档，其中包含服务器为这些文档生成的_id值。

Try It Yourself

使用Node.js在集合中插入文档

在本节中，您将编写一个简单的Node.js应用程序，它使用Collection对象的方法insert()在示例数据库的一个集合中插入新文档。通过这个示例，您将熟悉如何使用Node.js来插入文档。程序清单21.1显示了这个示例的代码。

在这个示例中，主脚本连接到MongoDB数据库，获取一个Collection对象，并调用其他的方法来插入文档。方法showNewDocs()显示新插入到集合中的文档。

方法addSelfie()新建一个表示单词selfie的文档，并使用insert()将其加入到数据库中；方法addGoogleAndTweet()创建表示单词google和tweet的新文档，并使用insert()以数组的方式将它们插入数据库。

请执行下面的步骤，创建并运行这个在示例数据库中插入新文档并显示结果的Node.js应用程序。

1．确保启动了MongoDB服务器。

2．确保下载并安装了Node.js MongoDB驱动程序，并运行了生成数据库words的脚本文件code/hour05/generate_words.js。

3．在文件夹code/hour21中新建一个文件，并将其命名为NodejsDocAdd.js。

4．在这个文件中输入程序清单21.1所示的代码。这些代码使用insert()来添加新文档。

5．将这个文件存盘。

6．打开一个控制台窗口，并切换到目录code/hour21。

7．执行下面的命令来运行这个Node.js应用程序。程序清单21.2显示了这个应用程序的输出。

```
node NodejsDocAdd.js
```

程序清单 21.1 NodejsDocAdd.js：在 Node.js 应用程序中将新文档插入到集合中

```
01 var MongoClient = require('mongodb').MongoClient;
02 var Server = require('mongodb').Server;
03 var mongo = new MongoClient();
04 var myDB = null;
05 mongo.connect("mongodb://localhost/", function(err, db) {
06   myDB = db.db("words");
07   myDB.collection("word_stats", function(err, collection){
08     console.log("Before Inserting:");
09     showDocs(collection, addSelfie);
10   });
11 });
12 function showDocs(collection, callback){
13   var query = {'category': 'New'};
14   collection.find(query, function(err, items){
15     items.toArray(function(err, itemsArr){
16       for (var i in itemsArr){
17         console.log(itemsArr[i]);
18       }
19       callback(collection);
20     });
21   });
22 }
23 function addSelfie(collection){
24   var selfie = {
25     word: 'selfie', first: 's', last: 'e',
26     size: 4, letters: ['s','e','l','f','i'],
27     stats: {vowels: 3, consonants: 3},
28     charsets: [ {type: 'consonants', chars: ['s','l','f']},
29                 {type: 'vowels', chars: ['e','i']} ],
30     category: 'New' };
31   var options = {w:1, wtimeout:5000, journal:true, fsync:false};
32     collection.insert(selfie, options, function(err, results){
33       console.log("\nInserting One Results:\n");
34       console.log(results);
35       console.log("\nAfter Inserting One:");
36       showDocs(collection, addGoogleAndTweet);
37   });
38 }
39 function addGoogleAndTweet(collection){
40   var tweet = {
41      word: 'tweet', first: 't', last: 't',
42      size: 4, letters: ['t','w','e'],
43      stats: {vowels: 2, consonants: 3},
44      charsets: [ {type: 'consonants', chars: ['t','w']},
45                  {type: 'vowels', chars: ['e']} ],
46      category: 'New' };
```

```
47   var google = {
48       word: 'google', first: 'g', last: 'e',
49       size: 4, letters: ['g','o','l','e'],
50       stats: {vowels: 3, consonants: 3},
51       charsets : [ {type: 'consonants', chars: ['g','l']},
52                    {type: 'vowels', chars: ['o','e']} ],
53       category: 'New' };
54   var options = {w:1, wtimeout:5000, journal:true, fsync:false};
55   collection.insert([google, tweet], options, function(err, results){
56     console.log("\nInserting Multiple Results:\n");
57     console.log(results);
58     console.log("\nAfter Inserting Multiple:");
59     showDocs(collection, closeDB);
60   });
61 }
62 function closeDB(collection){
63     myDB.close();
64 }
```

程序清单 21.2 NodejsDocAdd.js-output：在 Node.js 应用程序中将新文档插入到集合中的输出

```
Before Inserting:
Inserting One Results:
[ { word: 'selfie',
    first: 's',
    last: 'e',
    size: 4,
    letters: [ 's', 'e', 'l', 'f', 'i' ],
    stats: { vowels: 3, consonants: 3 },
    charsets: [ [Object], [Object] ],
    category: 'New',
    _id: 52f02b47a0392c380f614e19 } ]

After Inserting One:
{ word: 'selfie',
  first: 's',
  last: 'e',
  size: 4,
  letters: [ 's', 'e', 'l', 'f', 'i' ],
  stats: { vowels: 3, consonants: 3 },
  charsets:
   [ { type: 'consonants', chars: [Object] },
     { type: 'vowels', chars: [Object] } ],
  category: 'New',
  _id: 52f02b47a0392c380f614e19 }

Inserting Multiple Results:
[ { word: 'google',
```

```
      first: 'g',
      last: 'e',
      size: 4,
      letters: [ 'g', 'o', 'l', 'e' ],
      stats: { vowels: 3, consonants: 3 },
      charsets: [ [Object], [Object] ],
      category: 'New',
      _id: 52f02b47a0392c380f614e1a },
    { word: 'tweet',
      first: 't',
      last: 't',
      size: 4,
      letters: [ 't', 'w', 'e' ],
      stats: { vowels: 2, consonants: 3 },
      charsets: [ [Object], [Object] ],
      category: 'New',
      _id: 52f02b47a0392c380f614e1b } ]

After Inserting Multiple:
{ word: 'tweet',
  first: 't',
  last: 't',
  size: 4,
  letters: [ 't', 'w', 'e' ],
  stats: { vowels: 2, consonants: 3 },
  charsets:
   [ { type: 'consonants', chars: [Object] },
     { type: 'vowels', chars: [Object] } ],
  category: 'New',
  _id: 52f02b47a0392c380f614e1b }
{ word: 'selfie',
  first: 's',
  last: 'e',
  size: 4,
  letters: [ 's', 'e', 'l', 'f', 'i' ],
  stats: { vowels: 3, consonants: 3 },
  charsets:
   [ { type: 'consonants', chars: [Object] },
     { type: 'vowels', chars: [Object] } ],
  category: 'New',
  _id: 52f02b47a0392c380f614e19 }
{ word: 'google',
  first: 'g',
  last: 'e',
  size: 4,
  letters: [ 'g', 'o', 'l', 'e' ],
  stats: { vowels: 3, consonants: 3 },
  charsets:
```

```
    [ { type: 'consonants', chars: [Object] },
      { type: 'vowels', chars: [Object] } ],
  category: 'New',
  _id: 52f02b47a0392c380f614e1a }
```

▲

21.2 使用Nosde.js删除文档

在Node.js中，有时候需要从MongoDB集合中删除文档，以减少消耗的空间，改善性能以及保持整洁。Collection对象的方法remove()使得从集合中删除文档非常简单，其语法如下：

```
remove([query], callback)
```

其中参数query是一个JavaScript对象，指定了要删除哪些文档。请求将query指定的字段和值与文档的字段和值进行比较，进而删除匹配的文档。如果没有指定参数query，将删除集合中的所有文档。

例如，要删除集合words_stats中所有的文档，可使用如下代码：

```
collection.remove(function(err, results){
  . . .
});
```

下面的代码删除集合words_stats中所有以a打头的单词：

```
var query = {'first' : 'a'};
collection.remove(query, function(err, results){
  . . .
});
```

方法remove()将删除的文档数作为第二个参数传递给其回调函数。

▼ Try It Yourself

使用Node.js从集合中删除文档

在本节中，您将编写一个简单的Node.js应用程序，它使用Collection对象的方法从示例数据库的一个集合中删除文档。通过这个示例，您将熟悉如何使用Node.js删除文档。程序清单21.3显示了这个示例的代码。

在这个示例中，主脚本连接到MongoDB数据库，获取一个Collection对象，再调用其他的方法来删除文档。方法showNewDocs()显示前面创建的新文档，从而核实它们确实从集合中删除了。

方法removeNewDocs()使用一个查询对象来删除字段category为New的文档。

请执行下面的步骤，创建并运行这个从示例数据库中删除文档并显示结果的Node.js

应用程序。

1．确保启动了 MongoDB 服务器。

2．确保下载并安装了 Node.js MongoDB 驱动程序，并运行了生成数据库 words 的脚本文件 code/hour05/generate_words.js。

3．在文件夹 code/hour21 中新建一个文件，并将其命名为 NodejsDocDelete.js。

4．在这个文件中输入程序清单 21.3 所示的代码。这些代码使用 remove()来删除文档。

5．将这个文件存盘。

6．打开一个控制台窗口，并切换到目录 code/hour21。

7．执行下面的命令来运行这个 Node.js 应用程序。程序清单 21.4 显示了这个应用程序的输出。

```
node NodejsDocDelete.js
```

程序清单 21.3　NodejsDocDelete.js：在 Node.js 应用程序中从集合中删除文档

```
01 var MongoClient = require('mongodb').MongoClient;
02 var Server = require('mongodb').Server;
03 var mongo = new MongoClient();
04 var myDB = null;
05 mongo.connect("mongodb://localhost/", function(err, db) {
06   myDB = db.db("words");
07   myDB.collection("word_stats", function(err, collection){
08     console.log("Before Deleting:");
09     showDocs(collection, removeNewDocs);
10   });
11 });
12 function showDocs(collection, callback){
13   var query = {'category': 'New'};
14   collection.find(query, function(err, items){
15     items.toArray(function(err, itemsArr){
16       for (var i in itemsArr){
17         console.log(itemsArr[i]);
18       }
19       callback(collection);
20     });
21   });
22 }
23 function removeNewDocs(collection){
24   var options = {w:1, wtimeout:5000, journal:true, fsync:false};
25   collection.remove({'category': 'New'}, options, function(err,
  results){
26     console.log("Delete Docs Result:");
27     console.log(results);
28     console.log("\nAfter Deleting:");
29     showDocs(collection, closeDB);
```

```
30    });
31 }
32 function closeDB(collection){
33   myDB.close();
34 }
```

程序清单21.4 NodejsDocDelete.js-output：在Node.js应用程序中从集合中删除文档的输出

```
Before Deleting:
{ word: 'tweet',
  first: 't',
  last: 't',
  size: 4,
  letters: [ 't', 'w', 'e' ],
  stats: { vowels: 2, consonants: 3 },
  charsets:
   [ { type: 'consonants', chars: [Object] },
     { type: 'vowels', chars: [Object] } ],
  category: 'New',
  _id: 52f02b47a0392c380f614e1b }
{ word: 'selfie',
  first: 's',
  last: 'e',
  size: 4,
  letters: [ 's', 'e', 'l', 'f', 'i' ],
  stats: { vowels: 3, consonants: 3 },
  charsets:
   [ { type: 'consonants', chars: [Object] },
     { type: 'vowels', chars: [Object] } ],
  category: 'New',
  _id: 52f02b47a0392c380f614e19 }
{ word: 'google',
  first: 'g',
  last: 'e',
  size: 4,
  letters: [ 'g', 'o', 'l', 'e' ],
  stats: { vowels: 3, consonants: 3 },
  charsets:
   [ { type: 'consonants', chars: [Object] },
     { type: 'vowels', chars: [Object] } ],
  category: 'New',
  _id: 52f02b47a0392c380f614e1a }
Delete Docs Result:
3

After Deleting:
```

21.3 使用Node.js保存文档

一种更新数据库中文档的便利方式是，使用Collection对象的方法save()，这个方法接受一个JavaScript作为参数，并将其保存到数据库中。如果指定的文档已存在于数据库中，就将其更新为指定的值；否则就插入一个新文档。

方法save()的语法如下，其中参数doc是一个JavaScript对象，表示要保存到集合中的文档：

```
save(doc, callback)
```

方法save()将保存的文档数作为第二个参数传递给它的回调函数。

Try It Yourself

使用Node.js将文档保存到集合中

在本节中，您将创建一个简单的Node.js应用程序，它使用Collection对象的方法save()来更新示例数据库中的一个既有文档。通过这个示例，您将熟悉如何使用Node.js更新并保存文档对象。程序清单21.5显示了这个示例的代码。

在这个示例中，主脚本连接到MongoDB数据库，获取一个Collection对象，并调用其他的方法来保存文档。方法showWord()显示更新前和更新后的单词ocean。

方法saveBlueDoc()从数据库中获取单词ocean的文档，使用put()将字段category改为blue，再使用方法save()保存这个文档。方法resetDoc()从数据库获取单词ocean的文档，使用方法put()将字段category恢复为空，再使用方法save()保存这个文档。

请执行如下步骤，创建并运行这个将文档保存到示例数据库中并显示结果的Node.js应用程序。

1．确保启动了MongoDB服务器。

2．确保下载并安装了Node.js MongoDB驱动程序，并运行了生成数据库words的脚本文件code/hour05/generate_words.js。

3．在文件夹code/hour21中新建一个文件，并将其命名为NodejsDocSave.js。

4．在这个文件中输入程序清单21.5所示的代码。这些代码使用save()来保存文档。

5．将这个文件存盘。

6．打开一个控制台窗口，并切换到目录code/hour21。

7．执行下面的命令来运行这个Node.js应用程序。程序清单21.6显示了这个应用程序的输出。

```
node NodejsDocSave.js
```

程序清单21.5 NodejsDocSave.js：在Node.js应用程序中将文档保存到集合中

```
01 var MongoClient = require('mongodb').MongoClient;
02 var Server = require('mongodb').Server;
```

```
03 var mongo = new MongoClient();
04 var myDB = null;
05 mongo.connect("mongodb://localhost/", function(err, db) {
06   myDB = db.db("words");
07   myDB.collection("word_stats", function(err, collection){
08     console.log("Before Save:");
09     showWord(collection, saveBlueDoc);
10   });
11 });
12 function showWord(collection, callback){
13   var query = {'word': 'ocean'};
14   collection.find(query, function(err, items){
15     items.toArray(function(err, itemsArr){
16       for (var i in itemsArr){
17         console.log(itemsArr[i]);
18       }
19       callback(collection);
20     });
21   });
22 }
23 function saveBlueDoc(collection){
24   var query = {'word' : "ocean"};
25   collection.findOne(query, function(err, doc){
26     doc["category"] = "blue";
27     var options = {w:1, wtimeout:5000, journal:true, fsync:false};
28     collection.save(doc, function(err, results){
29       console.log("\nSave Docs Result:");
30       console.log(results);
31       console.log("\nAfter Saving Doc:");
32       showWord(collection, resetDoc);
33     });
34   });
35 }
36 function resetDoc(collection){
37   var query = {'word' : "ocean"};
38   collection.findOne(query, function(err, doc){
39     doc["category"] = "";
40     var options = {w:1, wtimeout:5000, journal:true, fsync:false};
41     collection.save(doc, function(err, results){
42       console.log("\nReset Docs Result:");
43       console.log(results);
44       console.log("\nAfter Resetting Doc:");
45       showWord(collection, closeDB);
46     });
47   });
48 }
49 function closeDB(collection){
50   myDB.close();
51 }
```

程序清单 21.6 NodejsDocSave.js-output：在 Node.js 应用程序中将文档保存到集合中的输出

```
Before Save:
{ _id: 52eff3508101065e6a93e99c,
  word: 'ocean',
  first: 'o',
  last: 'n',
  size: 5,
  letters: [ 'o', 'c', 'e', 'a', 'n' ],
  stats: { vowels: 3, consonants: 2 },
  charsets:
   [ { type: 'consonants', chars: [Object] },
     { type: 'vowels', chars: [Object] } ],
  category: '' }

Save Docs Result:
1

After Saving Doc:
{ _id: 52eff3508101065e6a93e99c,
  word: 'ocean',
  first: 'o',
  last: 'n',
  size: 5,
  letters: [ 'o', 'c', 'e', 'a', 'n' ],
  stats: { vowels: 3, consonants: 2 },
  charsets:
   [ { type: 'consonants', chars: [Object] },
     { type: 'vowels', chars: [Object] } ],
  category: 'blue' }

Reset Docs Result:
1

After Resetting Doc:
{ _id: 52eff3508101065e6a93e99c,
  word: 'ocean',
  first: 'o',
  last: 'n',
  size: 5,
  letters: [ 'o', 'c', 'e', 'a', 'n' ],
  stats: { vowels: 3, consonants: 2 },
  charsets:
   [ { type: 'consonants', chars: [Object] },
     { type: 'vowels', chars: [Object] } ],
  category: '' }
```

21.4 使用Node.js更新文档

将文档插入集合后，经常需要使用Node.js根据数据变化更新它们。Collection对象的方法update()让您能够更新集合中的文档，它多才多艺，但使用起来非常容易。下面是方法update()的语法：

```
update(query, update, [options], callback)
```

参数query是一个JavaScript对象，指定了要修改哪些文档。请求将判断query指定的属性和值是否与文档的字段和值匹配，进而更新匹配的文档。参数update是一个JavaScript对象，指定了要如何修改与查询匹配的文档。第8章介绍了可在这个对象中使用的更新运算符。

参数options让您能够设置写入关注和更新选项。对于upate()操作，您需要理解其中的参数upsert和multi。参数upsert是个布尔值，决定了是否执行upsert操作；如果为true且没有文档与查询匹配，将插入一个新文档。参数multi也是一个布尔值；如果为true将更新所有与查询匹配的文档，否则只更新与查询匹配的第一个文档。

例如，对于集合中字段category为New的文档，下面的代码将其字段category改为Old。在这里，upsert被设置为false，因此即便没有字段category为New的文档，也不会插入新文档；而multi被设置为true，因此将更新所有匹配的文档：

```
var query = {'category' : 'New'};
var update = {'$set' : {'category' : 'Old'}};
var options = {'upsert': false, 'multi': true};
myColl.update(query, update, options, function(err, results){
. . .
});
```

方法update()将更新的文档数作为第二个参数传递给它的回调函数。

Try It Yourself

使用Node.js更新集合中的文档

在本节中，您将编写一个简单的Node.js应用程序，它使用Collection对象的方法update()来更新示例数据库的一个集合中的既有文档。这个示例旨在让您熟悉如何在Node.js中使用MongoDB更新运算符来更新文档。程序清单21.7显示了这个示例的代码。

在这个示例中，主脚本连接到MongoDB数据库，获取一个Collection对象，再调用其他方法更新文档。方法showWord()显示更新前和更新后的文档。

方法updateDoc()创建一个查询对象，它从数据库获取表示单词left的文档；再创建一个更新对象，它将字段word的值改为lefty，将字段size和stats.consonants的值加1，并将字母y压入到数组字段letters中。方法resetDoc()将文档恢复原样，以演示如何将字段值减1以及如何从数组字段中弹出值。

请执行下面的步骤，创建并运行这个更新示例数据库中文档并显示结果的Node.js应用程序。

1．确保启动了 MongoDB 服务器。

2．确保下载并安装了 Node.js MongoDB 驱动程序，并运行了生成数据库 words 的脚本文件 code/hour05/generate_words.js。

3．在文件夹 code/hour21 中新建一个文件，并将其命名为 NodejsDocUpdate.js。

4．在这个文件中输入程序清单 21.7 所示的代码。这些代码使用 update()来更新文档。

5．将这个文件存盘。

6．打开一个控制台窗口，并切换到目录 code/hour21。

7．执行下面的命令来运行这个 Node.js 应用程序。程序清单 21.8 显示了这个应用程序的输出。

```
node NodejsDocUpdate.js
```

程序清单 21.7 NodejsDocUpdate.js：在 Node.js 应用程序中更新集合中的文档

```
01 var MongoClient = require('mongodb').MongoClient;
02 var Server = require('mongodb').Server;
03 var mongo = new MongoClient();
04 var myDB = null;
05 mongo.connect("mongodb://localhost/", function(err, db) {
06   myDB = db.db("words");
07   myDB.collection("word_stats", function(err, collection){
08     console.log("Before Updating:");
09     showWord(collection, updateDoc);
10   });
11 });
12 function showWord(collection, callback){
13   var query = {'word': {'$in' : ['left', 'lefty']}};
14   collection.find(query, function(err, items){
15     items.toArray(function(err, itemsArr){
16       for (var i in itemsArr){
17         console.log(itemsArr[i]);
18       }
19       callback(collection);
20     });
21   });
22 }
23 function updateDoc(collection){
24   var query = {'word' : "left"};
25   var update = {
26       '$set' : {'word' : 'lefty'},
27       '$inc' : {'size' : 1, 'stats.consonants' : 1},
28       '$push' : {'letters' : 'y'}};
29   var options = {w:1, wtimeout:5000, journal:true, fsync:false,
30                  upsert:false, multi:false};
```

```
31    collection.update(query, update, options, function(err, results){
32      console.log("\nUpdating Doc Results:");
33      console.log(results);
34      console.log("\nAfter Updating Doc:");
35      showWord(collection, resetDoc);
36    });
37  }
38  function resetDoc(collection){
39    var query = {'word' : "lefty"};
40    var update = {
41        '$set' : {'word' : 'left'},
42        '$inc' : {'size' : -1, 'stats.consonants' : -1},
43        '$pop' : {'letters' : 1}};
44    var options = {w:1, wtimeout:5000, journal:true, fsync:false,
45        upsert:false, multi:false};
46    collection.update(query, update, options, function(err, results){
47      console.log("\nReset Doc Results:");
48      console.log(results);
49      console.log("\nAfter Resetting Doc:");
50      showWord(collection, closeDB);
51    });
52  }
53  function closeDB(collection){
54    myDB.close();
55  }
```

程序清单 21.8 NodejsDocUpdate.js-output：在 Node.js 应用程序中更新集合中文档的输出

```
Before Updating:
{ _id: 52eff3508101065e6a93e5e6,
  charsets:
   [ { type: 'consonants', chars: [Object] },
     { type: 'vowels', chars: [Object] } ],
  first: 'l',
  last: 't',
  letters: [ 'l', 'e', 'f', 't' ],
  size: 4,
  stats: { consonants: 3, vowels: 1 },
  word: 'left' }
Updating Doc Results:
1

After Updating Doc:
{ _id: 52eff3508101065e6a93e5e6,
  charsets:
   [ { type: 'consonants', chars: [Object] },
     { type: 'vowels', chars: [Object] } ],
```

```
    first: 'l',
    last: 't',
    letters: [ 'l', 'e', 'f', 't', 'y' ],
    size: 5,
    stats: { consonants: 4, vowels: 1 },
    word: 'lefty' }

Reset Doc Results:
1

After Resetting Doc:
{ _id: 52eff3508101065e6a93e5e6,
    charsets:
     [ { type: 'consonants', chars: [Object] },
       { type: 'vowels', chars: [Object] } ],
    first: 'l',
    last: 't',
    letters: [ 'l', 'e', 'f', 't' ],
    size: 4,
    stats: { consonants: 3, vowels: 1 },
    word: 'left' }
```

21.5 使用 Node.js 更新或插入文档

在 Node.js 中，Collection 对象的方法 update()的另一种用途是，用于执行 upsert 操作。upsert 操作先尝试更新集合中的文档；如果没有与查询匹配的文档，就使用$set 运算符来创建一个新文档，并将其插入到集合中。下面显示了方法 update()的语法：

```
update(query, update, [options], callback)
```

参数 query 指定要修改哪些文档；参数 update 是一个 JavaScript 对象，指定了要如何修改与查询匹配的文档。要执行 upsert 操作，必须在参数 options 中将 upsert 设置为 true，并将 multi 设置为 false。

例如，下面的代码对 name=myDoc 的文档执行 upsert 操作。运算符$set 指定了用来创建或更新文档的字段。由于参数 upsert 被设置为 true，因此如果没有找到指定的文档，将创建它；否则就更新它：

```
var query = {'name': 'myDoc'};
var setOp = {'name': 'myDoc',
             'number', 5,
             'score', 10};
var update = {'$set': setOp};
```

```
var options = {'upsert': true, 'multi': false};
update(query, update, options, function(err, results){
   . . .
});
```

Try It Yourself

使用 Node.js 更新集合中的文档

在本节中，您将编写一个简单的 Node.js 应用程序，它使用方法 update()对示例数据库执行 upsert 操作：先插入一个新文档，再更新这个文档。通过这个示例，您将熟悉如何在 Node.js 应用程序使用方法 update()来执行 upsert 操作。程序清单 21.9 显示了这个示例的代码。

在这个示例中，主脚本连接到 MongoDB 数据库，获取一个 Collection 对象，再调用其他的方法来更新文档。方法 showWord()用于显示单词被添加前后以及被更新后的情况。

方法 addUpsert()创建一个数据库中没有的新单词，再使用 upsert 操作来插入这个新文档。这个文档包含的信息有些不对，因此方法 updateUpsert()执行 upsert 操作来修复这些错误；这次更新了既有文档，演示了 upsert 操作的更新功能。

请执行如下步骤，创建并运行这个 Node.js 应用程序，它对示例数据库中的文档执行 upsert 操作并显示结果。

1．确保启动了 MongoDB 服务器。

2．确保下载并安装了 Node.js MongoDB 驱动程序，并运行了生成数据库 words 的脚本文件 code/hour05/generate_words.js。

3．在文件夹 code/hour21 中新建一个文件，并将其命名为 NodejsDocUpsert.js。

4．在这个文件中输入程序清单 21.9 所示的代码。这些代码使用 update()来对文档执行 upsert 操作。

5．将这个文件存盘。

6．打开一个控制台窗口，并切换到目录 code/hour21。

7．执行下面的命令来运行这个 Node.js 应用程序。程序清单 21.10 显示了这个应用程序的输出。

```
node NodejsDocUpsert.js
```

程序清单 21.9 NodejsDocUpsert.js：在 Node.js 应用程序中对集合中的文档执行 upsert 操作

```
01 var MongoClient = require('mongodb').MongoClient;
02 var Server = require('mongodb').Server;
03 var mongo = new MongoClient();
04 var myDB = null;
05 mongo.connect("mongodb://localhost/", function(err, db) {
06   myDB = db.db("words");
07   myDB.collection("word_stats", function(err, collection){
```

```
08      console.log("Before Upserting:");
09      showWord(collection, addUpsert);
10    });
11 });
12 function showWord(collection, callback){
13   var query = {'word': 'righty'};
14   collection.find(query, function(err, items){
15     items.toArray(function(err, itemsArr){
16       for (var i in itemsArr){
17         console.log(itemsArr[i]);
18       }
19       callback(collection);
20     });
21   });
22 }
23 function addUpsert(collection){
24   var query = {'word' : 'righty'};
25   var update = { '$set' :
26     { 'word' : 'righty', 'first' : 'r', 'last' : 'y',
27       'size' : 4, 'category' : 'New',
28       'stats' : {'vowels' : 1, 'consonants' : 4},
29       'letters' : ["r","i","g","h"],
30       'charsets' : [
31         {'type' : 'consonants', 'chars' : ["r","g","h"]},
32         {'type' : 'vowels', 'chars' : ["i"]}]}};
33   var options = {w:1, wtimeout:5000, journal:true, fsync:false,
34                  upsert:true, multi:false};
35   collection.update(query, update, options, function(err, results){
36     console.log("\nUpsert as insert results:");
37     console.log(results);
38     console.log("\nAfter Upsert as insert:");
39     showWord(collection, updateUpsert);
40   });
41 }
42 function updateUpsert(collection){
43   var query = {'word' : 'righty'}
44   var update = { '$set' :
45     { 'word' : 'righty', 'first' : 'r', 'last' : 'y',
46       'size' : 6, 'category' : 'Updated',
47       'stats' : {'vowels' : 1, 'consonants' : 5},
48       'letters' : ["r","i","g","h","t","y"],
49       'charsets' : [
50         {'type' : 'consonants', 'chars' : ["r","g","h","t","y"]},
51         {'type' : 'vowels', 'chars' : ["i"]}]}}
52   var options = {w:1, wtimeout:5000, journal:true, fsync:false,
53     upsert:true, multi:false};
54   collection.update(query, update, options, function(err, results){
55     console.log("\nUpsert as update results:");
56     console.log(results);
```

```
57      console.log("\nAfter Upsert as update:");
58      showWord(collection, cleanup);
59    });
60 }
61 function cleanup(collection){
62   collection.remove({word:'righty'}, function(err, results){
63     myDB.close();
64   });
65 }
```

程序清单 21.10 NodejsDocUpsert.js-output：在 Node.js 应用程序中对集合中文档执行 upsert 操作的输出

```
Before Upserting:

Upsert as insert results:
1

After Upsert as insert:
{ _id: 52f0300af0506a15d7bb6b3d,
   category: 'New',
   charsets:
    [ { type: 'consonants', chars: [Object] },
      { type: 'vowels', chars: [Object] } ],
   first: 'r',
   last: 'y',
   letters: [ 'r', 'i', 'g', 'h' ],
   size: 4,
   stats: { vowels: 1, consonants: 4 },
   word: 'righty' }

Upsert as update results:
1

After Upsert as update:
{ _id: 52f0300af0506a15d7bb6b3d,
   category: 'Updated',
   charsets:
    [ { type: 'consonants', chars: [Object] },
      { type: 'vowels', chars: [Object] } ],
   first: 'r',
   last: 'y',
   letters: [ 'r', 'i', 'g', 'h', 't', 'y' ],
   size: 6,
   stats: { vowels: 1, consonants: 5 },
   word: 'righty' }
```

▲

21.6 小结

在本章中，您在 Node.js 应用程序中使用了 Node.js MongoDB 驱动程序来添加、操作和删除集合中的文档。您使用了 Collection 对象的多个方法来修改集合中的数据。

方法 insert()添加新文档；方法 remove()删除文档；方法 save()更新单个文档。

方法 update()有多种用途，您可使用它来更新单个或多个文档，还可通过将参数 upsert 设置为 true 来在集合中插入新文档——如果没有与查询匹配的文档。

21.7 问与答

问：能够将游标作为可读取的 Node.js 流来读取其中的文档吗？

答：可以。Node.js MongoDB 驱动程序提供了 CursorStream()类，可用于将 Cursor 对象转换为可读取的流对象。

21.8 作业

作业包含一组问题及其答案，旨在加深您对本章内容的理解。请尽可能先回答问题，再看答案。

21.8.1 小测验

1. 在 Node.js 应用程序中，要在文档不存在时插入它，可使用哪种操作？
2. 如何让方法 update()只更新一个文档？
3. 判断对错：Collection 对象的方法 save()只能用来保存对既有文档的修改。
4. 在 Collection 对象的 update()方法中，哪个参数指定了要更新的字段？

21.8.2 小测验答案

1. 使用 Collection 对象的方法 update()，并将参数 upsert 设置为 true。
2. 将参数 multi 设置为 false。
3. 错。方法 save()还在文档不存在时添加它。
4. 参数 update。它是一个 JavaScript 对象，包含的字段定义了 MongoDB 更新运算符。

21.8.3 练习

1. 编写一个类似于文件 NodejsDocAdd.js 的 Node.js 应用程序，将一个新单词添加示例数据集的 word_stats 集合中。
2. 编写一个 Node.js 应用程序，使用方法 update()来更新以字母 e 打头的所有单词：给它们都添加值为 eWords 的 category 字段。

第22章

使用 MongoDB shell 管理数据库

本章介绍如下内容：

- 复制、重命名和移动集合；
- 添加和删除索引；
- 对 MongoDB 数据库执行检查（validation）；
- 为优化性能而评估查询；
- 找出并诊断有问题的集合和数据库；
- 备份 MongoDB 数据库；
- 修复 MongoDB 数据库。

在本书前面，大部分章节讨论的都是如何实现 MongoDB 数据库，包括从 MongoDB shell 和其他编程平台创建、填充、访问和操作集合。本章将视线转向使用 MongoDB shell 管理 MongoDB 数据库。

数据库管理涉及的工作很多，具体内容随情况而异。但一般而言，管理指的是采取所有必要的措施确保数据库健康、可用。

本章首先介绍一些基本的数据库操作，如复制、移动和重命名数据库和集合。然后，介绍如何创建和管理索引，帮助您找到优化数据库的途径。接下来，将探讨多种确保数据库健康的性能和诊断任务。最后，探讨如何修复和备份数据库。

22.1 管理数据库和集合

第 5 章介绍了如何创建、访问和删除数据库和集合，本节扩展这方面的知识，介绍其他一些不那么常见但很有用的任务：复制数据库、重命名集合和创建固定集合。

22.1.1 复制数据库

在 MongoDB 中，可在服务器之间复制数据库，还可将数据库复制到当前服务器的其他位置。您可能需要复制数据库，这可能旨在将数据从要拆除的服务器中移走，也可能旨在提供多个用于不同目的的数据拷贝。

要在服务器之间复制数据库，需要在数据库 admin 中执行命令 copydb。这个命令接受一个对象，其中包含如下参数。

- fromhost：可选参数。指定源 mongod 实例的主机名，如果未指定，copydb 将在当前 MongoDB 服务器内复制数据库。
- fromdb：必须指定的参数。指定源数据库的名称。
- todb：必须指定的参数。指定目标命名空间的名称。
- slaveOk：可选的布尔参数。如果为 true，copydb 将从副本集的备份成员复制数据，也可从主成员复制数据。
- username：可选参数。指定 MongoDB 服务器 fromhost 上的用户名凭证。
- key：可选参数。指定向 fromhost 服务器验证身份时使用的密码的散列值。

Try It Yourself

复制 MongoDB 数据库

本节介绍一个数据库复制示例，演示使用命令 copydb 创建示例数据库拷贝的步骤。请执行如下步骤来创建示例数据库的拷贝。

1．确保启动了 MongoDB 服务器。

2．确保运行了生成数据库 words 的脚本文件 code/hour05/generate_words.js。

3．使用下面的命令启动 MongoDB shell：

```
mongo
```

4．使用下面的命令切换到数据库 admin：

```
use admin
```

5．使用下面的命令创建数据库 words 的拷贝，并将其命名为 words_copy：

```
db.runCommand({ copydb: 1,
  fromhost: "localhost",
  fromdb: "words",
  todb: "words_copy"})
```

6．使用下面的命令切换到数据库 words_copy，并核实其中确实包含文档：

```
use words_copy
db.word_stats.find().count()
```

22.1.2 重命名集合

对集合执行的另一种常见任务是重命名。通过将集合重命名，可将原来的名称用于存储新数据的集合。这在有些情况下很有用。例如，您可能有一个应用程序，它将订单存储在集合 orders 中，而您只想在这个集合中存储当月的订单。为此，可在每个月的月底将集合 orders 重命名为 orders_MM_YYYY（其中 MM 为月份，而 YYYY 为年份），从而让应用程序能够使用集合 orders 来存储下一个月的订单。

要重命名集合，可在数据库 admin 中使用命令 renameCollection。这个命令接受一个包含如下参数的对象。

- renameCollection：必须指定的参数。指定要重命名的集合的命名空间，格式为 database.collection。
- todb：必须指定的参数。指定重命名后的命名空间，格式为 database.collection。如果指定的数据库不存在，将创建它。
- dropTarget：可选的布尔参数。如果为 true，将删除同名的集合；否则保留原来的集合，而重命名将以失败告终。

Try It Yourself

重命名 MongoDB 数据库中的集合

本节介绍一个集合重命名示例，演示使用命令 renameCollection 将一个集合重命名，并存储到另一个数据库中的步骤。重命名集合时，可指定不同的集合名并将其保留在原来的数据库中，还可保留集合名并将其放在另一个数据库中。请执行如下步骤，将示例数据库拷贝中的集合重命名。

1．确保启动了 MongoDB 服务器。

2．确保运行了生成数据库 words 的脚本文件 code/hour05/generate_words.js，并完成了前一小节的数据库复制示例。

3．使用下面的命令启动 MongoDB shell：

```
mongo
```

4．使用下面的命令切换到数据库 admin：

```
use admin
```

5．使用下面的命令将数据库 words_copy 的集合 word_stats 重命名为 word_stats2，并放到数据库 words_copy2 中：

```
db.runCommand({ renameCollection: "words_copy.word_stats",
   to: "words_copy2.word_stats2",
   dropTarget: true})
```

6．使用下面的命令切换到数据库 words_copy2，并核实其中的集合 word_stats2 确实包含一些文档：

```
use words_copy2
db.word_stats2.find().count()
```

▲

22.1.3 创建固定集合

固定集合是大小固定的集合，检索和删除文档时都基于插入顺序，这让固定集合能够支持高吞吐量的操作。固定集合的工作原理类似于环形缓冲区：分配给固定集合的空间耗尽后，将覆盖最旧的文档，为新文档腾出空间。

定义固定集合时，还可指定它最多存储多少个文档，这可避免在集合中存储大量文档带来的索引开销。

固定集合非常适合用于存储事件日志和缓存数据，这可避免扩展集合的开销，还可避免在应用程序中编写清理集合的代码。

要在 MongoDB shell 中创建固定集合，可使用 db 对象的方法 createCollection()，并将属性 capped 设置为 true、设置集合的大小（单位为字节）以及可选的最大文档数，如下所示：

```
db.createCollection("log", { capped : true, size : 5242880, max : 5000 } )
```

▼ Try It Yourself

在 MongoDB 数据库中创建固定集合

本节介绍使用命令 renameCollection 及其 capped 选项在 MongoDB 数据库中创建固定集合的步骤。请执行如下步骤来创建一个固定集合。

1．确保启动了 MongoDB 服务器。

2．使用下面的命令启动 MongoDB shell：

```
mongo
```

3．使用下面的命令切换到数据库 capped（这个数据库原本不存在，但通过执行下面的命令将创建它）：

```
use capped
```

4．使用下面的命令创建固定集合 myCapped，它最多可存储 5 个文档：

```
db.createCollection("myCapped", { capped : true, size : 1048576, max : 5 } )
```

5．使用下面的代码插入 10 个文档，这些文档只包含值为 0～9 的字段 num：

```
for (i=0; i<10; i++){
  db.myCapped.insert({num: i})
}
```

6．使用下面的命令显示集合 myCapped 中的文档：

```
db.myCapped.find()
```

7．输出表明这个集合中只有 5 个（而不是 10 个）文档，它们的 num 字段值为 5～9：

```
{ "_id" : ObjectId("52f2bbc01f621a31b41c50ba"), "num" : 5 }
{ "_id" : ObjectId("52f2bbc01f621a31b41c50bb"), "num" : 6 }
{ "_id" : ObjectId("52f2bbc01f621a31b41c50bc"), "num" : 7 }
{ "_id" : ObjectId("52f2bbc01f621a31b41c50bd"), "num" : 8 }
{ "_id" : ObjectId("52f2bbc01f621a31b41c50be"), "num" : 9 }
```

▲

22.2 管理索引

MongoDB 数据库管理的另一个重要方面的实现索引。索引创建简单的查找表，让 MongoDB 能够更快地查找文档。

警告：

索引可改善数据库请求的性能，但这需要付出一定的代价。每次在集合中插入新文档时，都必须调整索引。如果数据库是写入密集型的，索引过多可能严重影响性能。

Watch Out!

接下来的几小节介绍一些与索引相关的管理任务，如添加索引、删除索引和重建索引。

22.2.1 添加索引

在 MongoDB 中，可根据集合中的字段创建索引，以提高文档查找速度。在 MongoDB 中添加索引时，将在后台创建一个特殊的数据结构（其中存储了集合的一小部分数据），再对其进行优化以提高查找特定文档的速度。

例如，根据_id 字段创建索引时，将创建一个包含_id 值的有序数组。创建这种索引有下面这些好处。

- 按_id 查找文档时，可在这个有序索引中搜索，从而更快地找到文档。
- 假设您希望返回的文档按_id 排序，这种排序已在索引中完成，因此不需要再这样做，MongoDB 只需按_id 在索引中出现的顺序返回文档。
- 现在假设您希望文档按_id 排序，并返回第 10～20 个文档。为此，只需截取索引中的这部分_id，再根据_id 查找文档。
- 最重要的是，如果您要获取有序的_id 值列表，MongoDB 根本不需要读取文档，而只需直接返回索引中的值。

然而，别忘了获得这些好处是要付出代价的。下面是索引的一些开销。

- 索引需要占用磁盘和内存空间。

➢ 插入和更新文档时，索引将占用处理时间。这意味着集合包含大量索引时，将影响数据库写入操作的性能。

➢ 集合越大，索引在资源和性能方面的开销越高。在超大集合中，甚至都不适合创建索引。

在集合中，可根据设计需求创建多种索引。表 22.1 列出了各种索引类型。

表 22.1 MongoDB 支持的索引类型

类型	描述
默认的_id 索引	所有 MongoDB 集合默认都包含基于_id 的索引。如果应用程序没有给文档指定_id 值，MongoDB 服务器将为文档创建包含 ObjectID 值的_id 字段。_id 索引是唯一的，禁止客户端插入两个_id 值相同的文档
单字段索引	最简单的索引是单字段索引。这种索引类似于_id 索引，但是根据指定的字段创建的。这种索引可按升序或降序排列，且不要求指定字段的值是唯一的。例如：{name: 1}
复合索引	这种索引基于多个字段，它首先根据第一个字段排序，再根据第二个字段排序，依此类推。各个字段的排序方向可以不同，例如，可根据一个字段升序排列，并根据另一个字段降序排列，如{name: 1, value: -1}
多键索引	基于数组字段创建索引时，将为数组中的每个元素创建一个索引项。这使得根据索引包含的值查找对象时速度更快。例如，如果有一个 myObjs 对象数组，其中每个对象都有 score 字段，将创建基于 score 字段的索引：{myObjs.score: 1}
地理空间索引	MongoDB 支持创建基于二维坐标或二维球面坐标的地理空间索引。这意味着您能更有效地存储和检索引用地理位置的数据。例如：{"locs":"2d"}
全文索引	MongoDB 还支持创建全文索引，这让使得根据单词查找字符串元素的速度更快。全文索引不会存储 the、a 和 is 等单词。例如：{comment: "text"}
散列索引	使用基于散列的分片时，MongoDB 支持创建散列索引，其中值包含存储在特定服务器中的散列值，这可避免在其他服务器中存储不相关散列值的开销。例如：{key: "hashed"}

创建索引时，还可指定一些特殊属性（如表 22.2 所示），这些属性告诉 MongoDB 该如何处理索引。

表 22.2 MongoDB 支持的索引属性

属性	描述
background	布尔值。如果为 true，MongoDB 将在后台创建索引，这使得在索引创建期间允许对集合执行写入操作；如果为 false，将在索引创建完毕前禁止对集合执行写入操作
unique	禁止索引包含同一个字段值多次。因此，添加文档时，如果包含的字段值已出现在索引中，MongoDB 将禁止添加该文档
sparse	仅当文档包含索引字段时，索引中才会有其条目。这种索引忽略没有索引字段的文档
TTL	存活时间（Time To Live，TTL）索引只让文档在索引中存在指定的时间。例如，这适用于特定时间后需要清除的日志条目和事件数据。这种索引记录插入时间，并在条目过期后将其删除
dropDups	布尔值。如果为 true 且 unique 为 true，将把索引字段与既有文档相同的所有文档删除
name	可给索引指定名称，以便在其他命令中引用它

可结合使用属性 unique 和 sparse，让索引拒绝索引字段为重复值的文档，并拒绝不包含索引字段的文档。

使用 MongoDB shell 和大部分 MongoDB 驱动程序都可创建索引。要使用 MongoDB shell

来创建索引，可使用方法 ensureIndex(index, properties)。例如，下面的代码创建一个名为 myIndex 的唯一索引，该索引基于字段 name（升序）和 number（降序）：

```
db.myCollection.ensureIndex({name:1, number: -1},
                                        {background:true, unique:true , name:
   "myIndex"})
```

22.2.2 删除索引

有时候需要将索引从集合中删除，因为它们占用的服务器资源太多或不再需要。删除索引很容易，只需使用 Collection 对象的方法 dropIndex(index)即可。

方法 dropIndex()将索引名或索引定义作为唯一的参数。例如，如果创建了索引{first:1}，可这样将其删除：

```
db.myCollection.dropIndex({first:1})
```

另外，如果调用方法 ensureIndex()创建索引时指定了索引名，则可根据索引名来删除。例如，如果有一个名为 myIndex 的索引，可这样将其删除：

```
db.myCollection.dropIndex("myIndex")
```

如果要删除集合的所有索引，可使用方法 dropIndexes()。这将删除集合的所有索引，如下所示：

```
db.myCollection.dropIndexes()
```

22.2.3 重建索引

与任何实现索引的数据库一样，您创建的索引也可能效果不佳，或者因受损而不再管用。在这种情况下，可使用 Collection 对象的方法 reIndex()来重建索引。

方法 reIndex()删除并重建集合的所有索引。

警告：

重建索引操作将占用大量系统资源，请务必在非高峰期间这样做。另外，_id 索引的重建是在前台进行的，因此在该索引重建完毕前，不能执行写入操作。

Watch Out!

Try It Yourself

管理 MongoDB 数据库中集合的索引

本节介绍如何给示例数据库的一个集合添加和删除索引。这里介绍的方法也适用于在其他数据库的集合中添加、显示和删除索引。请执行下面的步骤，在示例数据库的一个集合中添加和删除索引。

1．确保启动了 MongoDB 服务器。

2．确保运行了生成数据库 words 的脚本文件 code/hour05/generate_words.js。

3．使用下面的命令启动 MongoDB shell：

```
mongo
```

4．使用下面的命令切换到数据库 words：

```
use words
```

5. 使用下面的命令显示数据库 words 中集合 word_stats 的索引，该命令后面是其输出：

```
db.word_stats.getIndexes()
[       {         "v" : 1,
                  "key" : {"_id" : 1},
                  "ns" : "words.word_stats",
                  "name" : "_id_" },
        {          "v" : 1,
                  "key" : {"word" : 1},
                  "unique" : true,
                  "ns" : "words.word_stats",
                  "name" : "word_1" } ]
```

6．使用下面的命令添加一个新索引，它基于字段 first（升序）和 size（降序）：

```
db.word_stats.ensureIndex({first:1, size: -1},
                          {background:true, name: "myIndex"})
```

7．使用下面的命令显示数据库 words 中集合 word_stats 的索引 myIndex，该命令后面是其输出：

```
db.word_stats.getIndexes()
[       {         "v" : 1,
                  "key" : {"_id" : 1},
                  "ns" : "words.word_stats",
                  "name" : "_id_"},
        {         "v" : 1,
                  "key" : {"word" : 1},
                  "unique" : true,
                  "ns" : "words.word_stats",
                  "name" : "word_1"},
        {         "v" : 1,
                  "key" : { "first" : 1, "size" : -1},
                  "ns" : "words.word_stats",
                  "name" : "myIndex",
                  "background" : true } ]
```

8．使用下面的命令删除这个新添加的索引：

```
db.word_stats.dropIndex("myIndex")
```

9．使用下面的命令核实新索引 myIndex 已删除，该命令后面是其输出：

```
db.word_stats.getIndexes()
[       {           "v" : 1,
                    "key" : {"_id" : 1},
                    "ns" : "words.word_stats",
                    "name" : "_id_" },
        {           "v" : 1,
                    "key" : {"word" : 1},
                    "unique" : true,
                    "ns" : "words.word_stats",
                    "name" : "word_1" } ]
```

▲

22.3 理解性能和诊断任务

数据库管理的一个重要方面是找出并诊断数据库的性能等问题。MongoDB 提供了大量的功能，让您能够对查询、资源使用情况和其他信息进行分析，以评估数据库的健康状况，并找出导致数据库的性能等问题的罪魁祸首。

接下来的几小节介绍一些常见的工具，您可使用它们来找出悄然出现在 MongoDB 实现中的性能等问题。

22.3.1 查看数据库和集合的统计信息

检查 MongoDB 数据库的总体健康状况时，经常需要执行的一项任务是查看数据库的统计信息。数据库统计信息包括对象数、对象的平均大小、数据总量、索引的大小等，这些统计信息可帮助您判断数据库有多大，消耗了多少内存和磁盘资源。

要在 MongoDB shell 中查看数据库统计信息，可使用下面的方法：

```
db.stats()
```

这个方法的输出类似于下面这样：

```
{
        "db" : "words",
        "collections" : 3,
        "objects" : 2679,
        "avgObjSize" : 344.60768943635685,
        "dataSize" : 923204,
        "storageSize" : 2805760,
        "numExtents" : 7,
        "indexes" : 2,
        "indexSize" : 204400,
        "fileSize" : 50331648,
        "nsSizeMB" : 16,
        "dataFileVersion" : {
```

```
            "major" : 4,
            "minor" : 5
        },
        "ok" : 1
}
```

您还可以更进一步，查看集合的这些统计信息。这可帮助您确定集合占用的磁盘空间和索引空间。要查看集合的统计信息，可使用下面的方法，其中<collection>为集合的名称：

```
db.<collection>.stats()
```

22.3.2 检查数据库

检查数据库健康状况时，另一个很有用的工具是 Collection 对象的方法 validate()。这个方法通过扫描数据和索引来检查集合的结构，并在输出中报告发现的问题。

例如，要检查数据库 words 的集合 word_stats，可像下面这样做：

```
use words
db.word_stats.validate()
```

您还可给方法 validate()传入 true，以执行更详细的检查。这将对数据进行更深入、更全面的扫描，但消耗的时间和服务器资源也更多，如下所示：

```
use words
db.word_stats.validate(true)
```

Try It Yourself

检查 MongoDB 数据库

在本节中，您将对示例数据库进行检查。这个示例演示了如何执行检查并查看结果。请执行下面的步骤来进行检查。

1．确保启动了 MongoDB 服务器。

2．确保运行了生成数据库 words 的脚本文件 code/hour05/generate_words.js。

3．使用下面的命令启动 MongoDB shell：

```
mongo
```

4．使用下面的命令切换到数据库 words：

```
use words
```

5．使用下面的命令执行检查：

```
db.word_stats.validate()
```

6．查看检查结果。下面是方法 validate()的输出示例，注意到属性 valid 为 true，而属性 errors 为空，这表明这个集合没有问题：

```
{
        "ns" : "words.word_stats",
        "firstExtent" : "0:5000 ns:words.word_stats",
        "lastExtent" : "0:109000 ns:words.word_stats",
        "extentCount" : 5,
        "datasize" : 922896,
        "nrecords" : 2673,
        "lastExtentSize" : 2097152,
        "padding" : 1,
        "firstExtentDetails" : {
                "loc" : "0:5000",
                "xnext" : "0:19000",
                "xprev" : "null",
                "nsdiag" : "words.word_stats",
                "size" : 8192,
                "firstRecord" : "0:50b0",
                "lastRecord" : "0:6eb0"
        },
        "lastExtentDetails" : {
                "loc" : "0:109000",
                "xnext" : "null",
                "xprev" : "0:41000",
                "nsdiag" : "words.word_stats",
                "size" : 2097152,
                "firstRecord" : "0:1090b0",
                "lastRecord" : "0:14af80"
        },
        "deletedCount" : 4,
        "deletedSize" : 1826928,
        "nIndexes" : 2,
        "keysPerIndex" : {
                "words.word_stats.$_id_" : 2673,
                "words.word_stats.$word_1" : 2673
        },
        "valid" : true,
        "errors" : [ ],
        "ok" : 1
}
```

▲

22.3.3 剖析 MongoDB

如果数据库响应缓慢，可对其进行剖析（profile）。通过剖析，可捕获有关数据库性能的数据；随后您可查看这些数据，找出哪些查询的性能非常糟糕。

数据库剖析是一个很有用的工具，但也会影响性能，应仅在需要排除性能故障时启用它。MongoDB 提供了不同的剖析等级，这些等级用数字表示。下面描述了这些等级。

- 0：不剖析。
- 1：只剖析速度较慢的操作。
- 2：剖析所有操作。

要启用剖析，可使用数据库命令 profile，并指定剖析等级以及缓慢操作的判断标准（耗时超过了多少毫秒）。

例如，下面的命令启用 1 级剖析，并将耗时超过 500 毫秒视为判断缓慢操作的标准：

```
db.runCommand({profile:1, slowms: 500})
```

剖析提供的信息存储在当前数据库的集合 system.profile 中，因此要访问剖析信息，可使用下面的方法：

```
db.system.profile.find()
```

system.profile.find()返回的文档中包含请求的性能信息，表 22.3 描述了剖析文档的一些属性。

表 22.3　MongoDB 数据库操作剖析文档的属性

属性	描述
op	数据库操作类型，如插入、更新或查询
ns	操作针对的命名空间，格式为 database.collection
query	使用的查询文档
ntoreturn	使用 limit()返回的文档数
ntoskip	使用 skip()跳过的文档数
nscanned	为执行操作扫描的文档数
lockStats	一个文档信息，包含有关数据库锁的信息，如等了多长时间才获得锁
nreturned	操作返回的文档数
responseLength	响应的大小，单位为字节
millis	执行完操作花了多少毫秒
ts	一个 ISO 时间戳，指出了发出请求的时间
client	发出请求的客户端的 IP 地址
user	发出请求的用户——如果请求是通过经身份验证的连接发出的

另外，由于剖析数据存储在一个集合中，您可使用查询来指定要返回的字段。例如，下面的代码查看这样的操作的剖析数据，即耗时超过 10 秒且执行时间在指定的 ISO 时间之后：

```
db.system.profile.find(
{$and: [
{ts: {$gt: ISODate("2014-02-06T15:15:12.507Z")}},
{millis:{$lt:1}}]})
```

Try It Yourself

剖析 MongoDB 数据库

在本节中，您将对示例数据库进行剖析。这个示例演示了如何启用剖析、查看数据库操作的剖析文档以及禁用剖析。请执行下面的步骤来实现剖析。

1．确保启动了 MongoDB 服务器。

2．确保运行了生成数据库 words 的脚本文件 code/hour05/generate_words.js。

3．使用下面的命令启动 MongoDB shell：

```
mongo
```

4．使用下面的命令切换到数据库 words：

```
use words
```

5．使用下面的命令对耗时超过 500 毫秒的操作启用剖析：

```
db.runCommand({profile:2, slowms: 500})
```

6．执行下面的命令，它执行一个查询操作，以便在集合 profile 中填充操作剖析数据：

```
db.word_stats.find({word: "test"})
```

7．执行下面的命令来查看集合 system.profile 的内容：

```
db.system.profile.find()
```

8．查看输出，其中应包含一个类似于下面的文档，该文档为查询请求{word:"test"}的剖析文档：

```
{ "op" : "query", "ns" : "words.word_stats", "query" : { "word" : "test" },
  <<toreturn" :0, "ntoskip" : 0, "nscanned" : 1, "keyUpdates" : 0,
  <<umYield" : 0, "lockStats" :
    { "timeLockedMicros" : { "r" : NumberLong(510), "w" : NumberLong(0) },
      <<imeAcquiringMicros": { "r" : NumberLong(9), "w" : NumberLong(4) } },
  <<returned" : 1, "responseLength" :305, "millis" : 0,
  <<s" : ISODate("2014-02-06T00:09:38.530Z"), "client" : "127.0.0.1",
  <<llUsers" : [ ], "user" : "" }
```

9．执行下面的命令禁用剖析：

```
db.runCommand({profile:0, slowms: 500})
```

22.3.4　评估查询

使用剖析找出耗时长的操作后，便可对其进行评估，看到 MongoDB 是如何执行查询的每个步骤的。评估查询通常可帮助您了解查询耗时长的原因。

要对查询进行评估，可对返回的游标调用方法 explain()，也可以将这个方法串接到查询请求末尾，如 db.collection.find({word: "test"}).explain()。

方法 explain()返回一个文档，其中包含有关 MongoDB 服务器的查询计划的信息。查询计划描述了 MongoDB 如何找出与查询匹配的文档，包括索引使用情况。了解查询计划有助于优化查询。

表 22.4 列出了方法 explain()返回的文档中的一些重要字段。

表 22.4　　explain()返回的文档的属性

属性	描述
cursor	使用的游标类型，可能取值如下。 ➢ BasicCursor：扫描整个集合 ➢ BtreeCursor：表明使用了索引 ➢ GeoSearchCursor：表明使用了地理空间索引
isMultiKey	为 true 时表明查询使用了多键索引
n	与查询参数匹配的文档数
nscanned	操作期间扫描的文档数。通常，您希望 n 和 nscanned 尽可能接近，这意味着扫描的文档数是最少的
scanAndOrder	如果为 true，表明查询无法按索引顺序来返回排序结果
indexOnly	如果为 true，表明查询只需扫描索引，这意味着查询要返回的字段都包含在索引中。这种操作的速度通常是最快的
nYields	为让写入操作能够完成，查询不得不让出读取锁的次数。这指出了繁忙的写入操作对数据库性能的影响程度
millis	完成查询耗用的时间，单位为毫秒
indexBounds	一个文档，包含遍历的索引范围的下限和上限
allPlans	一个数组，包含查询优化器为查询选择索引而运行的查询计划列表
oldPlan	一个文档，包含查询优化器为查询选择的前一个查询计划
clauses	一个数组，包含$or 操作的 explain 属性
numQueries	执行的查询数

▼ Try It Yourself

分析 MongoDB 数据库查询

在本节中，您将使用方法 explain()来查看 MongoDB 为针对示例数据库的查询使用的查询计划。这个示例演示了如何对 Cursor 对象调用方法 explain()，并查看结果。

请执行如下步骤，对一个数据库查询运行 explain()。

1．确保启动了 MongoDB 服务器。

2．确保运行了生成数据库 words 的脚本文件 code/hour05/generate_words.js。

3．使用下面的命令启动 MongoDB shell：

```
mongo
```

4．使用下面的命令切换到数据库 words：

```
use words
```

5．执行下面的语句，对一个针对示例数据库的简单查询运行 explain()：

```
db.word_stats.find({word:{$in:['test','the','and']}}).explain()
```

6．查看输出；如果查询正常，输出应类似于下面这样。注意到在一个 BtreeCursor 游标中使用了索引 word，而扫描的文档数只有 5 个，虽然集合包含的文档超过 2000 个：

```
{
        "cursor" : "BtreeCursor word_1 multi",
        "isMultiKey" : false,
        "n" : 3,
        "nscannedObjects" : 3,
        "nscanned" : 5,
        "nscannedObjectsAllPlans" : 3,
        "nscannedAllPlans" : 5,
        "scanAndOrder" : false,
        "indexOnly" : false,
        "nYields" : 0,
        "nChunkSkips" : 0,
        "millis" : 0,
        "indexBounds" : {
                "word" : [
                        [
                                "and",
                                "and"
                        ],
                        [
                                "test",
                                "test"
                        ],
                        [
                                "the",
                                "the"
                        ]
                ]
        },
        "server" : "bdub:27017"
}
```

▲

22.3.5 使用诊断命令 top

为性能糟糕的数据库排除故障时，一个很有用的 MongoDB 命令是 top。它返回每个数据库的使用统计信息，包含每种操作的执行次数以及花费的时间（单位为毫秒）。这有助于您确定哪些数据库使用的 CPU 时间最多以及哪些数据库最繁忙（这两类数据库通常不同）。

要执行 top 命令，可在数据库 admin 中执行如下命令：

```
use admin
db.runCommand({top: 1})
```

输出中包含在所有数据库的每个集合中以下操作类型的执行次数以及消耗的时间：

- total
- readLock
- writeLock
- queries
- getmore
- insert
- update
- remove
- commands

Try It Yourself

分析 MongoDB 数据库的使用情况

在本节中，您将在 MongoDB shell 中执行 top 命令，以查看数据库的使用统计信息。这个示例演示了如何在 MongoDB 服务器上运行 top 命令并查看结果。

请执行如下步骤，在 MongoDB 服务器上运行 top 命令。

1．确保启动了 MongoDB 服务器。

2．确保运行了生成数据库 words 的脚本文件 code/hour05/generate_words.js。

3．使用下面的命令启动 MongoDB shell：

```
mongo
```

4．使用下面的命令切换到数据库 admin：

```
use admin
```

5．执行下面的语句，对 MongoDB 服务器中的所有数据库运行 top 命令：

```
db.runCommand({top: 1})
```

6．查看针对每个数据库中集合的输出，输出应类似于下面这样：

```
"words.word_stats" : {
   "total" : {
     "time" : 107502,
     "count" : 32
   },
   "readLock" : {
     "time" : 77193,
     "count" : 24
   },
   "writeLock" : {
     "time" : 30309,
     "count" : 8
   },
   "queries" : {
     "time" : 43574,
     "count" : 24
   },
   "getmore" : {
     "time" : 6455,
     "count" : 2
   },
   "insert" : {
     "time" : 28968,
     "count" : 1
   },
   "update" : {
     "time" : 0,
     "count" : 0
   },
   "remove" : {
     "time" : 147,
     "count" : 1
   },
   "commands" : {
     "time" : 28358,
     "count" : 4
   }
},
```

▲

22.4 修复MongoDB数据库

想要修复MongoDB数据库的原因有多种。例如，系统可能崩溃、应用程序可能出现数据完整性问题、您可能想收回一些未用的磁盘空间。

要修复 MongoDB 数据库，可在 MongoDB shell 中进行，也可在 mongod 命令行中进行。要从命令行执行修复，可使用语法--repair 和--repairpath <repair_path> syntax，其中<repair_path>为临时修复文件的存储位置，如下所示：

```
mongod --repair --repairpath /tmp/mongdb/data
```

要在 MongoDB shell 中执行修复，可使用命令 db.repairDatabase(options)，如下所示：

```
db.repareDatabase({ repairDatabase: 1,
  preserveClonedFilesOnFailure: <boolean>,
  backupOriginalFiles: <boolean> })
```

启动修复后，数据库中的所有集合都将被压缩，以减少占用的磁盘空间。另外，所有无效的记录都将被删除。因此，从备份恢复可能胜过运行修复。

运行修复所需的时间取决于数据量。修复会影响系统性能，应在非高峰期间运行。

警告：

如果副本集的其他成员有未受损的数据拷贝，就应使用该拷贝进行恢复，而不要试图去修复。repairDatabase()会将受损的数据删除，导致这些数据丢失。

22.5 备份 MongoDB 数据库

对 MongoDB 而言，最佳的备份策略是使用副本集实现高可用性，这可确保数据是最新的且始终可用。然而，如果数据至关重要，无法承受其受损带来的损失，应考虑如下情况。

- 如果数据中心出现故障，该怎么办？对于这种情况，可定期备份数据并离线存储，或者添加离线的副本集。
- 如果应用程序数据受损并被复制，该怎么办？这始终是个令人担心的问题。对于这种情况，除了备份别无他法。

确定需要定期备份数据后，应考虑备份对系统的影响并制定相应的策略。

- **对生产环境的影响**：备份通常是资源密集型的，必须尽可能降低其对生产环境的影响。
- **需求**：如果打算采取类似于块级快照的方式备份数据库，需要确保系统基础设施支持这种方式。
- **分片**：如果对数据进行了分片，所有分片都必须一致——不能备份一个分片，而不备份其他分片。另外，为生成实时备份，必须停止将数据写入集群。
- **相关数据**：为降低备份对系统的影响，也可只备份对系统来说生死攸关的数据。例如，对于永远不会变的数据库，只需备份一次。如果数据库很容易重新生成但非常大，那么相比于频繁备份，可能值得付出重新生成的代价。

备份 MongoDB 数据库的主要方法有两种。一是使用命令 mongodump 进行二进制转储。您可将离线存储这些二进制数据，供以后使用。例如，要将主机 mg1.test.net 上的副本集和独立系统 mg2.test.net 的数据库，转储到文件夹/opt/backup/current，可使用下面的命令：

```
mongodump --host rset1/mg1.test.net:27018,mg2.test.net -out/
   opt/backup/current
```

要恢复使用 mongodump 转储的数据库，可使用命令 mongorestore。要使用 mongorestore，最简单的方式是，在关闭了 MongoDB 服务器的情况下使用如下语法：

```
mongorestore --dbpath <database path> <path to the backup>
```

例如：

```
mongorestore --dbpath /opt/data/db /opt/backup/current
```

也可在运行着 MongoDB 服务器的情况下使用下面的语法来恢复：

```
mongorestore --port <database port> <path to the backup>
```

备份 MongoDB 数据库的第二种方法是使用文件系统快照。快照很容易拍摄，但也大得多，要求启用日记，并要求系统支持块级备份。如果您想实现快照备份方法，请参阅下述网址的指南：http://docs.mongodb.org/manual/tutorial/back-up-databases-with-filesystem- snapshots/。

22.6 小结

在本章中，您探索了与确保数据库健康、可用相关的 MongoDB 数据库管理概念。首先，您学习了如何复制、重命名和移动集合；接下来，添加并删除了索引，并学习了如何为集合重建索引。

您还探索了 MongoDB 提供的多个性能和诊断工具。命令 validate 让您能够检查数据库，找出所有显而易见的问题；使用剖析可确定哪种操作花费的时间最多；您学习了如何对查询进行评估，以了解 MongoDB 是如何使用索引的；然后，您学习了如何使用命令 top 来收集集合的使用统计信息。

本章的最后两节介绍了如何修复 MongoDB 数据库，阐述了一些 MongoDB 数据库备份方法。

22.7 问与答

问：如果索引大到 MongoDB 服务器的内存放不下，结果将如何？

答：在这种情况下，使用该索引的每个请求都从磁盘读取索引，导致系统性能急剧下降。应考虑将这种索引分解成更小的索引。

问：有第三方 MongoDB 监控服务吗？

答：有。MongoDB 管理服务（MongoDB Management Services，MMS）是一种用于监控 MongoDB 部署的免费服务，更详细的信息请参阅 https://mms.mongodb.com/。

22.8 作业

作业包含一组问题及其答案，旨在加深您对本章内容的理解。请尽可能先回答问题，再看答案。

22.8.1 小测验

1．如何查看集合的使用统计信息，包括更新操作次数和花费的时间？
2．怀疑 MongoDB 数据库有问题时，如何修复它？
3．如何移动集合？
4．如何给集合添加基于字段 name 和 number 的唯一索引？

22.8.2 小测验答案

1．使用命令 db.runCommand({top: 1})。
2．对数据库调用方法 db.repairDatabase()（最好在非高峰期间这样做）。
3．使用命令 renameCollection 并将 dropTarget 设置为 true。
4．对集合调用方法 ensureIndex({name:1, number:1}, {unique: true})。

22.8.3 练习

1．在 MongoDB shell 中使用下面的命令修复示例数据库：

```
use words
db.repareDatabase({ repairDatabase: 1,
  preserveClonedFilesOnFailure: false,
  backupOriginalFiles: false })
```

2．使用命令 mongodbdump 备份您的 MongoDB 服务器中的数据库；检查备份位置，核实成功地完成了备份；使用 mongodbrestore 将数据库恢复到文件夹<code>的如下位置：

```
<code>/hour22/restore
```

接下来，使用下面的命令启动 mongod 并将数据目录指定为 restore，再核实其中包含数据库 words。

```
mongod --dbpath <code>/hour22/restore
```

第 23 章

在 MongoDB 中实现复制和分片

本章介绍如下内容：

- ➢ MongoDB 副本集包含哪些类型的服务器；
- ➢ 副本集如何提供容错功能；
- ➢ 如何部署 MongoDB 副本集；
- ➢ MongoDB 分片集群包含哪些类型的服务器；
- ➢ 如何选择片键；
- ➢ 如何选择分区方法；
- ➢ 如何部署 MongoDB 分片集群。

要将 MongoDB 实现为高性能数据库，必须考虑使用复制和分片。在实现正确的情况下，MongoDB 复制和分片功能可提供可扩展性和数据的高可用性。

复制指的是搭建多个 MongoDB 服务器，它们看起来像是一个服务器。存储在 MongoDB 中的数据被复制到副本集中的每台服务器，这提供了数据的多个拷贝，可应对服务器出现故障的情形。复制还让您能够分散读取请求负载，因为可从副本集中的任何服务器读取数据。

分片指的是拆分大型数据集，将其放在多个服务器上。这让您能够支持单台服务器无法应对的大量数据。接下来的几节讨论如何在 MongoDB 中设计并实现复制和分片。

23.1 在 MongoDB 中实现复制

高性能数据库最重要的方面之一是复制，这指的是使用多个 MongoDB 服务器来存储相同的数据。副本集中的 MongoDB 服务器分三类，如图 23.1 所示。

图 23.1

在 MongoDB 中实现副本集

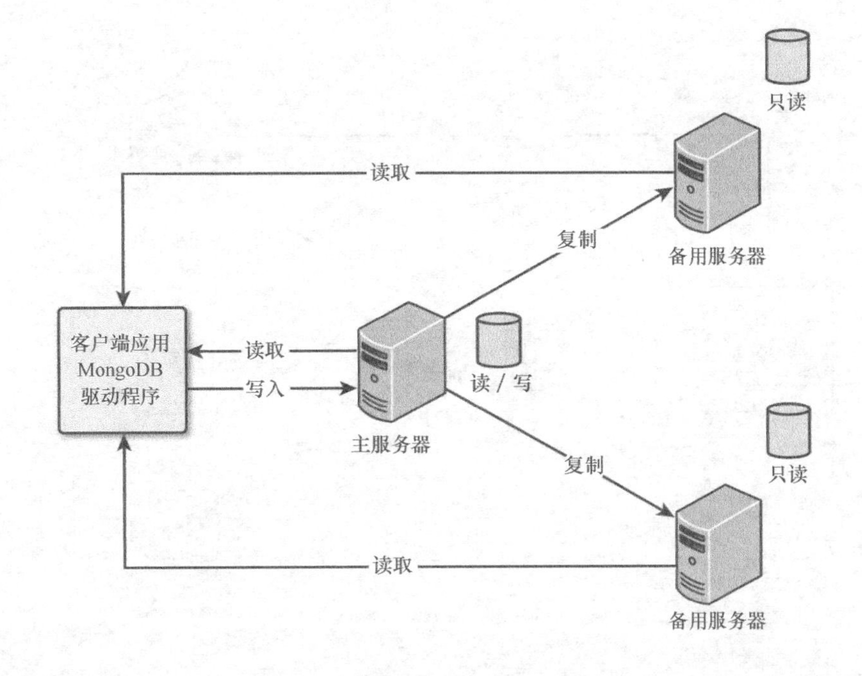

- **主服务器**：主服务器是副本集中唯一一种可写入的服务器，这让主服务器能够确保写入操作期间的数据完整性。一个副本集只能有一个主服务器。
- **备份服务器**：备份服务器包含主服务器上数据的副本。为确保数据是准确的，备份服务器应用主服务器提供的 oplog（操作日志），这样在主服务器上执行的所有写入操作都将按顺序在备用服务器上执行。客户端可读取但不能写入备份服务器。
- **仲裁者**：仲裁服务器很有趣，它不包含数据副本，但能够在主服务器出现故障，需要选举新的主服务器时发挥作用。主服务器出现故障时，副本集中的其他服务器将检测到，进而选举新的主服务器，这是通过在主服务器、备份服务器和仲裁服务器之间使用心跳协议实现的。图 23.2 是一个包含仲裁服务器的副本集。

复制提供了两方面的好处：高性能和高可用性。使用副本集可提高性能，因为虽然客户端不能写入备份服务器，但可从备份服务器读取数据。这让您能够为应用程序提供多个读取源。

使用副本集可提高可用性，因为主服务器发生故障，其他服务器有数据的副本，可接管主服务器的工作。副本集使用心跳协议在服务器之间通信，进而判断主服务器是否出现了故障。如果主服务器出现了故障，就选举新的主服务器。

副本集至少需要包含三个服务器。另外，还应确保服务器为奇数，这样更容易选举出主服务器，这正是仲裁服务器的用武之地。仲裁服务器占用的资源很少，却能在选举新的主服务器时节省时间。图 23.2 是一个包含仲裁服务器的副本集，注意到仲裁服务器没有数据副本——它只参与心跳协议。

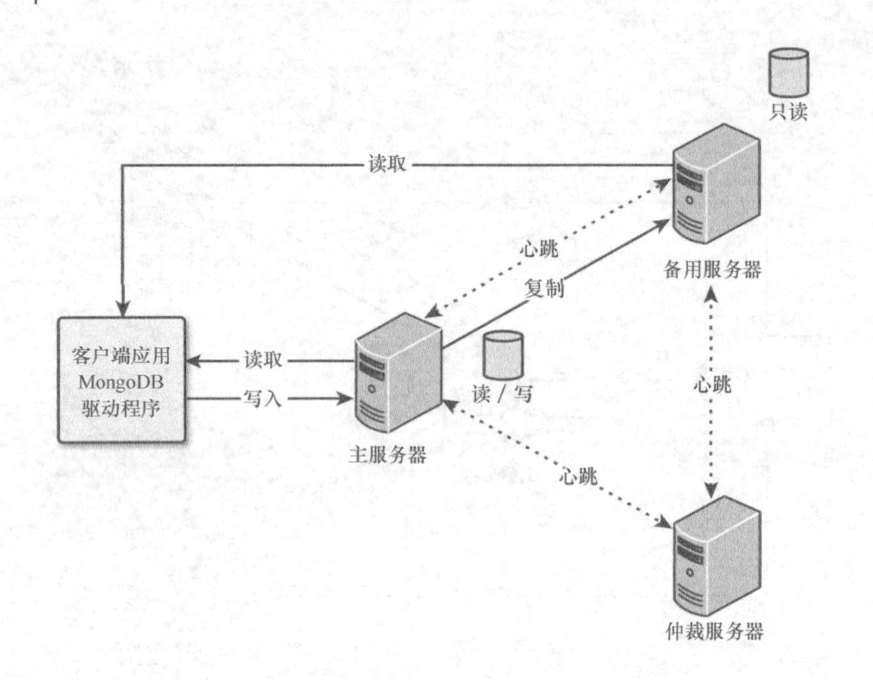

图 23.2
在 MongoDB 副本集中实现仲裁服务器，确保服务器数为奇数

23.1.1 理解复制策略

决定如何部署 MongoDB 副本集时，需要考虑多个因素。接下来的几小节讨论实现 MongoDB 副本集时需要考虑的一些因素。

服务器数量

第一个问题是，在副本集中包含多少个服务器。这取决于客户端与数据交互的方式。如果客户端主要是写入数据，使用大量服务器并不能带来多大好处。然而，如果数据大多是静态的，但有大量的写入请求，则添加更多备份服务器肯定会有很大的影响。

副本集数量

另外，还需考虑数据。在有些情况下，将数据拆分到多个副本集，让每个副本集包含不同部分的数据更合适。这让您能够根据数据的特征和性能需求微调每个副本集中的服务器。仅当数据之间没有相关性，客户端访问数据时很少需要连接到多个副本集时，才应考虑这样做。

容错

对应用程序来说容错有多重要？主服务器只是偶尔出现故障，如果这不会影响应用程序，且可轻松地重建数据，也许不需要复制。然而，如果您向客户承诺了提供七个 9 的可用性，那么任何中断都是极其糟糕的，而长时间中断更是无法接受的。在这种情况下，在副本集中添加服务器以确保可用性是合适的。

需要考虑的另一点是，将一个备份服务器放在备用数据中心，以防整个主数据中心出现故障。然而，出于性能考虑，应将大部分服务器都放在主数据中心。

Did you Know?

提示：

如果很看重容错，还应启用日记功能（参见第1章）。启用日记功能后，即便数据中心发生电源故障，也可重放事务。

23.1.2 部署副本集

在MongoDB中实现副本集很简单。下面的步骤描述了准备并部署副本集的流程。

1．对于副本集的每个成员，确保其他成员都能使用DNS或主机名访问它。添加一个虚拟专网，供副本集中的服务器用来通信，以改善系统性能，因为这样其他网络流量将不会影响复制过程。如果服务器并非位于DMZ后面，但要求数据通信是安全的，则还应配置auth和keyFile，以确保服务器通信的安全。

2．为副本集中的每个服务器配置replSet值，这是副本集独一无二的名称；为此，可在文件mongodb.conf中指定，也可在命令行中指定。例如，下面的命令行启动一个MonogDB服务器，并将其加入副本集rs0：

```
mongod --port 27017 --dbpath /srv/mongodb/db0 --replSet rs0
```

3．启动副本集。要启动副本集，可在MongoDB shell中运行命令rs.initiate()。可从MongoDB shell连接到副本集中的所有服务器，并对其执行命令rs.initiate()；也可使用rs.initiate(config)并传入一个配置对象，该配置对象指定了要包含在副本集中的所有节点。下面的示例定义一个配置对象，并将其传递给rs.initiate()：

```
rsconf = { _id: "rs0",
  members: [ { _id: 1, host: "localhost:27017" },
             { _id: 2, host: "localhost:27018" },
             { _id: 3, host: "localhost:27019" }]}
rs.initiate(rsconf)
```

4．如果在前一步没有使用配置对象，就需要将备份服务器加入集群。为此，可在MongoDB shell中连接到副本集的主服务器，再对每个备份服务器执行如下命令：

```
rs.add(<secondary_host_name_or_dns>:<port>)
```

5．在每台服务器上使用下面的命令来查看配置：

```
rs.conf()
```

6．在应用程序中，为从副本集读取数据的操作指定读取首选项。本书前面介绍了如何完成这项任务：将首选项设置为primary、primaryPreferred、secondary、secondaryPreferred或nearest。

Try It Yourself

创建MongoDB副本集

在本节中，您将在您的开发系统中实现一个MongoDB副本集。开发型副本集的实现与生产型副本集类似，主要差别在于：所有MongoDB服务器都运行在同一台机器上，且数据库的规模被设置得较小。

请执行如下步骤，实现一个包含3个服务器的MongoDB副本集。

1．确保关闭了您在本书前面一直使用的MongoDB服务器。

2．在文件夹code中创建如下文件夹；这些文件夹将用作副本集中服务器的数据目录。

```
code/hour23/data/srv1
code/hour23/data/srv2
code/hour23/data/srv3
```

3．在文件夹code/hour23下创建文件srv1.conf（它是副本集中第一个服务器的配置文件），并在其中添加程序清单23.1所示的内容。设置smallfiles和oplogSize将数据库限制为较小的规模，这适用于开发目的。设置replSet指定该服务器属于副本集rs0。

```
code/hour23/srv1.conf
```

程序清单23.1 srv1.conf：副本集中第一个服务器的配置

```
port = 27017
dbpath=<code>\hour23\data\srv1
noauth = true
smallfiles = true
oplogSize = 128
replSet = rs0
```

4．在文件夹code/hour23下创建文件srv2.conf（它是副本集中第二个服务器的配置文件），并在其中添加程序清单23.2所示的内容：

```
code/hour23/srv2.conf
```

程序清单23.2 srv2.conf：副本集中第二个服务器的配置

```
port = 27018
dbpath=<code>\hour23\data\srv2
noauth = true
smallfiles = true
oplogSize = 128
replSet = rs0
```

5．在文件夹code/hour23下创建文件srv3.conf（它是副本集中第三个服务器的配置文件），并在其中添加程序清单23.3所示的内容：

```
code/hour23/srv.conf
```

程序清单23.3 srv3.conf：副本集中第三个服务器的配置

```
port = 27019
dbpath=<code>\hour23\data\srv3
    noauth = true
smallfiles = true
oplogSize = 128
replSet = rs0
```

6．打开3个控制台窗口，并在其中执行下面的命令（每个控制台窗口一个），以启动副本集服务器（您需要将<code>替换为相应的路径）：

```
mongod --config <code>/hour23/srv1.conf
mongod --config <code>/hour23/srv2.conf
mongod --config <code>/hour23/srv3.conf
```

7．再打开一个控制台窗口，并使用下面的命令启动 MongoDB shell：

```
mongo
```

8．执行下面的命令创建包含 3 个服务器的副本集配置并启动副本集：

```
rsconf = { _id: "rs0",
  members: [ { _id: 1, host: "localhost:27017" },
             { _id: 2, host: "localhost:27018" },
             { _id: 3, host: "localhost:27019" }]}
rs.initiate(rsconf)
```

9．等待副本集启动。副本集启动后，MongoDB shell 中的提示符将变成类似于下面这样，它指出了 MongoDB shell 当前连接的服务器是主服务器还是备份服务器：

```
rs0:PRIMARY>
```

10．执行下面的命令来查看副本集的配置，输出应类似于程序清单 23.4：

```
rs.conf()
```

程序清单 23.4　副本集的配置

```
rs0:PRIMARY> rs.conf()
{
        "_id" : "rs0",
        "version" : 1,
        "members" : [
                {
                        "_id" : 1,
                        "host" : "localhost:27017"
                },
                {
                        "_id" : 2,
                        "host" : "localhost:27018"
                },
                {
                        "_id" : 3,
                        "host" : "localhost:27019"
                }
        ]
}
```

11．执行下面的命令显示副本集服务器的状态，并核实所有服务器都报告了其状态。输出应类似于程序清单 23.5。

```
rs.status()
```

程序清单 23.5 MongoDB 副本集中服务器的状态

```
{
        "set" : "rs0",
        "date" : ISODate("2014-02-05T00:06:11Z"),
        "myState" : 1,
        "members" : [
                {
                        "_id" : 1,
                        "name" : "localhost:27017",
                        "health" : 1,
                        "state" : 1,
                        "stateStr" : "PRIMARY",
                        "uptime" : 384,
                        "optime" : Timestamp(1391558498, 1),
                        "optimeDate" : ISODate("2014-02-05T00:01:38Z"),
                        "self" : true
                },
                {
                        "_id" : 2,
                        "name" : "localhost:27018",
                        "health" : 1,
                        "state" : 2,
                        "stateStr" : "SECONDARY",
                        "uptime" : 273,
                        "optime" : Timestamp(1391558498, 1),
                        "optimeDate" : ISODate("2014-02-05T00:01:38Z"),
                        "lastHeartbeat" : ISODate("2014-02-05T00:06:10Z"),
                        "lastHeartbeatRecv" : ISODate("2014-02-05T00:06:11Z"),
                        "pingMs" : 1,
                        "syncingTo" : "localhost:27017"
                },
                {
                        "_id" : 3,
                        "name" : "localhost:27019",
                        "health" : 1,
                        "state" : 2,
                        "stateStr" : "SECONDARY",
                        "uptime" : 273,
                        "optime" : Timestamp(1391558498, 1),
                        "optimeDate" : ISODate("2014-02-05T00:01:38Z"),
```

```
                    "lastHeartbeat" : ISODate("2014-02-05T00:06:10Z"),
                    "lastHeartbeatRecv" : ISODate("2014-02-05T00:06:10Z"),
                    "pingMs" : 1,
                    "syncingTo" : "localhost:27017"
                }
        ],
        "ok" : 1
}
```

12. 再打开一个控制台窗口，切换到文件夹code/hour05，并执行下面的命令在副本集中生成数据库words。您将看到所有副本集中的所有服务器都在忙于添加单词或复制它们。

```
mongo generate_words.js
```

13. 在前面启动的MongoDB shell中执行下面的命令，以核实创建了数据库words并在其中填充了单词：

```
use words
db.words.find().count()
```

14. 要关闭副本集，在MongoDB shell中使用下面的命令连接到每个服务器并将其关闭：

```
db = connect("localhost:27019/admin")
db.shutdownServer()
db = connect("localhost:27018/admin")
db.shutdownServer()
db = connect("localhost:27017/admin ")
db.shutdownServer()
```

实现MongoDB副本集后，可像本书前面介绍的那样，在应用程序中修改读取首选项，使其从主服务器、备份服务器或最近的服务器读取数据。

▲

23.2 在MongoDB中实现分片

很多大型应用程序都会遇到的一个严峻问题是，MongoDB中存储的数据非常多，性能受到严重的影响。数据集合太大时，索引可能严重影响性能，磁盘数据量可能影响系统性能，而来自客户端的请求可能让服务器不堪重负。这将导致应用程序读写数据库的速度越来越慢。

MongoDB 通过分片来解决这种问题。分片指的是将文档存储在多个服务器中，这些服务器运行在不同机器上。这让 MongoDB 数据库能够横向扩展。您添加的 MongoDB 服务器越多，应用程序可支持的文档就越多。图 23.3 说明了分片的概念：在应用程序看来，只有一个集合，但实际上有 4 个 MongoDB 分片服务器，每个都包含该集合的部分文档。

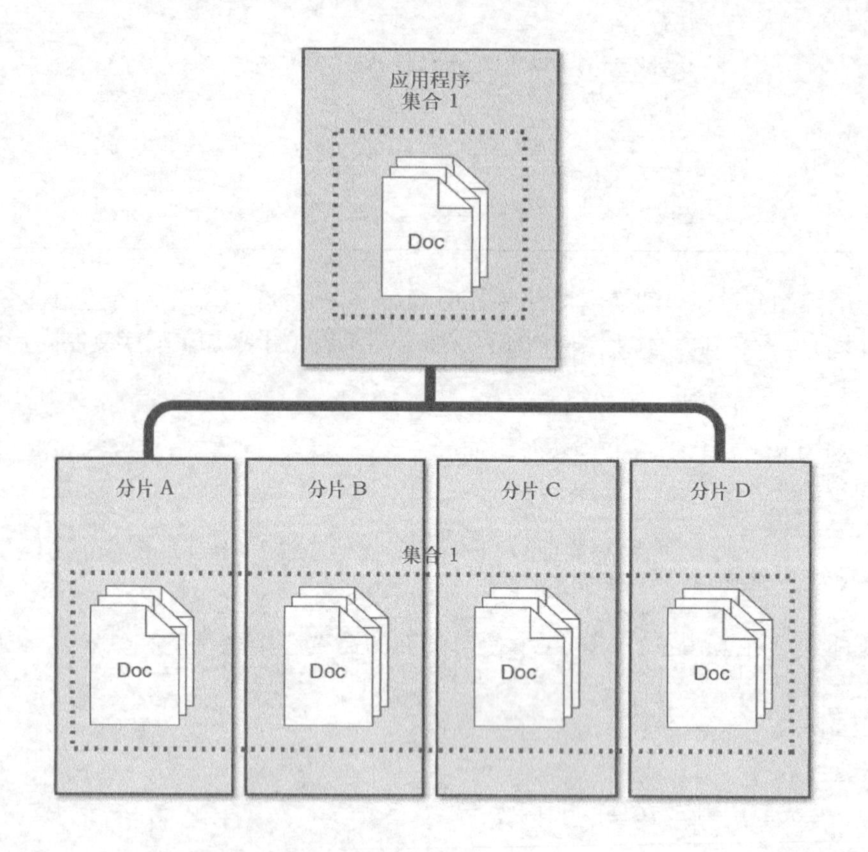

图 23.3

在应用程序看来，访问的是一个集合，但这个集合的文档实际上分散在多个 MongoDB 分片服务器中

23.2.1 理解分片服务器的类型

对数据进行分片时，需要使用 3 种 MongoDB 服务器，这些服务器各司其职，向应用程序提供统一的视图。下面描述了每种服务器，图 23.4 说明了不同类型的分片服务器之间的交互。

- **分片**：分片存储集合中的文档，可以是单个服务器，但为了在生产环境中提供高可用性和数据一致性，应考虑使用副本集，它们提供分片的主副本和备份副本。
- **查询路由器**：查询路由器运行一个 mongos 实例。它提供让客户端应用程序能够与集合交互的接口，并隐藏数据被分片的事实。查询路由器处理请求，将操作发送给分片，再将各个分片的响应合并成发送给客户端的单个响应。一个分片集群可包含多个查询路由器，在存在大量客户端请求时，这是一种极佳的负载均衡方式。
- **配置服务器**：配置服务器存储有关分片集群的元数据，包含集群数据集到分片的映射。查询路由器根据这些元数据确定要将操作发送给哪些分片。在生产型分片集群中，应包含三个配置服务器。

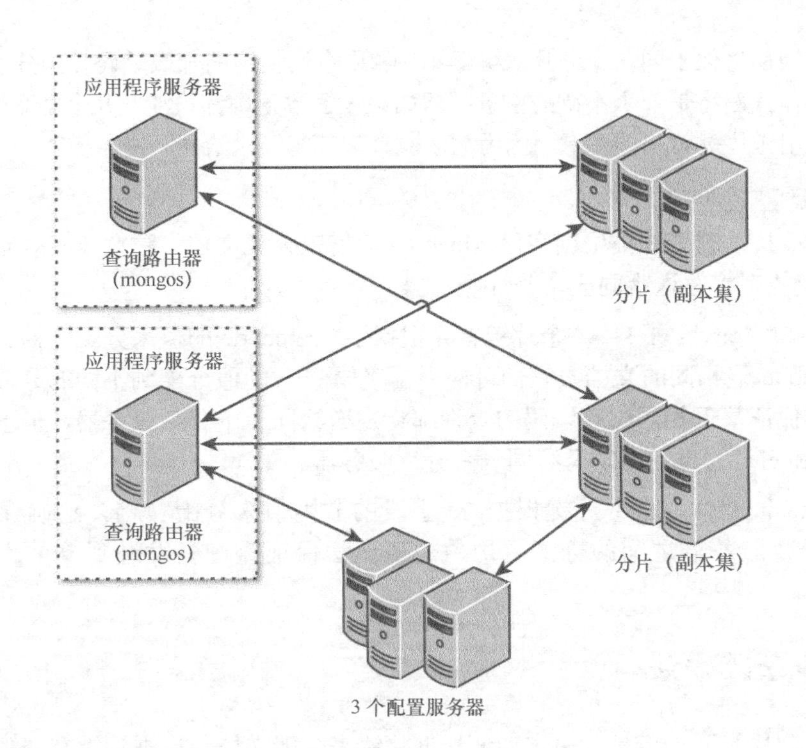

图 23.4
查询路由器接受来自 MongoDB shell 的请求，再与各个分片服务器通信以读取或写入数据

23.2.2 选择片键

对大型集合进行分片时，首先需要选择片键，这决定了如何在分片之间分配文档。片键为集合中每个文档都包含的索引字段或复合索引字段，MongoDB 根据片键的值在集群的分片之间分配集合的文档。

为了让 MongoDB 提供所需的性能，选择合适的片键至关重要。糟糕的片键可能严重影响系统的性能，而好的片键可改善性能并确保未来的可扩展性。如果文档没有合适用作片键的字段，应考虑添加专门用作片键的字段。

选择片键时，别忘了考虑以下方面。

- **易于拆分**：片键应易于分割成块。
- **随机性**：使用基于范围的分片时，随机的片键可确保文档在分片之间的分配更平均，从而确保没有任何分片服务器负载过重。
- **复合键**：应尽可能使用单字段片键，但如何没有合适的单字段片键，可选择使用复合片键。相比于糟糕的单字段片键，这可提供更佳的性能。
- **基数**：基数（cardinality）指的是字段值的独一无二的程度。如果字段值是独一无二的（如社会保障号），字段的基数就很高；如果字段值独一无二的可能性较小（如眼睛颜色），字段的基数就很低。通常，基数较高的字段更适合用作片键。
- **以查询为导向**：研究您在程序使用中的查询。如果能够从单个分片收集到所有的数据，查询的性能将更佳。如果片键与常用的参数一致，将获得更佳的性能。例如，当所有查询都根据邮政编码查找用户时，可根据邮政编码对文档分片；这样，邮政编码相同的用户的文档都将位于同一个分片服务器中。如果查询使用的邮政编码相当分散，将邮政编码用作片键将是一个不错的主意；但如果大多数查询都只涉及几个邮政编码，将邮政编码用作片键就是馊主意，因为大多数查询都将发送给同一个服务器。

为说明片键，来看下面的例子。

- { "zipcode"：1}：这个片键根据字段 zipcode 的值来分配文档。这意味着既有特定 zipcode 的查找都将发送给同一个分片服务器。
- { "zipcode"：1, "city"：1 }：这个片键首先根据字段 zipcode 的值来分配文档。如果有很多 zipcode 值相同的文档，它们可能根据字段 city 的值分配到不同的分片。这意味着不能保证基于相同邮政编码的查询都将发送给同一个分片服务器，但基于相同 zipcode 和 city 的查询将发送给同一个分片服务器。
- { "_id"："hashed" }：这个片键根据_id 字段的散列值来分配文档，这确保文档在集群的分片服务器之间的分配更均匀，但无法保证查询只发送到单个片键服务器。

23.2.3 选择分区方法

对大型集合进行分片的下一步是，决定如何根据片键来分配文档。根据片键在分片服务器之间分配文档时，可使用两种方法。具体使用哪种方法取决于您选择的片键的类型。

- **基于范围的分片**：根据片键将数据集划分为不同的范围。这种方法非常适合用于数值型片键，例如，如果有一个商品集合，其中种商品都有 1～1000000 的商品 ID，则可将商品划分为如下范围：1～250000、250001～500000 等。
- **基于散列的分片**：使用一个散列函数，它通过对字段值进行计算来创建块。散列函数应确保即便文档的字段值非常接近，它们也将位于不同的分片中，这样才能确保均匀分布。

选择片键和分配方法时，确保文档在分片服务器间尽可能均匀地分布很重要，否则，将出现这样的情况：有些服务器不堪重负，而有些服务器比较清闲。

基于范围的分片的优点是易于定义和实现。另外，如果查询大多也是基于范围的，这种分片方式的性能将优于基于散列的分片。然而，基于范围的分片很难实现均匀分布，除非您预先拥有所有的数据且分片键的值不会发生变化。

基于散列的分片要求对数据有更深入的认识，但通常是最佳的分片方法，因为它可确保文档分布更均匀。

对集合启用分片时指定的索引决定了将使用哪种分区方法。如果指定的索引是基于值的，MongoDB 将使用基于范围的分片。下面的索引导致根据文档的字段 zip 和 name 进行基于范围的分片：

```
db.myDB.myCollection.ensureIndex({"zip": 1, "name":1})
```

要使用基于散列的分片，需要将索引定义为散列索引，如下所示：

```
db.myDB.myCollection.ensureIndex({"name":"hash"})
```

23.2.4 部署MongoDB分片集群

要部署MongoDB分片集群，需要执行多个步骤来建立不同类型的服务器并配置数据库和集合。部署MongoDB集群的步骤如下。

1．创建配置服务器。

2．启动查询路由器。

3．在集群中添加分片服务器。

4．对数据库启用分片。

5．对集合启用分片。

接下来的几小节更详细地介绍这些步骤。

Watch Out!

> **警告：**
>
> 分片集群的每个成员都必须能够连接到其他所有成员，包括所有的分片服务器和配置服务器。请确保网络和安全系统（包括所有的接口和防火墙）都允许进行这些连接。

创建配置服务器

配置服务器的进程是mongod实例，存储的是集群的元数据而不是集合。每个配置服务器都存储着集群元数据的完整拷贝。在生产环境中，必须部署三个配置服务器实例，且每个都运行在不同的服务器上，以确保高可用性和数据完整性。

要实现配置服务器，请在每台服务器上执行如下步骤。

1．创建用于存储配置数据库的数据目录。

2．启动配置服务器实例，传入第1步创创建的数据目录的路径，并使用选项--configsvr option指出这是配置服务器，如下所示：

```
mongod --configsvr --dbpath <path> --port <port>
```

3．mongod实例启动后，配置服务器就准备就绪了。

> **提示：**
>
> 配置服务器的默认端口为27019。

启动查询路由器（mongos）

查询路由器（mongos）不需要数据库目录，因为配置存储在配置服务器上，而数据存储在分片服务器上。查询路由器是轻量级的，完全可以将其与应用程序服务器放在同一个系统上。

可创建多个查询路由器来将请求路由到分片集群，但为确保高可用性，不能将它们放在同一个系统上。

要启动查询路由器，可执行命令mongos并传入参数--configdb以及分片集群中各个配置服务器的DNS/主机名，如下所示：

```
mongos --configdb c1.test.net:27019,c2.test.net:27019,c3.test.net:27019
```

默认情况下，mongos 示例运行在端口 27017 上，但可使用命令行选项--port <port>指定其他端口。

Did you Know?

提示：

为避免中断服务，给配置服务器指定逻辑 DNS 名（与物理或虚拟主机名无关）。如果没有逻辑 DNS 名，要移动或重命名配置服务器，必须关闭分片集群中的所有 mongod 和 mongos 实例。

在集群中添加分片

集群中的分片是标准的 MongoDB 服务器，它们可以是独立的服务器，也可以是副本集。要将 MongoDB 服务器作为分片加入到集群中，只需从 MongoDB shell 访问 mongos 服务器，并执行命令 sh.addShard()。

命令 sh.addShard()的语法如下：

```
sh.addSharrd(<replica_set_or_server_address>)
```

例如，要将服务器 mgo1.test.net 上的副本集 rs1 添加到集群中，可在连接到 mongos 服务器的 MongoDB shell 中执行下面的命令：

```
sh.addShard( "rs1/mgo1.test.net:27017" )
```

要将服务器mgo1.test.net作为分片加入到集群中，可在连接到mongos服务器的MongoDB shell 中执行下面的命令：

```
sh.addShard( "mgo1.test.net:27017" )
```

将所有分片都加入集群后，集群将开始通信并对数据进行分片。对于预定义的数据，需要花点时间才能将块分配好。

对数据库启用分片

要对集合进行分片，需要对其所属的数据库启用分片。启用分片并不会自动重新分配数据，而只是给数据库指定主分片并调整其他配置，使得能够对集合进行分片。

要对数据库启用分片，需要使用 MongoDB shell 连接到一个 mongos 实例，再执行命令 sh.enableSharding(database)。例如，要对数据库 bigWords 启用分片，可这样做：

```
sh.enableSharding("bigWords");
```

对集合启用分片

对数据库启用分片后，便可以在集合级启用分片了。您无需对数据库中的所有集合启用分片，而只对合适的集合这样做。

要对集合启用分片，可采取如下步骤。

1. 按本章前面介绍的方式选择要用作片键的字段。

2．使用 ensureIndex()创建基于片键的索引。

```
db.myDB.myCollection.ensureIndex( { _id : "hashed" } )
```

3．使用 sh.shardCollection(<database>.<collection>, shard_key)对集合启用分片，其中 shard_key 与创建索引时指定的参数相同，如下所示：

```
sh.shardCollection("myDB.myCollection", { "_id": "hashed" } )
```

指定分片标记和片键范围

对集合启用分片后，您可能想添加标记（tag），将片键范围关联到分片。为说明这一点，一个很好的例子是按邮政编码分片的集合。为改善性能，可添加用城市代码（如 NYC 和 SFO）表示的标记，并给标记指定相应城市的邮政编码范围。这样，邮政编码为这些城市的文档将存储到集群的同一个分片中；对于基于同一个城市的多个邮政编码的查询，这将改善其性能。

要指定分片标记，可在连接到 mongos 实例的 MongoDB shell 中执行命令 sh.addShardTag (shard_server, tag_name)，如下所示：

```
sh.addShardTag("shard0001", "NYC")
sh.addShardTag("shard0002", "SFO")
```

然后，给标记指定片键范围（这里是给每个城市的标记指定邮政编码范围），为此可在连接到 mongos 实例的 MongoDB shell 中执行命令 sh.addTagRange(collection_path, startValue, endValue, tag_name)，如下所示：

```
sh.addTagRange("records.users", { zipcode: "10001" }, { zipcode: "10281" },
  "NYC")
sh.addTagRange("records.users", { zipcode: "11201" }, { zipcode: "11240" },
  "NYC")
sh.addTagRange("records.users", { zipcode: "94102" }, { zipcode: "94135" },
  "SFO")
```

注意到给 NYC 指定了多个范围。这让您能够将多个片键范围对应的文档分配给同一个分片。

如果以后要删除分片标记，可使用 sh.removeShardTag(shard_server, tag_name)，如下所示：

```
sh.removeShardTag("shard0002", "SFO")
```

Try It Yourself

创建 MongoDB 分片集群

在本节中，您将在自己的开发系统上实现一个 MongoDB 分片集群。开发型分片集群的实现与生产型分片集群类似，主要差别在于，所有 MongoDB 服务器都运行在同一台机器上，且数据库的规模被设置得较小。

请执行如下步骤来实现一个 MongoDB 分片集群，它包含一个配置服务器、一个 mongos 服务器（查询路由器）和两个分片服务器。

1．确保关闭了前面使用的所有 MongoDB 服务器。

2．在文件夹code中创建如下文件夹，这些文件夹用于存储集群中配置服务器和分片服务器的数据文件：

```
code/hour23/data/configdb
code/hour23/data/shard1
code/hour23/data/shard2
```

3．在文件夹code/hour23中创建文件configdb.conf（这是配置服务器的配置），并添加程序清单23.6所示的内容。设置smallfiles和oplogSize将数据库限制为很小的规模，这适用于开发目的。端口27019是配置服务器的默认端口。您需要将<code>替换为相应的路径。

```
code/hour23/configdb.conf
```

程序清单23.6 configdb.conf：分片集群中配置服务器的配置

```
port = 27019
dbpath=<code>\hour23\data\configdb
smallfiles = true
oplogSize = 128
```

4．在文件夹code/hour23中创建文件shard1.conf（这是第一个分片服务器的配置），并添加程序清单23.7所示的内容。

```
code/hour23/shard1.conf
```

程序清单23.7 shard1.conf：第一个分片服务器的配置

```
port = 27021
dbpath=<code>\hour23\data\shard1
smallfiles = true
oplogSize = 128
```

5．在文件夹code/hour23中创建文件shard2.conf（这是第二个分片服务器的配置），并添加程序清单23.8所示的内容。

```
code/hour23/shard2.conf
```

程序清单23.8 shard2.conf：第二个分片服务器的配置

```
port = 27022
dbpath=<code>\hour23\data\shard2
smallfiles = true
oplogSize = 128
```

6．打开4个控制台窗口并执行如下命令（每个窗口中一个）；这将首先启动配置服务器，再启动查询路由器（mongos服务器），最后启动分片服务器（您需要将<code>替换为相应的路径）。

```
mongod --configsvr --config <code>/hour23/configdb.conf
mongos --configdb localhost:27019 --port 27017
```

```
mongod --config <code>/hour23/shard1.conf
mongod --config <code>/hour23/shard2.conf
```

7. 再打开一个控制台窗口，并使用下面的命令启动 MongoDB shell 并连接到运行在默认端口上的 mongos 服务器。

```
mongo
```

8. 使用下面的命令将 MongoDB 分片服务器加入到集群中。

```
sh.addShard("localhost:27021")
sh.addShard("localhost:27022")
```

9. 在依然连接到 mongos 服务器的 MongoDB shell 中，执行下面的命令对数据库 words 启用分片。

```
sh.enableSharding("words")
```

10. 执行下面的命令对集合 word_stats 启用分片，并将字段 first 的散列值用作片键。

```
sh.shardCollection( "words.word_stats", { first: "hashed" } )
```

11. 再打开一个控制台窗口，切换到目录 code/hour05，并执行下面的命令在分片集群中生成数据库 words。代码执行的时间很长，大约 1 分钟才完成，这是因为需要生成基于字段 first 的散列索引，还需要在配置服务器、mongos 服务器和分片服务器之间通信。

```
mongo generate_words.js
```

12. 在连接到 mongos 服务器的 MongoDB shell 中执行下面的命令，以核实创建了数据库 words 并在其中填充了单词。

```
use words
db.words.find().count()
```

13. 执行下面的命令显示分片集群的状态，以核实所有服务器都报告了状态且根据 first 字段创建了散列片键索引。输出应类似于程序清单 23.9。

```
sh.status()
```

程序清单 23.9　MongoDB 分片集群的状态

```
--- Sharding Status ---
sharding version: {
  "_id" : 1,
  "version" : 3,
  "minCompatibleVersion" : 3,
  "currentVersion" : 4,
  "clusterId" : ObjectId("52f266705b29f951d4defa85")
}
shards:
  { "_id" : "shard0000", "host" : "localhost:27021" }
  { "_id" : "shard0001", "host" : "localhost:27022" }
databases:
```

```
{ "_id" : "admin", "partitioned" : false, "primary" : "config" }
{ "_id" : "test", "partitioned" : false, "primary" : "shard0000" }
{ "_id" : "words", "partitioned" : true, "primary" : "shard0000" }
  words.word_stats
    shard key: { "first" : "hashed" }
    chunks:
            shard0000  2
            shard0001  2
    { "first" : { "$minKey" : 1 } } -->> { "first" :
NumberLong("-4611686018427387902")}
        on : shard0000 Timestamp(2, 2)
    { "first" : NumberLong("-4611686018427387902") } -->> { "first" :
NumberLong(0) }
        on : shard0000 Timestamp(2, 3)
      { "first" : NumberLong(0) } -->> { "first" :
NumberLong("4611686018427387902") }
        on : shard0001 Timestamp(2, 4)
      { "first" : NumberLong("4611686018427387902") } -->> { "first" : {
"$maxKey" : 1 } }
          on : shard0001 Timestamp(2, 5)
```

14. 在前面打开的 MongoDB shell 中，执行下面的命令连接到每个服务器并关闭它们——首先是分片服务器，最后是配置服务器：

```
db = connect("localhost:27022/admin")
db.shutdownServer()
db = connect("localhost:27021/admin")
db.shutdownServer()
db = connect("localhost:27017/admin ")
db.shutdownServer()
db = connect("localhost:27019/admin ")
db.shutdownServer()
```

您创建了一个 MongoDB 分片集群。

▲

23.3 小结

在本章中，您学习了如何使用复制来建立多个 MongoDB 服务器，它们看起来像一个服务器。您了解到有 3 种副本集服务器：主服务器、备份服务器和仲裁服务器。存储在 MongoDB 中的数据被复制到副本集的每个服务器中；这提供了数据的多个拷贝，可应对服务器发生故障的情况，还可分散读取请求负载，因为可从副本集的任何服务器读取数据。

您还了解到，MongoDB 分片指的是将大型数据集拆分，放到多个数据库服务器中。您了解到，分片需要使用片键来决定将文档放在哪个服务器中；并学习了如何选择和实现片键。您还实现了一个分片集群并对示例数据集进行了分片。

23.4 问与答

问：在 MongoDB 分片集群中，如何在服务器之间移动数据？

答：运行了名为平衡器（balancer）的自动进程。平衡器自动在 MongoDB 分片服务器之间移动数据块，确保数据在多个服务器之间均衡地分布。

问：在启用了分片的数据库中，对于未启用分片的集合将如何处理？

答：启用了分片的数据库有个主分片，未启用分片的集合只存储在这个主分片中。

23.5 作业

作业包含一组问题及其答案，旨在加深您对本章内容的理解。请尽可能先回答问题，再看答案。

23.5.1 小测验

1．如何检查分片集群中服务器的状态？

2．如何检查副本集中服务器的状态？

3．仲裁服务器有何用途？

4．应用程序连接到分片集群中的哪种服务器：查询路由器（mongos 服务器）、配置服务器还是分片服务器？

23.5.2 小测验答案

1．在连接到 mongos 服务器的 MongoDB shell 中使用 sh.status()。

2．在连接到主服务器的 MongoDB shell 中使用 rs.status()。

3．仲裁服务器帮助在副本集中选举新的主服务器。

4．mongos 服务器。

23.5.3 练习

1．尝试启动并停止副本集和分片集群，以熟悉这个过程。别忘了，由于端口是重叠的，您不能同时运行副本集和分片集群。

2．给一个新的分片服务器创建配置文件 shard3.conf，在其中将端口设置为 27023，将数据目录设置为 code/hour23/data/shard3。启动这个新服务器，并使用下面的命令将其添加到分片集群中：

```
sh.addShard("localhost:27023")
```

3. 在启动了副本集的情况下，运行本书前面一些访问示例数据库words的应用程序，并核实它们访问的是副本集。
4. 在启动了分片集群的情况下，运行本书前面一些访问示例数据库words的应用程序，并核实它们访问的是分片集群。

第 24 章

实现 MongoDB GridFS 存储

本章介绍如下内容：

- 使用 MongoDB GridFS 存储；
- 从控制台访问 MongoDB GridFS 存储；
- 在 Java 中实现 MongoDB GridFS 存储；
- 在 PHP 中实现 MongoDB GridFS 存储；
- 在 Python 中实现 MongoDB GridFS 存储；
- 在 Node.js 中实现 MongoDB GridFS 存储。

有时候，需要使用 MongoDB 存储和检索超过大小限制（16MB）的数据，例如，您可能存储大型图像、ZIP 文件、电影等；为满足这种需求，MongoDB 提供了 GridFS 框架。GridFS 框架提供了分块存储大型文件的功能，同时让您能够通过 MongoDB 接口访问它们。

本章首先介绍 GridFS 存储的工作原理，然后探讨如何通过命令行和一些 MongoDB 驱动程序来使用它。有关如何通过驱动程序来使用 GridFS 的各节都自成一体，如果您对相关的语言不感兴趣，可跳过它们。

24.1 理解 GridFS 存储

GridFS 将大型文件分成块。这些块存储在 MongoDB 数据库的集合 chunks 中，而有关文件的元数据存储在集合 files 中。当您在 GridFS 中查询文档时，将首先从集合 files 中读取元数据，再从集合 chunks 中读取并返回块。

GridFS 的一大优点是，无需将整个文件读入内存就能返回请求结果，这降低了内存不足的风险。

在下述情形下，您可能想使用 MongoDB GridFS 存储而不是标准文件存储：

- 文件系统限制了一个目录可包含的文件数。您可使用 GridFS 存储任意数量的文件。
- 您希望文件和元数据自动同步，并使用 MongoDB 复制将文件存储到多个系统中。
- 您要访问大型文件的部分信息，又不想将整个文件都载入内存。您可使用 GridFS 获取文件的部分内容，而无需将整个文件读入内存。

要实现 GridFS，可使用控制台窗口，也可使用 MongoDB 驱动程序。MongoDB 驱动程序都提供了 GridFS 功能，例如，Node.js MongoDB 驱动程序提供了对象 Grid 和 GridStore，让您能够与 MongoDB GridFS 交互。

24.2 从命令行实现 GridFS

MongoDB 自带了可从控制台执行的命令 mongofiles，让您能够与 MongoDB 服务器中的 GridFS 存储区交互。命令 mongofiles 的语法如下：

```
mongofiles <options> <commands>
```

<options>让您能够指定连接到 MongoDB 数据库的选项，类似于命令 mongo 的选项。表 24.1 描述了一些选项。

表 24.1 命令 mongofiles 支持的选项

选项	描述
--host <host>:<port>	主机和端口
--port <port>	端口（如果在选项--host 中没有指定）
--username <username>	用户名，用于身份验证
--password <password>	密码，用于身份验证
--dbpath <path>	MongoDB 数据文件的路径。可使用这个选项来直接访问 GridFS 存储区，而无需启动 mongod
--db <database>	用于 GridFS 存储的数据库的名称
--local <filename>	使用 get 命令从 GridFS 存储区获取文件时，指定使用什么样的文件名将其存储在本地文件系统中
--replace	指定 put 请求用本地文件替换既有的 GridFS 对象，而不是添加同名对象。

<command>让您能够指定要执行的 GridFS 命令，这些命令列出 GridFS 存储区中的文件以及在其中添加、获取和删除文件。表 24.2 描述了其中的一些命令。

表 24.2 命令 mongofiles 支持的命令

命令	描述
list <prefix>	列出 GridFS 存储区中的文件，参数 prefix 让您能够指定文件名的开头部分
put <filename>	将文件存储到 GridFS 存储区
get <filename>	从 GridFS 存储区获取文件
delete <filename>	从 GridFS 存储区删除文件
search <string>	列出 GridFS 存储区中的文件，参数 string 让您能够指定文件名包含的字符串

例如，要将文件 test.data 存储到本地服务器的 GridFS 存储器，可使用类似于下面的命令：

```
mongofiles --host localhost:27017 --db myFS put test.data
```

Try It Yourself

使用控制台在 MongoDB GridFS 存储区中存储和检索文件

本节介绍如何使用控制台实现 MongoDB GridFS 存储。这个示例将引领您在控制台提示符下列出文件、添加文件、获取文件和删除文件。

请执行如下步骤，在控制台提示符下添加文件、列出文件、获取文件和删除文件。

1. 确保启动了 MongoDB 服务器。

2. 在文件夹 code/hour24 中新建一个文件，将其命名为 console.txt，再在其中添加一些数据并存盘。

3. 打开一个控制台窗口，并切换到目录 code/hour24。

4. 使用下面的命令将文件 console.txt 存储到 MongoDB GridFS 存储区中：

```
mongofiles --db myFS put console.txt
```

5. 使用下面的命令列出 MongoDB GridFS 存储区中的文件。您将看到文件 console.txt。

```
mongofiles --db myFS list
```

6. 使用下面的命令从 GridFS 存储区获取文件 console.txt，并将其作为文件 retrieved.txt 存储到本地文件系统中。打开文件 retrieved.txt 并检查其内容。

```
mongofiles --db myFS --local retrieved.txt get console.txt
```

7. 使用下面的命令从 GridFS 存储区中删除文件：

```
mongofiles --db myFS delete console.txt
```

8. 使用下面的命令列出 GridFS 存储区中的文件，并核实文件 console.txt 已删除：

```
mongofiles --db myFS list
```

24.3　使用 Java MongoDB 驱动程序实现 MongoDB GridFS

在本节中，您将了解如何在 Java 应用程序中访问和使用 MongoBD GridFS。这里假设您已阅读本书前面介绍 Java MongoDB 驱动程序的内容，并假设您安装并配置了 Java JDK 和 Java MongoDB 驱动程序。

接下来的几小节介绍在 Java 中实现 MongoDB GridFS 的基本知识，包括如何访问 GridFS 以及如何列出、获取、添加和删除文件。

24.3.1 在 Java 中访问 MongoDB GridFS

在 Java 中，通过 GridFS 对象来访问 MongoDB GridFS。这种对象提供了列出、添加、获取和删除 MongoDB GridFS 文件所需的方法。要访问 MongoDB GridFS，首先需要使用下面的语法获取一个 GridFS 对象实例，其中 db 是一个 DB 对象：

```
GridFS myFS = new GridFS(db)
```

例如，下面的 Java 代码获取一个 GridFS 对象实例：

```
import com.mongodb.MongoClient;
import com.mongodb.DB;
import com.mongodb.gridfs.GridFS;
MongoClient mongoClient = new MongoClient("localhost", 27017);
DB db = mongoClient.getDB("myFS");
GridFS myFS = new GridFS(db);
```

24.3.2 使用 Java 列出 MongoDB GridFS 中的文件

有了 Java 对象 GridFS 的实例后，就可使用方法 getFileList()列出 MongoDB GridFS 中的文件了。可使用下述格式之一来调用 getFileList()：

```
getFileList()
getFileList(DBObject query)
getFileList(DBObject query, DBObject sort)
```

通过指定标准查询对象和排序对象，可限制返回的文件。方法 getFileList()返回一个 DBCursor 对象，包含 GridFS 存储区中与查询匹配的文件。必要时可使用这个 DBCursor 来遍历文件。

例如，下面的代码遍历 GridFS 存储区中所有的文件：

```
GridFS myFS = new GridFS(db);
DBCursor files = myFS.getFileList();
for(final DBObject file : files) {
   System.out.println(file);
}
```

24.3.3 使用 Java 在 MongoDB GridFS 中添加文件

在 Java 中，要将文件添加到 MongoDB GridFS 中，可使用方法 createFile()。调用方法 createFile()时，可使用下述格式之一：

```
createFile(File f)
createFile(InputStream in)
createFile(InputStream in, String filename)
createFile(InputStream in, String filename, Boolean cloesStreamOnPersist)
```

```
createFile(String filename)
```

使用 File 可插入文件系统中的文件；使用 InputStream 可插入动态文件内容，而只指定文件名将在 GridFS 存储区中创建一个空文件。

例如，下面的代码将文件系统中的一个文件插入 GridFS 存储区：

```
File newFile = new File("/tmp/myFile.txt");
GridFSInputFile gridFile = myFS.createFile(newFile);
gridFile.save();
```

方法 createFile()返回一个 GridFSInputFile 对象。GridFSInputFile 类可用于获取并输出流，还可用于保存文件。

24.3.4 使用 Java 从 MongoDB GridFS 中获取文件

在 Java 中，要从 GridFS 存储区获取文件，最简单的方式是使用 GridFS 对象的方法 find()或 findOne()。这些方法的工作原理与 DBCollection 对象的方法 find()和 findOne()类似，让您能够指定查询并返回 GridFSDBFile 对象。方法 find()使用下面的格式，并返回一个 GridFSDBFile 或 List<GridFSDBFile>对象：

```
find(DBObject query)
find(DBObject query, DBObject sort)
find(ObjectId, id)
find(String filename)
find(String filename, DBObject sort)
```

方法 findOne()使用下面的语法，并返回一个 GridFSDBFile 对象：

```
findOne(DBObject query)
findOne(ObjectId, id)
findOne(String filename)
```

GridFSDBFile 对象提供了几个很有用的方法。方法 getInputStream()返回一个可从中读取数据的输入流；方法 writeTo()让您能够将 GridFS 文件的内容写入 File 或 OutputStream。例如，下面的代码获取一个文件，再将其内容写入磁盘：

```
GridFS myFS = new GridFS(db);
GridFSDBFile file = myFS.findOne("java.txt");
file.writeTo(new File("JavaRetrieved.txt"));
```

24.3.5 使用 Java 从 MongoDB GridFS 中删除文件

在 Java 中，要将文件从 GridFS 存储区中删除，最简单的方式是使用 GridFS 对象的方法 remove()。这个方法将文件从 MongoDB GridFS 存储区中删除，其语法如下：

```
remove(DBObject query)
remove(ObjectId, id)
remove(String filename)
```

例如，用下面的语句删除文件test.txt：

```
GridFS myFS = new GridFS(db);
myFS.remove("test.txt");
```

Try It Yourself

使用Java访问和操作MongoDB GridFS存储区中的文件

本节将引导您完成在Java应用程序中实现MongoDB GridFS存储的流程，包括访问MongoDB GridFS以及列出、添加、获取和删除文件的步骤。

在这个示例中，方法main()连接到MongoDB数据库，并调用各种方法来访问GridFS以列出、添加、获取和删除文件。

方法listGridFSFiles()用于在Java应用程序运行期间的各个时点显示MongoDB GridFS中当前存储的文件；方法putGridFSFile()将一个文件存储到GridFS中；方法getGridFSFile()从GridFS获取一个文件并显示其内容；方法deleteGridFSFile()从GridFS中删除文件。

请执行如下步骤，使用Java列出、获取、添加和删除文件。

1．确保启动了MongoDB服务器。

2．确保安装并配置了Java MongoDB驱动程序。

3．在文件夹code/hour24中新建一个文件，并将其命名为JavaGridFS.java。

4．在这个文件中输入程序清单24.1所示的代码。这些代码访问MongoDB GridFS。

5．将这个文件存盘。

6．打开一个控制台窗口，并切换到目录code/hour24。

7．执行下面的命令编译这个新的Java文件：

```
javac JavaGridFS.java
```

8．执行下面的命令运行这个Java应用程序。程序清单24.2显示了这个Java应用程序的输出。

```
java JavaGridFS
```

程序清单24.1 JavaGridFS.java：使用Java列出、添加、获取和删除MongoDB GridFS中的文件

```
01 import com.mongodb.MongoClient;
02 import com.mongodb.DB;
03 import com.mongodb.DBObject;
04 import com.mongodb.DBCursor;
05 import com.mongodb.gridfs.*;
06 import java.io.*;
07 public class JavaGridFS {
08   public static void main(String[] args) {
09     try {
10       MongoClient mongoClient = new MongoClient("localhost", 27017);
```

```
11         DB db = mongoClient.getDB("myFS");
12         System.out.println("\nFiles Before Put:");
13         JavaGridFS.listGridFSFiles(db);
14         JavaGridFS.putGridFSFile(db);
15         System.out.println("\nFiles After Put:");
16         JavaGridFS.listGridFSFiles(db);
17         System.out.println("\nContents of Retrieve File:");
18         JavaGridFS.getGridFSFile(db);
19         JavaGridFS.deleteGridFSFile(db);
20         System.out.println("\nFiles After Delete:");
21         JavaGridFS.listGridFSFiles(db);
22      } catch (Exception e) { System.out.println(e); }
23    }
24    public static void listGridFSFiles(DB db){
25         GridFS myFS = new GridFS(db);
26         DBCursor files = myFS.getFileList();
27         for(final DBObject file : files) {
28            System.out.println(file);
29      }
30    }
31    public static void putGridFSFile(DB db){
32      try{
33         File newFile = new File("java.txt");
34         BufferedWriter output =
35             new BufferedWriter(new FileWriter(newFile));
36         output.write("Stored From Java");
37         output.close();
38         newFile = new File("java.txt");
39         GridFS myFS = new GridFS(db);
40         GridFSInputFile gridFile = myFS.createFile(newFile);
41         gridFile.save();
42      } catch (Exception e) { System.out.println(e); }
43    }
44    public static void getGridFSFile(DB db){
45      try{
46         GridFS myFS = new GridFS(db);
47         GridFSDBFile file = myFS.findOne("java.txt");
48         file.writeTo(new File("JavaRetrieved.txt"));
49         File inFile = new File("JavaRetrieved.txt");
50         BufferedReader input =
51             new BufferedReader(new FileReader(inFile));
52         System.out.println(input.readLine());
53         input.close();
54      } catch (Exception e) { System.out.println(e); }
55    }
56    public static void deleteGridFSFile(DB db){
57      GridFS myFS = new GridFS(db);
58      myFS.remove("java.txt");
59    }
60 }
```

程序清单 24.2 JavaGridFS.py-output：使用 Java 列出、添加、获取和删除 MongoDB GridFS 中文件的输出

```
Files Before Put:

Files After Put:
{ "_id" : { "$oid" : "52f43076ba4141ceac68f0f6"} , "chunkSize" : 262144 ,
  "length" : 16 , "md5" : "5186b45e4f6a4b8ddd8ff3579148765d" , "filename" :
   "java. txt" ,
  "contentType" : null , "uploadDate" : { "$date" :
   "2014-02-07T01:01:42.586Z"} ,
  "aliases" : null }

Contents of Retrieve File:
Stored From Java

Files After Delete:
```

▲

24.4 使用 PHP MongoDB 驱动程序实现 MongoDB GridFS

在本节中，您将了解如何在 PHP 应用程序中访问和使用 MongoBD GridFS。这里假设您已阅读本书前面介绍 PHP MongoDB 驱动程序的内容，并假设您安装并配置了 PHP 和 PHP MongoDB 驱动程序。

接下来的几小节介绍在 PHP 中实现 MongoDB GridFS 的基本知识，包括如何访问 GridFS 以及如何列出、获取、添加和删除文件。

24.4.1 在 PHP 中访问 MongoDB GridFS

在 PHP 中，通过 MongoGridFS 对象来访问 MongoDB GridFS。这种对象提供了列出、添加、获取和删除 MongoDB GridFS 文件所需的方法。要访问 MongoDB GridFS，首先需要使用下面的语法获取一个 MongoGridFS 对象实例，其中$db 是一个 MongoDB 对象：

```
$db->getGridFS();
```

例如，下面的 PHP 代码获取一个 MongoGridFS 对象实例：

```
$mongo = new MongoClient("");
$db = $mongo->myFS;
$db->getGridFS();
```

24.4.2 使用 PHP 列出 MongoDB GridFS 中的文件

有了 PHP 对象 MongoGridFS 的实例后，就可使用方法 find()或 findOne()来列出 MongoDB

GridFS 中的文件了。方法 find()使用下面的格式，它返回一个 MongoGridFSCursor 对象，其中包含一系列 MongoGridFSFile 对象：

```
find([query], [fields])
```

方法 findOne()使用下面的格式，它返回一个 MongoGridFSFile 对象：

```
findOne([query], [fields])
```

MongoGridFSFile 对象包含如下方法。

- getBytes()：以字节字符串的方式返回文件的内容。
- getFileName()：返回文件名。
- getSize()：返回文件长度。
- write(path)：将文件写入文件系统。

另外，还可使用下面的语法获取 MongoGridFSFile 的 MongoDB ID：

```
MongoGridFSFile->file["_id"]
```

例如，下面的代码查找并迭代 GridFS 存储区中的所有文件：

```
$myFS = $db->getGridFS();
$files = $myFS->find();
foreach ($files as $id => $file){
  print_r($file->getFileName());
}
```

24.4.3 使用 PHP 在 MongoDB GridFS 中添加文件

在 PHP 中，要将文件添加到 MongoDB GridFS 中，可使用 MongoGridFS 对象的方法 put()。方法 put()的语法如下：

```
put(filename, [metadata])
```

例如，下面的代码将文件系统中的一个文件插入 GridFS 存储区：

```
$myFS = $db->getGridFS();
$file = $myFS->put('test.txt');
```

方法 put()返回被存储到 MongoDB GridFS 存储区中的文件的_id。

24.4.4 使用 PHP 从 MongoDB GridFS 中获取文件

在 PHP 中，要从 GridFS 存储区获取文件，最简单的方式是使用前面讨论过程的方法 find()或 findOne()。这些方法分别返回一个 MongoGridFSCursor 和 MongoGridFSFile 对象。

下面的示例演示了如何从数据库获取一个文件，显示其内容并将其写入本地文件系统：

```
$myFS = $db->getGridFS();
$file = $myFS->findOne('php.txt');
print_r($file->getBytes());
```

```
$file.write('local.txt');
```

24.4.5 使用PHP从MongoDB GridFS中删除文件

在PHP中，要将文件从GridFS存储区中删除，最简单的方式是使用MongoGridFS对象的方法remove()。这个方法将文件从MongoDB GridFS存储区中删除，其语法如下：

```
delete(objectId)
```

例如，下面的语句删除文件test.txt：

```
$myFS = $db->getGridFS();
$file = $myFS->findOne('test.txt');
$myFS->delete($file->file["_id"]);
```

Try It Yourself

使用PHP访问和操作MongoDB GridFS存储区中的文件

本节将引导您完成在Java应用程序中实现MongoDB GridFS存储的流程，包括访问MongoDB GridFS以及列出、添加、获取和删除文件的步骤。

在这个示例中，主脚本连接到MongoDB数据库，并调用各种方法来访问GridFS以列出、添加、获取和删除文件。

方法listGridFSFiles()用于在PHP应用程序运行期间的各个时点显示MongoDB GridFS中当前存储的文件；方法putGridFSFile()将一个文件存储到GridFS中；方法getGridFSFile()从GridFS获取一个文件并显示其内容；方法deleteGridFSFile()从GridFS中删除文件。

请执行如下步骤，使用PHP列出、获取、添加和删除文件。

1．确保启动了MongoDB服务器。

2．确保安装并配置了PHP MongoDB驱动程序。

3．在文件夹code/hour24中新建一个文件，并将其命名为PHPGridFS.php。

4．在这个文件中输入程序清单24.3所示的代码。这些代码访问MongoDB GridFS。

5．将这个文件存盘。

6．打开一个控制台窗口，并切换到目录code/hour24。

7．执行下面的命令运行这个PHP应用程序。程序清单24.4显示了这个PHP应用程序的输出。

```
php PHPGridFS.php
```

程序清单24.3 PHPGridFS.php：使用PHP列出、添加、获取和删除MongoDB GridFS中的文件

```
01 <?php
02   $mongo = new MongoClient("");
03   $db = $mongo->myFS;
```

```
04  print_r("\nFiles Before Put:");
05  listGridFSFiles($db);
06  putGridFSFile($db);
07  print_r("\nFiles After Put:");
08  listGridFSFiles($db);
09  print_r("\nContents of Retrieve File:");
10  getGridFSFile($db);
11  deleteGridFSFile($db);
12  print_r("\nFiles After Delete:");
13  listGridFSFiles($db);
14  function listGridFSFiles($db){
15    $myFS = $db->getGridFS();
16    $files = $myFS->find();
17    foreach ($files as $id => $file){
18      print_r($file->getFileName());
19    }
20  }
21  function putGridFSFile($db){
22    file_put_contents('php.txt', "Stored from PHP");
23    $myFS = $db->getGridFS();
24    $file = $myFS->put('php.txt');
25  }
26  function getGridFSFile($db){
27    $myFS = $db->getGridFS();
28    $file = $myFS->findOne('php.txt');
29    print_r($file->getBytes());
30  }
31  function deleteGridFSFile($db){
32    $myFS = $db->getGridFS();
33    $file = $myFS->findOne('php.txt');
34    $myFS->delete($file->file["_id"]);
35  }
36 ?>
```

程序清单 24.4 PHPGridFS.php-output：使用 PHP 列出、添加、获取和删除 MongoDB GridFS 中文件的输出

```
Files Before Put:

Files After Put:
php.txt

Contents of Retrieve File:
Stored from PHP

Files After Delete:
```

▲

24.5 使用 Python MongoDB 驱动程序实现 MongoDB GridFS

在本节中，您将了解如何在 Python 应用程序中访问和使用 MongoBD GridFS。这里假设您已阅读了本书前面介绍 Python MongoDB 驱动程序的内容，并假设您安装并配置了 Python 和 Python MongoDB 驱动程序。

接下来的几小节介绍在 Python 中实现 MongoDB GridFS 的基本知识，包括如何访问 GridFS 以及如何列出、获取、添加和删除文件。

24.5.1 在 Python 中访问 MongoDB GridFS

在 Python 中，通过 GridFS 对象来访问 MongoDB GridFS。这种对象提供了列出、添加、获取和删除 MongoDB GridFS 文件所需的方法。要访问 MongoDB GridFS，首先需要使用下面的语法获取一个 GridFS 对象实例，其中 db 是一个 Databese 对象：

```
fs = gridfs.GridFs(db)
```

例如，下面的 Python 代码获取一个 GridFS 对象实例：

```
mongo = MongoClient('mongodb://localhost:27017/')
db = mongo['myFS']
fs = gridfs.GridFs(db)
```

24.5.2 使用 Python 列出 MongoDB GridFS 中的文件

有了 Java 对象 GridFS 的实例后，就可使用其方法 list()列出 MongoDB GridFS 中的文件了。方法 list()返回一个列表，其中包含存储在 MongoDB GridFS 中文件的名称。

例如，下面的代码查找并遍历 GridFS 存储区中所有的文件：

```
fs = gridfs.GridFs(db)
files = fs.list()
for file in files:
  print (file)
```

24.5.3 使用 Python 在 MongoDB GridFS 中添加文件

在 Python 中，要将文件添加到 MongoDB GridFS 中，可使用 GridFS 对象的方法 put()。方法 put()的语法如下：

```
put(data, [**kwargs])
```

插入数据时，可使用参数 kwargs 指定文件名。例如，下面的代码在 GridFS 存储区插入一个字符串，并将文件名指定为 test.txt：

```
fs = gridfs.GridFS(db)
fs.put("Test Text", filename="test.txt")
```

24.5.4 使用 Python 从 MongoDB GridFS 中获取文件

在 Python 中，要从 GridFS 存储区获取文件，最简单的方式是使用 GridFS 对象的方法 get_last_version()或 get_version()。这些方法的语法如下：

```
get_last_version(filename)
get_version(filename, version)
```

这些方法返回一个 GridOut 对象，让您能够使用方法 read()从服务器读取数据。

下面的示例演示了如何从数据库获取一个文件，再读取并显示其内容：

```
fs = gridfs.GridFS(db)
file = fs.get_last_version(filename="python.txt")
print (file.read())
```

24.5.5 使用 Python 从 MongoDB GridFS 中删除文件

在 Python 中，要将文件从 GridFS 存储区中删除，最简单的方式是使用 GridFS 对象的方法 remove()。这个方法将文件从 MongoDB GridFS 存储区中删除，其语法如下：

```
delete(objected)
```

调用方法 delete()时需要指定一个 objectId，因此您需要使用获取方法返回的 GridOut 对象的_id 属性。例如，下面的语句删除文件 python.txt：

```
fs = gridfs.GridFS(db)
file = fs.get_last_version(filename="python.txt")
fs.delete(file._id)
```

Try It Yourself

使用 Python 访问和操作 MongoDB GridFS 存储区中的文件

本节将引导您完成在 Python 应用程序中实现 MongoDB GridFS 存储的流程，包括访问 MongoDB GridFS 以及列出、添加、获取和删除文件的步骤。

在这个示例中，主脚本连接到 MongoDB 数据库，并调用各种方法来访问 GridFS 以列出、添加、获取和删除文件。

方法 listGridFSFiles()用于在 Python 应用程序运行期间的各个时点显示 MongoDB GridFS 中当前存储的文件；方法 putGridFSFile()将一个文件存储到 GridFS 中；方法 getGridFSFile()从 GridFS 获取一个文件并显示其内容；方法 deleteGridFSFile()从 GridFS 中删除文件。

请执行如下步骤，使用 Python 列出、获取、添加和删除文件。

1. 确保启动了 MongoDB 服务器。
2. 确保安装并配置了 Python MongoDB 驱动程序。

3．在文件夹code/hour24中新建一个文件，并将其命名为PythonGridFS.py。

4．在这个文件中输入程序清单24.5所示的代码。这些代码访问MongoDB GridFS。

5．将这个文件存盘。

6．打开一个控制台窗口，并切换到目录code/hour24。

7．执行下面的命令运行这个Python应用程序。程序清单24.6显示了这个应用程序的输出。

```
python PythonGridFS.py
```

程序清单24.5 PythonGridFS.py：使用Python列出、添加、获取和删除MongoDB GridFS中的文件

```
01 from pymongo import MongoClient
02 import gridfs
03 def listGridFSFiles(db):
04     fs = gridfs.GridFS(db)
05     print (fs.list())
06 def putGridFSFile(db):
07     fs = gridfs.GridFS(db)
08     fs.put("Stored From Python", filename="python.txt", encoding="utf8")
09 def getGridFSFile(db):
10     fs = gridfs.GridFS(db)
11     file = fs.get_last_version(filename="python.txt")
12     print (file.read())
13 def deleteGridFSFile(db):
14     fs = gridfs.GridFS(db)
15     file = fs.get_last_version(filename="python.txt")
16     fs.delete(file._id)
17 if __name__=="__main__":
18     mongo = MongoClient('mongodb://localhost:27017/')
19     mongo.write_concern = {'w' : 1, 'j' : True}
20     db = mongo['myFS']
21     print ("\nFiles Before Put:")
22     listGridFSFiles(db)
23     putGridFSFile(db)
24     print ("\nFiles After Put:")
25     listGridFSFiles(db)
26     print ("\nContents of Retrieve File:")
27     getGridFSFile(db)
28     deleteGridFSFile(db)
29     print ("\nFiles After Delete:")
30     listGridFSFiles(db)
```

程序清单24.6 PythonGridFS.py-output：使用Python列出、添加、获取和删除MongoDB GridFS中文件的输出

```
Files Before Put:
[]
```

```
Files After Put:
[u'python.txt']

Contents of Retrieve File:
Stored From Python

Files After Delete:
[]
```

▲

24.6 使用 Node.js MongoDB 驱动程序实现 MongoDB GridFS

在本节中，您将在 Node.js 应用程序中访问和使用 MongoBD GridFS。这里假设您已阅读了本书前面介绍 Node.js MongoDB 驱动程序的内容，并假设您安装并配置了 Node.js 和 Node.js MongoDB 驱动程序。

接下来的几小节介绍在 Node.js 中实现 MongoDB GridFS 的基本知识，包括如何访问 GridFS 以及如何列出、获取、添加和删除文件。

24.6.1 在 Node.js 中访问 MongoDB GridFS

在 Node.js 中，通过 GridStore 对象来访问 MongoDB GridFS。这种对象提供了列出、添加、获取和删除 MongoDB GridFS 文件所需的方法。要访问 MongoDB GridFS，需要获取一个 GridStore 对象实例来将数据写入 GridFS。然而，您也可以调用其静态方法来列出和删除文件。要创建用于写入的 GridStore 对象，可使用如下语法，其中 db 是一个 Db 对象：

```
myFS = new GridStore(db, filename, mode, [options]);
```

例如，下面的 Node.js 代码获取一个用于写入文件的 GridStore 对象实例：

```
mongo.connect("mongodb://localhost/myFS", function(err, db) {
   var myFS = new GridStore(db, 'myFile.txt', 'w');
});
```

24.6.2 使用 Node.js 列出 MongoDB GridFS 中的文件

使用 Node.js 来列出文件时，不需要 GridStore 对象实例，而可直接调用这个类的方法 list()。这个方法返回存储在 MongoDB GridFS 中的文件的名称列表。

例如，下面的代码查找并遍历 GridFS 存储区中所有的文件：

```
var files = GridStore.list();
for (var i in files){
   console.log(files[i];
}
```

24.6.3 使用 Node.js 在 MongoDB GridFS 中添加文件

在 Node.js 中，要将文件添加到 MongoDB GridFS 中，需要创建一个 GridStore 对象并指定写入模式，然后使用方法 write()或 writeFile()将数据写入 GridFS。为演示这一点，下面的代码创建了一个新文件并在其中写入数据：

```
var myFS = new GridStore(db, "test.txt", "w");
myFS.writeFile("nodejs.txt", function(err, fsObj){
   . . .
});
```

24.6.4 使用 Node.js 从 MongoDB GridFS 中获取文件

在 Node.js 中，要从 GridFS 存储区获取文件，最简单的方式是使用 GridStore 类的静态方法 read()。方法 read()的语法如下：

```
read(db, filename, callback)
```

从文件中读取的数据将作为第二个参数传递给回调函数。下面的示例演示如何从数据库获取一个文件，再读取并显示其内容：

```
GridStore.read(db, "nodejs.txt", function(err, data){
   console.log(data.toString());
});
```

也可以为文件创建一个 GridStore 实例，再使用方法 read([size])和 seek(position)读取文件的内容。例如，下面的代码为文件创建一个 GridStore 对象，再从文件中读取 10 个字节，然后跳到偏移 1000 处并读取 10 个字节：

```
var myFS = new GridStore(db, "test.txt", "r");
myFS.read(10, function(err, fsObj){
   fsObj.seek(1000, function(err, fsObj){
      fsObj.read(10, function(err, fsObj){
         . . .
      });
   });
});
```

24.6.5 使用 Node.js 从 MongoDB GridFS 中删除文件

在 Node.js 中，要将文件从 GridFS 存储区中删除，最简单的方式是使用 GridStore 类的方法 unlink()。这个方法将文件从 MongoDB GridFS 存储区中删除，其语法如下：

```
GridStore.unlink(db, filename, callback)
```

例如，下面的语句删除文件 test.txt：

```
GridStore.unlink(db, " test .txt", function(err, gridStore){
   . . .
});
```

Try It Yourself

使用 Node.js 访问和操作 MongoDB GridFS 存储区中的文件

本节将引导您完成在 Node.js 应用程序中实现 MongoDB GridFS 存储的流程，包括访问 MongoDB GridFS 以及列出、添加、获取和删除文件的步骤。

在这个示例中，主脚本连接到 MongoDB 数据库，并调用各种方法来访问 GridFS 以列出、添加、获取和删除文件。

方法 listGridFSFiles()用于在 Node.js 应用程序运行期间的各个时点显示 MongoDB GridFS 中当前存储的文件；方法 putGridFSFile()将一个文件存储到 GridFS 中；方法 getGridFSFile()从 GridFS 获取一个文件并显示其内容；方法 deleteGridFSFile()从 GridFS 中删除文件。

请执行如下步骤，使用 Node.js 来列出、获取、添加和删除文件。

1. 确保启动了 MongoDB 服务器。
2. 确保安装并配置了 Node.js MongoDB 驱动程序。
3. 在文件夹 code/hour24 中新建一个文件，并将其命名为 NodejsGridFS.js。
4. 在这个文件中输入程序清单 24.7 所示的代码。这些代码访问 MongoDB GridFS。
5. 将这个文件存盘。
6. 打开一个控制台窗口，并切换到目录 code/hour24。
7. 执行下面的命令运行这个 Node.js 应用程序。程序清单 24.8 显示了这个应用程序的输出。

```
node NodejsGridFS.js
```

程序清单 24.7　NodejsGridFS.js：使用 Node.js 列出、添加、获取和删除 MongoDB GridFS 中的文件

```
01 var MongoClient = require('mongodb').MongoClient;
02 var Server = require('mongodb').Server;
03 var GridStore = require('mongodb').GridStore;
04 var fs = require('fs');
05 var mongo = new MongoClient();
06 var myDB = null;
07 mongo.connect("mongodb://localhost/myFS", function(err, db) {
08   myDB = db;
09   console.log("\nFiles Before Put:");
10   listGridFSFiles(db, putGridFSFile);
11 });
12 function listGridFSFiles(db, callback){
13   GridStore.list(db, function(err, items){
14     console.log(items);
15     callback(db);
16   });
```

```
17 }
18 function putGridFSFile(db){
19   fs.writeFile("nodejs.txt", "Stored from Node.js", function(err) {
20     var myFS = new GridStore(db, "nodejs.txt", "w");
21     myFS.writeFile("nodejs.txt", function(err, fsObj){
22       console.log("\nFiles After Put:");
23       listGridFSFiles(db, getGridFSFile);
24     });
25   });
26 }
27 function getGridFSFile(db){
28   GridStore.read(db, "nodejs.txt", function(err, data){
29     console.log("\nContents of Retrieve File:");
30     console.log(data.toString());
31     deleteGridFSFile(db, closeDB);
32   });
33 }
34 function deleteGridFSFile(db){
35   GridStore.unlink(db, "nodejs.txt", function(err, gridStore){
36     console.log("\nFiles After Delete:");
37     listGridFSFiles(db, closeDB);
38   });
39 }
40 function closeDB(db){
41   db.close();
42 }
```

程序清单24.8 NodejsGridFS.js-output：使用Node.js列出、添加、获取和删除MongoDB GridFS中文件的输出

```
Files Before Put:
[]

Files After Put:
[ 'nodejs.txt' ]

Contents of Retrieve File:
Stored from Node.js

Files After Delete:
[]
```

▲

24.7 小结

MongoDB GridFS 让您能够在 MongoDB 数据库中存储大型文件，这是通过将它们拆分成块实现的。这些块存储在 MongoDB 数据库的集合 chunks 中，而有关文件的元数据存储在集合 files 中。在 GridFS 存储区中查询文档时，将首先从集合 files 中读取元数据，再从集合 chunks 中读取并返回块。

在本章中，您学习了如何在控制台以及 Java、PHP、Python 和 Node.js 应用程序中实现 MongoDB GridFS 存储。您学习了这些语言中用于实现 MongoDB GridFS 存储的对象和结构，并编写了一些简单的应用程序。

24.8 问与答

问：可以使用常规的 MonogDB 方法直接访问集合 files 和 chunks 吗？

答：可以。实际上，它们也是集合，但 MongoDB 隐藏了检索文件内容时确定要访问哪些块的细节。

问：检索 MongoDB GridFS 存储区和检索文件系统哪个更快？

答：检索文件系统更快。仅当需要解决特定的问题（如目录可包含的最大文件数限制）或需要将文件存储在多个服务器中时，才应使用 MongoDB GridFS 存储。

24.9 作业

作业包含一组问题及其答案，旨在加深您对本章内容的理解。请尽可能先回答问题，再看答案。

24.9.1 小测验

1. GridFS 文件的元数据存储在数据库的哪个集合中？
2. GridFS 文件的数据块存储在数据库的哪个集合中？
3. 使用 mongofiles 来执行 put 命令时，要替换既有文件而不是创建新文件，可使用哪个选项？
4. 要列出 MongoDB GridFS 存储区中的文件，可使用 mongofiles 来执行哪个命令？

24.9.2 小测验答案

1. files。
2. chunks。

3. --replace。

4. list。

24.9.3 练习

1. 将一个大型音频、视频或图像文件复制到文件夹code/hour24，再使用mongofiles将其存储到MongoDB GridFS存储器。

2. 使用mongofiles来执行get命令以获取这个文件，但使用不同的文件名将其存储到本地文件系统中。